高等工程數學－學生版解答手冊及學習指引（第九版）

Advanced Engineering Mathematics, Student Solutions Manual and Study Guide, 9th Edition

HERBERT KREYSZIG
ERWIN KREYSZIG 原著

劉 成 編譯

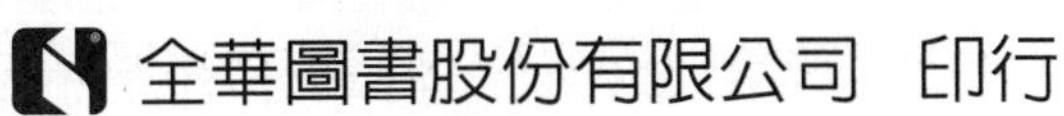

前 言

此書爲 Erwin Kreyszig 所著之「高等工程數學(第九版)」之學生習題解答與學習指引，其目的爲幫助學生充分掌握書中的內容及準備作業：考試及複習。此版與前一版(第八版)內容最主要差異爲：

1. 包含了第九版中新問題的詳解，與前一版內容有多處不同。
2. 包含了幫助學生瞭解書中內容及目的之註解及重點。

除此之外，此書具有下列特點：

3. 幾乎包含了書中共 179 節中，超過 400 題之詳解。
4. 內容涵蓋常微分方程式、偏微分方程式、向量積分、線性代數、傅立葉分析、複數分析、數值分析、線性規劃及組合最佳化、以及機率與統計。
5. 此書爲學生最佳之個人家教及教練。

細節部分請參閱以下說明。

本書之內容及結構

針對一般的工程問題提供完整的解答，其長度往往可從一段到超過兩頁。此書的結構與教科書相同：分爲七部分，如目錄中所示。

目的

此書的目的是以較輕鬆的方式去解具有代表性的題目，而非像教科書中或授課時可能會採取之快速步調。顯然地，教科書中包含了許多例題的詳解。但我們希望強調本書所呈現的方式，是更加詳細且悠閒的將此書例題中更底層的細節交代清楚。

此外，教科書中只有奇數題答案，而本書則提供更完整的解答及需要完全將解問題及其解答所需之觀念上及技術上的細節。

根據我們的經驗，提供學生指引及解題的細節(如同本書所做的)，其幫助是大到難以測度的。

所以本書的定位是成爲個人的家教及教練。本書主要是在作業上提供協助，在觀念上及技術困難點提供澄清及培養解題技巧。同時也可用於幫助複習課程資料、準備考試及自修。採用本書將帶給讀者學習上的滿足及快樂、成績改善及節省時間。

祝您在使用本書時會帶來成功與樂趣。

感謝　作者要感謝 E.J Norminton 教授許多寶貴的建議及設計此書的幫忙。

Herberk Kreyszig

及

Erwin Kreyszig

編 輯 部 序

「系統編輯」是我們的編輯方針，我們所提供給您的，絕不只是一本書，而是關於這門學問的所有知識，它們由淺入深，循序漸進。

本書作者 Erwin Kreyszig 累積多年教學經驗，再度推出高等工程數學－第九版：取材廣泛，內容充實，涵蓋一般工程上常見之各種問題及其解法。編排新穎，以深入淺出的方式詮釋工程數學之原理與應用。所舉的範例皆有詳盡的解說，加強讀者的瞭解。且每章附有習題，使讀者經由練習更能融會貫通！本書適合做爲大學以上理工科系「工程數學」課程經典教科書。

在原出版社 John Wiley ＆ Sons 公司授權下，本公司有幸能夠爲國人服務，翻譯該書。在不失原作者原意之下，盡可能以較流暢的文字，將本書之精華介紹給國人，希望能使更多學習者受惠。倉促之間，難免有所疏失，如有不當之處，請不吝指正，以便更新。

若您對本書有任何問題，歡迎來函連繫，我們將竭誠爲您服務。

目錄

如何使用本書 vii

PART A 常微分方程式 1

第 1 章 一階常微分方程式 1

第 2 章 二階線性常微分方程式 19

第 3 章 高階線性微分方程式 49

第 4 章 ODE 系統、相位平面、定性方法 57

第 5 章 常微分方程式之級數解、特殊函數 75

第 6 章 拉普拉斯轉換 97

PART B 線性代數、向量微積分 123

第 7 章 線性代數：矩陣、向量、行列式、線性系統 123

第 8 章 線性代數：矩陣特徵值問題 147

第 9 章 向量微分：梯度、散度、旋度 157

第 10 章 向量積分計算、積分定理 181

PART C 傅立葉分析、偏微分方程式 205

第 11 章 傅立葉級數、積分及轉換 205

第 12 章 偏微分方程式 221

PART D 複數分析 241

第 13 章 複數與函數 241

第 14 章　複數積分 ········· 259

第 15 章　冪級數、泰勒級數 ········· 269

第 16 章　羅倫級數、留數積分 ········· 277

第 17 章　保角映射 ········· 287

第 18 章　複數分析與位勢理論 ········· 297

PART E　數值分析 ········· 309

第 19 章　一般之數值分析 ········· 309

第 20 章　線性代數之數值方法 ········· 323

第 21 章　ODE 與 PDE 之數值方法 ········· 355

PART F　最佳化、圖形 ········· 383

第 22 章　未受限制的最佳化、線性規劃 ········· 383

第 23 章　圖形、組合最佳化 ········· 393

PART G　機率與統計 ········· 413

第 24 章　資料分析、機率理論 ········· 413

第 25 章　數理統計 ········· 439

如何使用本書

使用本書時，採取下列步驟將使您獲得最大的助益：

1. **先試著自己(不靠此書的幫忙)解題**。自己能完全解題而不靠外來的協助，是最有價值的。在此步驟所投入的努力愈多，則對知識及經驗的獲取以及加強自信心的獎賞也會愈多。您所得到的解答是否爲最簡潔的，並非如此重要，重要的是得到正確的解。如果在解題過程中遇到困難，我們建議您採取下列行動：

2. **參考書中例題的解法**。看看是否有和您的問題相似的例題，或在相關的內文中找到有用的想法，去幫助您獲得一完全的解。如果此步驟亦失敗，則進到下一步：

3. **到本書中找下一步**。在本書中找出解題的下一步去越過死胡同，但不要去看接下去的步驟。解題是沒有捷徑的，努力朝解題之路邁進是學習上很重要的一部份，此作法才能幫助您應付考試及學習到內容，以致對工程數學達到精通的地步。如果又遇到問題，請不要灰心，再重複第 2 及第 3 步驟，最終您會得到解答。然後就要檢視您的結果：

4. **仔細的分析解題過程**。找出解題時所發生問題的原因。可能的原因包括：缺乏對問題敘述的瞭解、對解題所需的觀念或定理上的掌握有困難、對解題所需之概念上的瞭解不夠深入、缺乏解題所必備之微分、積分及代數上的技巧等等。

一但找到這些原因，您就可以再複習一下，並試著去解一類似的問題。在此學習過程中，我們建議讀者將試算紙整理得清晰而易於閱讀。請用一般的作業紙而非小片的碎紙，經驗告訴我們：「形式上的改進將會導致內容的改進」。

PART A

常微分方程式

第 1 章　一階常微分方程式

1.1 節　基本觀念、模型化

習題集　1.1

1. **微積分** 試利用積分求解常微分方程式：

$$y' = -\sin \pi x \text{ 。}$$

微積分　求解 $y' = f(x) = -\sin \pi x$ 是一個微積分計算問題，即對 $-\sin \pi x$ 作積分，得到(鏈鎖定律!) $y = \frac{1}{\pi}\cos \pi x + c$ 。積分常數 c 是任意的，這很重要。其表示常微分方程式 $y' = -\sin \pi x$ 有無窮多個解，每條這樣的餘弦曲線都對應著一個特定的值 c 。舉例說明，可更好了解這一點，如 $c=0$，-1，1，$1/2$。

13. **初值問題** 試驗證 y 為下列微分方程式的解。並且利用 y 求得滿足所給初始條件的特解，然後畫出此解的曲線。

$$y' + 2xy = 0 \text{，} \quad y = ce^{-x^2} \text{，} \quad y(1) = 1/e \text{ 。}$$

初值問題(IVP) $y = ce^{-x^2}$ 兩邊微分得到 $y' = -2cxe^{-x^2}$ 。因此原方程式左邊變成：

$$y' + 2xy = -2cxe^{-x^2} + 2x(ce^{-x^2}) = 0 \text{ 。}$$

這說明 $y = ce^{-x^2}$ 是原方程式的解。當 $x=1$ 時， $y(1) = ce^{-1}$ 。它應該等於給定的初值 $y(1) = 1/e$ 。因此 $c=1$，且其解(初值問題的解)是：

$$y = e^{-x^2} \text{ 。}$$

17-22 **模擬化、應用**

下列習題可以提供讀者有關模型化的初步印象。在隨後的整章中，將出現更多有關模型化的習題。

17. **(落體)**如果丟下一顆石頭，並假設空氣阻力是能予以忽略的。實驗證明，在該假設條件下，此運動加速度 $y'' = d^2y/dt^2$ 爲常數(等於所謂的重力加速度 $g = 9.80\ \text{m/sec}^2 = 32\ \text{ft/sec}^2$)。請將上面的描述寫成 $y(t)$的 ODE，其中 $y(t)$代表時間爲 t 時的落下距離。試求解該 ODE，以便得到我們所熟悉的自由落體定律

$$y = \frac{1}{2}gt^2 \text{ 。}$$

模型：落體 $y'' = g =$ 常數 是描述這個習題的模型，這是一個二階常微分方程式。積分後得到速度 $v = y' = gt + c_1$ (c_1 是任意常數)。再次積分後得到落下距離 $y = \frac{1}{2}gt^2 + c_1t + c_2$ (c_2 是任意常數)。這些都是簡單的微積分計算。由此我們可以得到 $y = \frac{1}{2}gt^2$ ，這裡利用了初值條件 $y(0) = c_2 = 0$ 和 $v(0) = y'(0) = c_1 = 0$ ，當然，此條件意味著石頭在初始位置 $y = 0$ 以初速度 $v = 0$ 開始落下。

19. **(飛機起飛)**如果飛機的起跑距離是 3 km，其起始速率爲 6 m/sec，並以固定加速度在進行運動，而且起跑過程花費 1 min，則試問飛機起飛時的速率爲何？

飛機起飛 解已在課本附錄 2 奇數題解答中列出。加速度 $y''=k$，其中 k 是未知的。兩次積分後得到速度 $v=y'=kt+c_1$ 以及位移 $y=\frac{1}{2}kt^2+c_1t+c_2$。任何模型化問題的要點在選擇一致的單位。我們設定時間 t 的單位爲秒而距離單位爲米。由 $y(0)=0$ 得到 $c_2=0$，而 $y'(0)=c_1=6$。因此

$$y=\frac{1}{2}kt^2+6t 。$$

現在，飛機起飛運動中 $3\text{ km}=3000\text{ m}$ 需要 $1\text{ min}=60\text{ sec}$。因此

$$3000=\frac{1}{2}k\cdot 60^2+6\cdot 60，1800\,k=3000-360，k=1.47，$$

所以，$v=y'=1.47\,t+c_1=1.47\,t+6$。而習題的答案就是，

$$v(60)=y'(60)=1.47\cdot 60+6=94\,[\text{m/sec}]=338\,[\text{km/h}]=210\,[\text{mph}] 。$$

1.2 節 $y'=f(x,y)$ 的幾何意義：方向場

習題集 1.2

3. **方向場，解曲線** 畫出方向場(利用 CAS 或用手畫)。然後在方向場中用手畫出通過指定點 (x,y) 的近似解曲線。

$$y'=1+y^2，(\frac{1}{4}\pi,1) 。$$

方向場，解的確定 你可以透過微分證明通解是 $y=\tan(x+c)$，而滿足 $y(\frac{1}{4}\pi)=1$ 的特解是 $y=\tan x$。的確，對於特解有

$$y'=\frac{1}{\cos^2 x}=\frac{\sin^2 x+\cos^2 x}{\cos^2 x}=1+\tan^2 x=1+y^2$$

而通解就是將特解中的 x 換成 $x+c$。

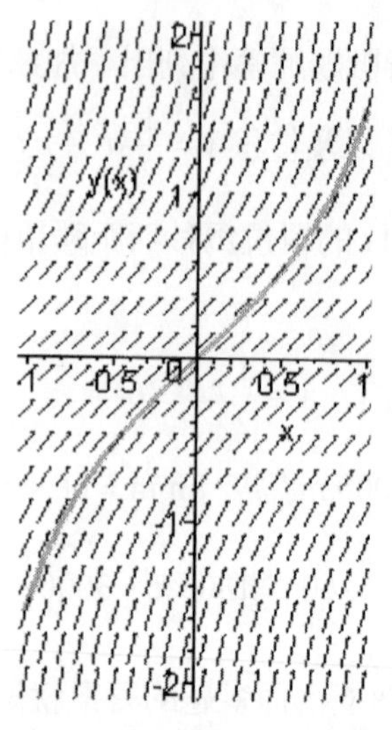

第 1.2 節 習題 3 方向場

19. (**跳傘員**)有兩個力作用在跳傘員的身上，一個是地球的吸引力 mg (m = 跳傘員加上裝備的質量，$g = 9.8\ \mathrm{m/sec^2}$ 是重力加速度)，另一個是空氣阻力，這裡假設空氣阻力與速度 $v(t)$ 的平方成正比。試利用**牛頓第二定律**(質量×加速度＝合力)，建立數學模型，此模型是一個關於 $v(t)$ 的 ODE。然後畫出方向場(將 m 和比例常數選定爲 1)。假設傘面在 v＝10 m/sec 的時候會張開。接著在方向場中畫出對應的解曲線。試問終端速度是多少？

初值問題　教科書式(1)是本節通用的表示式，即 $y' = f(x, y)$，而方向場是沿著 xy 平面。習題集第 19 題中的 ODE 是 $v' = f(t, v) = g - bv^2 / m$，這裡假定 v 表示速度。因此方向場沿著 tv 平面。取 m=1 和 b=1，這個 ODE 變成 $v' = g - v^2$。於是 $v = 3.13$ ($g - v^2 = 9.80 - 3.13^2 = 0$)。現在這個 ODE 表示 v' 應該爲 0，$v = 3.13$ 是一個解。$v < 3.13$ 時，$v' > 0$ (單調上升曲線)；$v > 3.13$ 時，$v' < 0$ (單調下降曲線)。注意到等斜線是平行的直線簇 $g - v^2 =$ 常數，所以 $v =$ 常數。

1.3 節　可分離 ODE、模型化

習題集　1.3

1. **(積分常數)** 當積分運算執行完成以後，必須立刻加入一個任意的積分常數。爲什麼這一點是非常重要的？請提出一個你的例題。

積分常數 例如，令

$$y' = y\text{。} \quad \text{則} \quad \ln|y| = x + c\text{，} \quad y = c^* e^x \quad (c^* = e^c)\text{，}$$

反之

$$y' = y\text{，}\ln|y| = x\text{，}y = e^x + C$$

在 $C \neq 0$ 時就不是 $y' = y$ 的解。

5. **通解** 試求下列常微分方程式的通解。並且說明推導過程的步驟。以代入的方式檢驗自己的答案。

$$yy' + 36x = 0\text{。}$$

通解 分離變數後，我們有 $ydy = -36x\,dx$。積分得

$$\frac{1}{2}y^2 = -18x^2 + \tilde{c}\text{，}\ y^2 = 2\tilde{c} - 36x^2\text{，}\ y = \sqrt{c - 36x^2}\ (c = 2\tilde{c})\text{。}$$

根號前取正號和負號分別對應奇數題解答中解(橢圓簇)的上半、下半部分。

對於 $y = 0$ (x 軸)，這些橢圓有一條垂直切線，對於 x 軸上的點，導數 y' 不存在(其實是 ∞)。

15. **初值問題** 試求下列常微分方程式的特解。請說明推導過程的步驟，而且步驟說明是以通解作爲起點(L，R，和 b 是常數)。

$$e^{2x}y' = 2(x+2)y^3\text{，}\ y(0) = 1/\sqrt{5} \approx 0.45\text{。}$$

初值問題 分離變數後得到

$$y^{-3}dy = 2(x+2)e^{-2x}dx\text{。}$$

兩邊同時積分，左邊對 y 積分而右邊對 x 積分，

$$-\frac{1}{2y^2} = -(x+\frac{5}{2})e^{-2x} + c \text{ 。} \tag{A}$$

這樣我們就可以用初值條件，令 $y = 1/\sqrt{5}$ (左邊)， $x = 0$ (右邊)。於是，

$$-\frac{5}{2} = -\frac{5}{2}e^0 + c = -\frac{5}{2} + c \text{ ，} \qquad \text{所以} c = 0 \text{ 。}$$

在式(A)中令 $c = 0$ 得到(兩邊同乘以－2 再取倒數)

$$y^2 = \frac{e^{2x}}{2x+5} \text{ 。}$$

最後開方後得到奇數題解答上的答案。

> 33. (**混合問題**)某一個水槽含有 800 gal 的水，其中溶解了 200 lb 的鹽。已知淡水流入水槽的速率為 2 gal/min，然後混合在一起，並且以攪拌的方式保持均勻，混合均勻的鹽水以相同速率流出。試問在 5 小時以後，有多少鹽留在水槽內？

混合問題　初始條件是 $y(0) = 200$ (水槽中的初始鹽量)。平衡方程式是

$$\text{濃度變化速率＝流入速率減流出速率＝} 0 - 2 \cdot \frac{y(t)}{800}$$

因為 $2/800$ 是每分鐘混合液流出速率，而 $y(t)$ 是時間 t 在水槽中的鹽量。因此，

$$y' = -\frac{1}{400}y(t) \text{ 。} \qquad \text{解得} \qquad y = ce^{-t/400} \text{ 。}$$

由這個通解和初值條件我們可以得到，

$$y(0) = c = 200 \text{ 。}$$

因此，原習題的解(特解)是 $y = 200\, e^{-t/400}$ 。5 hr＝300 min 之後，

$$y(300) = 200\, e^{-300/400} = 200 \cdot 0.472 = 94.5\,[\text{lb}] \text{ 。}$$

我們發現超過一半的鹽已流出，而在這期間總共有 600 gal 的純水流入 800 gal 容積的水槽，所以我們的結果看起來是可信的。

1.4 節 正合微分方程式與積分因子

只有在核對失敗後才用式(6)和式(6*)。具體用時，應該用這兩個公式中積分較簡單的一個。對於積分因子，定理 1 和定理 2 都要嘗試。通常它們中只有一個(有時一個都不)能用。沒有一種完善系統的方法能處理積分因子，但是這兩個定理對大多數的情況都能處理。

習題集 1.4

1-20 正合常微分方程式。積分因子

檢驗下列各題是否為正合。如果是正合，請求解之。如果不是，請使用題目給予的積分因子求解習題，或者經由審視的方式，或由內文中的定理，求出積分因子。此外，如果題目有提供初始條件，試求對應的特解。

1. $x^3 dx + y^3 dy = 0$ 。

正合 ODE 這個 ODE 具有如下形式

$$f(x)\,dx + g(y)\,dy = 0 \tag{A}$$

$M = f$ 與 y 無關而 $N = g$ 與 x 無關。這樣的 ODE 總是正合的，而不用考慮 f 和 g 的具體形式。$M = f(x)$ 得到 $\frac{\partial M}{\partial y} = 0$ 而 $N = g(y)$ 得到 $\frac{\partial N}{\partial x} = 0$ 。這使得(5)被化簡為 $0 = 0$ 。積分得

$$\int f(x)\,dx + \int g(y)\,dy = \int x^3 dx + \int y^3 dy = \frac{1}{4}(x^4 + y^4) = \tilde{c} \text{，} \qquad x^4 + y^4 = c(= 4\tilde{c}) \text{。}$$

有些情況下式(A)的形式也可以通過適當的乘法或除法得到。最有幫助的例子是習題集 22 中的(21)，容易看出，除以 y 後立即得到正合 ODE。

7. $e^{-2\theta}dr - 2re^{-2\theta}d\theta = 0$ 。

正合 ODE 唯一的困難在其表示式。這裡的變數是 r 和 θ 。在式(5)的正合測試中，我們需要如下的偏導數

$$M = e^{-2\theta} \quad \text{和} \quad N = -2re^{-2\theta}$$

(不要忘了減號!)下一步，M 是 dr 的係數，而 N 是 $d\theta$ 的係數。因此我們要計算

$$\frac{\partial M}{\partial \theta} = -2e^{-2\theta} \quad \text{和} \quad \frac{\partial N}{\partial r} = -2e^{-2\theta} \text{ 。}$$

因此式(5)依然成立，這個 ODE 是正合的。我們現在用(6)，M 用 r 積分(M 是 dr 的係數)，得到

$$u = \int e^{-2\theta}dr = re^{-2\theta} + k(\theta) \text{ 。} \tag{B}$$

由此式，

$$\frac{\partial u}{\partial \theta} = -2re^{-2\theta} + k'(\theta) = N = -2re^{-2\theta} \text{ 。}$$

這說明 $k'(0) = 0$ ，因此 $k =$ 常數 。由(B)得

$$u = re^{-2\theta} = c \text{ 。}$$

這是隱式解，其顯式形式如下，

$$r = ce^{2\theta} \text{ 。}$$

如果我們取 r 和 θ 為極座標，則此式表示一條螺旋線。

13. $-3y\,dx + 2x\,dy = 0$ ， $F(x, y) = y/x^4$ 。

幾種解法 微分方程式 $-3y\,dx + 2x\,dy = 0$ 不是正合的。奇數題解答上的解法使用的是積分因子 $F = y/x^4$ 。對題中的 ODE 兩邊同乘這個積分因子得到正合方程式

$$-\frac{3y^2}{x^4}dx+\frac{2y}{x^3}dy=0 \text{。}$$

於是，核對正合標準式(5)得到

$$\frac{\partial M}{\partial y}=\frac{-6y}{x^4}=\frac{\partial N}{\partial x} \text{。}$$

有人可能幾經發現了這個正合 ODE 與 $d(y^2/x^3)=0$ 等價，這樣問題就解決了。

事實上，對通解積分後得到一簇 $3/2$ 次拋物線(Semicubical parabolas)：

$$y^2/x^3=c \text{，}\qquad \text{因此}\qquad y=cx^{3/2} \text{。}$$

第二種方法，容易看出題中 ODE 除以 xy 得到題 1 中的通式，即

$$f\ dx+g\ dy=(-3/x)\ dx+(2/y)\ dy=0 \text{。}$$

積分得，

$$-3\ln|x|+2\ln|y|=\tilde{c} \text{。}\qquad \text{所以}\qquad y^2/x^3=\tilde{\tilde{c}}\qquad \text{和}\qquad y=cx^{3/2} \text{。}$$

第三種方法，對題中 ODE 作分離變數是容易的，

$$-3y+2xy'=0 \text{，}\qquad \text{因此}\qquad y'/(3y)=1/(2x) \text{。}$$

積分得，

$$\frac{1}{3}\ln|y|=\frac{1}{2}\ln|x|+\tilde{c} \text{，}\qquad y^{1/3}=\tilde{\tilde{c}}\,x^{1/2} \text{，}\qquad y=cx^{3/2} \text{。}$$

第三種方法通常在做審查時就可以用，特別地，在你將 ODE 寫成如下形式時，

$$\frac{y'}{y}=\frac{3/2}{x} \text{。}$$

15. $e^{2x}(2\cos y\ dx-\sin y\ dy)=0$，$y(0)=0$。

初值問題 本節我們一般得到是隱式而不是顯式通解。這是由於在解初值問題時，我們可以直接用隱式解而不必將其轉換成顯式形式。

題中 ODE 是正合的，因為由式(5)得，

$$M_y = \frac{\partial}{\partial y}(2\,e^{2x}\cos y) = -2\,e^{2x}\sin y = N_x \text{ 。}$$

由此式以及式(6)積分後我們可以得到，

$$u = \int M\,dx = \int 2e^{2x}\cos y\,dx = e^{2x}\cos y + k(y) \text{ 。}$$

$u_y = N$ 給出，

$$u_y = -e^{2x}\sin y + k'(y) = N \text{ ，} \qquad k'(y) = 0 \text{ ，} \qquad k(y) = c = \text{常數 。}$$

因此，隱含式的通解是

$$u = e^{2x}\cos y = c \text{ 。}$$

為了要求出特解(即初值問題的解)，將 $x = 0$ 和 $y = 0$ 帶入通解求出

$$e^{0}\cos 0 = 1\cdot 1 = c \text{ 。}$$

所以 $c = 1$，且答案是

$$e^{2x}\cos y = 1 \text{ 。}$$

這意味著

$$\cos y = e^{-2x} \text{ ，} \qquad \text{顯式形式是} \qquad y = \arccos(e^{-2x}) \text{ 。}$$

21. 當常數 A，B，C，D 滿足什麼條件的時候，$(Ax + By)\,dx + (Cx + Dy)\,dy = 0$ 為正合？然後求解正合方程式。

正合　我們有 $M = Ax + By$ ，$N = Cx + Dy$ 。由正合判定條件(5)可得，

$$M_y = B = N_x = C\text{，}\qquad M = Ax + Cy\text{，}\qquad u = \int M\,dx = \frac{1}{2}Ax^2 + Cxy + k(y)$$

這裡$k(y)$由下列條件決定

$$u_y = Cx + k'(y) = N = Cx + Dy\text{，}\qquad \text{因此}\qquad k' = Dy\text{。}$$

積分得到$k = \frac{1}{2}Dy^2$。由此，函數u變成

$$u = \frac{1}{2}A\,x^2 + C\,xy + \frac{1}{2}D\,y^2 = \text{常數}\text{。}$$

1.5 節　線性常微分方程式、白努利方程式、族群動態學

■例題 3　荷爾蒙濃度水平 積分

$$I = \int e^{Kt}\cos\frac{\pi t}{12}\,dt$$

可以透過分部積分來計算，就像在微積分中常用的那樣，或者，更簡單地，用待定係數法。如下，

$$\int e^{Kt}\cos\frac{\pi t}{12}\,dt = e^{Kt}\left(a\cos\frac{\pi t}{12} + b\sin\frac{\pi t}{12}\right)$$

這裡的a和b是待定的係數。兩邊微分並除以e^{Kt}後得，

$$\cos\frac{\pi t}{12} = K\left(a\cos\frac{\pi t}{12} + b\sin\frac{\pi t}{12}\right) - \frac{a\pi}{12}\sin\frac{\pi t}{12} + \frac{b\pi}{12}\cos\frac{\pi t}{12}\text{。}$$

比較上式兩端正弦和餘弦項的係數。由正弦項得

$$0 = Kb - \frac{a\pi}{12}\text{，}\qquad \text{因此}\qquad a = \frac{12K}{\pi}b\text{。}$$

由餘弦項得

$$1 = Ka + \frac{\pi}{12}b = \left(\frac{12K^2}{\pi} + \frac{\pi}{12}\right)b = \frac{144K^2 + \pi^2}{12\pi}b\text{。}$$

因此，

$$b = \frac{12\pi}{144K^2 + \pi^2}\text{，}\qquad a = \frac{144K}{144K^2 + \pi^2}\text{。}$$

由此可以得到積分的值

$$e^{Kt}\left(a\cos\frac{\pi t}{12} + b\sin\frac{\pi t}{12}\right) = \frac{12\pi}{144K^2 + \pi^2}e^{Kt}\left(\frac{12K}{\pi}\cos\frac{\pi t}{12} + \sin\frac{\pi t}{12}\right)\text{。}$$

這個值乘以 B (我們一直沒用這項)再乘以 e^{-Kt} (在積分之前的係數項，見教科書 1.5 節例題 3)就得到通解的第二部分和此例中的特解。

■例題 4　方程式、Verhulst 方程式 微分方程式

$$y' = Ay - By^2 = Ay\left(1 - \frac{B}{A}y\right)$$

是一個基本族群模型。如同馬爾薩斯方程式(Malthus equation) $y' = ky$ 一樣，從最初人口模型為正成長為無限多(若 $k > 0$)或減少為 0 (若 $k < 0$)，Logistic 方程式模型從少數人口族群開始成長且從大規模的人口族群開始減少。你可以直接從 ODE 發現到，因為導數 y' 為 0，所以這兩種情況的分隔線為 $y = A/B$。

習題集 1.5

1-17 通解、初值問題

試求下列各題的通解。如果題目有告訴我們初始條件，請讀者也求出對應的特解，並且畫出解答(寫出自己的詳細解題步驟)。

7. $y'+ky=e^{2kx}$。

線性 ODE 對題目所給的方程式兩邊同乘 e^{kx} $(k\neq 0)$，可得

$$(y'+k\,y)e^{kx}=(y\,e^{kx})'=e^{2kx}e^{kx}=e^{3kx}\text{。}$$

兩邊同時積分得，

$$y\,e^{kx}=\frac{1}{3k}e^{3kx}+c\text{。}$$

除以 e^{kx} 得到答案，

$$y=\frac{1}{3k}e^{2kx}+ce^{-kx}\text{。}$$

用式(4)是簡單的，即， $p(x)=k$ ， $h=kx$ ，同時

$$y=e^{-kx}\left(\int e^{kx}\,e^{2kx}\,dx+c\right)$$

$$=ce^{-kx}+e^{-kx}e^{3kx}/(3k)=ce^{-kx}+e^{2kx}/(3k)\text{。}$$

13. $y'+4y\cot 2x=6\cos 2x$ ， $y\left(\frac{1}{4}\pi\right)=2$ 。

初值問題 對於題目所給的 ODE $y'+4y\cot 2x=6\cos 2x$ 我們有式(4)中的

$$p=4\cot 2x=4\frac{\cos 2x}{\sin 2x}\text{。}$$

於是積分得

$$h=4\cdot\frac{1}{2}\ln|\sin 2x|=2\ln|\sin 2x|\text{。}$$

取 e 爲基底得 $e^h = \sin^2 2x$ ，所以 $e^{-h} = 1/(\sin^2 2x)$ 。因此(4)變成

$$y = e^{-h}\left(\int e^h \cdot 6 \cdot \cos 2x \; dx + c\right) = \frac{c}{\sin^2 2x} + \frac{6}{\sin^2 2x}\int (\cos 2x)\sin^2 2x \; dx \text{ 。}$$

積分乘以 6 後就是 $\sin^3 2x$ ；事實上，微分並運用鏈鎖定律兩次就得到

$$(\sin^3 2x)' = 3(\sin^2 2x)(\cos 2x) \cdot 2 \text{ 。}$$

ODE 的通解爲

$$y = \frac{c}{\sin^2 2x} + \sin 2x \text{ 。}$$

返回到初值條件。令 $x = \frac{\pi}{4}$ ， y 的第一項等於 c ，而第二項等於 1。因爲 $y(\frac{\pi}{4}) = 2$ ，我們得到 $c = 1$ 。

21. **非線性 ODE** 試利用這一節所學習的一種方法，或分離變數法，求出通解。如果題目有提供初始條件，則順便求出特解，並且畫出曲線。

$$y' + (x+1)y = e^{x^2} y^3 \text{ ， } y(0) = 0.5 \text{ 。}$$

白努利方程式 對於題目所給的 ODE $y' + (x+1)y = e^{x^2} y^3$ ，我們有 $p = x+1$ 和 $a = 3$ 。新的獨立變數是 $u = y^{1-a} = y^{-2}$ 。線性常微分方程式(7)是

$$u' - 2(x+1)u = -2e^{x^2} \text{ 。}$$

對於此式，我們應用式(4)(取 $p = -2(x+1)$)，得 $h = -x^2 - 2x$ ， $-h = x^2 + 2x$ ，於是，(4)具有如下形式

$$u = e^{x^2+2x}\left(\int e^{-x^2-2x}(-2e^{x^2})\, dx + c\right) \text{ 。}$$

在被積函數中， e^{x^2} 和 e^{-x^2} 消掉了，積分值是 e^{-2x} 。因此

$$u = e^{x^2}(1 + ce^{2x}) \text{ 。}$$

最後， $y(0) = 0.5$ 給出 $u(0) = 1/y(0)^2 = 4$ 。所以， $u(0) = 1(1+c) = 4$ ， $c = 3$ 。

33.（**捕獲問題**）在習題 32 中，試求滿足 $y(0)=2$ 當(緣由於簡化問題的理由) $A=B=1$ 而且 $H=0.2$ 時的解答，並且也畫出此解答的曲線。其極限值爲何？它代表的意義是什麼？如果都不捕魚，那麼將會發生什麼情形？

捕獲問題　Logistic 方程式(8)中取 $A=B=1$ 得 $y'=y-y^2$，$Hy=0.2y$ 是捕魚速率，就像習題 32 中解釋的那樣。於是模型變成，

$$y'=y-y^2-0.2y=y(0.8-y)\text{。}$$

因此，當 $y=0.8$ 時 $y'=0$。這給出了其極限。如果沒有魚則把 0.8 換成 1.0。

1.6 節　正交軌跡(選讀)

這種方法是具有相當的普適性的，因爲一個參量的曲線族常常用來表示一階常微分方程式的通解。然後把 $y'=f(x,y)$ 換成 $\tilde{y}'=-1/f(x,\tilde{y})$ 就給出了常微分方程式的軌跡，因爲兩條曲線相交成直角僅當它們在交點的斜率的乘積爲－1 時。也就是說，$y'\tilde{y}'=-1$。

習題集　1.6

7. **正交軌跡**　描繪出給定曲線族系的其中幾條曲線。請先猜想它們的正交軌跡看起來應該像什麼樣子。然後求出這些正交軌跡(詳細說明解題的進行過程)。

$$y=ce^{x^2/2}\text{。}$$

正交軌跡 Bell 形曲線　注意到所給曲線 $y=ce^{x^2/2}$ 不是 Bell 形，因爲指數部分有個加號，所以曲線隨著 $|x|$ 的增大而迅速上升。確定正交軌跡的第一步通常是解以 c 爲參數的一簇曲線 $G(x,y,z)=0$。在此題中，$ye^{-x^2/2}=c$。對 x 微分得(鏈鎖定律!)

$$y'e^{-x^2/2}-xye^{-x^2/2}=0\text{。}$$

因此，這個 ODE 所對應的曲線是 $y'=xy$。接下來，其對應的正交軌跡是 $\tilde{y}'=-1/(x\tilde{y})$。分離變數得到

$$\tilde{y}\,d\tilde{y} = -dx/x \text{。} \quad 積分得， \quad \tilde{y}^2/2 = -\ln|x| + c_1 \text{。}$$

以e爲底取冪得

$$e^{\tilde{y}^2/2} = c_2/x \text{。} \quad 因此， \quad x = c^* e^{-\tilde{y}^2/2} \text{。}$$

後一個方程式是前一個方程式交叉相乘後得到的。就像奇數題解答中提到的那樣，這是一簇關於x軸對稱的 Bell 形曲線。最後簡單討論一下c^*的正、負號。注意到c^*其實是正交軌跡與x軸的交點($\tilde{y}=0$)的橫座標x的值。

13. (**y 作為獨立變數**)試證明式(3)可以寫成$dx/d\tilde{y} = -f(x,\tilde{y})$。然後利用這個型式求出$y = 2x + ce^{-x}$的正交軌跡。

y 作為獨立變數　這是一種可以導出線性 ODE 或者可分離變數 ODE 的一般方法的一個特例。對於題目中的 ODE，詳細的解答見奇數題解答。

18. (**電場**)兩個電性相反、電荷量相同的電荷位於$(-1,0)$及$(1,0)$，它們之間的各電力線爲通過點$(-1,0)$及點$(1,0)$的圓。請證明這些圓可以用方程式$x^2 + (y-c)^2 = 1 + c^2$表示之。然後證明等位線(這些圓的正交軌跡)可以表示成$(x+c^*)^2 + \tilde{y}^2 = c^{*2} - 1$(下圖的虛線)。

電場　想從所給的曲線導出一個 ODE，必須消掉c。這只需要把$(y-c)^2$展開。這樣，方程式兩邊的c^2就抵消掉了，然後簡單的代數運算就可以求出關於c的運算式。最後就是對此運算式微分。

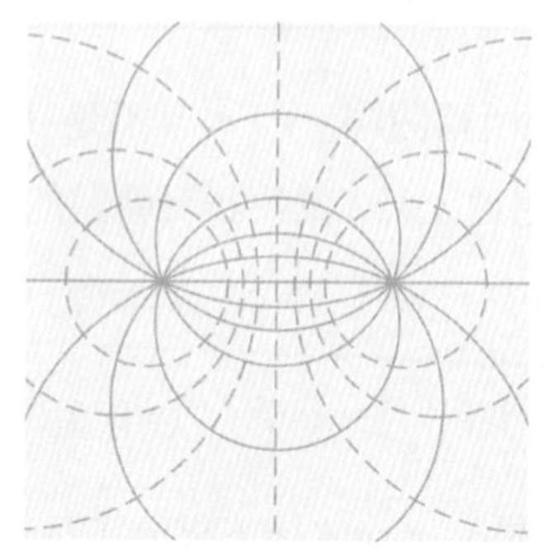

習題 18 電場

1.7 節　解的存在性與唯一性

對於本節中的第一個 ODE，因爲絕對值總是非負的，所以$|y'|+|y|=0$的唯一解是$y=0$ (對所有的 x ， $y(x)\equiv 0$)，於是這個函數就不滿足初值條件 $y(0)=1$ 或者 $y(0)=y_0$ ($y_0\neq 0$)。

第二個方程式 $y'=2x$ 有通解 $y=x^2+c$ (微積分計算!)，所以對於所給的初值條件 $y(0)=c=1$ 。

第三個方程式$xy'=y-1$是可分離變數的，

$$\frac{dy}{y-1}=\frac{dx}{x}\ 。$$

積分得，　　$\ln|y-1|=\ln|x|+c_1$ ，　$y-1=cx$ ，　$y=1+cx$ ，

對任意的c通解滿足$y(0)=1$，因爲當$x=0$時c被消掉了。但是這只在$x=0$時成立。把這個方程式寫成標準形式，y'作爲首項，則

$$y'-\frac{1}{x}y=-\frac{1}{x}\ ,$$

y的係數$\frac{1}{x}$在$x=0$處是無限大的。

定理 1 和定理 2 對應的初值問題是

$$y'=f(x,y)\ ,\qquad y(x_0)=y_0 \tag{1}$$

下面兩條重要的性質最好能記憶：

1. $f(x,y)$ 連續性是(1)有解的充分條件，但不是唯一性的充分條件(如 1.7 節的例題 2)。

2. f 及其關於y的偏導數的連續性是解的唯一性的充分條件。

習題集　1.7

1. **(垂直條狀區域)**如果定理 1 和定理 2 的假設不僅僅只是在一個矩形區域中可以滿足，而且在一個垂直無限長條狀區域$|x-x_0|<a$內也能滿足，試問式(1)的解在什麼區間內是存在的？

垂直條狀區域 本題中，a 是 a 和 b/K 中較小的數，因爲 K 是常數而 b 是沒有被限定的。$|x-x_0|<a$ 的答案在奇數題解答中給出。

5. (**線性 ODE**) 如果在 $y'+p(x)y=r(x)$ 中的 p 和 r 對區間 $|x-x_0|\le a$ 內的所有 x 而言，是連續的，試證明在這個 ODE 中的 $f(x,y)$，滿足當前的定理的條件，因而使得對應的初值問題具有唯一的解。對於這個 ODE 而言，有用到這些定理的實際需要嗎？

線性 ODE 此題的解由 1.5 節中的積分公式(4)給出，這使得求解 ODE 就是簡單的計算一個積分，這就是(4)的精髓。相應地，我們只需要積分(4)存在時的條件。而 f 和 r 的連續性保證了這一點。

第 2 章　二階線性常微分方程式

2.1 節　二階齊次線性常微分方程式

我們對二階常微分方程式拓展了第 1 章定義的那些概念，包括特解、齊次性和非齊次性。在進行下面的內容前，請先回顧 1.1 節和 1.5 節。

在本節，我們將討論如下形式的齊次線性常微分方程式：

$$y'' + p(x)y' + q(x)y = 0 \text{ 。}$$

這個方程式的初值問題包括兩個初值條件：$y(x)$ 在 x_0 點的初值($y(x_0)$)以及初始斜率($y'(x_0)$)。另一方面，通解將包含兩個任意常數，而這兩個常數可由上述兩個初始條件確定。通解具有如下形式：

$$y = c_1y_1 + c_2y_2$$

這裡的 y_1 和 y_2 是不能被歸併到一個任意常數後的。嚴格的說法為，y_1 和 y_2 是「線性無關」的，也就是說，在找到的初值問題的解的任意一個區間上它們都是不成比例的。

習題集　2.1

5. **通解。初始值問題** 以帶入的方式驗證所給予之函數為基底。求解所給的初值問題(列出詳細的計算過程)。

$$x^2y'' + xy^1 - 4y = 0 \text{ ， } x^2 \text{ ， } x^{-2} \text{ ， } y(1) = 11 \text{ ， } y'(1) = -6 \text{ 。}$$

通解。初值問題　作代換後發現 x^2 和 $x^{-2}(x \neq 0)$ 是解。(對於這種問題的簡單的代數推導見 2.5 節)同時它們在任意不包含 0 (此時 x^{-2} 無定義)的區間上是線性無關的(不成比例的)。因此，$y = c_1x^2 + c_2x^{-2}$ 是所求習題的通解。取 $x = 1$，由 y 和 $y' = 2c_1x - 2c_2x^{-3}$ 的初值條件可得：

$$y(1) = c_1 + c_2 = 11 \text{ ，} \qquad y'(1) = 2(c_1 - c_2) = -6 \text{ 。}$$

簡單的代數運算後可以得到，$c_1 = 4$，$c_2 = 7$。

7-14 線性獨立與線性相依

下列的函數在所給定的區間內是線性獨立的嗎？

9. e^{ax}，e^{-ax} (任意區間)。

線性無關 $e^{ax} / e^{-ax} = e^{2ax}$ 不是常數，除非 $a = 0$。因此，$y = c_1 e^{ax} + c_2 e^{-ax}$ 且 $a \neq 0$ 是一個常微分方程式的通解。可以驗證，這個常微分方程式是 $y'' - a^2 y = 0$。推導過程將在下一節出現。

11. $\ln x$，$\ln x^2 (x > 0)$。

線性相關 這一點我們可以從 $\ln x^2 = 2\ln x$ 得出。這個習題是典型的通過函數間關係找線性相關性的例子。習題 13 也是此種類型的。

21. 化簡爲一階並求解(請詳細寫出每一步驟)。

$$y'' + y'^3 \sin y = 0 \text{。}$$

化為一階方程式 最一般的二階常微分方程式具有形式 $F(x, y, y', y'') = 0$ 它在以下兩種情況下可以被化簡成一階方程式：

(A) x 沒有顯式地出現在 $F(x, y, y', y'')$；

(B) y 沒有顯式地出現在 $F(x, y, y', y'')$。

方程式 $y'' + y'^3 \sin y = 0$ 屬於(A)類。要化簡它，可以令 $z = y' = dy/dx$，且把 y 看作是獨立變數。運用鏈式法則可得，

$$y'' = \frac{dy'}{dx} = \frac{dy'}{dy} \cdot \frac{dy}{dx} = \frac{dz}{dy} z = -z^3 \sin y$$

這裡最後一步用到了原方程式。現在，兩邊同除以 $-z^3$ 並且分離變數得到，

$$-\frac{dz}{z^2} = \sin y \, dy \text{。}$$

兩邊同時積分得到，

$$\frac{1}{z} = -\cos y + c_1 \text{。}$$

由 $z = dy/dx$，得到 $1/z = dx/dy$，代入上式，再一次分離變數得到，$dx = -(\cos y + c_1)dy$。兩邊積分得，$x = -\sin y + c_1 y + c_2$。這個結果見書後解答。從以上推導中我們可以看出，通解中的兩個常數是由兩次積分得到的。

這種化簡二階導數的技巧是值得留意的。

25. (**曲線**)請求出並畫出通過原點，在原點的斜率爲 1，且二次微分正比於一次微分的曲線。

另一類的化簡、運用初值條件 兩個初值條件的運用與第 1 章中一個初值條件的運用是類似的。唯一的區別是需要計算通解的一階導數，同時還可能要解一個二元代數方程式組。習題 25 可歸結爲求解如下的初值問題：

$$y'' = k\,y' \text{，} \qquad y(0) = 0 \text{，} \qquad y'(0) = 1$$

(k 是一個比例係數)解的圖像曲線過原點且在原點的斜率是 1 ($y(0) = 0, y'(0) = 1$)。
這個問題屬於習題 21 中總結的(B)類情況，它比(A)類情況更簡單，也更自然。令 $y' = z$，習題化簡爲：

$$z' = kz \text{，} \qquad z(0) = 1 \text{。} \qquad \text{解爲 } z = e^{kx} \text{。}$$

兩邊積分後用第一個初值條件得，

$$y = \int z\,dx = \frac{1}{k}e^{kx} + c \text{，} \qquad y(0) = \frac{1}{k} + c = 0 \text{，} \qquad c = -\frac{1}{k} \text{，} \qquad y = \frac{1}{k}(e^{kx} - 1) \text{。}$$

[注意：對於這裡的兩個任意常數，我們是分別求解兩個方程式得到的，而不是在一個方程組中求得的。]

2.2 節　常係數之齊次線性常微分方程式

求解常微分方程式

$$y'' + ay' + by = 0 \qquad (a，b\text{ 是常數}) \quad (1)$$

等價於求解一元二次方程式

$$\lambda^2 + a\lambda + b = 0 \qquad (3)$$

由基本的代數知識，我們知道(3)有兩個實根 λ_1，λ_2 或者一個實的二重根 λ 或者一對共軛複根 $-\frac{1}{2}a + i\omega$，$-\frac{1}{2}a - i\omega$ ($i = \sqrt{-1}$ ，且 $\omega = \sqrt{b - \frac{1}{4}a^2}$)。這三種情況對應的(1)的通解是(6)、(7)和(9)式。在(9)式中出現了振盪項，$a = 0$ 時是調和的；$a > 0$ 時是遞減的(隨 x 的增大而趨於 0)。見圖 31。

推導(9)式的關鍵是運用尤拉方程式(11) (令 $t = \omega x$)，也就是說，

$$e^{i\omega x} = \cos \omega x + i \sin \omega x$$

此公式下面還將用到。

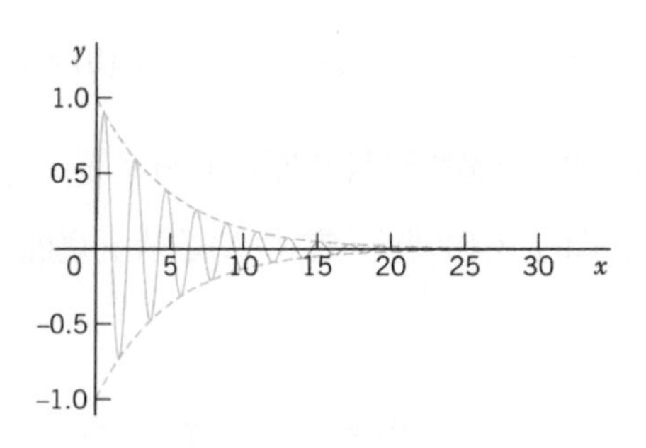

圖 31　例題 5 的解

習題集　2.2

1-14　通解

求通解。由代換法查驗你的答案。

3. $4y'' - 20y' + 25y = 0$ 。

通解　習題 1-14 等價於求解對應得二次方程式。觀察(3)和(4)，考慮到「標準形式」。也就是說 y'' 項的係數是 1。因此在習題 3 中，我們有 $y''-5y'+\frac{25}{4}y=0$，所以特徵方程式

$$\lambda^2-5\lambda+\frac{25}{4}=(\lambda-\frac{5}{2})^2=0$$

有二重根 $\lambda=5/2$，因此這個常微分方程式有通解 $y=(c_1+c_2x)e^{5x/2}$，見書後解答。

7. $y''-y'+2.5y=0$。

複根　常微分方程式 $y''-y'+2.5y=0$ 的特徵方程式是 $\lambda^2-\lambda+2.5=0$，其解是

$$\lambda=\frac{1}{2}\pm\sqrt{\frac{1}{4}-\frac{5}{2}}=\frac{1}{2}\pm\frac{1}{2}\sqrt{-9}=\frac{1}{2}\pm 3i\text{ 。}$$

它給出了實通解

$$y=e^{x/2}(A\cos\frac{3}{2}x+B\sin\frac{3}{2}x)\text{ 。}$$

這個運算式是振盪的，有一個漸增的振幅。

有衰減振幅的振盪式見 23 題。

35. (**驗證**) 以代入的方式求證式(8)裡的 y_1 是式(1)的一個解。

驗證　這個習題的關鍵點爲對於複雜的微積分計算最重要的是選擇合適的運算式。這是一般的準則。在這個習題中書後解答的假設完整的描述如下。

$$y_1=Ec\text{ ，}\quad E=e^{-ax/2}\text{ ，}\quad E'=-\frac{a}{2}E\text{ ，}\quad E''=\frac{a^2}{4}E\text{ 。}$$

$$s=\sin\omega x\text{ ，}\quad c=\cos\omega x\text{ ，}\quad c'=-\omega s\text{ ，}\quad c''=-\omega^2c\text{ 。}$$

$$y'_1=E'c+Ec'=\left(-\frac{a}{2}c-\omega s\right)E$$

$$y''_1=E''c+2E'c'+Ec''=\left(\frac{a^2}{4}c+2\left(-\frac{a}{2}\right)(-\omega s)-\omega^2c\right)E\text{ 。}$$

把這些運算式帶入 ODE，消掉共有項 E (指數函數)。得到

$$\frac{a^2}{4}c + a\,\omega s - \omega^2 c - \frac{a^2}{2}c - a\,\omega s + bc = 0 \text{ 。}$$

正弦項也消掉了。所有的餘弦項之和是 0，於是我們可以得到($\omega^2 = b - \frac{1}{4}a^2$)，即

$$\frac{1}{4}a^2 - b + \frac{1}{4}a^2 - \frac{1}{2}a^2 + b = 0 \text{ 。}$$

2.3 節　微分運算子

習題集　2.3

1. **微分運算子之應用** 請將所給予之運算子應用到下列問題(並寫出詳細步驟)。

$$(D-I)^2 \text{ ； } e^x \text{ ， } xe^e \text{ ， } \sin x \text{ 。}$$

微分運算子　對於 e^x，$(D-I)\,e^x = e^x - e^x = 0$。而對於 xe^x 有，

$$(D-I)xe^x = Dxe^x - xe^x = e^x + xe^x - xe^x = e^x \text{ 。}$$

因此，$(D-I)xe^x = e^x$。再次作用 $D-I$ 得，

$$(D-I)^2 xe^x = (D-I)\,e^x = e^x - e^x = 0 \text{ 。}$$

因此 xe^x 是有雙根時的解，這個 ODE 變成

$$y'' - 2y' + y = (D^2 - 2D + I)y = (D-I)^2 y = 0 \text{ 。}$$

對於 $\sin x$ 有

$$(D-I)^2 \sin x = (D^2 - 2D + I)\sin x = -\sin x - 2\cos x + \sin x = -2\cos x \text{ 。}$$

或者，

$$(D-I)^2 \sin x = (D-I)(\cos x - \sin x) = -\sin x - \cos x - \cos x + \sin x = -2\cos x \text{ 。}$$

11. **通解** 如同課文裡做因式分解並求解(寫出詳細步驟)。

$$(D^2 + 4.1D + 3.1I)y = 0 \text{ 。}$$

微分運算子，通解　在 2.3 節提供了幾種運算元運算式並且告訴我們如何將其應用到常係數 ODEs。題中所給的 ODE，

$$(D^2+4.1D+3.1I)\,y=(D+I)(D+3.1I)\,y=y''+4.1y'+3.1y=0\ 。$$

從上式的兩個因數我們可以導出通解

$$y=c_1e^{-3.1x}+c_2e^{-x}\ ，$$

和

$$(D+I)(D+3.1I)(c_1e^{-3.1x}+c_2e^{-x})=0\ 。$$

因為，

$$(D+I)\,e^{-x}=-e^{-x}+e^{-x}=0$$

同時，

$$(D+3.1I)e^{-3.1x}=-3.1\,e^{-3.1x}+3.1\,e^{-3.1x}=0\ 。$$

2.4 節　模型化：自由振盪(質量-彈簧系統)

牛頓定律和胡克定律給出了這樣的模型。也就是說，在 ODE (3)中，阻尼在整個過程中可以小到忽略不計；而在(5)中，阻尼不能被省略掉，模型中包含阻尼項 cy'。

值得注意的是，2.2 節中的三個例子對應了力學中的三種情況。情況 1 和情況 2 的圖像看起來很相似，但它們的公式是不同的。

情況 3 是一種極限情形的簡諧振盪，沒有阻尼，系統中也沒有能量耗散。所以此時就變成了(4*)式那樣的最大振幅恆為 C 的運動。方程式(4*)還有一個相位移 δ。因此它是一個比(4)那樣的正弦、餘弦和式更好的運算式。

由(4*)可以導出

$$y(t)=C\cos(\omega_0t-\delta)=C(\cos\omega_0t\cos\delta+\sin\omega_0t\sin\delta)$$

$$=C\cos\delta\cos\omega_0t+C\sin\delta\sin\omega_0t=A\cos\omega_0t+B\sin\omega_0t\ 。$$

比較上式兩端發現，$A=C\cos\delta$，$B=C\sin\delta$，因此

$$A^2+B^2=C^2\cos^2\delta+C^2\sin^2\delta=C^2$$

同時，

$$\tan\delta = \frac{\sin\delta}{\cos\delta} = \frac{C\sin\delta}{C\cos\delta} = \frac{B}{A} \text{。}$$

習題集 2.4

3. **無阻尼運動(諧波振盪)(鐘擺)** 求一個長度爲 L 的鐘擺之擺動頻率(圖 41)，忽略空氣的阻力以及桿子的重量，並假設 θ 小到使得 $\sin\theta$ 實際上就等於 θ。

鐘擺 對於書後解答中給出的解，二階導數 θ'' 是幅角加速度，因此 $L\theta''$ 是加速度而 $mL\theta''$ 則是相應的外力。由重力 $-mg$ 產生的勢力的切向分量 $-mg\sin\theta$ 而其發向分量 $-mg\cos\theta$ 在圖 41 中是沿著懸線方向。$\omega_0^2 = g/L$ 與(4)中的 $\omega_0^2 = k/m$ 類似，原因是

$$\theta'' + \frac{g}{L}\theta = 0 \qquad \text{同時} \qquad y'' + \frac{k}{m}y = 0 \text{。}$$

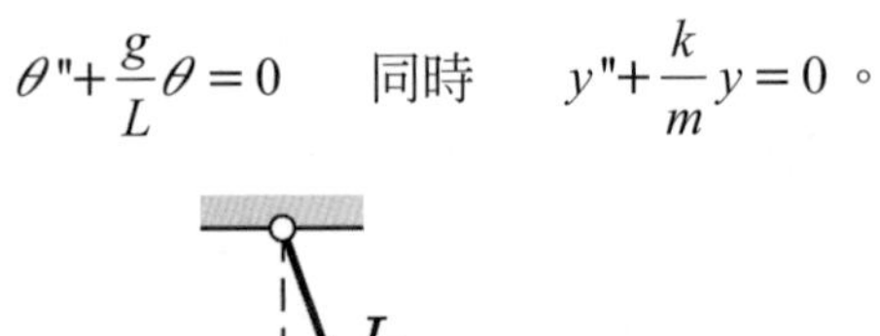

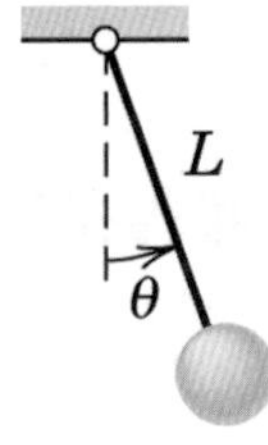

圖 41 鐘擺

9. **阻尼運動(頻率)** 在式(9)應用二項是定理，並保留前兩項以得到從 ω_0 估計 ω^* 的公式。在例題 2、情況III中，這個估計有多好？

頻率 由指數爲1/2的二項式展開公式得到，

$$(1+a)^{1/2} = \binom{1/2}{0} + \binom{1/2}{1}a + \binom{1/2}{2}a^2 + \cdots$$
$$= 1 + \frac{1}{2}a + \frac{(1/2)(-1/2)}{2}a^2 + \cdots \text{。}$$

應用(9)式，

$$\omega^* = \left(\frac{k}{m} - \frac{c^2}{4m^2}\right)^{1/2} = \left(\frac{k}{m}\right)^{1/2}\left(1 - \frac{c^2}{4mk}\right)^{1/2} \approx \left(\frac{k}{m}\right)^{1/2}\left(1 - \frac{c^2}{8mk}\right) \text{。}$$

對於例 2、III，$\omega^* = 3(1-100/(8\cdot 10\cdot 90)) = 2.9583$(精確值爲 2.95833) 。

15. (**初始值問題**)求以初速 v_0 開始於 y_0 的臨界阻尼運動(8)。畫出 $\alpha = 1$，$y(0) = 1$ 以及一些 v_0 的解曲線使的(i)曲線不和 t 軸相交，(ii)它和 t 軸分別相交在 t=1，2，…5。

初值問題　通解公式可由下式推出

$$y = (c_1 + c_2 t)e^{-\alpha t} \text{，} \qquad y' = [c_2 - \alpha(c_1 + c_2 t)]e^{-\alpha t} \text{。}$$

直接積分，一個一個地求解。首先，$y(0) = c_1 = y_0$ 然後，

$$y'(0) = c_2 - \alpha c_1 = c_2 - \alpha y_0 = v_0 \text{，} \qquad c_2 = v_0 + \alpha y_0 \text{。}$$

最後可得到書後的解答。

17. (**過阻尼**)請證明在過阻尼情況下，物體最多只通過 $y = 0$ 點一次。

過阻尼　$c_1 e^{-(\alpha-\beta)t} + c_2 e^{-(\alpha+\beta)t} = 0$ 給出 $c_1 / c_2 = -e^{(-\alpha-\beta+\alpha-\beta)t} = -e^{-2\beta t}$ 。因爲指數函數是非負的同時上式右邊有一個負號，所以 c_1 / c_2 必須是負的才可能有解。

2.5 節　尤拉-柯西方程式

這是另一大類可以用代數方法來解的 ODEs，會導出單的冪次和對數，因此對於常係數 ODEs 可以得到指數和三角函數。

有三個例子，對於那些 ODEs，圖 47 提出了所想要的解。有些例子中 $x = 0$ 必須被排除(當負指數冪次時)。而在其他的例子中，解被限制在獨立變數 x 取正值時；這發生在對數或根出現時(如例 1)。注意到爲了確定 $y = x^m$ 中的指數 m 的輔助方程式是：

$$m(m-1) + am + b = 0 \text{，} \qquad \text{因此} \qquad m^2 + (a-1)m + b = 0 \text{，}$$

$a-1$ 是線性項的係數；因此這個 ODE 可以被寫成

$$x^2 y'' + axy' + by = 0 \text{，} \tag{1}$$

這不再是以 y'' 作爲首項的標準形式。

因此常係數 ODEs 是力學和電學的基礎，尤拉-柯西方程式反而沒有那麼重要。例 4 爲一典型的應用。

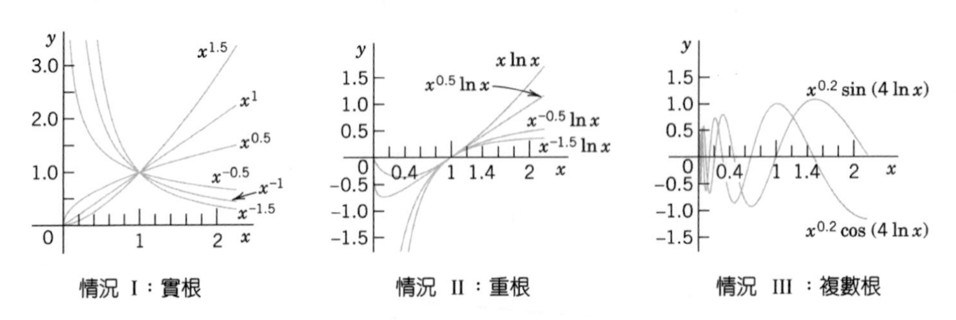

圖 47 尤拉-柯西方程式

習題集 2.5

1-10 通解

求實數型通解，並寫出詳細之計算步驟。

1. $x^2y''-6y=0$。

通解 習題 1-10 可以通過求輔助方程式(3)的根求解。對於 ODE $x^2y''-6y=0$ 有

$$m(m-1)-6=m^2-m-6=(m-3)(m+2)=0$$

由此可得通解 $y=c_1x^3+c_2x^{-2}$ 對所有 $x \neq 0$ 成立。

3. $x^2y''-7xy'+16y=0$。

重根(情況 II) ODE $x^2y''-7xy'+16y=0$ 的輔助方程式

$$m(m-1)-7m+16=m^2-8m+16=(m-4)^2=0 \text{。}$$

相應於(7)，對於正的 x 之通解

$$y=(c_1+c_2\ln x)x^4 \text{。}$$

5. $x^2y''-xy'+2y=0$。

複根 ODE $x^2y''-xy'+2y=0$的輔助方程式是

$$m^2-2m+2=(m-(1+i))(m-(1-i))=0\text{。}$$

複數解系是x^{1+i}，x^{1-i}。由此可通過截斷指數函數得到實解，也就是說，首先寫出(尤拉方程式!)

$$x^{1\pm i}=x^1x^{\pm i}=xe^{\pm i\ln x}=x(\cos(\ln x)\pm i\sin(\ln x))$$

然後用線性合併得到解的實數解是

$$x\cos(\ln x)\text{，}\quad \text{和}\quad x\sin(\ln x)\text{。}$$

對於正的x或者像書後解答中的$\ln|x|$那樣的解必須要求$x\neq 0$。

13. **初始值問題** 求解並繪出解，並寫出詳細之計算步驟。

$$(x^2D^2+2xD+100.25I)=0\text{，}\ y(1)=2\text{，}\ y'(1)=-11\text{。}$$

初始值問題 初始值問題不能在$x=0$點定義，因為尤拉-柯西方程式的標準形式$y''+(a/x)y'+(b/x^2)y=0$的係數在$x=0$點處是無限的。選擇$x=1$簡化問題比用其他值更好是因為$\ln 1=0$。於是，

$$x^2y''+2xy'+100.25y=0$$

有輔助方程式

$$m^2+m+100.25=(m+0.5-10i)(m+0.5+10i)=0\text{。}$$

其解為$-0.5\pm 10i$。對於正x的通解，包括相應的實解是

$$y=x^{-0.5}(A\cos(10\ln x)+B\sin(10\ln x))\text{。}$$

可以導出(鏈式法則!)

$$y' = -0.5x^{-1.5}(A\cos(10\ln x) + B\sin(10\ln x)) + x^{-0.5}(-A\sin(10\ln x) + B\cos(10\ln x))\frac{10}{x} \text{。}$$

因此 $y(1) = A = 2$，原因是正弦得 1 而餘弦得 0。類似的，代入 $A = 2$，

$$y'(1) = -1 + 0 - 0 + 10B = -11 \text{，} \quad \text{因此，} \quad B = -1 \text{。}$$

這就得出了書後解答給的答案。

2.6 節　解的存在性及唯一性、朗士基

一個 ODE 的解 y_1，y_2 所對應的**朗士基** $W(y_1, y_2)$ 由 2.6 節的式(6)定義，寫成二階行列式是方便的(對於使用它這不重要，這裡你不需要熟悉行列式)。它可以用來檢查線性相關和線性無關，對於得到解析是重要的。後者是重要的，如，聯繫到初值問題，一個解通常不能滿足兩個給定的初值條件。當然，兩個函數線性無關當且僅當它們的商不是常數。要檢查這一點，你需要用朗士基，但我們在這裡只討論二階 ODEs 這樣的簡單情況，也是為第 3 章的高階 ODEs 作準備，在那時朗士基將進一步展現其威力。

習題集　2.6

1-17　解基 對應的常微分方程式 朗士基

求二階齊次線性微分方程式使所給的函數為其解。證明其線性獨立

(a)考慮商

(b)以定理 2。

1. $e^{0.5x}$，$e^{-0.5x}$。

朗士基　常係數 ODEs 的解組成其解基底，這可從其特徵方程式

$(\lambda - 0.5)(\lambda + 0.5) = \lambda^2 - 0.25 = 0$ 得出，也就是說，$y'' = 0.25y = 0$。朗士基是

$$W(e^{0.5x}, e^{-0.5x}) = \begin{vmatrix} e^{0.5x} & e^{-0.5x} \\ 0.5e^{0.5x} & -0.5e^{-0.5x} \end{vmatrix}$$

$$= e^{0.5x}(-0.5e^{-0.5x}) - e^{-0.5x}(0.5e^{0.5x})$$

$$= -0.5 - 0.5 = -1 \text{。}$$

如果要通過一系列長的微積分計算才能給出一個簡單結果，你可以猜測一定有一種更簡單的方法可以做到。在這道題中，你可以證明，通過商律，

$$W = \left(\frac{y_2}{y_1}\right)' y_1^2 = \frac{y_2' y_1 - y_2 y_1'}{y_1^2} y_1^2 = y_2' y_1 - y_2 y_1' \text{。} \quad \text{(A)}$$

對於這個習題，$y_2 / y_1 = e^{-0.5x} e^{-0.5x} = e^{-x}$，$(e^{-x})' = -e^{-x}$。乘上 $y_1^2 = e^x$ 得到 -1。

3. e^{kx}，xe^{kx}。

朗士基 這是個重根的情形。特徵方程式是

$$\lambda^2 - 2k\lambda + k^2 = (\lambda - k)^2 = 0 \text{。}$$

方程式是 $y'' - 2ky' + k^2 y = 0$。朗士基可由公式(A)推出或直接由微積分計算得到。用那個公式，$y_2 / y_1 = xe^{kx} / e^{kx} = x$，因此

$$(y_2 / y_1)' = x' = 1 \text{，} \qquad W = 1 \cdot y_1^2 = (e^{kx})^2 = e^{2kx} \text{。}$$

由(6)直接計算較複雜。因爲 $(e^{kx})' = ke^{kx}$ 同時 $(xe^{kx})' = e^{kx} + kxe^{kx}$，可得

$$W = e^{kx}(xe^{kx})' - xe^{kx}(e^{kx})'$$

$$= e^{2kx}[(1 + kx) - kx]$$

$$= e^{2kx} \text{。}$$

9. $x^{1.5}$，$x^{-0.5}$。

尤拉-柯西方程式 這個方程式的特徵方程式是

$$(m-1.5)(m+0.5)=m^2-m-0.75=m(m-1)-0.75=0 \text{ 。}$$

因此這個 ODE 是$x^2y''-0.75y=0$。朗士基是

$$W=x^{1.5}(-0.5x^{-1.5})-x^{-0.5}\cdot 1.5x^{0.5}=-0.5-1.5=-2 \text{ 。}$$

題 3 中的公式給出$y_2/y_1=x^{-2}$，$(y_2/y_1)'=-2x^{-3}$，所以乘上$y_1^2=x^3$得到先前的結果$W=-2$。

13. $e^{-x}\cos 0.8x$，$e^{-x}\sin 0.8x$。

阻尼振盪 從給出的解可以看出特徵方程式的根是共軛複根，也就是說，$\lambda_1=-1+0.8i$，$\lambda_2=-1-0.8i$，因此，使用類似的公式$(a+b)(a-b)=a^2-b^2$，可以得到特徵方程式

$$(\lambda-\lambda_1)(\lambda-\lambda_2)=(\lambda+1-0.8i)(\lambda+1+0.8i)$$

$$=(\lambda+1)^2+0.8^2$$

$$=\lambda^2+2\lambda+1.64=0 \text{ 。}$$

可從(6)得到朗士基，或者你可以更簡單的從通解公式算出(見題 3)，也就是說，

$$y_1=e^{-x}\cos 0.8x \text{，} \qquad y_2=e^{-x}\sin 0.8x \text{，}$$

且

$$y_2/y_1=\tan 0.8x \text{，} \qquad (y_2/y_1)'=(1/\cos^2 0.8x)\cdot 0.8$$

所以乘上y_1^2(見公式)後得$W=0.8e^{-2x}$。

17. $e^{-3.8\pi x}$，$xe^{3.8\pi x}$。

重根 從所給函數的形式可以看出它們是一個常係數線性 ODE 的解，第二個解中的 x 告訴你這是特徵方程式有重根的情況，這個根是 -3.8π 。因此特徵方程式是

$$(\lambda+3.8\pi)^2=\lambda^2+7.6\pi\lambda+14.44\pi^2=0 \text{ 。}$$

因此這個 ODE 是 $y''-7.6\pi y'+14.44\pi^2 y=0$ 。

爲求朗士基 W 需要 $y_1=e^{-3.8\pi x}$ ， $y_2=xe^{-3.8\pi x}$ 及其導數

$$y_1'=-3.8\pi e^{-3.8\pi x} \text{ ，} \qquad y_2'=(1+x(-3.8\pi))e^{-3.8\pi x} \text{ 。}$$

因此朗士基是

$$\begin{aligned}W&=y_1y_2'-y_2y_1'\\&=e^{-3.8\pi x}(1-3.8\pi x)e^{-3.8\pi x}-xe^{-3.8\pi x}(-3.8\pi)e^{-3.8\pi x}\\&=e^{-7.6\pi x}(1-3.8\pi x+x\cdot 3.8\pi)\\&=e^{-7.6\pi x} \text{ 。}\end{aligned}$$

更簡單的從題 1 的通解公式出發，

$$W=\left(\frac{y_2}{y_1}\right)' y_1^2=x'y_1^2=1\cdot(e^{-3.8\pi x})^2=e^{-7.6\pi x} \text{ 。}$$

這樣化簡是因爲兩個解的商是 x 且其導數是 1。不知道你是否發現到，這是所有常係數 ODEs 的特徵方程式具有重根的一個特點？還有就是有對兩個實根以及複根的情況也可以做實質上的簡化。

後一公式中用到了 $(e^a)^2=e^{2a}$ ，這裡 $a=-3.8\pi x$ 。

2.7 節 非齊次常微分方程式

這一節內容和習題涉及到非齊次線性 ODEs

$$y''+p(x)y'+q(x)y=r(x) \tag{1}$$

這裡 $r(x)$ 是不恆爲 0 的。而新的任務是求(1)的特解 y。你可以使用未定係數法。因爲修正定則本身需要首先求得一個齊次 ODE 的通解，因爲 y_p 的形式差別依賴於方程式右邊的函數是否是齊次方程式的解。如果你忘記考慮這一條，你將不能確定那些係數；在這層意義下這個方法將警告你犯了一個錯誤。

習題集 2.7

1-14 非齊次方程式之通解

試求下列各題之(實數)通解，你使用那一個定則？(並寫出所有詳細之計算步驟)。

1. $y''+3y'+2y=30e^{2x}$。

通解 齊次方程式的通解是

$$\lambda^2+3\lambda+2=(\lambda+1)(\lambda+2)=0 \text{。}$$

你可發現它有解－1 和－2。因此齊次方程式 $y''+3y'+2y=0$ 的通解是

$$y_h=c_1e^{-x}+c_2e^{-2x} \text{。}$$

右邊的函數 $30e^{2x}$ 不是這個齊次 ODE 的解。因此不需要應用修正定則。表 2.1 要求你從 $y_p=Ce^{2x}$ 開始。兩次求導後得，

$$y_p'=2Ce^{2x} \text{，} \qquad \text{和} \qquad y_p''=4Ce^{2x} \text{。}$$

把 y 及其導數帶入方程式得，

$$4Ce^{2x}+3\cdot 2Ce^{2x}+2Ce^{2x}=12Ce^{2x}=30e^{2x} \text{。}$$

因此 $12C=30$ ，$C=30/12=2.5$ 。得到答案(所給方程式的通解；見書後解答)

$$y=c_1e^{-x}+c_2e^{-2x}+2.5e^{2x} \text{。}$$

11. $y''+1.44y=24\cos 1.2x$。

修正定則 齊次方程式 $y''+1.44y=0$ 的特徵方程式是 $\lambda^2+1.44=0$。它的根是 $1.2i$ 和 $-1.2i$。因此這個齊次方程式的實通解是，

$$y_h=c_1\cos 1.2x+c_2\sin 1.2x \text{。}$$

現在你會發現非齊次方程式的右邊 $24\cos 1.2x$ 爲這個齊次方程式的解。因此你需要修正定則來求一個單根。也就是說，乘上選擇函數 $K\cos 1.2x+M\sin 1.2x$，得到

$$y_p=x(K\cos 1.2x+M\sin 1.2x) \text{。}$$

求導得，

$$y_p'=K\cos 1.2x+M\sin 1.2x+x(-1.2K\sin 1.2x+1.2M\cos 1.2x)$$

$$y_p''=2(-1.2K\sin 1.2x+1.2M\cos 1.2x)+x(-1.44K\cos 1.2x-1.44M\sin 1.2x) \text{。}$$

現在把 y_p'' 和 y_p 代入 $y''+1.44y=24\cos 1.2x$。則 $1.44y_p$ 和 y_p'' 中的 $x(\cdots)$ 被消掉了，剩下

$$2(-1.2K\sin 1.2x+1.2M\cos 1.2x)=24\cos 1.2x \text{。}$$

比較餘弦項得到 $2.4M=24$，因此 $M=10$ 右邊沒有正弦項。因此 K 必須爲 0。因此得到書後的答案，

$$y=c_1\cos 1.2x+c_2\sin 1.2x+10x\sin 1.2x \text{。}$$

19. **非齊次方程式之初始值問題** 請解所給之初始值問題。說明你所使用之定則。並寫出所有詳細之計算步驟。

$$y''-y'-12y=144x^3+12.5 \text{，} y(0)=5 \text{，} y'(0)=-0.5 \text{。}$$

初值問題 齊次方程式 $y''-y'-12y=0$ 的特徵方程式是 $\lambda^2-\lambda-12=0$。由二次方程式

求根公式得

$$\lambda = \frac{1}{2} \pm \sqrt{\frac{1}{4} + 12} = \frac{1}{2} \pm \sqrt{\frac{49}{4}} = \frac{1}{2} \pm \frac{7}{2}, \qquad \text{因此} \qquad \lambda = -3 \text{ 和 } 4。$$

於是齊次方程式的通解是

$$y_h = c_1 e^{-3x} + c_2 e^{4x}。$$

現在你會發現所給方程式的右邊項不是齊次方程式的解。因此你不必應用修正定則，從選擇函數出發，

$$y_p = K_3 x^3 + K_2 x^2 + K_1 x + K_0。$$

其導數是

$$y'_p = 3K_3 x^2 + 2K_2 x + K_1$$

$$y''_p = 6K_3 x + 2K_2。$$

代入所給方程式得

$$(6K_3 x + 2K_2) - (3K_3 x^2 + 2K_2 x + K_1) - 12(K_3 x^3 + K_2 x^2 + K_1 x + K_0) = 144x^3 + 12.5。$$

現在比較兩邊 x 的冪項。x^3 項給出 $-12K_3 = 144$，所以 $K_3 = -12$。另外 x^2 項給出 $-3K_3 - 12K_2 = 0$，因為右邊沒有 x^2 項。於是 $-3(-12) - 12K_2 = 0$，$K_2 = 3$。x 項給出 $6K_3 - 2K_2 - 12K_1 = 0$，右邊沒有 x 項。於是，

$$6(-12) - 2 \cdot 3 = 12K_1, \qquad K_1 = -6.5。$$

最後，從兩邊的常數項 1 可得，

$$2K_2 - K_1 - 12K_0 = 12.5, \qquad \text{因此} \qquad 6 + 6.5 - 12K_0 = 12.5, \qquad K_0 = 0。$$

所給 ODE 的通解是，

$$y = y_h + y_p = c_1 e^{-3x} + c_2 e^{4x} - 12x^3 + 3x^2 - 6.5x + 0 \text{ 。}$$

現在你才能考慮初值問題。(爲什麼不早一點？)第一個條件是 $y(0) = 5$ ，

$$y(0) = c_1 + c_2 = 5 \text{，} \qquad \text{因此} \qquad c_2 = 5 - c_1 \text{ 。}$$

對第二個初值條件 $y'(0) = -0.5$ ，你需要其導數

$$y' = -3c_1 e^{-3x} + 4c_2 e^{4x} - 36x^2 + 6x - 6.5$$

它的值是，

$$y'(0) = -3c_1 + 4c_2 - 6.5$$

$$= -3c_1 + 4(5 - c_1) - 6.5$$

$$= -7c_1 + 13.5 \text{ 。}$$

這必須等於 -0.5 。因此 $c_1 = 2$ 同時 $c_2 = 5 - c_1 = 3$ 。加上常係數的值你就可以得到書後解答的答案，

$$y = 2e^{-3x} + 3e^{4x} - 12x^3 + 3x^2 - 6.5x \text{ 。}$$

2.8 節　模型化：強迫振盪、共振

在(4)的解 a，b 的公式中((5)上面的部分)，分母是係數行列式；此外，對 a 分子是行列式

$$\begin{vmatrix} F_0 & \omega c \\ 0 & k - m\omega^2 \end{vmatrix} = F_0(k - m\omega^2) \text{ 。}$$

對 b 也是類似的。

習題集 2.8

1. **穩態解** 請求出由下列常微分方程式所描述質量-彈簧系統之穩態振盪。並寫出詳細計算步驟。

$$y''+6y'+8y=130\cos 3t \text{ 。}$$

穩態解 對於函數 $r=130\cos 3t$ 你必須選擇

$$y_p = K\cos 3t + M\sin 3t \text{ 。}$$

求導得，

$$y_p' = -3K\sin 3t + 3M\cos 3t$$

$$y_p'' = -9K\cos 3t - 9M\sin 3t \text{ 。}$$

把它們代入方程式 $y''+6y'+8y=130\cos 3t$ 。爲了得到一個簡單的公式，作替換 $C=\cos 3t$ ，$S=\sin 3t$ 。則

$$(-9KC-9MS)+6(-3KS+3MC)+8(KC+MS)=130C \text{ 。}$$

收集關於 C 的項並和 130 比較。收集關於 S 的項並和 0 比較(右邊無正弦項)。得

$$-9K+18M+8K=-K+18M=130$$

$$-9M-18K+8M=-18K-M=0 \text{ 。}$$

由第二個方程式，$M=-18K$ 。然後由第一個方程式

$$-K+18\cdot(-18K)=130 \text{ ，} \qquad K=-130/325=-0.4 \text{ 。}$$

因此，$M=-18K=7.2$ 。穩態解是(書後解答)

$$y=-0.4\cos 3t+7.2\sin 3t \text{ 。}$$

9. **暫態解** 請求出由下列常微分方程式所描述質量-彈簧系統之暫態運動(並寫出詳細計算步驟)。

$$y'' + 2y' + 0.75y = 13\sin t$$

暫態解　齊次方程式 $y'' + 2y' + 0.75y = 0$ 的特徵方程式是

$$\lambda^2 + 2\lambda + 0.75 = (\lambda + \frac{1}{2})(\lambda + \frac{3}{2}) = 0 \text{ 。}$$

因此其根是 $-1/2$ 和 $-3/2$ 。這個齊次方程式的通解是

$$y_h = c_1 e^{-t/2} + c_2 e^{-3t/2} \text{ 。}$$

為了得到方程式的通解你需要一個特解 y_p 。聯繫到未定係數法(2.7 節)，令

$$y_p = K\cos t + M\sin t \text{ 。}$$

求導數得，

$$y_p' = -K\sin t + M\cos t$$

$$y_p'' = -K\cos t - M\sin t \text{ 。}$$

將其帶入方程式，令 $C = \cos t$ ， $S = \sin t$ ，得

$$(-KC - MS) + 2(-KS + MC) + 0.75(KC + MS) + 13S \text{ 。}$$

收集 C 的係數並用其和與 0 比較(為什麼？)

$$-K + 2M + 0.75K = 0 \text{，} \quad \text{因此} \quad -\frac{1}{4}K + 2M = 0 \text{，} \quad K = 8M \text{ 。}$$

收集 S 的係數並用其和與 13 比較：

$$-M - 2K + 0.75M = 13 \text{ 。}$$

因為 $K = 8M$ ，所以，

$$-M-16M+0.75M=\frac{1}{4}(-4M-64M+3M)=-\frac{65}{4}M=13\text{ ，}M=-\frac{4}{5}\text{ 。}$$

因此 $K=8M=-32/5$。這使得書後解答的答案之暫態解

$$y=y_h+y_p=c_1e^{-t/2}+c_2e^{-3t/2}-\frac{32}{5}\cos t-\frac{4}{5}\sin t\text{ 。}$$

17. **初始值問題** 請求出由下列常微分方程式及初始條件所描述相對應之質量－彈簧系統之運動。繪出解之曲線。此外，當解實際達到穩態時，描繪出 $y-y_p$。

$$y''+6y'+8y=4\sin 2t\text{ ，}y(0)=0.7\text{ ，}y'(0)=-11.8\text{ 。}$$

初始值問題 特徵方程式

$$\lambda^2+6\lambda+8=(\lambda+4)(\lambda+2)=0$$

$y''+6y'+8y=0$ 有兩個根 -4 和 -2，所以齊次方程式的通解是

$$y_h=c_1e^{-4t}+c_2e^{-2t}\text{ 。}$$

你需要一個方程式的特解 y_p。使用未定係數法，令

$$y_p=K\cos 2t+M\sin 2t\text{ 。}$$

求導得，

$$y_p'=-2K\sin 2t+2M\cos 2t$$

$$y_p''=-4K\cos 2t-4M\sin 2t\text{ 。}$$

代入原方程式，取 $C=\cos 2t$，$S=\sin 2t$：

$$(-4KC-4MS)+6(-2KS+2MC)+8(KC+MS)=4S\text{ 。}$$

收集餘弦向及令其係數和爲 0

$$-4K+12M+8K=4K+12M=0，\text{因此}\quad K=-3M$$

收集正弦項係數並用其和與 4 比較，因為方程式右邊時 $4\sin 2t=4S$ ：

$$-4M-12K+8M=-4M+36M+8M=40M=4\text{，}M=0.1\text{。}$$

$K=-3M$ (見前面)，所以 $K=-0.3$ 。於是得到方程式的通解：

$$y(t)=c_1e^{-4t}+c_2e^{-2t}-0.3\cos 2t+0.1\sin 2t\text{。}$$

現在由初值條件 $y(0)=0.7$ ， $y'(0)=-11.8$ 來確定 c_1 和 c_2 。第一個條件給出($\cos 0=1$ ， $\sin 0=0$)，

$$y(0)=c_1+c_2-0.3=0.7\text{，}\qquad\text{因此}\qquad c_1+c_2=1\text{。}$$

第二個條件需要對下式求導，

$$y'(t)=-4c_1e^{-4t}-2c_2e^{-2t}+0.6\sin 2t+0.2\cos 2t\text{。}$$

因此，

$$y'(0)=-4c_1-2c_2+0+0.2=-11.8\text{，}\qquad 4c_1+2c_2=12\text{。}$$

因為 $c_1+c_2=1$ ，所以 $c_2=1-c_1$ ，且

$$4c_1+2c_2=4c_1+2(1-c_1)=2c_1+2=12\text{，}c_1=5\text{，}c_2=1-c_1=-4\text{。}$$

最後得到答案($y_p=K\cos 2t+M\sin 2t$)

$$y(t)=5e^{-4t}-4e^{-2t}-0.3\cos 2t+0.1\sin 2t\text{。}$$

2.9 節　模型化：電路

習題集　2.9

5. (**LC 電路**)此爲 R 值小到可忽略之 RLC 電路(相當於無阻尼質量-彈簧系統)。當 $L=0.2\text{H}$，$C=0.05\text{F}$ 且 $E=\sin t$ V 時，假設初始電流及電荷爲零，求出其電流。

LC 電路 使用與 RLC 電路同樣的模型。因此，

$$LI'+Q/C=E(t)\text{ 。}$$

求導得，

$$LI''+I/C=E'(t)\text{ 。}$$

因此，$L=0.2$，$1/C=2.0$，$E(t)=\sin t$，$E'(t)=\cos t$，所以

$$0.2I''+20I=\cos t\text{，}\qquad \text{因此}\qquad I''+100I=5\cos t\text{ 。}$$

特徵方程式是 $\lambda^2+100=0$，其根爲$\pm 10i$，所以齊次方程式的實數解是

$$I_h=c_1\cos 10t+c_2\sin 10t\text{ 。}$$

現在來用未定係數法求一個特解 I_p，

$$I_p=K\cos t+M\sin t\text{ 。}$$

其導數爲，

$$I_p'=-K\sin t+M\cos t$$

$$I_p''=-K\cos t-M\sin t$$

代入非齊次方程式 $I''+100I=5\cos t$，得到

$$(-K\cos t-M\sin t)+100(K\cos t+M\sin t)=5\cos t\text{ 。}$$

比較兩邊的餘弦項，得到

$$-K+100K=5\text{，}\qquad \text{所以}\qquad K=5/99\text{ 。}$$

正弦項給出

$$-M+100M=0\text{，}\qquad \text{所以}\qquad M=0\text{。}$$

於是得到非齊次方程式的通解

$$I=I_h+I_p=c_1\cos 10t+c_2\sin 10t+\frac{5}{99}\cos t\text{。}$$

使用初值條件 $I(0)=0$ 和 $I'(0)=0$。得到，

$$I(0)=c_1+\frac{5}{99}=0\text{，}\qquad \text{因此}\qquad c_1=-\frac{5}{99}\text{。}$$

求導得，

$$I'(t)=-10c_1\sin 10t+10c_2\cos 10t-\frac{5}{99}\sin t\text{。}$$

因為 $\sin 0=0$，這使得 $I'(0)=10c_2=0$，所以 $c_2=0$。於是得到答案(書後解答)

$$I(t)=\frac{5}{99}(\cos t-\cos 10t)\text{。}$$

13. 從以下所給資料求出圖 60 中 *RLC* 電路之**暫態電流**(通解)(寫出求解細節)。

R=6 Ω，L=0.2 H，C=0.025 F，E=110sin10 t V。

暫態電路 你必須找到這個非齊次方程式的通解。因為 $R=6$，$L=0.2$，$1/C=40$，$E=110\sin 10t$，$E'=1100\cos 10t$，這個方程式是

$$0.2I''+6I'+40I=E'=1100\cos 10t\text{。}$$

乘以 5 後得到以 I'' 為第一項的標準形式，

$$I''+30I'+200I=5500\cos 10t\text{。}$$

特徵方程式是，

$$\lambda^2+30\lambda+200=(\lambda+20)(\lambda+10)=0$$

你會發現齊次方程式的通解是

$$I_h=c_1e^{-20t}+c_2e^{-10t}\text{。}$$

隨著 t 的增加它將趨於 0，不考慮初值條件(這個習題中也沒有給出)，你還需要齊次方程式的特解 I_p ；這是一個穩態解。你可以用未定係數法求得，

$$I_p = K\cos 10t + M\sin 10t \text{ 。}$$

微分得，

$$I_p' = -10K\sin 10t + 10M\cos 10t$$

$$I_p'' = -100K\cos 10t - 100M\sin 10t \text{ 。}$$

把這些帶入標準形式的非齊次方程式，令 $C = \cos 10t$ ， $S = \sin 10t$ 。得到

$$(-100KC - 100MS) + 30(-10KS + 10MC) + 200(KC + MS) = 5500C \text{ 。}$$

S 項的係數和與 0 比較得，

$$-100M - 300K + 200M = 0 \text{ ，} \quad 100M = 300K \text{ ，} \quad M = 3K \text{ 。}$$

C 項的係數和與 5500 比較得，

$$-100K + 300M + 200K = 5500 \text{ ，} \quad 100K + 300\cdot 3K = 1000K = 5500 \text{ 。}$$

你會發現 $K = 5.5$ ， $M = 3K = 16.5$ ，最後得到解(書後解答)

$$I = I_h + I_p = c_1 e^{-20t} + c_2 e^{-10t} + 5.5\cos 10t + 16.5\sin 10t \text{ 。}$$

2.10 節　參數變異法求解

這種方法是具有一般性的，與未定係數法不同的是，後者是限制在常係數 ODEs 有特殊的右端項的情況。而且未定係數法對工程師和物理學家更爲重要因爲它可以考慮一般的週期驅動力。而參數變異法是把問題化成求兩個積分。因此爲 1.5 節中線性一階 ODEs 解法的推廣。

習題集　2.10

1-17　通解

以參數變異法或待定係數法求解給定的非齊次常微分方程式。求出其通解(寫出詳細步驟)。

3. $x^2y'' - 2xy' + 2y = x^3\cos x$。

通解　公式(2)可以從 ODE 的標準形式得到，在這個習題中，非齊次方程式

$$x^2y'' - 2xy' + 2y = x^3\cos x$$

被 x^2 除後得

$$y'' - \frac{2}{x}y' + \frac{2}{x^2}y = x\cos x \text{。}$$

齊次方程式的輔助方程式需要確定 y_1 和 y_2。即

$$m(m-1) - 2m + 2 = m^2 - 3m + 2 = (m-2)(m-1) = 0 \text{。}$$

根是 1 和 2。因此得到解基底 $y_1 = x$，$y_2 = x^2$。以及相應的朗士基

$$W = \begin{vmatrix} x & x^2 \\ 1 & 2x \end{vmatrix} = 2x^2 - x^2 = x^2 \text{。}$$

現在用(2) (分部積分)，得到，

$$y = -x\int \frac{x^2 \cdot x\cos x}{x^2}dx + x^2\int \frac{x \cdot \cos x}{x^2}dx$$

$$= -x\int x\cos x dx + x^2\int \cos x dx$$

$$= -x(\cos x + x\sin x) + x^2\sin x$$

$$= -x\cos x \text{。}$$

使用特解，可以得到通解

$$y = c_1x + c_2x^2 - x\cos x \text{。}$$

你將直接得到答案只要你在計算積分時加上常數積分項。

5. $y'' + y = \tan x$ 。

通解 書後所示的解告訴我們對此題未定係數法是無效的。同時也可以得到解基底 $y_1 = \cos x$ ，$y_2 = \sin x$ 被用到了。相應得朗士基是

$$W = \begin{vmatrix} \cos x & \sin x \\ -\sin x & \cos x \end{vmatrix} = \cos^2 x + \sin^2 x = 1$$ 。

因此你需要計算(2)中的積分，

$$-(\cos x)\int (\sin x)\tan x dx = (-\cos x)(-\sin x + \ln|\sec x + \tan x| - c_1)$$

和
$$(\sin x)\int (\cos x)\tan x dx = (\sin x)\int \sin x dx = (\sin x)(-\cos x + c_2)$$ 。

$\cos x \sin x$ 出現了兩次，帶有相反的符號；因此這些項都消掉了，得到通解

$$y = c_1 \cos x + c_2 \sin x + (\cos x)(\sin x - \ln|\sec x + \tan x|) - \sin x \cos x$$ 。

(爲了要得到最後解中的 $+c_1$ 我們令任意常數之一爲 $-c_1$)

11. $(D^2 + 4I)y = \cosh 2x$ 。

方法的選擇 $y'' + 4y = \cosh 2x$ 可以用未定係數法更容易得解因爲參數變數中出現的積分有點複雜。導出下式

$$y_h = c_1 \cos 2x + c_2 \sin 2x$$ 。

而 y_p

$$y_p = K \cosh 2x + M \sinh 2x$$

所以，

$$y_p'' = 4K \cosh 2x + 4M \sinh 2x$$ 。

代入原方程式的，

$$4K\cosh 2x + 4M\sinh 2x + 4(K\cosh 2x + M\sinh 2x)$$

$$= 8K\cosh 2x + 8M\sinh 2x$$

$$= \cosh 2x \text{ 。}$$

比較兩邊得 $K = \frac{1}{8}$ ， $M = 0$ 。所以得到如下的通解

$$y = c_1\cos 2x + c_2\sin 2x + \frac{1}{8}\cosh 2x \text{ 。}$$

(書後答案 $\frac{1}{8}x\cosh 2x$ 有誤)。

17. $(x^2D^2 + xD + (x^2 - \frac{1}{4}I))y = x^{3/2}\sin x$ 。

通解 齊次方程式是

$$x^2y'' + xy' + (x^2 - \frac{1}{4})y = 0 \text{ 。}$$

使用 $y = ux^{-1/2}$ 同時微分得，

$$y' = u'x^{-1/2} - \frac{1}{2}ux^{-3/2}$$

$$y'' = u''x^{-1/2} - u'x^{-3/2} + \frac{3}{4}ux^{-5/2} \text{ 。}$$

帶入齊次方程式得，

$$u''x^{3/2} - u'x^{1/2} + \frac{3}{4}ux^{-1/2} + u'x^{1/2} - \frac{1}{2}ux^{-1/2} + (x^2 - \frac{1}{4})ux^{-1/2} = 0 \text{ 。}$$

第二項和第四項消掉了。第三項加第五項與 $-\frac{1}{4}ux^{-1/2}$ 。然後再除以 $x^{3/2}$ ，得到 $u'' + u = 0$ ，通解是 $u = c_1\cos x + c_2\sin x$ ，所以

$$y_h = ux^{-1/2} = (c_1\cos x + c_2\sin x)/\sqrt{x} \text{ 。}$$

現在要求非齊次方程式的特解，需要

$$y_1 = x^{-1/2}\cos x \text{，}\qquad y_2 = x^{-1/2}\sin x \text{ 。}$$

還需要

$$r = x^{-1/2}\sin x$$

朗士基是

$$W = \begin{vmatrix} x^{-1/2}\cos x & x^{-1/2}\sin x \\ -\frac{1}{2}x^{-3/2}\cos x - x^{-1/2}\sin x & -\frac{1}{2}x^{-3/2}\sin x + x^{-1/2}\cos x \end{vmatrix} = \frac{1}{x} \text{ 。}$$

因此，由公式(2)得到解。

$$\begin{aligned} y_p &= -x^{-1/2}\cos x\int \frac{(x^{-1/2}\sin x)(x^{-1/2}\sin x)}{1/x}dx \\ &\quad + x^{-1/2}\sin x\int \frac{(x^{-1/2}\cos x)(x^{-1/2}\sin x)}{1/x}dx \\ &= -x^{-1/2}\cos x\int \sin^2 x dx \\ &\quad + x^{-1/2}\sin x\int \cos x\sin x dx \\ &= -x^{-1/2}\cos\ x\ (-\frac{1}{2}\sin x\cos x + \frac{1}{2}x) \\ &\quad + x^{-1/2}\sin x(-\frac{1}{2}x^{-1/2}\cos^2 x) \\ &= -\frac{1}{2}x^{-1/2}\cos x \text{ 。} \end{aligned}$$

$\pm\frac{1}{2}x^{-1/2}\cos^2 x\sin x$ 相互抵消了(書後答案中的 y_p 之第二項應除去)。

第 3 章　高階線性微分方程式

3.1 節　齊次線性 ODEs

■**例題 5　基底，朗士基** 取出指數函數，你可以發現它們的積 $e^0=1$；因爲，

$$e^{-2x}e^{-x}e^{x}e^{2x}=e^{-2x-x+x+2x}=e^0=1 \text{ 。}$$

像書中那樣做列變換，得

$$\begin{vmatrix} 1 & 0 & 0 & 0 \\ -2 & 1 & 3 & 4 \\ 4 & -3 & -3 & 0 \\ -8 & 7 & 9 & 16 \end{vmatrix} \text{ 。}$$

現在可以看出書中的三階行列式。這個行列式可以在化簡然後由第二行展開：

$$\begin{vmatrix} 1 & 2 & 4 \\ -3 & 0 & 0 \\ 7 & 2 & 16 \end{vmatrix} = +3\begin{vmatrix} 2 & 4 \\ 2 & 16 \end{vmatrix} = 3(32-8)=72 \text{ 。}$$

習題集　3.1

1-5　典型的基底例子

典型的基底例子爲了能讓讀者對高階 ODE 有某種程度的感覺，請讀者證明給定的函數是解答，而且形成一個在任何區間上的基底。請利用 Wronksians (在習題 2 中，x > 0)。

1. 1，x，x^2，x^3，$y^{iv}=0$ 。

基底　連續四次積分後可以得到通解，

$$y'''=c_1 \text{，}\quad y''=c_1x+c_2 \text{，}\quad y'=\frac{1}{2}c_1x^2+c_2x+c_3 \text{，}\quad y=\frac{1}{6}c_1x^3+\frac{1}{2}c_2x^2+c_3x+c_4 \text{，}$$

跟想像的一樣，y 是四個基底函數的線性組合。

5. 1，x，$\cos 3x$，$\sin 3x$，$y^{iv} + 9y'' = 0$。

基底 令 $y'' = z$，則有 $z'' + 9z = 0$。通解是

$$z = c_1 \cos 3x + c_2 \sin 3x \text{ 。}$$

積分得

$$y' = \int z dx = \frac{1}{3} c_1 \sin 3x - \frac{1}{3} c_2 \cos 3x + c_3$$

於是通過再一次的積分得到通解，

$$y = \int y' dx = -\frac{1}{9} c_1 \cos 3x - \frac{1}{9} c_2 \sin 3x + c_3 x + c_4 \text{ 。}$$

你會發現通解中包含基底函數 $\cos 3x$，$\sin 3x$，x，1；它是這四個函數任意的線性組合。

7-19 線性獨立與線性相依

請問在正 x 軸上，下列給定的函數是線性獨立或線性相依？(說明原因)

7. 1，e^x，e^{-x}。

線性獨立 e^x 和 e^{-x} 是 $y'' - y = 0$ 的解。可以推出1，e^x，e^{-x} 是線性方程式 $y''' - y' = 0$ 的解，所以應用定理 3，計算朗士基得，

$$W = \begin{vmatrix} 1 & e^x & e^{-x} \\ 0 & e^x & -e^{-x} \\ 0 & e^x & e^{-x} \end{vmatrix} = \begin{vmatrix} e^x & -e^{-x} \\ e^x & e^{-x} \end{vmatrix} = 1 - (-1) = 2 \text{ 。}$$

推出這些函數是線性無關的。因此它們組成 $y''' - y' = 0$ 的基底。

$e^x e^{-x} = 1$ 與此題無關因爲你考慮的是線性組合，而不是所給函數的乘積。

9. $\ln x$，$\ln x^2$，$(\ln x)^2$。

線性相依　常常可以通過函數的關係來發現。在這道題中你有 $\ln x^2 = 2\ln x$ 並可推出這些函數是線性相依的，有一個係數不全爲 0 的線性組合，記 $y_1 = \ln x$ ，$y_2 = \ln x^2$ ，$y_3 = (\ln x)^2$ ，

$$y_1 - \frac{1}{2}y_2 + 0y_3 = 0 \text{ 。}$$

13. $\sin 2x$ ，$\sin x$ ，$\cos x$ 。

線性獨立　考慮對於 $x > 0$ 有 $c_1 \sin 2x + c_2 \sin x + c_3 \cos x = 0$ 。

對 $x = 2\pi$ 有 $0 + 0 + c_3 \cdot 1 = 0$，因此 $c_3 = 0$。對於 $x = \frac{1}{2}\pi$ ，有 $0 + c_2 \cdot 1 + 0 = 0$ ，因此 $c_2 = 0$ 。

還有 $c_1 \sin 2x = 0$ ，因此 $c_1 = 0$ 。於是推出所給函數是線性獨立的。

19. $\cos^2 x$ ，$\sin^2 x$ ，2π 。

線性相依　$y_1 + y_2 - \frac{1}{2\pi}y_3 = 0$ 得出線性相依性；這裡 y_1，y_2，y_3 是所給的函數(依次的)。

3.2 節　常係數齊次線性 ODE

習題集　3.2

1. **已知基底的 ODE** 當下列給定的函數形成解的基底時，試求 ODE 式(1)。

$$e^x \text{ ，} e^{2x} \text{ ，} e^{3x} \text{ 。}$$

ODE　e^x ，e^{2x} ，e^{3x} 是一個線性 ODE 的解。特徵方程式是，

$$(\lambda - 1)(\lambda - 2)(\lambda - 3) = \lambda^3 - 6\lambda^2 + 11\lambda - 6 = 0 \text{ 。}$$

由此可以直接得到那個方程式，

$$y''' - 6y'' + 11y' - 6y = 0 \text{ 。}$$

11. **通解** 請求出下列 ODE 的解(寫出詳細解題過程)。

$$y'''-3y''-4y'+6y=0\text{ 。}$$

通解 特徵方程式是

$$\lambda^3-3\lambda^2-4\lambda+6=0\text{ 。}$$

如果你發現了 $\lambda=1$ 是一個解，則除以 $\lambda-1$：

$$
\begin{array}{l}
(\lambda^3-3\lambda^2-4\lambda+6)/(\lambda-1)=\lambda^2-2\lambda-6=0 \text{ 。}\\
-(\lambda^3-\lambda^2)\\
\hline
\quad -2\lambda^2-4\lambda+6\\
\quad -(-2\lambda^2+2\lambda)\\
\hline
\qquad -6\lambda+6\\
\qquad -(-6\lambda+6)\\
\hline
\qquad\qquad 0
\end{array}
$$

如果你沒有發現那個根，運用 19.2 節的數值方法求解。得到的二次方程式有根 $\lambda=1\pm\sqrt{7}$。因此得到答案，

$$y=c_1e^{x}+c_2e^{(1+\sqrt{7})x}+c_3e^{(1-\sqrt{7})x}\text{ 。}$$

13. **初值問題** 試利用 CAS 求解下列問題，請提供通解、特解以及特解的圖形。

$$y^{iv}+0.45y'''-0.165y''+0.0045y'-0.00175y=0\text{ ，}$$

$$y(0)=17.4\text{ ， }y'(0)=2.82\text{ ， }y''(0)=2.0485\text{ ，}$$

$$y'''(0)=-1.458675\text{ 。}$$

初值問題 找根法(19.2 節)求出特徵方程式的根是 0.25 ，–0.7 和 $\pm 0.1i$ 。由此可以寫出相應的實通解，

$$y=c_1e^{0.25x}+c_2e^{-0.7x}+c_3\cos 0.1x+c_4\sin 0.1x\text{ 。}$$

考慮初值條件，你需要 y' ， y'' ， y''' ，以及它們在 $x=0$ 的導數的值。

現在求導就很容易了，令 $x=0$，則指數函數爲 1，餘弦函數也是 1，而正弦函數爲 0。運用這些條件，得到下列的方程式組：

$$
\begin{aligned}
y(0) &= c_1 + c_2 + c_3 = 17.4 \\
y'(0) &= 0.25\,c_1 - 0.7\,c_2 + 0.1\,c_4 = -2.82 \\
y''(0) &= 0.0625\,c_1 + 0.49\,c_2 - 0.01\,c_3 = 2.0485 \\
y'''(0) &= 0.015625\,c_1 - 0.343\,c_2 - 0.001\,c_4 = -1.458675
\end{aligned}
$$
。

這個線性方程組的解是 $c_1=1$，$c_2=4.3$，$c_3=12.1$，$c_4=-0.6$。這就給出了特解

$$y = e^{0.25x} + 4.3e^{-0.7x} + 12.1\cos 0.1x - 0.6\sin 0.1x$$

這是滿足所給的初值條件的。

3.3 節　非齊次線性 ODE

修正定則　對於二階 ODE 我們在 2.7 節有 $k=1$(單根)或 $k=2$(二重根)並且分別乘以選擇函數 x 或 x^2。比如 $\lambda=1$ 是一個二重根 $(k=2)$ 則 e^x 和 xe^x 是解，如果右邊是 e^x，則選擇函數是 $Cx^k e^x = Cx^2 e^x$ (而不是 Ce^x)且不再是齊次 ODE 的解。這裡也是相似的，對於一個三重根 1，也就是說有解 e^x，xe^x，x^2e^x，把選擇函數 Ce^x 乘上 $x^k = x^3$，得到 Cx^3e^x，這不再是齊次方程式的解。這對你理解對於高階 ODE 的新的修正定則是有幫助的。

習題集　3.3

1. 試求出下列 ODE 的通解(請寫出詳細解題過程)。

$$y''' - 2y'' - 4y' + 8y = e^{-3x} + 8x^2$$
。

通解　爲了應用修正定則，你首先需要求解得齊次 ODE 是

$$y''' - 2y'' - 4y' + 8y = 0$$

如果你忘記了這點，你將不能你的選擇函數中的常數。

特徵方程式是

$$\lambda^3 - 2\lambda^2 - 4\lambda + 8 = 0$$
。

如果你發現了有根 2 或 -2，問題解決。如果沒有，則應用求根法則(19.2 節)，求得一個

根 λ_1，然後把特徵方程式除以 $\lambda-\lambda_1$。商有兩個根 2 和 -2，即

$$(\lambda-2)^2(\lambda+2)=(\lambda^2-4\lambda+4)(\lambda+2)$$

$$=\lambda^3-4\lambda^2+4\lambda$$

$$+2\lambda^2-8\lambda+8$$

$$=\lambda^3-2\lambda^2-4\lambda+8 \text{。}$$

因此得到齊次方程式的通解 y_h

$$y_h=(c_1+c_2x)e^{2x}+c_3e^{-2x} \text{。}$$

現在來求非齊次方程式的特解。你會發現原方程式右邊項中沒有一項是這個齊次方程式的解，所以對於 $r=r_1+r_2=e^{-3x}+8x^2$，你可以選擇

$$y_p=y_{p1}+y_{p2}=Ce^{-3x}+K_2x^2+K_1x+K_0 \text{。}$$

三次微分後得，

$$y_p'=\quad -3Ce^{-3x}+2K_2x+K_1$$

$$y_p''=\quad 9Ce^{-3x}+2K_2$$

$$y_p'''=\quad -27Ce^{-3x} \text{。}$$

把這些運算式代入原方程式得，

$$-27Ce^{-3x}-2(9Ce^{-3x}+2K_2)-4(-3Ce^{-3x}+2K_2x+K_1)$$

$$+8(Ce^{-3x}+K_2x^2+K_1x+K_0)=e^{-3x}+8x^2 \text{。}$$

比較兩邊的指數項得，

$$C(-27-18+12+8)=-25C=1\text{，}\qquad C=-1/25=-0.04 \text{。}$$

比較兩邊的 x^2，x 和 x^0 項得

$$8K_2=8\text{，}\qquad K_2=1$$

$$-8K_2+8K_1=0\text{，}\qquad K_1=K_2=1$$

$$-4K_2-4K_1+8K_0=-4-4+8K_0=0\text{，}\qquad K_0=1 \text{。}$$

你會得到，

$$y_p = -0.04e^{-3x} + x^2 + x + 1 \text{。}$$

聯合 y_h，可得到通解。

> 11. **通解** 試求解下列初值問題(寫出詳細解題過程)。
> $(x^3D^3 - x^2D^2 - 7xD + 16I)y = 9x\ln x$，$y(1)=6$，$Dy(1)=18$，$D^2y(1)=65$。

初值問題 輔助方程式是

$$\mu(\mu-1)(\mu-2) - \mu(\mu-1) - 7\mu + 16 = \mu^3 - 4\mu^2 - 4\mu + 16 \text{。}$$

其根是-2，2 和 4。因此得到解的基底

$$y_1 = x^{-2}, \qquad y_2 = x^2, \qquad y_3 = x^4 \text{。}$$

以及相應的通解

$$y_h = c_1x^{-2} + c_2x^2 + c_3x^4 \text{。}$$

用參數變異公式(7)求得特解。你需要下式，

$$r = 9x^{-2}\ln x$$

(把 $9x\ln x$ 除以 x^3)。在(7)中，你也需要朗士基 W，W_1，W_2 和 W_3，

$$W = \begin{vmatrix} x^{-2} & x^2 & x^4 \\ -2x^{-3} & 2x & 4x^3 \\ 6x^{-4} & 2 & 12x^2 \end{vmatrix} = 48x$$

$$W_1 = \begin{vmatrix} 0 & x^2 & x^4 \\ 0 & 2x & 4x^3 \\ 1 & 2 & 12x^2 \end{vmatrix} = 2x^5$$

$$W_2 = \begin{vmatrix} x^{-2} & 0 & x^4 \\ -2x^{-3} & 0 & 4x^3 \\ 6x^{-4} & 1 & 12x^2 \end{vmatrix} = -6x$$

$$W_3 = \begin{vmatrix} x^{-2} & x^2 & 0 \\ -2x^{-3} & 2x & 0 \\ 6x^{-4} & 2 & 1 \end{vmatrix} = 4x^{-1}\ 。$$

消取方程式右邊的 9 和 W 右邊的 48，化簡(7)中的被積式後得，

$$y_p = \frac{9}{48}\left(x^{-2}\int 2x^2 \ln x\,dx - x^2\int \frac{6\ln x}{x^2}dx + x^4\int \frac{4\ln x}{x^4}dx \right)\ 。$$

計算這些積分式(有點討厭)再乘上前面的解(y_1，y_2，y_3)得

$$y_p = \frac{9}{48}\left(x\left(\frac{2}{3}\ln x - \frac{2}{9}\right) + x(6\ln x + 6) + x\left(-\frac{4}{3}\ln x - \frac{4}{9}\right)\right)\ 。$$

化簡此式則得到書後解答所給的答案。

代入初值條件。因爲初值條件是在 $x=1$ 處的，而 $x=\ln 1=0$ 。這比較簡單，運用

$$y(x) = c_1x^{-2} + c_2x^2 + c_3x^4 + x(\ln x + 1)$$

有第一個條件得 $y(1) = c_1 + c_2 + c_3 + 1 = 6$ 。微分並在 $x=1$ 計算，並聯合第二個條件，

$$y'(x) = -2c_1x^{-3} + 2c_2x + 4c_3x^3 + \ln x + 2$$

$$y'(1) = -2c_1 + 2c_2 + 4c_3 + 2 = 18$$

類似地，

$$y''(x) = 6c_1x^{-4} + 2c_2 + 12c_3x^2 + \frac{1}{x}$$

$$y''(1) = 6c_1 + 2c_2 + 12c_3 + 1 = 65\ 。$$

用高斯消去法或者 Cramer 法則(7.6 節)可以求得方程組的解。結果是 $c_1 = 1$ ，$c_2 = -1$ ，$c_3 = 5$ ，得到答案

$$y = x^{-2} - x^2 + 5x^4 + x(\ln x + 1)\ 。$$

第 4 章　ODE 系統、相位平面、定性方法

4.1 節　ODE 系統的數學模型

■**例題 2**　花點時間仔細看著圖 79 直到你完全理解(a)(微積分表示)和(b)之間的差別，因爲軌跡在本章扮演著重要角色。儘量理解下面的問題。軌跡從原點開始，在 I_2 取最大值($t=1$ 之前)時到達最高點。在 I_1 取得最大值時有一條垂直切線，也就是說，在 $t \in [1,5]$，隨著 t 的增大，軌跡是逐漸下降到 3 時幾乎貼近了 I_1 軸；這個點是 $t \to \infty$ 時的極限值。軌跡上升地比下降地快。

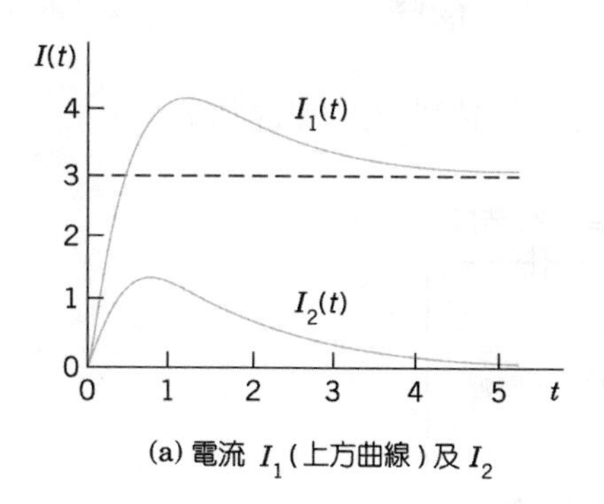

(a) 電流 I_1 (上方曲線) 及 I_2

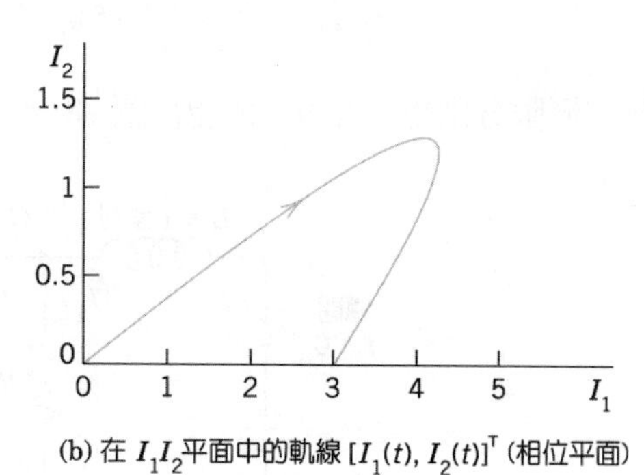

(b) 在 I_1I_2平面中的軌線 $[I_1(t), I_2(t)]^T$ (相位平面)

圖 79 例題 2 的電流

習題集　4.1

7. **電路** 在例題 2 中，如果初始電流是 0 和－3A (負號代表 $I_2(0)$ 的流動方向與箭頭方向相反)，試求各電流。

電路　這個習題相當於要確定一個以 I_1 和 I_2 爲未知量的 ODEs 系統的通解中的任意常數，如 4.1 節中圖 78 所示。你將會發現這類似於求解一個簡單的二階 ODE。如(6)中給出的結果，

$$I_1(t) = 2c_1e^{-2t} + c_2e^{-0.8t} + 3 \text{，} \qquad I_2(t) = c_1e^{-2t} + 0.8c_2e^{-0.8t} \text{。}$$

令 $t=0$ 並利用初值條件 $I_1(0)=0$，$I_2(0)=-3$，得到，

$$I_1(0)=2c_1+c_2+3=0 \qquad \text{(a)}$$

$$I_2(0)=c_1+0.8c_2=-3 \text{ 。} \qquad \text{(b)}$$

由(a)可得 $c_2=-3-2c_1$，由此和(b)可得，

$$c_1+0.8(-3-2c_1)=-0.6c_1-2.4=-3 \text{，} \quad \text{因此} \quad c_1=1 \text{ 。}$$

還有，$c_2=-3-2c_1=-3-2=-5$ 。於是可得下面的結果，

$$I_1(t)=2e^{-2t}-5e^{-0.8t}+3$$

$$I_2(t)=e^{-2t}+0.8(-5)e^{-0.8t}=e^{-2t}-4e^{-0.8t} \text{ 。}$$

你會發現極限分別是 3 和 0，你能從圖 78 上直接看出物理上的原因嗎？

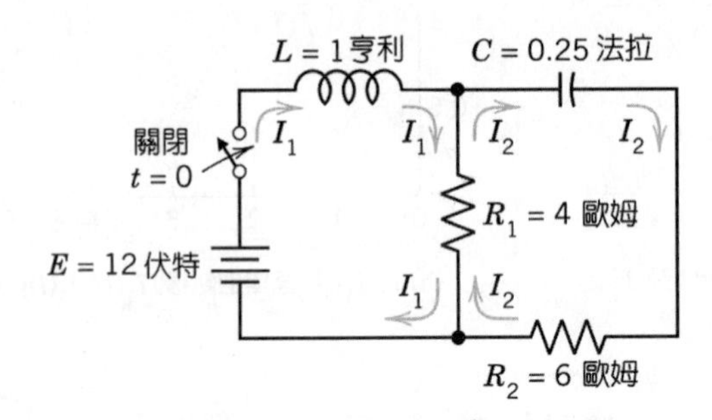

圖 78　例題 2 的電路

> 11. **轉換成系統**　請針對下列各給定的 ODE，
>
> (a)首先將它轉換爲系統，
>
> (b)然後當作給定的條件，再求出其通解(請詳細說明解題過程)。
>
> $$y''-4y=0 \text{ 。}$$

單個 ODE 化成系統　這是一類重要的變換方法，4.1 節中公式(9)和(10)給出了這種變換的形式。對於方程式 $y''-4y=0$，其通解是 $y=c_1e^{2t}+c_2e^{-2t}$ 。此習題的著眼點並不是單

純的求一個簡單問題的解，而是想解釋系統和單個方程式的解之間的關係。在這個例子中由公式(9)和(10)得到 $y_1 = y$ ，$y_2 = y'$ ，同時，

$$y_1' = y_2$$

$$y_2' = 4y_1$$

(因爲所給方程式可以被寫成 $y'' = 4y$ ，因此 $y_1'' = 4y_1$ ，但是 $y_1'' = y_2'$)。用矩陣的形式即，

$$\mathrm{y}' = \mathrm{Ay} = \begin{bmatrix} 0 & 1 \\ 4 & 0 \end{bmatrix} \mathrm{y} \text{ 。}$$

特徵方程式是，

$$\det(\mathrm{A} - \lambda \mathrm{I}) = \begin{vmatrix} -\lambda & 1 \\ 4 & -\lambda \end{vmatrix} = \lambda^2 - 4 = 0 \text{ 。}$$

特徵值是 $\lambda_1 = 2$ 和 $\lambda_2 = -2$ 。對於 λ_1 由 4.0 節的式(13)(令 $\lambda = \lambda_1$)得到特徵向量，即

$$(\mathrm{A} - \lambda_1 \mathrm{I})\mathrm{x} = \begin{bmatrix} -2 & 1 \\ 4 & -2 \end{bmatrix} \begin{bmatrix} x_1 \\ x_2 \end{bmatrix} = \begin{bmatrix} -2x_1 + x_2 \\ 4x_1 - 2x_2 \end{bmatrix} = 0 \text{ 。}$$

對於第一個方程式 $-2x_1 + x_2 = 0$ ，有 $x_2 = 2x_1$ 。一個特徵向量僅由一個非零的常數決定；這裡，一個很顯然的選擇是取 $x_1 = 1$ ，$x_2 = 2$ 。第二個方程式給出了同樣的結果，但已不需要了。對於第二個特徵值 $\lambda_2 = -2$ ，可以一樣的處理。也就是說

$$(\mathrm{A} - \lambda_2 \mathrm{I})\mathrm{x} = \begin{bmatrix} 2 & 1 \\ 4 & 2 \end{bmatrix} \begin{bmatrix} x_1 \\ x_2 \end{bmatrix} = \begin{bmatrix} 2x_1 + x_2 \\ 4x_1 + 2x_2 \end{bmatrix} = 0 \text{ 。}$$

現在有 $2x_1 + x_2 = 0$ ，因此 $x_2 = -2x_1$ ，還可選 $x_1 = 1$ ，$x_2 = -2$ 。得到特徵值，

$$\mathrm{x}^{(1)} = [1 \quad 2]^T \text{ ，} \qquad \text{和} \qquad \mathrm{x}^{(2)} = [1 \quad -2]^T \text{ 。}$$

把它們分別乘上 e^{2t} 和 e^{-2t} ，乘上任意常數 c_1 和 c_2 得到其線性組合，即通解：

$$\mathrm{y} = c_1[1 \quad 2]^T e^{2t} + c_2[1 \quad -2]^T e^{-2t} \text{ 。}$$

於是，就像書後的答案(除了注意常數的標記)，

$$y_1 = c_1 e^{2t} + c_2 e^{-2t}$$

$$y_2 = 2c_1e^{2t} - 2c_2e^{-2t}$$ 。

這裡你會發現 $y_1 = y$ 是所給 ODE 的通解， $y_2 = y_1' = y'$ 是這個解的導數。

順便提一下，你可以用 $y_2 = y_1'$ 來檢查結果。

4.3 節　常係數系統、相位平面法

■例題 2　特徵方程式爲

$$\det(\mathrm{A} - \lambda \mathrm{I}) = \begin{vmatrix} 1-\lambda & 0 \\ 0 & 1-\lambda \end{vmatrix} = (\lambda - 1)^2 = 0$$ 。

所以 $\lambda = 1$ 爲共特徵值。任何具有兩個元素的非零向量均爲特徵向量，因爲在此對任何 $\mathbf{x}$，$\mathbf{Ax} = \mathbf{x}$ 均成立，的確 **A** 是一個 2×2 的單位矩陣！所以可以取 $\mathrm{x}^{(1)} = [1 \;\; 0]^T$ 及 $\mathrm{x}^{(2)} = [1 \;\; 0]^T$ 或任何具有兩個元素之線性獨立的向量。故其解如書中所示。

■例題 3　$\mathrm{x}^{(2)} = [1 \;\; -i]^T$，等等。

習題集　4.3

1-9　通解

試求下列各系統的實數通解(請寫出解題詳細過程)。

1. $y'_1 = 3y_2 \overleftrightarrow{AB}$
   $y'_2 = 12y_1$ 。

通解　這個系統($y_1' = 3y_2, y_2' = 12y_1$)的矩陣是

$$\mathrm{A} = \begin{bmatrix} 0 & 3 \\ 12 & 0 \end{bmatrix}$$ 。

由此你可以得到特徵方程式

$$\det(A-\lambda I)=\begin{vmatrix}-\lambda & 3\\ 12 & -\lambda\end{vmatrix}=\lambda^2-36=0\text{ 。}$$

可以看出其特徵值是 ±6 。你可以由 $6x_1+3x_2=0$ 得到特徵值 -6 ，可令 $x_1=1$ ，$x_2=-6/3=-2$（回想起前面求特徵向量的方法：取任意非零的常數因數）。因此對 $\lambda_1=-6$ 有 $[1\quad -2]^T$ 。類似地，對於 $\lambda_2=6$ ，你可以從 $-6\lambda_1+3x_2=0$ 得到特徵向量 $[1\quad 2]^T$ 。因此可以得到如下的通解：

$$y=c_1\begin{bmatrix}1\\-2\end{bmatrix}e^{-6t}+c_2\begin{bmatrix}1\\2\end{bmatrix}e^{6t}\text{ 。}$$

在書後解答可以找到，表示其成份的解。

5. $y'_1=4y_2$
   $y'_2=-4y_1$ 。

通解，複特徵值　寫出矩陣

$$A=\begin{bmatrix}0 & 4\\ -4 & 0\end{bmatrix}$$

以及特徵方程式

$$\det(A-\lambda I)=\begin{vmatrix}-\lambda & 4\\ 4 & -\lambda\end{vmatrix}=\lambda^2+16=0\text{ 。}$$

你會發現根(**A** 的特徵值)是 $\lambda=\pm4i$ 。對於 $4i$ 你可以由 $-4ix_1+4x_2=0$ 得到特徵向量，即 $x_1=1$ ，和 $x_2=i$ 。類似地，對於 $-4i$ ，你可以由 $4ix_1+4x_2=0$ 得到特徵向量，即 $x_1=1$ 和 $x_2=-i$ 。這就給出了通解

$$y=c_1\begin{bmatrix}1\\i\end{bmatrix}e^{4it}+c_2\begin{bmatrix}1\\-i\end{bmatrix}e^{-4it} \tag{A}$$

$$=c_1\begin{bmatrix}1\\i\end{bmatrix}(\cos 4t+i\sin 4t)+c_2\begin{bmatrix}1\\-i\end{bmatrix}(\cos 4t-i\sin 4t)\text{ 。}$$

把它寫成正弦和餘弦項的形式。第一部分是，

$$y_1 = c_1(\cos 4t + i\sin 4t) + c_2(\cos 4t - i\sin 4t)$$

$$= (c_1 + c_2)\cos 4t + i(c_1 - c_2)\sin 4t \text{ 。}$$

這裡使用了尤拉方程式，這是需要牢記的。現在令 $A = c_1 + c_2$，$B = i(c_1 - c_2)$。則 y_1 的實數形式是，

$$y_1 = A\cos 4t + B\sin 4t \text{ 。}$$

為了更容易地理解這一點，注意到在一個初值問題中，初值條件是實的同時將給出實值的 A 和 B，雖然在這裡 B 一開始是複數的，但這並不會引起矛盾。類似的，對於第二個部分 y_2，可以從向量方程式(A)中得到運算式，

$$y_2 = ic_1(\cos 4t + i\sin 4t) + ic_2(-\cos 4t + i\sin 4t)$$

$$= (ic_1 - ic_2)\cos 4t + (-c_1 - c_2)\sin 4t$$

$$= B\cos 4t - A\sin 4t$$

這裡的 A 和 B 根前面的一樣。

11. **初值問題**　求出下列初值問題(請寫出詳細解題過程)

$$y'_1 = y_1 + 2y_2$$

$$y'_2 = \frac{1}{2}y_1 + y_2$$

$$y_1(0) = 16 \quad , \quad y_2(0) = -2 \text{。}$$

初值問題　解一個 ODEs 系統的初值問題跟解單個 ODE 的處置問題是類似的。也就是說，你首先需要找到通解，然後由初值條件來決定那個解裡面的任意常數。

為了解習題 11，寫出這個系統的矩陣

$$\mathrm{A} = \begin{bmatrix} 1 & 2 \\ \frac{1}{2} & 1 \end{bmatrix}$$

就像前面那樣求特徵值和特徵向量。解這個特徵方程式

$$\det(A-\lambda I)=\begin{vmatrix}1-\lambda & 2\\ \frac{1}{2} & 1-\lambda\end{vmatrix}=\lambda^2-2\lambda+1-1=0 \text{ 。}$$

其特徵值是 $\lambda=0$ 和 2。對於 $\lambda=0$，由 $x_1+2x_2=0$ 得到其特徵向量，即 $x_1=2$，$x_2=-1$。類似的，由 $\lambda=2$ 得到 $(1-2)x_1+2x_2=0$ 的特徵向量 $x_1=2$，$x_2=1$。於是可以得到通解，

$$y=c_1\begin{bmatrix}2\\-1\end{bmatrix}+c_2\begin{bmatrix}2\\1\end{bmatrix}e^{2t} \text{ 。}$$

由此和初值條件，令 $t=0$ 有，

$$y(0)=c_1\begin{bmatrix}2\\-1\end{bmatrix}+c_2\begin{bmatrix}2\\1\end{bmatrix}=\begin{bmatrix}2c_1+2c_2\\-c_1+c_2\end{bmatrix}=\begin{bmatrix}16\\-2\end{bmatrix} \text{ 。}$$

由第二個部分得，$-c_1+c_2=-2$。因此 $c_2=c_1-2$。由此以及第一個部分可得，

$$2c_1+2c_2=2c_1+2(c_1-2)=4c_1-4=16 \text{ ，因此 } c_1=5 \text{ 。}$$

而 $c_2=c_1-2=3$，$y=5\begin{bmatrix}2\\-1\end{bmatrix}+3\begin{bmatrix}2\\1\end{bmatrix}e^{2t}=\begin{bmatrix}10+6e^{2t}\\-5+3e^{2t}\end{bmatrix}$。

4.4 節　臨界點判別準則、穩定性

臨界點的類型與系統矩陣的特徵值問題緊密相關，也即是說，與下面三個量有關：矩陣的 p，特徵值的和；矩陣的行列式 q，特徵值的乘積；矩陣的 Δ 行列式，$\Delta=p^2-4q$，見(5)。

習題集　4.4

1. **臨界點的類型和穩定性** 請判斷下列各 ODE 的臨界點類型和穩定性。接著再求解其實數通解，並且在相位平面上畫出一些軌線(寫出你的詳細求解過程)。

$$y'_1=2y_2$$
$$y'_2=8y_1 \text{ 。}$$

鞍點　由系統的矩陣

$$A=\begin{bmatrix}0 & 2\\ 8 & 0\end{bmatrix}$$

你可以算出 $p=0+0=0$，$q=0-16=-16$，而 $\Delta=p-4q=0+64=64$。因爲 $q<0$，所以在 $(0,0)$ 處有鞍點。特徵方程式是，

$$\det(A-\lambda I)=\begin{vmatrix}-\lambda & 2\\ 8 & -\lambda\end{vmatrix}=\lambda^2-16=0$$

有實根 $\lambda=\pm4$，這裡的正負號，對應著表 4.1。即，$q<0$ 表示臨界點不穩定。事實上，鞍點總是不穩定的。

爲了找到通解，對於 $\lambda_1=-4$，你可以從 $-\lambda x_1+2x_2=4x_1+2x_2=0$ 得到特徵向量 $x_1=1$，$x_2=-2$，即 $[1 \quad -2]^T$。類似的，對於 $\lambda_2=4$，$-4x_1+2x_2=0$，有 $x_1=1$，$x_2=2$，特徵向量是 $[1 \quad 2]^T$。因此得到通解，

$$y=c_1\begin{bmatrix}1\\ -2\end{bmatrix}e^{-4t}+c_2\begin{bmatrix}1\\ 2\end{bmatrix}e^{4t}\text{。}$$

> 11. **軌線的形式** 下列各 ODE 在相位平面中的軌線是屬於什麼類型？
>
> $$y''-k^2y=0\text{。}$$

軌跡　把 $y''-k^2y=0$ 化成一個系統：

$$y_1'=y_2 \qquad\qquad \text{矩陣的形式即：} \qquad y'=\begin{bmatrix}0 & 1\\ k^2 & 0\end{bmatrix}y\text{。}$$
$$y_2'=k^2y_1$$

由下式得到特徵值，

$$\det(A-\lambda I)=\begin{vmatrix}-\lambda & 1\\ k^2 & -\lambda\end{vmatrix}=\lambda^2-k^2=(\lambda-k)(\lambda+k)=0\text{，}$$

也就是說，$\lambda=\pm k$。$\lambda_1=k$ 的特徵向量由 $-kx_1+x_2=0$ 給出，$x_1=1$，$x_2=k$，即 $[1 \quad k]^T$。$\lambda_2=-k$ 的特徵向量由 $kx_1+x_2=0$ 給出，$x_1=1$，$x_2=-k$。現在可以得到解，

$$y = y_1 = c_1 e^{kt} + c_2 e^{-kt}$$

$$y_2 = kc_1 e^{kt} - kc_2 e^{-kt} = y' \text{。}$$

這兩個式子可以由題解 ODE 直接得到，但我們就當前這題來討論 ODE，所以繞了道。

現在來找 y_1 和 y_2 的關係。這有時會比較複雜同時容易出錯。在這個例子中你可以對它們平方然後作差，即

$$k^2 y_1^2 = k^2 (c_1 e^{kt} + c_2 e^{-kt})^2 = k^2 (c_1^2 e^{2kt} + 2c_1 c_2 + c_2^2 e^{-2kt})$$

$$y_2^2 = k^2 (c_1 e^{kt} - c_2 e^{-kt})^2 = k^2 (c_1^2 e^{2kt} - 2c_1 c_2 + c_2^2 e^{-2kt}) \text{。}$$

相減去消掉指數項後得

$$k^2 (2c_1 c_2 - (-2c_1 c_2)) = 4k^2 c_1 c_2 = \text{常數} \text{。}$$

這就給出了想要的 y_1 和 y_2 的關係，表示成雙曲線即

$$k^2 y_1^2 - y_2^2 = \text{常數}$$

在 $y_1 y_2$ 平面(相平面)。這裡常數依賴於 k 和 $c_1 c_2$，即，初值條件決定了這條曲線。

13. (**阻尼振盪**)請求解 $y'' + 4y' + 5y = 0$，求解得到的軌線會是屬於什麼類型的曲線？

阻尼振盪　方程式 $y'' + 4y' + 5y = 0$ 的特徵方程式是，

$$\lambda^2 + 4\lambda + 5 = (\lambda + 2 + i)(\lambda + 2 - i) = 0 \text{。}$$

因此可以得到根 $-2-i$ 和 $-2+i$ 以及相應的實通解

$$y = e^{-2t}(A\cos t + B\sin t)$$

這是阻尼振盪的表示形式。

把這個方程式化成是 ODEs 系統：

$$y_1' = y_2$$

$$y'' = y_1'' = y_2' = -5y_1 - 4y_2 \text{。}$$

寫成矩陣形式，

$$\mathrm{y}' = \begin{bmatrix} 0 & 1 \\ -5 & -4 \end{bmatrix} \begin{bmatrix} y_1 \\ y_2 \end{bmatrix} 。$$

因此 $p = -4$，$q = 5$，$\Delta = 16 - 20 = -4$。這就是表 4.1(d)的螺旋點，這是穩定的且具有吸引力的，表 4.2(a)。

因爲物理系統是阻尼的，能量是耗散的，所以這個運動最後趨於靜止點 (0,0)。

17. (**擾動**)第 4.3 節例題 4 的系統的臨界點屬於中心點。將該例題的所有四個 a_{jk} 改成 $a_{jk} + b$。請求出能產生下列各種結果的 b 值：

(a)鞍點、

(b)穩定且具有吸引性的節點、

(c)穩定且具有吸引性的螺旋點、

(d)不穩定的螺旋點、

(e)不穩定的節點。

擾動　如果 ODEs 系統矩陣的輸入被測量或者被記錄下數值，測量誤差會導致模型的改變，所以會得到不同形式的臨界點。

穩定的系統，

$$\mathrm{y}' = \begin{bmatrix} 0 & 1 \\ -4 & 0 \end{bmatrix} \mathrm{y}$$

有一個中心(見表 4.1(c))。而表 4.1(d)指出 p 的微小的變化(對穩定系統來說是 0) 將導致螺旋點，只要 Δ 仍然是負的。

書後的答案(a)表示 $b = -2$。這使得矩陣變成

$$\begin{bmatrix} -2 & -1 \\ -6 & -2 \end{bmatrix} 。$$

因此你現在有 $p = -4$，$q = 4 - 6 = -2$，所以得到鞍點。確實，聯想到 q 是矩陣的行列式，即特徵值的乘積。而如果 q 是負的，我們有兩個實的相反符號的特徵值，就像表 4.1(b)

所示那樣。

為了驗證習題 17 的答案，計算擾動矩陣，

$$\tilde{A} = \begin{bmatrix} b & 1+b \\ -4+b & b \end{bmatrix}$$

有下列形式：

$$\tilde{p} = 2b \text{，}$$

$$\tilde{q} = \det \tilde{A} = b^2 - (1+b)(-4+b) = 3b+4$$

$$\tilde{\Delta} = \tilde{p}^2 - 4\tilde{q} = 4b^2 - 12b - 16 \text{。}$$

然後運用表 4.1 和 4.2。

4.5 節　用於非線性系統的定性方法

本節值得注意的基本點如下。非線性系統的臨界點可由該系統線性化後的線性系統的臨界點推出，這是一個很直接的方法。這很重要，因為解這樣一個非線性系統是很困難而不可能的，又或者根本不能討論這些解的性質。

在這個非線性化的過程中，臨界點首先移動到相平面的原點處使得變換系統的非線性項被消去。結果導致那些被排除掉的各種類型的臨界點都會出現，就像課本上討論的那樣，但這並不重要。

■**例題 1**　在 $(0,0)$ 處的臨界點是中心。沿著 4.4 節的一般的準則。這是第一個結果。後一個結果基於此以及 $\sin\theta = \sin y_1$ 關於 2π 的週期性。也就是說，點 $\pm 2\pi$，$\pm 4\pi$，…也是中心(請記住，這裡 y_1 只是 θ 的另一種記法)。第三個結果圍繞著臨界點 $(\pi,0)$ 在 θ 軸的 $\theta = \pi$ 點。這種技巧再一次用於該點，因為我們的準則是在假設原點是臨界點的情況下推出的。這就是下面的變換的想法，

$$\theta - \pi = y_1 \text{，} \qquad \text{因此} \qquad \theta = \pi + y_1 \text{。} \tag{A}$$

你會發現 $\theta = \pi$ 現在就是新的 $y_1 = 0$；這是新的原點。仔細想想這一點。由(A)，由下式可以得到 $\sin\pi = 0$，以及 $\cos\pi = -1$，

$$\sin\theta = \sin(\pi + y_1) = \sin\pi\cos y_1 + \cos\pi\sin y_1 = -\sin y_1 = -y_1 + \frac{y_1^3}{6} - + \cdots 。$$

習題集　4.5

1-12　臨界點，線性化

試利用線性化的方式求出下列所有臨界點的位置和類型。在習題 7-12 中，請先將 ODE 轉換成一個系統(寫出詳細的解題過程)。

1. $y'_1 = y_2 + y_2^2$
   $y'_2 = 3y_1$ 。

線性化　確定所給系統的臨界點的位置

$$y_1' = y_2 + y_2^2$$
$$y_2' = 3y_1$$

由條件 $y_1' = 0$ ，$y_2' = 0$ 。可以從第二個方程式得到 $y_1 = 0$ ，從第一個方程式得到 $y_2 = 0$ 及 $y_2 = -1$ 。因此臨界點是 $(0,0)$ 和 $(0,-1)$ 。一個一個來討論。

首先是在 $(0,0)$ 點，你不需要移動它(也就是不需要運用變換)。線性化的系統可以簡單的通過消去非線性項 y_2^2 得到。線性化的系統是，

$$\begin{aligned} y'_1 &= y_2 \\ y'_2 &= 3y_1 \end{aligned}，\quad 向量形式是 \quad \mathbf{y}' = \begin{bmatrix} 0 & 1 \\ 3 & 0 \end{bmatrix} \mathbf{y} 。$$

因為 $q = -3$ ，這是 4.4 節表 4.1(b)的鞍點。

下面是 $(0,-1)$ 。作變換使得 $(y_1, y_2) = (0,-1)$ 變成 $(\tilde{y}_1, \tilde{y}_2) = (0,0)$ 。不需要對 y_1 作什麼處理，所以令 $y_1 = \tilde{y}_1$ 。對於 $y_2 = -1$ ，你需要 $\tilde{y}_2 = 0$ ；因此令 $y_2 = -1 + \tilde{y}_2$ 。這步變換在下面也常會用到。如果你需要變換 $(y_1, y_2) = (a,b)$ ，則可令 $y_1 = a + \tilde{y}_1$ ， $y_2 = b + \tilde{y}_2$ 。這兩個變換給出了變數分離的方程式，所以下面就再也沒有困難了。

現在來對系統作變換。導數總是可以簡單的給出 $y_1' = \tilde{y}_1'$ ， $y_2' = \tilde{y}_2'$ 。因此可得，

$$y_1' = y_2 + y_2^2 = y_2(1+y_2) = \tilde{y}_1' = (-1+\tilde{y}_2)\tilde{y}_2$$
$$y_2' = 3y_1 \qquad\qquad = \tilde{y}_2' = 3\tilde{y}_1 \text{。}$$

因此這個系統在臨界點 $(0,-1)$ 被線性化了，也即是說，

$$\begin{aligned}\tilde{y}_1' &= -\tilde{y}_2 \\ \tilde{y}_2' &= 3\tilde{y}_1\end{aligned}\text{，}\quad \text{向量形式是}\quad \tilde{\mathrm{y}}' = \begin{bmatrix} 0 & -1 \\ 3 & 0 \end{bmatrix}\tilde{\mathrm{y}} \text{。}$$

因此 $\tilde{p}=0$，$\tilde{q}=3$，這給出了表 4.1(c)的一個中心點，由表 4.2(c)可知它是穩定的。一個中心點總是穩定的。

7. $y''+y-4y^2=0$。

非線性 ODE 用通常的辦法令 $y_1' = y_2$，$y_2' = -y_1 + 4y_1^2$ 對這個 ODE 作變換。找到臨界點的位置，並令右邊爲 0，即 $y_2 = 0$，同時，

$$-y_1 + 4y_1^2 = y_1(-1+4y_1) = 0 \text{，} \tag{A}$$

因此 $y_1 = 0$，$y_1 = \frac{1}{4}$。所以臨界點是 $(0,0)$ 和 $(\frac{1}{4},0)$。

在 $(0,0)$ 點通過消去非線性項線性化方程式，得到，

$$\begin{aligned}y_1' &= y_2 \\ y_2' &= -y_1\end{aligned}\text{，}\quad \text{向量形式是，}\quad \mathrm{y}' = \begin{bmatrix} 0 & 1 \\ -1 & 0 \end{bmatrix}\mathrm{y} \text{。}$$

計算得到 $p=0+0=0$，$q=0+1\cdot 1=1$，$\Delta = p^2-4q=-4$。由此及 4.4 節中的表 4.1(c)，計算得 $(0,0)$ 是中心點，它總是穩定的，見表 4.2(b)。

現在考慮 $(\frac{1}{4},0)$。令 $y_1 = \frac{1}{4}+\tilde{y}_1$，$y_2 = \tilde{y}_2$。得到

$$\begin{aligned}\tilde{y}_1 &= \tilde{y}_2 \\ \tilde{y}_2' &= (\frac{1}{4}+\tilde{y}_1)\left(-1+4\left(\frac{1}{4}+\tilde{y}_1\right)\right) \\ &= \left(\frac{1}{4}+\tilde{y}_1\right)\cdot 4\tilde{y}_1 \\ &= \tilde{y}_1 + 4\tilde{y}_1^2 \text{。}\end{aligned}$$

消掉非線性項$4\tilde{y}_1^2$，得到線性系統，

$$\tilde{y}_1' = \tilde{y}_2 \qquad \text{向量形式是，} \qquad \tilde{\mathrm{y}}' = \begin{bmatrix} 0 & 1 \\ 1 & 0 \end{bmatrix} \tilde{\mathrm{y}} \text{ 。}$$
$$\tilde{y}_2' = \tilde{y}_1$$

計算得 $\tilde{p}=0$，$\tilde{q}=-1$。所以$(\frac{1}{4},0)$是穩定點。

13. **(軌線)** $yy''=2y'^2=0$的軌線是屬於什麼類型的曲線？

軌跡 書後的答案顯示了要做什麼。也即是說，把方程式除以yy'得到 ODE，

$$\frac{y''}{y'}+2\frac{y'}{y}=0$$

積分可以得到，$\ln y'+2\ln y=c$。即$y'y^2=\tilde{c}$。因爲$y=y_1$，$y'=y_2$，y_1y_2相平面的軌跡是$y_2=\tilde{c}/y_1^2$。它們是關於y_2軸對稱的曲線。它們在y_1趨於 0 時趨於無窮，而在$|y_1|$趨於無窮時趨於 0。

19. **CAS 實驗 極限循環的變形** 將 Van der Pol 方程式轉換成一個系統。畫出極限循環，以及在μ＝0.2，0.4，0.6，0.8，1.0，1.5，2.0 時的趨近軌線。試著觀察，當我們連續地改變μ的時候，極限循環如何跟隨著改變其形狀。試說明極限循環如何隨著μ的增加而改變。

CAS 實驗 極限循環的變形 爲了得到 ODEs 系統，使用書中的過程，得到，

$$y_1' = y_2$$

$$y_2' = \mu(1-y_1^2)y_2 - y_1 \text{ 。}$$

4.6 節 非齊次線性 ODE 系統

這一節我們從非線性系統回到線性系統。課本上解釋了從齊次到非齊次線性系統的變換

與單個 ODE 是類似的。也即是說，因爲通解是齊次線性系統得通解 $\mathrm{y}^{(h)}$ 與非齊次線性系統特解 $\mathrm{y}^{(p)}$ 的和，所以主要的工作就是確定 $\mathrm{y}^{(p)}$ ，或者用未定係數法，亦或變異常數法。未定係數法，這與單個 ODE 類似。唯一的不同是修正定則可能需要一個額外的項。比如，若 e^{kt} 出現在 $\mathrm{y}^{(h)}$ ，令 $\mathrm{y}^{(p)} = \mathrm{u}te^{kt} + \mathrm{v}e^{kt}$ ， $\mathrm{v}e^{kt}$ 就是額外的一項。

習題集　4.6

3. **通解** 試求出下列各 ODE 的通解(寫出詳細的解題過程)。

$$y_1' = 4y_2 + 9t$$
$$y_2' = -4y_1 + 5 \quad 。$$

通解 所給系統是

$$y_1' = 4y_2 + 9t$$
$$y_2' = -4y_1 + 5。$$

首先解齊次系統

$$\mathrm{y}' = \begin{bmatrix} 0 & 4 \\ -4 & 0 \end{bmatrix} \mathrm{y} \quad 。$$

其特徵方程式是 $\lambda^2 + 16 = 0$ ，有根 $\pm 4i$ 。對於 $\lambda_1 = 4i$ ，從 $-4ix_1 + 4x_2 = 0$ 得到特徵向量，即， $\mathrm{x}^{(1)} = [1 \quad i]^T$ 。對於 $\lambda_2 = -4i$ ，由 $4ix_1 + 4x_2 = 0$ 得到特徵向量， $\mathrm{x}^{(2)} = [1 \quad -i]^T$ 。於是得到齊次系統的複通解(對指數部分運用尤拉方程式)。

$$\mathrm{y}^{(h)} = c_1 \begin{bmatrix} 1 \\ i \end{bmatrix} e^{4it} + c_2 \begin{bmatrix} 1 \\ -i \end{bmatrix} e^{-4it}$$
$$= \begin{bmatrix} c_1 + c_2 \\ ic_1 - ic_2 \end{bmatrix} \cos 4t + i \begin{bmatrix} c_1 - c_2 \\ ic_1 + ic_2 \end{bmatrix} \sin 4t$$
$$= \begin{bmatrix} A \\ B \end{bmatrix} \cos 4t + \begin{bmatrix} B \\ -A \end{bmatrix} \sin 4t$$

這裡，

$$A = c_1 + c_2 \text{ ，} \quad B = i(c_1 - c_2) \text{ 。}$$

爲了得到 $y^{(p)}$ ，令

$$y^{(p)} = ut + v = \begin{bmatrix} u_1 t + v_1 \\ u_2 t + v_2 \end{bmatrix} \text{ 。}$$

如果觀察所給系統得非齊次項 $[9t \quad 5]^T$ ，你可以從 $y^{(p)} = [ut \quad v]^T$ 開始，一個很少未定係數運算式，但你不能確定 u 和 v 。如果你在一開始就計算很多項(見另一個問題)，你將得到多餘的項，通過替代得，

$$y^{(p)\prime} = \begin{bmatrix} u_1 \\ u_2 \end{bmatrix} = \begin{bmatrix} 0 & 4 \\ -4 & 0 \end{bmatrix} \begin{bmatrix} u_1 t + v_1 \\ u_2 t + v_2 \end{bmatrix} + \begin{bmatrix} 9t \\ 5 \end{bmatrix} \text{ ，}$$

分開寫即，

$$u_1 = 4u_2 t + 4v_2 + 9t$$
$$u_2 = -4u_1 t - 4v_1 + 5 \text{ 。}$$

比較兩邊的 t 項，可得 $0 = 4u_2 + 9$ ， $0 = -4u_1$ ，因此 $u_2 = -9/4$ 以及 $u_1 = 0$ 。比較兩邊的常數項，有 $u_1 = 4v_2$ ，因此 $v_2 = 0$ ，同時 $-9/4 = -4v_1 + 5$ ，因此 $v_1 = 29/16$ 。由這些值你可以得到書後的解。

19. **(電子網路)** 當圖 98 的 $R_1 = 2\Omega$ ， $R_2 = 8\Omega$ ， $L = 1\text{H}$ ， $C = 0.5\text{F}$ ， $E = 200\text{V}$ 的時候，試求其中的各電流(寫出詳細的解題過程)。

電子網路 首先推導模型。對於左邊的電子網路回路，由 Kichhoff's voltage law 得到

$$LI_1' + R_1(I_1 - I_2) = E \qquad \text{(a)}$$

因爲兩支電流都要通過 R_1 ，但是是相反的方向，所以你必須分別處理。對於右迴路同樣可得，

$$R_1(I_2 - I_1) + R_2 I_2 + \frac{1}{C}\int I_2 dt = 0 \text{ 。} \qquad \text{(b)}$$

把所給值代入(a)。對(b)類似的處理並對(b)作微分以去掉積分。這得出，

$$I_1' + 2(I_1 - I_2) = 200$$

$$2(I_2' - I_1') + 8I_2' + 2I_2 = 0 \text{。}$$

由第一個方程式，

$$I_1' = -2I_1 + 2I_2 + 200 \text{。} \qquad \text{(a1)}$$

而第二個方程式，

$$10I_2' - 2I_1' + 2I_2 = 0 \text{，} \qquad \text{即} \qquad I_2' - 0.2I_1' + 0.2I_2 = 0 \text{。}$$

消去 I_1' 得到，

$$I_2' - 0.2(-2I_1 + 2I_2 + 200) + 0.2I_2 = 0 \text{。}$$

整理得，

$$I_2' = -0.4I_1 + 0.2I_2 + 40 \text{。} \qquad \text{(b1)}$$

(a1)和(b1)是你下面組成的系統下面會用到。這個齊次系統是，

$$\mathrm{A} = \begin{bmatrix} -2 & 2 \\ -0.4 & 0.2 \end{bmatrix} \text{。}$$

其特徵方程式是(I 是單位矩陣)

$$\det(\mathrm{A} - \lambda \mathrm{I}) = (-2-\lambda)(0.2-\lambda) - (-0.4)\cdot 2 = \lambda^2 + 1.8\lambda + 0.4 = 0 \text{。}$$

特徵值是，

$$\lambda_1 = -0.9 + \sqrt{0.41} = -0.259688$$

和

$$\lambda_2 = -0.9 - \sqrt{0.41} = -1.540312 \text{。}$$

由 $(\mathrm{A} - \lambda \mathrm{I})\mathrm{x} = 0$ 可得特徵向量，對於 λ_1，

$$(-2-\lambda_1)x_1 + 2x_2 = 0 \text{，} \qquad \text{有} \qquad x_1 = 2 \qquad \text{和} \qquad x_2 = 2 + \lambda_1 \text{。}$$

類似的，對於 λ_2

$$(-2-\lambda_2)x_1 + 2x_2 = 0 \text{，} \qquad \text{有} \qquad x_1 = 2 \qquad \text{和} \qquad x_2 = 2 + \lambda_2 \text{。}$$

因此得到特徵向量，

$$\mathrm{x}^{(1)}=\begin{bmatrix}2\\2+\lambda_1\end{bmatrix}=\begin{bmatrix}2\\1.1+\sqrt{0.41}\end{bmatrix}$$

和

$$\mathrm{x}^{(2)}=\begin{bmatrix}2\\2+\lambda_2\end{bmatrix}=\begin{bmatrix}2\\1.1-\sqrt{0.41}\end{bmatrix}。$$

這就給出了齊次系統的通解，

$$\mathrm{I}^{(h)}=c_1\mathrm{x}^{(1)}e^{\lambda_1 t}+c_2\mathrm{x}^{(2)}e^{\lambda_2 t}\ 。$$

最後還需要一個所給非齊次系統的特解$\mathrm{I}^{(p)}$，這個系統是$\mathrm{J}'=\mathrm{AJ}+\mathrm{g}$，這裡$\mathrm{g}=[200\quad 40]^T$是常數，而$\mathrm{J}=[I_1\quad I_2]^T$是電流向量。應用未定係數法，因為g是常數，你可以選擇常數$\mathrm{I}^{(p)'}=\mathrm{u}=[u_1\ \ u_2]^T=$常數。$\mathrm{u}'=0$

$$\mathrm{I}^{(p)}{}'=0=\mathrm{Au}+\mathrm{g}=\begin{bmatrix}-2&2\\-0.4&0.2\end{bmatrix}\begin{bmatrix}u_1\\u_2\end{bmatrix}+\begin{bmatrix}200\\40\end{bmatrix}=\begin{bmatrix}-2u_1+2u_2+200\\-0.4u_1+0.2u_2+40\end{bmatrix}。$$

因此你可以從系統中確定u_1和u_2

$$-2u_1+2u_2=-200$$

$$-4u_1+0.2u_2=-40\ 。$$

解是$u_1=100$，$u_2=0$。答案是

$$\mathrm{J}=\mathrm{I}^{(h)}+\mathrm{I}^{(p)}\ 。$$

第5章　常微分方程式之級數解、特殊函數

本章向你介紹那些在物理及其工程應用中需要的函數。就像你做微積分計算不能不知道三角函數和指數函數一樣，你在解那些包含常微分方程式或者偏微分方程式的模型時也必須知道 Bessel 函數和 Legendre 多項式，請重點注意這兩類重要的函數。

雖然這兩類函數以及很多其它有實際意義的特殊函數有很多完全不同的性質，但是它們都可以由同一種法則推導出來，這就是**冪級數**，(最簡單的例子你可以從微積分中找到)當然它可能是分數指數或者是對數指數的。

你應該多學習那些有重要應用的函數和級數，以及那些通過級數來研究這些函數之間的性質、函數值的計算和繪製函數曲線圖的方法。這樣一種通過大量書籍、期刊文章的閱讀來學習特殊函數的方法可以幫助你找到適合自己方式來解決工程中的實際問題。CAS 包含了所有你需要的函數，但你必須建立對這些公式的一個總體認識，這樣才能找到最合適的方法來解決實際問題。

5.1 節　冪級數法

習題集　5.1

5. **冪級數法：技巧與特性**　應用冪級數法解下列微分方程式。用手算，不要用電腦代數系統，這樣可以得到冪級數法的感覺，例如：爲何一個級數可能在有限項終止，或只有偶數冪次項，或者沒有常數或線性項等等(寫出詳細過程)。

$$(2+x)y' = y \text{ 。}$$

終止冪級數　方程式 $(2+x)y' = y$ 可用分離變數法來解，

$$\frac{dy}{y} = \frac{dx}{x+2}\text{，}\qquad \ln|y| = \ln|x+2| + c\text{，}\qquad y = \tilde{c}(x+2)\text{ 。}$$

其解爲多項式的、有限項終止的冪級數，下面你將看到爲什麼是這樣的？以及如何終止的？把 y 和 y' 用冪級數來替換，原方程式變成，

$$(2+x)(a_1+2a_2x+3a_3x^2+\cdots)=a_0+a_1x+a_2x^2+\cdots \text{ 。}$$

把左邊寫成冪級數的形式，

$$2a_1+4a_2x+6a_3x^2+\cdots$$

$$+a_1x+2a_2x^2+3a_3x^3+\cdots$$

$$=2a_1+(4a_2+a_1)x+(6a_3+2a_2)x^2+\cdots \text{ 。}$$

比較兩邊的對應指數項：

$$a_0=2a_1 \text{，} \quad \text{因此} \quad a_1=\frac{a_0}{2}$$

$$a_1=4a_2+a_1 \qquad a_2=0$$

$$a_2=6a_3+2a_2 \qquad a_3=0\text{，等等。}$$

你會發現冪級數在兩次展開後就終止了。a_0 是任意的，所以你可以得到一階方程式的通解，$y=a_0(1+\frac{x}{2})$ 。

13. **電腦代數系統程式－初始值問題** 以冪級數法求解初始值問題。以圖解表示出冪次方到 x^5 項的部分和 s。求 s 在 x_1 的值(取五位有效數字)。

$$y'=y-y^2 \text{，} y(0)=\frac{1}{2} \text{，} x_1=1 \text{ 。}$$

Verhulst 方程式，初值問題 $y'=y-y^2=y(1-y)$ 通解是(見 1.5 節(9)，這裡 $A=B=1$)

$$y=1/(Ce^{-t}+1) \text{，}$$

$$(C=1) \qquad y=1/(e^{-t}+1)$$

把 $y(0)=\frac{1}{2}$ 代入冪級數，得到 $y=\frac{1}{2}+a_1x+\cdots$，所以在右邊有 $1-y=\frac{1}{2}-a_1x-\cdots$。因此，

$$\begin{aligned}&a_1+2a_2x+3a_3x^2+4a_4x^3+5a_5x^4+\cdots\\&=\left(\frac{1}{2}+a_1x+a_2x^2+a_3x^3+\cdots\right)\left(\frac{1}{2}-a_1x-a_2x^2-a_3x^3-\cdots\right)。\end{aligned}$$

比較兩邊的同次冪。對於 x^0，$a_1=\frac{1}{2}-\frac{1}{4}=\frac{1}{4}$。而對 x^1 有

$$2a_2=-a_0a_1+a_1-a_0a_1=\frac{1}{8}+\frac{1}{4}-\frac{1}{8}=0\text{，}\qquad 因此 \qquad a_2=0\text{。}$$

對 x^2 有，

$$3a_3=-a_0a_2+a_1^2+a_0(1-a_0)=-\frac{1}{16}\text{，}\qquad 因此 \qquad a_3=-\frac{1}{48}\text{。}$$

對 x^3 有

$$4a_4=-\frac{1}{2}a_3+\frac{1}{2}a_3=0\text{，}\qquad 因此 \qquad a_4=0\text{。}$$

對 x^4 有，

$$5a_5=\frac{1}{2}(-a_4)-a_1(-a_3)+a_2(-a_2)+a_3(-a_1)+\frac{1}{4}a_4=\frac{1}{96}\text{，}$$

因此 $a_5=1/480$，$s(1)=0.73125$ (係數和)對 3D 而言是精確的，對 5D 的精確值是 $1/(e^{-1}+1)=0.73106$。

這道題告訴我們，對於非線性 ODE，用冪級數來解是不方便的。確實，對於 ODEs 而言這些主要的應用還是在線性 ODEs；而我們在本章所有考慮的方程式都是線性的。

5.2 節　冪級數理論

習題集　5.2

7. **收斂半徑** 求解下列級數之收斂半徑(詳述)。

$$\sum_{m=2}^{\infty}\frac{(-1)^m}{4^m}(x-1)^{2m} \text{ 。}$$

收斂半徑 x的冪級數可能對x的所有値都收斂或者在一個以x_0爲中點或中心的區域收斂(在複數平面上是一個以x_0爲中心的圓盤)亦或只在x_0這一點收斂。對第二種情況，收斂區域長$2R$，這裡R叫作收斂半徑，在 5.2 節(7a)和(7b)這兩式中給出了定義。這裡假定這些公式的極限是存在的。在大多數實際情況下是對的。(15.2 節是個反例)。收斂半徑是很重要的，如果你想用級數來做計算，找函數展開成級數的性質或者找函數之間的關係。5.3 至 5.7 節中對應的習題是一個初步的認識。在習題 7 中，你可以令$(x-1)^2=t$。然後會得到一個關於t的冪級數，其係數的絕對値$|a_m|=1/4^m$。因此(7a)的根是 1/4，所以對t的冪級數，其收斂半徑是 4。也即是說當$|t|<4$時級數是收斂的。所以$|x-1|=\sqrt{|t|}<2$。因此對x的冪級數，其收斂半徑是 2 。在(7b)中，

$$|a_{m+1}/a_m|=1/4 \text{ 。}$$

這導致與前面一樣的結果。注意到，這個習題是特殊情形，而一般而言，這些根的序列和(7)中的商不是常數，也即是說，商(根)序列是會變的。

17. **冪級數解** 請求出以 x 之冪次方表之冪級數解(請詳列計算過程)。

$$y''-y'+x^2y=0 \text{ 。}$$

通解。Whittaker 函數 二階方程式的通解包含兩個常數。在冪級數解中它們包含兩個任意係數，而其他的則是遞迴聯繫的。通常它們是a_0和a_1。在簡單的情況中係數a_2，a_4，…與a_0有關，而奇數項a_3，a_5，…則與a_1相關。比如下列方程式

$$y''+y=0$$

的級數解是$y=a_0\cos x+a_1\sin x$ 。

然而，有可能發生這樣的情況，解的兩個基函數中既有偶數項又有奇數項。本題正是這種情形：

$$y'' - y' + x^2 y = 0$$

如果使用 CAS，它求出的解是 $M_{k,m}(ix^2)$ 和 $W_{k,m}(ix^2)$，$i = \sqrt{-1}$，乘上 $e^{x/2}/\sqrt{x}$。由此你可以推出這些函數就是那些被研究的特殊函數，所以你如果想知道其性質，你只需要在本書裡尋找，在附錄的[GR1]，$M_{\kappa,\mu}(z)$ 和 $W_{\kappa,\mu}(z)$ 是合流超幾何函數，叫做 Whittaker 函數。也在[GR1]中討論。你可以得到書後答案的冪級數，

$$\begin{aligned} &2a_2 + 3\cdot 2a_3x + 4\cdot 3a_4x^2 + 5\cdot 4a_5x^3 + 6\cdot 5a_6x^4 + 7\cdot 6a_7x^5 + \cdots \\ -\ &a_1 - 2a_2x - 3a_3x^2 - 4a_4x^3 - 5a_5x^4 - 6a_6x^5 - \cdots \\ &+ a_0x^2 + a_1x^3 + a_2x^4 + a_3x^5 + \cdots = 0 \end{aligned}$$ 。

現在通過整理上式左邊的係數來求得係數之間的關係，

x^0 ： $a_2 = \frac{1}{2}a_1$， a_1 是任意的

x^1 ： $2a_2 = 3\cdot 2a_3$， $a_3 = \frac{1}{3}a_2 = \frac{1}{6}a_1$

x^2 ： $a_0 - 3a_3 + 12a_4 = a_0 - \frac{1}{2}a_1 + 12a_4 = 0$， $a_4 = -\frac{1}{12}a_0 + \frac{1}{24}a_1$

x^3 ： $a_1 - 4a_4 + 20a_5 = a_1 - 4\left(-\frac{1}{12}a_0 + \frac{1}{24}a_1\right) + 20a_5$

$= \frac{1}{3}a_0 + \frac{5}{6}a_1 + 20a_5 = 0$ $a_5 = -\frac{1}{60}a_0 - \frac{1}{24}a_1$ 。

這些係數同時依賴於 a_0 和 a_1，也是任意的，現在可以得到書後答案中的兩個級數。新版的[GR1]已在 2006 年發佈，更名為數學函數數字資料庫(http://dlmf.nist.gov)。

5.3 節　Legendre 方程式；Legendre 多項式 $P_n(x)$

注意到 Legendre 方程式包含了參數 n，所以(1)對所有 ODEs 都是精確的，只是隨著 n 的

不同而改變。實際上，對於整數 $n=0$，1，2，⋯，(6)或(7)中的一個簡化為多項式，值得注意的是，這些最簡單的情況可能有很特別的實際應用。

習題集 5.3

5. ($n=0$ 之 Legendre 函數 $Q_0(x)$)

試證明式(6)在 $n=0$ 時，可得出 $y_1(x)=P_0(x)=1$，而式(7)可得出

$$y_2(x)=x+\frac{2}{3!}x^3+\frac{(-3)(-1)\cdot 2\cdot 4}{5!}x^5+\cdots=x+\frac{x^3}{3}+\frac{x^5}{5}+\cdots=\frac{1}{2}\ln\frac{1+x}{1-x}$$

取 $n=0$，令 $z=y'$ 並且分離各變數，經由解(1)式即可證明上式。

$n=0$ 之 Legendre 函數　冪級數和 Frobenius 方法是建立特殊函數存在性定理的重要工具(見附錄 1 [GR1]，[GR10])，這對工程、物理和其它領域都很有用，主要是因為很多特殊函數首先出現在微分方程式的級數解中。一般而言，這與超越函數的性質有關。本題說明有時這樣的函數可以用微積分化成基本函數。若你令(7)中 $n=0$，則 $y_2(x)$ 變成是 $\frac{1}{2}\ln\left((1+x)/(1-x)\right)$。在本題中，需要，

$$\ln(1+x)=x-\frac{1}{2}x^2+\frac{1}{3}x^3-+\cdots。$$

用 $-x$ 代替 x，再兩邊乘以 -1 得，

$$-\ln(1-x)=\ln\frac{1}{1-x}=x+\frac{1}{2}x^2+\frac{1}{3}x^3+\cdots。$$

這兩個級數相加再除以 2，直接解 Legendre 方程式(1) ($n=0$)得到，

$$(1-x^2)y''-2xy'=0，\qquad 或者\qquad (1-x^2)z'=2xz，\qquad 這裡\qquad z=y'。$$

分離變數並積分得，

$$\frac{dz}{z}=\frac{2x}{1-x^2}dx，\qquad \ln|z|=-\ln\left|1-x^2\right|+c，\qquad z=C_1/(1-x^2)。$$

y 可以從另外一個積分得到，使用下式

$$\frac{1}{1-x^2}=\frac{1}{2}\left(\frac{1}{x+1}-\frac{1}{x-1}\right)。$$

這給出，

$$y=\int zdx=\frac{1}{2}C_1(\ln(x+1)-\ln(x-1))+c=\frac{1}{2}C_1\ln\frac{x+1}{x-1}+c \text{ 。}$$

如果 $n=0$，則 5.3 節(6)中的 $y_1(x)$ 變成 1，由(6)，(7)得，

$$y=cy_1(x)+C_1y_2(x) \text{ 。}$$

7. (**常微分方程式**) 求解

$$(a^2-x^2)y''-2xy'+n(n+1)y=0 \text{ ， } a\neq 0 \text{ 。}$$

利用 Legendre 方程式之化簡。

ODE 令 $x=az$，則 $z=x/a$，應用鏈式法則，

$$\frac{d}{dx}=\frac{d}{dz}\frac{dz}{dx}=\frac{1}{a}\frac{d}{dz} \text{ ， 及 } \frac{d^2}{dx^2}=\frac{1}{a^2}\frac{d^2}{dz^2} \text{ 。}$$

替代後得，

$$(a^2-a^2z^2)\frac{d^2y}{dz^2}\frac{1}{a^2}-2az\frac{dy}{dz}\frac{1}{a}+n(n+1)y=0 \text{ 。}$$

消去 a 後得，

$$(1-z^2)y''-2zy'+n(n+1)y=0 \text{ 。}$$

因此解是 $P_n(z)=P_n(x/a)$ 和 $Q_n(x/a)$ 。

5.4 節 Frobenius 法

要寫出指數方程式，比如爲了確定 ODE 是什麼情形的，你通常不需要考慮任何級數，只要把 ODE 寫成保准形式，以及(1)中的 $b(x)$ 和 $c(x)$；然後由 $b(x)$ 和 $c(x)$ 得到它們的常數項 b_0 和 c_0，用(4)。

比如，習題 5 中的方程式是，

$$x^2y''+4xy'+(x^2+2)y=0 \text{ 。}$$

寫成(1)的形式，

$$y''+\frac{4}{x}y'+\frac{x^2+2}{x^2}y=0 \text{ 。}$$

你會發現 $b(x)=4$ ，$c(x)=x^2+2$ ，因此有 $b_0=4$ ，$c_0=2$ ，所以指數方程式是，

$$r(r-1)+4r+2=r^2+3r+2=(r+2)(r+1)=0 \text{ 。}$$

其根是 -2 和 -1 。

習題集 5.4

1-17 利用 Frobenius 法求出解基。

請求出一組解基。請嘗試證明這些級數可用已知函數展開之(寫出求解細節)。

1. $xy''+2y'-xy=0$ 。

解基 用 5.4 節的(2)和(2*)替換方程式 $xy''+2y'-xy=0$ 中的 y ，y' 和 y'' ，得到，

$$\sum_{m=0}^{\infty}(m+r)(m+r-1)a_m x^{m+r-1}+\sum_{m=0}^{\infty}2(m+r)a_m x^{m+r-1}-\sum_{n=0}^{\infty}a_n x^{n+r+1}=0 \text{ 。}$$

前兩個級數和有相同的通項冪，可以把它們歸併到一起。對第三個級數和令 $n=m-2$ 則得到同樣的通項冪。$n=0$ 時 $m=2$ 。

$$\sum_{m=0}^{\infty}(m+r)(m+r+1)a_m x^{m+r-1}-\sum_{m=2}^{\infty}a_{m-2}x^{m+r-1}=0 \text{ 。} \quad \text{(A)}$$

對 $m=0$ ，這就給出了指數方程式：

$$r(r+1)=0 \text{ 。}$$

根是 $r=0$ 和 -1。這是 5.4 節中定理 2 的情形 3。考慮到較大根是 $r=0$。(A)有如下形式：

$$\sum_{m=0}^{\infty} m(m+1)a_m x^{m-1} - \sum_{m=2}^{\infty} a_{m-2} x^{m-1} = 0 \text{ 。}$$

$m=1$ 給出 $2a_1 = 0$ 。這說明 $a_3 = a_5 = \cdots = 0$ ，當 m=3，5，…時，另外，

$m=2$ 給出 $2 \cdot 3a_2 - a_0 = 0$ ，　　因此 a_0 是任意的，$a_2 = a_0 / 3!$

$m=4$ 給出 $4 \cdot 5a_4 - a_2 = 0$ ，　　因此 $a_4 = a_2 /(4 \cdot 5) = a_0 / 5!$

因為你想找基而 a_0 是任意的，你可令 $a_0 = 1$ 。下面你可以用 Maclaurin 級數

$$y_1 = (\sinh x)/ x \text{ 。}$$

現在來確定一個獨立解 y_2 。由第 3 種情形的討論，我們可以假設包含對數項(最後可能是 0)，降階就很容易了(2.1 節)。首先把方程式寫成標準形式(除以 x)

$$y'' + \frac{2}{x} y' - y = 0 \text{ 。}$$

在 2.1 節的(2)中 $p = 2/x$ ，$-\int p dx = -2\ln|x| = \ln(1/x^2)$ ，因此 $\exp(-\int p dx) = 1/x^2$ 。將此式及 y_1^2 代入(9)消去 x^2 得，

$$U = 1/\sinh^2 x \text{ ，} \qquad u = \int U dx = -\coth x \text{ ，} \qquad y_2 = u y_1 = -\frac{\cosh x}{x} \text{ 。}$$

7. $(x+3)^2 y'' - 9(x+3)y' + 25y = 0$ 。

解基　試作替換 $x+3=t$ ，你知道為什麼嗎？

19. **超越幾何方程式** 請以超越幾何函數找出下列方程式的通解：

$$x(1-x)y'' + (\frac{1}{2} - 2x)y' - \frac{1}{4} y = 0 \text{ 。}$$

超越幾何方程式　你的工作就是要找到這個超越幾何方程式的參數 a，b，c

$$x(1-x)y''+(\frac{1}{2}-2x)y'-\frac{1}{4}y=0 \text{ 。}$$

第一項係數 $x(1-x)$ 有與(15)同樣的形式，比較 y' 的係數，

$$\frac{1}{2}-2x=c-(a+b+1)x \tag{A}$$

以及 y 的係數，

$$-ab=-\frac{1}{4} \text{ 。} \tag{B}$$

從(B)你可得 $b=1/(4a)$。代入(A)，得到，

$$a+\frac{1}{4a}+1=2 \quad \text{和} \quad c=\frac{1}{2} \text{ 。}$$

因此 $a+1/(4a)=1$ 或者 $a^2-a+\frac{1}{4}=0$，所以 $a=\frac{1}{2}$，$b=\frac{1}{2}$。結果，第一個解是 $F(\frac{1}{2}, \frac{1}{2}, \frac{1}{2}; x)$。第二個解由(17)給出 $1-c=\frac{1}{2}$，即

$$y_2(x)=x^{1/2}F\left(1,1,\frac{3}{2};x\right) \text{，}$$

因為 $a-c+1=\frac{1}{2}-\frac{1}{2}+1=1$，$b-c+1=1$，$2-c=\frac{3}{2}$。

5.5 節　Bessel 方程式、Bessel 函數 $J_\nu(x)$

我們以一指引作為本節的開始

Bessel 方程式

$$x^2y''+xy'+(x^2-\nu^2)y=0 \tag{1}$$

包含了參數 $\nu(\geq 0)$。因此解 $y(x)$ 依賴於 ν，把它寫成 $y(x)=J_\nu(x)$。在實際應用中 ν 常常取整數，所以可以記 $\nu=n$。我們現在用 Frobenius 法也就是冪級數法，消去任意常數 a_0。這將使的公式和數值中包含任意常數。為了避免這一點，a_0 被賦予特定值(依賴於 n)。得到一種相對簡單的級數(11)，

$$a_0 = \frac{1}{2^n n!} \tag{9}$$

我們現在從整數 n 到任意的 v 。式(9)要求把分母函數 $n!$ 化成非整數 v 。這 gamma 函數來完成，導出(20)，一個冪級數乘上 x^v 。

習題集 5.5

5-20 **可簡化為 Bessel 方程式的常微分方程式**。

利用指示的替換，找出以 J_v 和 J_{-v} 爲項的通解或指出其不可能找出(這只是個不同常微分方程式都能簡化爲 Bessel 方程式的例子。更多的例子將出現在下一節習題。寫出詳細內容)。

5. **(兩個參數的常微分方程式)**
$x^2y'' + xy' + (\lambda^2x^2 - v^2)y = 0$ ($\lambda x = z$)。

化為 Bessel 方程式 方程式

$$x^2y'' + xy' + (\lambda^2x^2 - v^2)y = 0$$

在實際應用中特別重要。如果令 $z = \lambda x$ ，則第二個參數 λ 變成了獨立變數。因此運用鏈式法則 $y' = dy/dx = (dy/dz)(dz/dx) = \lambda\dot{y}$ ， $y'' = \lambda^2\ddot{y}$ ，這裡 $\dot{} = d/dz$ 。把它們代入上式得，

$$(z^2/\lambda^2)\lambda^2\ddot{y} + (z/\lambda)\lambda\dot{y} + (z^2 - v^2)y = 0 \text{ 。}$$

消掉 λ ，則解是 $J_v(z) = J_v(\lambda x)$ 。

13. $x^2y'' + xy' + 9(x^6 - v^2)y = 0$ ($x^3 = z$)。

化簡為 Bessel 方程式 變換某種程度上由方程式中的 x^6 項揭示，

$$x^2y'' + xy' + 9(x^6 - v^2)y = 0 \text{ 。}$$

使用鏈式法則得，

$$y' = (dy/dz)(dz/dx) = 3x^2\dot{y} = 3z^{2/3}\dot{y}$$

$$y'' = 9x^4\ddot{y} + 6x\dot{y} = 9z^{4/3}\ddot{y} + 6z^{1/3}\dot{y} \text{ 。}$$

把它們代入方程式得，

$$z^{2/3}(9z^{4/3}\ddot{y} + 6z^{1/3}\dot{y}) + z^{1/3}\cdot 3z^{2/3}\dot{y} + 9(z^2 - v^2)y = 0 \text{ 。}$$

化簡它，把兩個 $\dot{y}$ 項放一起得，

$$9z^2\ddot{y} + (6z + 3z)\dot{y} + 9(z^2 - v^2)y = 0 \text{ 。}$$

除以 9 得到解 $y_1 = J_v(z) = J_v(x^3)$ 和 $y_2 = J_{-v}(z) = J_{-v}(x^3)$ 。

15. $xy'' + y = 0 \qquad (y = \sqrt{x}u, 2\sqrt{x} = z)$ 。

化簡為 Bessel 方程式 看起來比較簡單的 ODEs 通常都有非基本解。下面就是這種情況，

$$xy'' + y = 0 \text{ 。}$$

使用第一種變換和鏈式法則得到，

$$y = x^{1/2}u$$

$$y' = x^{1/2}u' + \frac{1}{2}x^{-1/2}u$$

$$y'' = x^{1/2}u'' + x^{-1/2}u' - \frac{1}{4}x^{-3/2}u \text{ 。}$$

代入方程式得，

$$x^{3/2}u'' + x^{1/2}u' - \frac{1}{4}x^{-1/2}u + x^{1/2}u = 0 \text{ 。}$$

現在從 x 到 $z = 2x^{1/2}$ 。在 z 上加點記其導數，用 $dz/dx = 2\cdot\frac{1}{2}x^{-1/2} = x^{-1/2}$ ，計算得

$$u' = x^{-1/2}\dot{u}$$

$$u'' = x^{-1}\ddot{u} - \frac{1}{2}x^{-3/2}\dot{u} \text{。}$$

把它們帶入前面的 ODE，得到，

$$x^{1/2}\ddot{u} - \frac{1}{2}\dot{u} + x^{1/2}\dot{u}x^{-1/2} - \frac{1}{4}x^{-1/2}u + x^{1/2}u = 0 \text{。}$$

化簡它並引入 $z = 2x^{1/2}$，因此 $x^{1/2} = z/2$，得到，

$$\frac{1}{2}z\ddot{u} + \frac{1}{2}\dot{u} + (\frac{1}{2}z - \frac{1}{2}z^{-1})u = 0 \text{。}$$

乘上 $2z$ 會發現這是 $n=1$ 的 Bessel 方程式，所以解是 $u = J_1(z)$，同時，$y = x^{1/2}u = x^{1/2}J_1(2x^{1/2})$。

27. **(積分)**證明 $\int x^2 J_0(x)dx = x^2 J_1(x) + xJ_0(x) - \int J_0(x)dx$。 (最後的積分並不基本；有表格，參見附錄 1 文獻[A13]。)

積分　用公式(24a)及 $v=1$，$(xJ_1)' = xJ_0$，積分得 $xJ_1 = \int xJ_0 dx$，(同例 2 類似的分部積分)

$$\int x^2 J_0 dx = \int x(xJ_0)dx = x(xJ_1) - \int 1 \cdot xJ_1 dx \qquad \text{(C)}$$

$$= x^2 J_1 - \int xJ_1 dx \text{。}$$

現在使用(24b)，及($v=0$)，即 $J_0' = -J_1$，得到(C)的右邊，

$$x^2 J_1 - \left(x(-J_0) - \int 1 \cdot (-J_0)dx\right)$$

$$= x^2 J_1 + xJ_0 - \int J_0 dx \text{。}$$

你的 CAS 可能會給你一些其他的函數。但是，本質上所有這些都是依賴於 J_n 的幾項，因爲 Bessel 函數和它們的積分通常都是由 J_0 和 J_1 疊代算得；類似地對於參數 v 的分數值部分。

5.6 節　第二類 Bessel 函數 $Y_v(x)$

Bessel 函數對 Bessel 方程式的 v 的所有值都有一組解基；聯想到起整數 $v=n$ 是有麻煩的 (J_n 和 J_{-n} 是線性獨立的；定理 2)。我們首先討論 $v=n=0$ 的情形。對於一般的 v 我們只給出主要的結果，而不去細究細節。

習題集　5.6

9. **更多可化簡為 Bessel 方程式之微分方程式(參考 5.5 節)**。
請利用所示之代換，找出以 J_v 及 Y_v 爲型式的通解。
指出是否也能以 J_{-v} 取代 Y_v (寫出詳細過程)。

$$x^2y''-5xy'+9(x^6-8)y=0 \qquad (y=x^3u\text{，}x^3=z)\text{。}$$

化簡為 Bessel 方程式　方程式

$$x^2y''-5xy'+9(x^6-8)y=0$$

變成 Bessel 方程式需要兩步，用 $z=x^3$ 變換獨立變數，用 $y=x^3u$ 變換相關變數(這個 ODE 的未知解)。你可以把這兩個變換聯合起來用，就像我們馬上要解釋的那樣。這一步用鏈式法則。你需要 $dz/dx=3x^2$。對 y' 作變換(對 z 的導數加點)

$$\frac{dy}{dx}=\frac{d}{dx}(x^3u)=3x^2u+x^3\frac{du}{dz}\cdot 3x^2=3x^5\dot{u}+3x^2u$$

這裡 $\dot{}=d/dx$。由此你可以得到二階導數，

$$\frac{d^2y}{dx^2}=\frac{d}{dx}(3x^5\dot{u}+3x^2u)$$

$$=15x^4\dot{u}+9x^7\ddot{u}+6xu+3x^2\dot{u}\cdot 3x^2$$

$$=9x^7\ddot{u}+24x^4\dot{u}+6xu\text{。}$$

把這些導數代入原方程式得，

$$
\begin{aligned}
9x^9\ddot{u} + \ 24x^6\dot{u} + \ 6x^3u& \\
- \ 15x^6\dot{u} - \ 15x^3u& \\
+ \ 9(x^6 - 8)x^3u = 0& \ 。
\end{aligned}
$$

整理這些項並除以 9 得：

$$x^9\ddot{u} + x^6\dot{u} + (x^9 - 9x^3)u = 0 \ 。$$

除以 x^3 並令 $x^3 = z$ ：

$$z^2\ddot{u} + z\dot{u} + (z^2 - 9)u = 0 \ 。$$

這是參數 $n = 3$ 的 Bessel 方程式。一個解是 $u = J_3(z) = J_3(x^3)$ 。因此 $y = x^3u = x^3J_3(x^3)$ ，一個二階線性獨立解是 $x^3Y_3(x^3)$ 。

11.（Hankel 函數）

請證明 Hankel 函數(10)可構成 Bessel 方程式在任意 v 值下之一組解基。

Hankel 函數　爲了顯示線性獨立性，從下式開始：

$$c_1H_v^{(1)} + c_2H_v^{(2)} = 0 \ 。$$

由 Hankel 函數的定義：

$$c_1(J_v + iY_v) + c_2(J_v - iY_v) = (c_1 + c_2)J_v + (ic_1 - ic_2)Y_v = 0 \ 。$$

因爲 J_v 和 Y_v 是線性獨立的，它們的係數必須是 0，也即是說(第二項除以 i)

$$c_1 + c_2 = 0$$

$$c_1 - c_2 = 0 \ 。$$

因此 $c_1 = 0$ ， $c_2 = 0$ ，這意味著 $H_v^{(1)}$ 和 $H_v^{(2)}$ 在其定義域的任意區間上都是線性獨立的(書後答案中的證明用到了 J_v 和 Y_v 的線性獨立性)。

5.7 節　Sturm-Liouville 問題、正交函數

例 2 是關於正弦和餘弦函數的。這些函數構成了最簡單和最有用的正交函數因為它們可導出 Fourier 級數(11 章)，這可能是應用數學中最重要的發展。確實，這些級數導出了 ODEs 和 PDEs 的基礎(第 2 章和第 12 章)。

例 5 是值得注意的因為你不需要邊界條件來處理 Legendre 多項式。

例 6 和定理 2 是關於 Bessel 函數的，對於每個固定的 n 有無限多個。在(13)中 n 是固定的。最小的 n 是 $n=0$ 。於是

$$\int_0^R xJ_0(k_{m0}x)J_0(k_{j0}x)dx = 0 \qquad (j \neq m\text{，兩者均為整數})\text{。}$$

如果 $n=0$ 是 n 唯一可能的值，你可以簡單的把 k_{m0} 和 k_{j0} 寫成是 k_m 和 k_j ；你自己把它寫下來，記住 k_{m0} 與 a_{m0} 有關， $k_{m0}=a_{m0}/R$ 。在應用中， R 可有很多值，這依賴於所考慮的問題；這就是為什麼要介紹在本例開頭那個任意的 k ；它給了我們實際需要的多樣性。

習題集　5.7

1. **(定理 1 的證明)**請完成情況 3 及 4 之詳細步驟。

定理 1 的第三種情況　這種情況的證明如下。假設 $p(a)=0$ ， $p(b)\neq 0$ 。證明的出發點是(9)，因為 $p(a)=0$ ，(9)化簡為

$$p(b)[y_n'(b)y_m(b) - y_m'(b)y_n(b)]$$

你會發現這等於 0。現在從(2b)得到，

$$l_1 y_n(b) + l_2 y_n'(b) = 0$$

$$l_1 y_m(b) + l_2 y_m'(b) = 0 \text{ 。}$$

這兩個係數中至少有一個不是 0，假設 $l_2 \neq 0$。第一個方程式乘上 $y_m(b)$，第二個乘上 $-y_n(b)$，相加得到

$$l_2[y_n'(b)y_m(b) - y_m'(b)y_n(b)] = 0 \text{。}$$

因為 l_2 不是 0，所以括弧中的運算式必須為 0。但這個運算式等於(9)式括弧中的第一行，我們上面寫出來過。式(9)的第二行等於 0 因為假設 $p(a)=0$。因此(9)等於 0，而由(8)你可得關係式(6)。(對 $l_1 \neq 0$ 證明是類似的。請詳細的寫出來，這將幫助你真正地理解上面的證明)。

3. (**x 的改變**)請證明若函數 $y_0(x)$，$y_1(x)$，…，在區間 $a \le x \le b$ 內形成一組正交集合（其中 $r(x)=1$），則函數 $y_0(ct+k)$，$y_1(ct+k)$，…，$c>0$，在區間 $(a-k)/c \le t \le (b-k)/c$ 內形成一組正交集合。

x 的改變 讓 $ct+k$ 等於所給區間的終點，解出 t 得到新的區間，由此你可以證明正交性。

9. **Sturm-Liouville 問題** 若型式不同，請依式(1)的型式寫出給定之常微分方程式(利用習題 6)。求出特徵值及特徵函數，證明正交性(請寫出詳細過程)。

$$y'' + \lambda y = 0 \text{，} y(0)=0 \text{，} y'(L)=0 \text{。}$$

Sturm-Liouville 問題 所給方程式和邊界條件構成了 Sturm-Liouville 問題。方程式具有(1)的形式($p=1$，$q=0$，$r=1$)。求解的區間是 $a=0$ 和 $b=L$。在這些邊界條件中，$k_1=1$，$k_2=0$，$l_1=0$，$l_2=1$。首先你需要找一個通解。本題中，

$$y = A\cos kx + B\sin kx \text{，} \qquad k=\sqrt{\lambda} \text{。} \tag{A}$$

得到特徵值和函數。第一個條件給出 $y(0)=A=0$。對方程式(A)剩下的部分求微分得，

$$y'(x) = kB\cos kx \text{，} \qquad \text{因此} \qquad y'(L) = kB\cos kL = 0 \text{，}$$

因此 $\cos kL = 0$。這導致 $kL = k_nL = (2n+1)\pi/2$，這裡 $n=0$，1，…對餘弦而言它們是正值。你不需要考慮 n 的負值因為餘弦是偶函數，所以你可以得到同樣的特徵函數。特徵

值是 $\lambda = \lambda_n = k_n^2$。相應的特徵函數是，

$$y(x) = y_n(x) = \sin(k_n x) = \sin\frac{(2n+1)\pi x}{2L}\ 。$$

下圖是假設 $L = 1$ 時前面幾個特徵函數。它們都從 0 開始且在 0 到 1 的每個區間都有水準切線。這就是邊界條件的稽核意義。y_1 在這些區間的內點非 0。其圖像是 $1/4$ 週期的餘弦圖像。y_2 在 $2/3$ 處為 0，其圖像是 $3/4$ 週期的餘弦圖像。y_3 有兩個 0 點(0.4 和 0.8)，y_4 有三個。

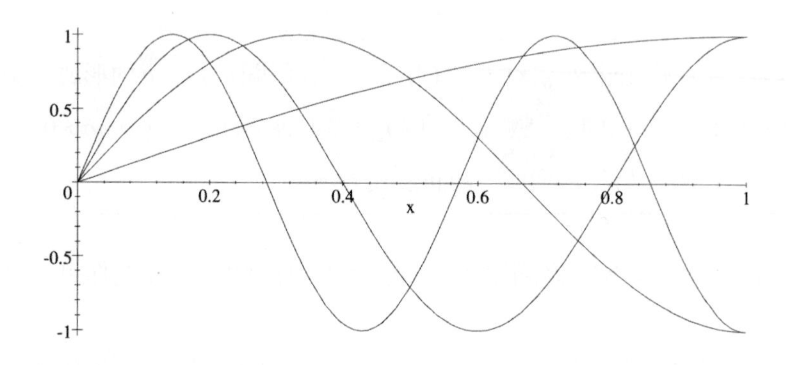

第 5.7 節 習題 9 L=1 之 Sturm-Liouville 問題的前四個特徵函數

5.8 節 正交特徵函數展開

例 1 討論的內容將在 Fourier 級數那一章繼續深入(11 章)。

例 2 前兩項有最大的絕對值，比後面的項都大得多，因為 $a_1P_1(x) + a_3P_3(x)$ 與 $\sin\pi x$ 非常類似(用圖 104)。同時注意到 $a_2 = a_4 = \cdots = 0$ 是因為 $\sin\pi x$ 是奇函數。

例 3 展示了 J_0 的 Fourier-Bessel 級數，以及對 J_0 的 0 點的討論。下一個級數是關於 J_1 的，再下面是 J_2，等等。

本節最後一部分是關於收斂性的概念，這是針對正交展開的，所以與微積分中的很不一樣。本節只給出了基本的內容，更多的細節問題是屬於高階教程的。請參考附錄 1 中的[GR7]。

習題集　5.8

1-4　Fourier-Legendre **級數**。

請寫出計算的詳細內容，展開：

1. $7x^4-6x^2$ 。

Fourier-Legendre 級數　在例 2 中我們必須用積分來確定那些係數。在這道題中，這是可以做到的，而用到的未定係數法很簡單。

$$f(x)=7x^4-6x^2$$

爲 4 次的，因此你只需要 P_0，P_1，…，P_4。因 f 是偶函數，你實際只需要 P_0，P_2，P_4。

$$f(x)=a_4P_4(x)+a_2P_2(x)+a_0P_0(x)=7x^4-6x^2\text{ 。}$$

先來確定 a_4，因爲 $P_4(x)=\frac{1}{8}(35x^4-30x^2+3)$ (見 5.3 節)，有

$$\frac{38}{5}a^4=7\text{，}\qquad\text{因此}\qquad a_4=\frac{7\cdot 8}{35}=1.6$$

計算剩下的函數

$$f_1(x)=f(x)-1.6P_4(x)=7x^4-6x^2-(1.6/8)(35x^4-30x^2+3)$$

$$=-6x^2+6x^2-0.6=-0.6=-0.6P_0$$

因此得到答案 $f(x)=1.6P_4(x)-0.6P_0(x)$ 。

5. 證明如果例題(2)中的 $f(x)$ 爲偶函數[亦即 $f(x)=f(-x)$]，它的級數只含有具偶數 m 的 $P_m(x)$ 。

偶函數　P_m (m 是奇數)只包含奇數冪，所以它是奇的，$P_m(-x)=-P_m(x)$ 因爲奇函數的和還是奇函數(爲什麼？)。令 f 爲偶，則 $f(-x)=f(x)$ 。而在 a_m 中的被積分函數 $g=fP_m$ (m 是奇數)也是奇函數，因爲 $g(-x)=f(-x)P_m(-x)=-f(x)P_m(x)=-g(x)$ 。

現在令 $p=-x$ ，則 $dp=-dx$ ， $p=-1$ ，…0 相應於 $x=1$ ，…0，所以，

$$\int_{-1}^{0} g(p)dp = \int_{1}^{0} g(-x)(-dx)$$

$$= \int_{0}^{1} g(-x)dx$$

$$= \int_{0}^{1} -g(x)dx$$

所以對 g 從 -1 到 1 的積分爲 0，這導致 $a_m = 0$。

6-16 **電腦代數系統試驗** Fourier-Legendre **級數**。

找出並描繪(在共通軸上)達 S_{m_0} 之部分和，其圖形與 $f(x)$ 在圖解上的正確性一致。陳述 m_0 爲何。m_0 的大小似乎與什麼有關？

7. $f(x) = \sin 2\pi x$。

Fourier-legendre 級數 係數由(7)給出，有下列形式：

$$a_m = \frac{2m+1}{2}\int_{-1}^{1}(\sin 2\pi x)P_m(x)dx \text{ 。}$$

對於偶數 m 這些係數爲 0 (爲什麼？)。對於奇數 m 答案由 CAS 給出是，

$$-0.4775\text{，}\quad -0.6908\text{，}\quad 1.844\text{，}\quad -0.8236\text{，}\cdots$$

降得很慢。有趣的是在圖中所示收斂到 $\sin 2\pi x$ 很快。這幅圖顯示了加總的部分和包括 P_3，P_5，P_7。

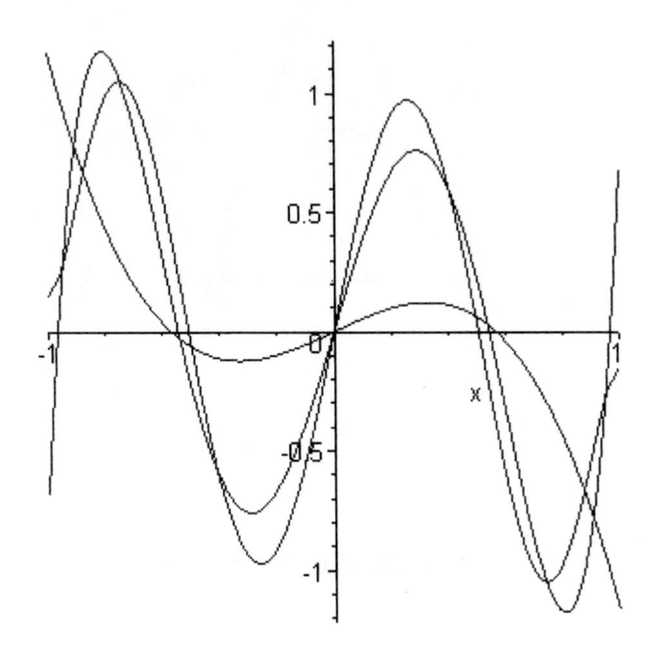

第 5.8 節 習題 7 部分和

> 15. $f(x)=J_0(\alpha_{0,2}x)$，其中$\alpha_{0,2}$是J_0的第二個正零值。

Fourier-Legendre 級數 這裡你要求一個 Bessel 函數，J_0，化到 Fourier-Legendre 級數。自變數為$a_{0,2}x$，這裡$a_{0,2}$是J_0的第二個正 0 點。這導致J_0在$x=1$等於 0，而另外一個 0 點在 0 和1 之間(還有無窮多個大於 1 的 0 點)。你的 CAS 可以算出，

$$a_m=\frac{2m+1}{2}\int_{-1}^{1}J_0(a_{0,2}x)P_m(x)dx \text{ 。}$$

值是

0.1212， 0， -0.7950， 0， 0.9595， 0， -0.3359， 0， 0.0553， $\cdots$。

下圖示所給$f(x)$的 Fourier-Legendre 部分和，包括P_4，P_6，P_8。收斂性比預期來的要好，這跟前面一樣。

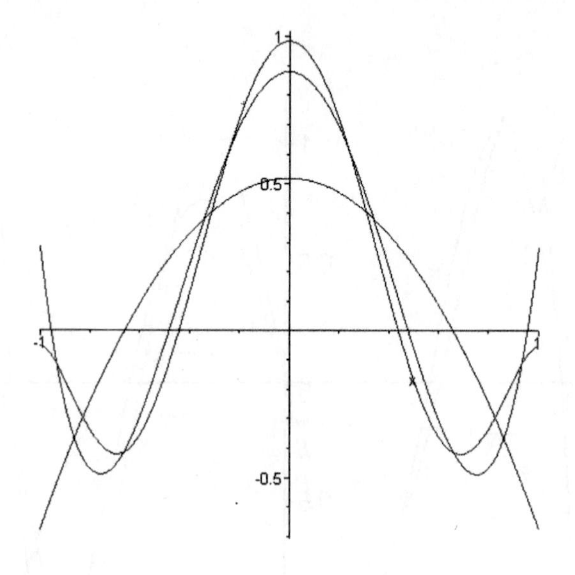

第 5.8 節 習題 15 部分和

第 6 章　拉普拉斯轉換

6.1 節　拉普拉斯轉換、逆轉換、線性度、s 平移

本節包括幾個主題。最開始是拉普拉斯轉換的定義式(1)，討論了線性度的定義，表 6.1 中列出了 12 個最簡單的轉換是你需要牢記的，也很容易記。

這包括阻尼振盪 $e^{at}\cos\omega t$ ，$e^{at}\sin\omega t$ ($a<0$)，這可由 $\cos\omega t$ 和 $\sin\omega t$ 通過所謂的 s 平移得到(定理 2)。

本節的最後一個部分討論的存在唯一性沒有太大的實際意義。然而，你因該記住一方面這種轉換是很一般的，所以即使是不連續函數也有拉普拉斯轉換；這歸因於求解 ODEs 的經典方法的優越性，就像你在下一節看到那樣。另一方面，也不是每個函數都有拉普拉斯轉換(定理 3)，但是這一點沒有什麼實際意義。

習題集　6.1

1-20　**拉普拉斯轉換**

求出下列函數之拉普拉斯轉換。請寫出詳細之計算過程
(a，b，c，ω，θ 爲常數)。

7. $\cos(\omega t+\theta)$ 。

拉普拉斯轉換　對 cosine 使用增量公式(見輔助教材)。

15.

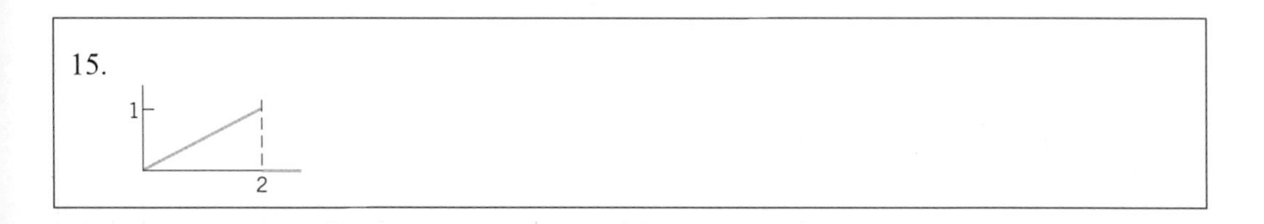

使用積分的定義 在習題 13-20 中使用拉普拉斯轉換的積分定義。在習題 15 中由分部積分得，

$$\int_0^2 \frac{1}{2} t e^{-st} dt = \frac{1}{2} t \frac{e^{-st}}{-s}\Bigg|_0^2 + \frac{1}{2s}\int_0^2 e^{-st} dt$$

$$= -\frac{1}{2}\cdot 2\frac{e^{-2s}}{s} + \frac{1}{2s}\cdot\frac{1}{-s}(e^{-2s}-1)$$

$$= \left(-\frac{1}{s}-\frac{1}{2s^2}\right)e^{-2s} + \frac{1}{2s^2} \text{。}$$

25. **(不存在性)**舉出個沒有拉普拉斯轉換之函數(對所有 $x \geq 0$ 有定義)的簡單例子。

不存在性 例如 e^{t^2} 是沒有拉普拉斯轉換的，因爲被積函數是 $e^{t^2}e^{-st} = e^{t^2-st}$ 而對 $t > s$，$t^2 - st > 0$。而從 0 到 ∞ 的對有正指數的指數函數的積分是不存在的(無窮大)。

29-40 拉普拉斯逆轉換

已知 $F(s) = \mathcal{L}(f)$，求出 $f(t)$。請寫出詳細之計算過程(L，n，k，a，b 爲常數)。

29. $\dfrac{4s-3\pi}{s^2+\pi^2}$。

逆變換 在習題 29-40 中使用表 6.1。而對某些習題化簡爲分數的部分和。習題 29 導出 cosine 和 sine:

$$\mathcal{L}^{-1}\left(\frac{4s-3\pi}{s^2+\pi^2}\right) = \mathcal{L}^{-1}\left(4\frac{s}{s^2+\pi^2} - 3\frac{\pi}{s^2+\pi^2}\right) = 4\cos\pi t - 3\sin\pi t \text{。}$$

33. $\dfrac{n\pi L}{L^2 s^2 + n^2\pi^2}$。

逆變換　兩邊同除以分子並沿 L^2 展開：

$$\mathfrak{L}^{-1}\left(\frac{n\pi L}{L^2s^2+n^2\pi^2}\right)=\mathfrak{L}^{-1}\left(\frac{n\pi/L}{s^2+(n\pi/L)^2}\right)=\sin\frac{n\pi t}{L}\text{。}$$

37. $\dfrac{1}{(s-\sqrt{3})(s+\sqrt{5})}$。

逆變換　使用部分分式。

41-54　第一平移定理之應用(s 平移)

於習題 41-46 求出拉普拉斯轉換。於習題 47-54 求出逆轉換。請寫出詳細之計算過程。

41. $3.8te^{2.4t}$。

第一移位定理　使用 $\mathfrak{L}(3.8t)=3.8/s^2$，　因此　$\mathfrak{L}(3.8te^{2.4t})=3.8/(s-2.4)^2$。

49. $\dfrac{\sqrt{8}}{(s+\sqrt{2})^3}$。

第一移位定理　使用

$$\mathfrak{L}^{-1}\left(\frac{2}{s^3}\right)=t^2\text{，}\quad\text{因此}\quad\mathfrak{L}^{-1}\left(\frac{\sqrt{8}}{(s+\sqrt{2})^3}\right)=t^2e^{-t\sqrt{2}}\sqrt{8}/2=\sqrt{2}t^2e^{-t\sqrt{2}}\text{。}$$

6.2 節　導數及積分之轉換、常微分方程式

拉普拉斯變換的主要目的是解微分方程式，主要是 ODEs。你將在本節學習基本內容。基本的想法是把 ODE(或者初值問題)變成一個可以用代數法解的方程式(輔助方程式)，然後把輔助方程式變回 ODE 的解(或者初值問題)。變換方法巨大的優點在下面兩節會清晰地顯示出來，你還可以發現兩種工程應用中的測量工具(單步函數和 Dirac 函數)。

圖 115 顯示了變換法的步驟。這種方法最重要的是定理 1 中對導數的變換。而定理 3 對積分的變換則不會立刻顯示出其重要性。

習題集 6.2

7. **由微分得到的轉換** 利用式(1)或式(2)，若 $f(t)$ 爲下式，求 $\mathfrak{L}(f)$：

$$t\sin\tfrac{1}{2}\pi t \text{ 。}$$

微分的應用 微分對於求解 ODEs 起著基本性的作用，但它也可以被用於推導轉換。對下例可以容易的應用，

$$f(t)=t\sin\frac{1}{2}\pi t \text{ ，} \qquad \text{有} \qquad f(0)=0 \text{ 。}$$

然後你可以得到下面兩個微分

$$f'(t)=\sin\frac{1}{2}\pi t+\frac{1}{2}\pi t\cos\frac{1}{2}\pi t \text{ ，} \qquad f'(0)=0$$

$$f''(t)=\pi\cos\frac{1}{2}\pi t-\left(\frac{1}{2}\pi\right)^2\sin\frac{1}{2}\pi t=\pi\cos\frac{1}{2}\pi t-\left(\frac{1}{2}\pi\right)^2 f(t) \text{ 。}$$

對後一個方程式兩邊作轉換得，

$$\mathfrak{L}(f'')=\frac{\pi s}{s^2+\left(\frac{1}{2}\pi\right)^2}-\left(\frac{1}{2}\pi\right)^2\mathfrak{L}(f) \text{ 。}$$

因爲 $f(0)=0$，$f'(0)=0$，由(2)，後一個方程式左邊是 $s^2\mathfrak{L}(f)$。而對左邊其他的 $\mathrm{L}(f)$ 項做則有，

$$\mathfrak{L}(f)\left(s^2+\left(\frac{1}{2}\pi\right)^2\right)=\frac{\pi s}{s^2+\left(\frac{1}{2}\pi\right)^2} \text{ 。}$$

運用代數的方法求解 $\mathfrak{L}(f)$，得到書後的答案，

$$\mathfrak{L}(f)=\frac{\pi s}{\left(s^2+\left(\frac{1}{2}\pi\right)^2\right)^2}\text{ 。}$$

10-24 初始值問題

使用拉普拉斯轉換求出下列初始值問題

(如果需要的話，使用如範例 4 的部分分式展開。請寫出詳細的計算過程)。

13. $y"-\frac{1}{4}y=0$，$y(0)=4$，$y'(0)=0$。

初值問題 習題 $y"-\frac{1}{4}y=0$，$y(0)=4$，$y'(0)=0$。可以用 2.2 節的方法來解，通解是，

$$y=c_1e^{t/2}+c_2e^{-t/2}\text{，}\qquad y(0)=c_1+c_2=4\text{ 。}$$

你需要下列的導數，

$$y'=\frac{1}{2}(c_1e^{t/2}-c_2e^{-t/2})\text{，}\qquad y'(0)=\frac{1}{2}(c_1-c_2)=0\text{ 。}$$

由第二個方程式，對 c_1 和 c_2 有 $c_1=c_2$，而由第一個方程式有 $c_1=c_2=2$。這就給出瞭解

$$y=2(e^{t/2}+e^{-t/2})=4\cosh\frac{1}{2}t$$

習題的關鍵點是探求如何用轉換方法來處理初值問題，而不需要用特解。

你需要 $y(0)=4$，$y'(0)=0$，由(2)得到輔助方程式，

$$\mathfrak{L}(y"-\frac{1}{4}y)=\mathfrak{L}(y")-\frac{1}{4}\mathfrak{L}(y)=s^2\mathfrak{L}(y)-4s-\frac{1}{4}\mathfrak{L}(y)=0\text{ 。}$$

整理左邊的 $\mathfrak{L}(y)$ 項，得到，

$$(s^2-\frac{1}{4})\mathfrak{L}(y)=4s\text{ 。}$$

於是得到輔助方程式的解，

$$Y = \mathcal{L}(y) = \frac{4s}{s^2 - \frac{1}{4}} \text{，} \qquad \text{因此} \qquad y = \mathcal{L}^{-1}(Y) = 4\cosh\frac{1}{2}t \text{ 。}$$

21. **(平移數據)** $y' - 6y = 0$， $y(2) = 4$ 。

平移數據 這是個小問題，很難列一個單獨的標題。如果初值是在 at_0 ，你需要令 $t = \tilde{t} + t_0$ ，所以 $t = t_0$ 意味著 $t = 0$ ，你可以應用(1)和(2)來處理平移問題。

$y' - 6y = 0$ ， $y(2) = 4$ 有解 $y = 4e^{6(t-2)}$ ，這很容易被觀察出來。為了用拉普拉斯轉換系統地求解問題，令

$$t = \tilde{t} + t_0 = \tilde{t} + 2 \text{ ,}$$

所以 $\tilde{t} = t - 2$ 現在「平移問題」是，

$$\tilde{y}' - 6\tilde{y} = 0 \text{ ，} \qquad \tilde{y}(0) = 4 \text{ 。}$$

寫作 $\tilde{Y} = \mathcal{L}(\tilde{y})$ ，得到輔助方程式，

$$\mathcal{L}(\tilde{y}' - 6\tilde{y}) = \mathcal{L}(\tilde{y}') - 6\mathcal{L}(\tilde{y}) = s\tilde{Y} - 4 - 6\tilde{Y} = 0 \text{ 。}$$

因此，

$$(s-6)\tilde{Y} = 4 \text{ ，} \qquad \tilde{Y} = \frac{4}{s-6} \text{ ，} \qquad \tilde{y}(\tilde{t}) = 4e^{6\tilde{t}} \text{ ，} \qquad y(t) = 4e^{6(t-2)} \text{ 。}$$

27. **使用積分的轉換** 利用定理 3，求出 $f(t)$ ，其中 $\mathcal{L}(f)$ 為：

$$\frac{1}{s^2 + s/2} \text{ 。}$$

使用積分作變換 由 6.1 節的表 6.1 得到

$$\mathcal{L}^{-1}\left(\frac{1}{s + \frac{1}{2}}\right) = e^{-t/2} \text{ ，}$$

因此由積分

$$\mathcal{L}^{-1}\left(\frac{1}{s\left(s+\frac{1}{2}\right)}\right)=\int_0^t e^{-\tau/2}d\tau=-2e^{-\tau/2}\Big|_0^t=2-2e^{-t/2}\text{。}$$

可以得到最後的結果。

6.3 節　單位步階函數、t 平移

本節概覽　例 1 展示了如何把一個分片函數展成單位步階函數，這很簡單。

而定理 1 告訴我們怎麼得到它的轉換，這需要耐心。

例 2 展示了如何得到逆轉換；這裡的指數函數表示你可以由單位步階函數得到分片函數(見圖 122)。

例 3 展示了一階 ODE 的解，是有「分片」電動勢的 *RC* 迴路模型。

例 4 展示同樣對於 *RLC* 迴路(見 2.9 節)，模型不同時，是一個二階 ODE。

■例題 1　定理 1 的應用　逐項考慮 $f(t)$，然後想想該做什麼。對 f 的第一項不需要作什麼，下一部分 $\frac{1}{2}t^2$ 有兩點貢獻，一是包含 $u(t-1)$，二是包含 $u(t-\frac{\pi}{2})$。對第一點，

$$\frac{1}{2}t^2u(t-1)=\frac{1}{2}[(t-1)^2+2t-1]u(t-1)$$

$$=\frac{1}{2}[(t-1)^2+2(t-1)+1]u(t-1)\text{。}$$

對第二點，

$$-\frac{1}{2}t^2u(t-\frac{\pi}{2})=-\frac{1}{2}\left[\left(t-\frac{\pi}{2}\right)^2+\pi t-\frac{1}{4}\pi^2\right]u\left(t-\frac{\pi}{2}\right)$$

$$=-\frac{1}{2}\left[\left(t-\frac{\pi}{2}\right)^2+\pi\left(t-\frac{\pi}{2}\right)+\frac{1}{4}\pi^2\right]u\left(t-\frac{\pi}{2}\right)\text{。}$$

最後，對於最後一個部分($f(t)$ 第三行，$\cos t$)，

$$(\cos t)u(t-\frac{\pi}{2})=\cos(t-\frac{\pi}{2}+\frac{\pi}{2})u(t-\frac{\pi}{2})$$

$$=\left[\cos(t-\frac{\pi}{2})\cos\frac{\pi}{2}-\sin(t-\frac{\pi}{2})\sin\frac{\pi}{2}\right]u\left(t-\frac{\pi}{2}\right)$$

$$=\left[0-\sin(t-\frac{\pi}{2})\right]u\left(t-\frac{\pi}{2}\right)\text{。}$$

所有這些項現在是你可以應用定理 1 的形式而沒有其他的困難。

習題集 6.3

3. 單位步階函數與第二平移定理 畫出給定的函數(假設給定區以外的值為零)。使用單位步階函數表示之。找出其拉普拉斯轉換。請寫出詳細之計算過程。

$$e^t \quad (0<t<2)\text{。}$$

第二平移定理 為了應用這個定理，可寫出

$$e^t[1-u(t-2)]=e^t-e^{2+(t-2)}u(t-2)$$

$$=e^t-e^2e^{t-2}u(t-2)\text{。}$$

應用第二平移定理得到，

$$\frac{1}{s-1}-\frac{e^2e^{-2s}}{s-1}=\frac{1}{s-1}(1-e^{2-2s})\text{。}$$

17. 第二平移定理之拉普拉斯逆轉換 求出並畫出 $f(t)$，其中 $\mathcal{L}(f)$ 為：

$$(e^{-2\pi s}-e^{-8\pi s})/(s^2+1)\text{。}$$

逆轉換 $1/(s^2+1)$ 的逆轉換是 $\sin t$ (見 6.1 節的表 6.1)。因此，用平移定理這個函數，

$$\frac{e^{-2\pi s}}{s^2+1}\text{，}\qquad \text{有逆轉換}\qquad \sin(t-2\pi)u(t-2\pi)\text{。}$$

這等於 $(\sin t)u(t-2\pi)$ 因為正弦函數的週期性。對第二項有類似的處理，其逆轉換為，

$$-(\sin(t-8\pi))u(t-8\pi) = -(\sin t)u(t-8\pi) \text{ 。}$$

還有，

$$f(t) = \sin t \text{ ，} \quad \text{如果} \quad 2\pi < t < 8\pi \text{ 和 } 0\text{。}$$

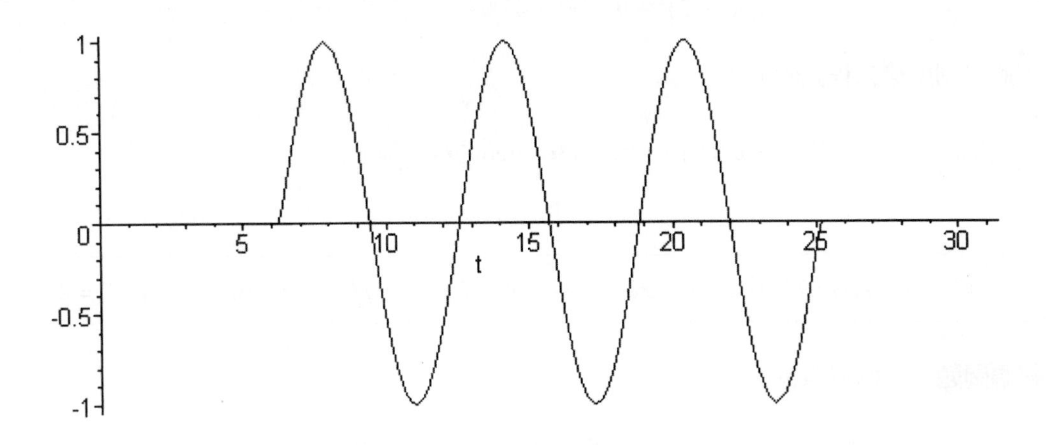

第 6.3 節 習題 17 逆轉換

> 25. **初始值問題，具有不連續輸入** 使用拉普拉斯轉換求出下列問題之解，並請寫出詳細之計算過程。
>
> $$y'' + 4y' + 13y = 145\cos 2t \text{ ，} \quad y(0) = 10 \text{ ，} \quad y'(0) = 14 \text{ 。}$$

初始值問題 輔助方程式是

$$(s^2Y - 10s - 14) + 4(sY - 10) + 13Y = \frac{145s}{s^2+4} \text{ ，}$$

化簡為，

$$(s^2 + 4s + 13)Y = \frac{145s}{s^2+4} + 10s + 54 \text{ 。}$$

其解是(使用部分分式)

$$Y=\frac{145s}{(s^2+4)((s+2)^2+9)}+\frac{10s+54}{(s+2)^2+9}$$
$$=\frac{-9s-52}{(s+2)^2+9}+\frac{9s+16}{s^2+4}+\frac{10s+54}{(s+2)^2+9}$$
$$=\frac{s+2}{(s+2)^2+9}+\frac{9s+16}{s^2+4}\text{ 。}$$

因此得到所給方程式的解，

$$y=\mathcal{L}^{-1}(Y)=e^{-2t}\cos 3t+9\cos 2t+\frac{16}{2}\sin 2t\text{ 。}$$

27. $y''+9y=r(t)$，若 $0<t<\pi$，$r(t)=8\sin t$ 而若 $t>\pi$，$r(t)=0$，$y(0)=0$，$y'(0)=4$。

初值問題 這個習題包括方程式

$$y''+9y=8\sin t\text{，}\quad 如果\quad 0<t<\pi\text{，}\quad 如果\quad t>\pi\text{ 。}$$

初始條件是 $y(0)=0$，$y'(0)=4$。其輔助方程式是，

$$s^2Y-0\cdot s-4+9Y=8\mathcal{L}[\sin t-u(t-\pi)\sin t]$$
$$=8\mathcal{L}[\sin t+u(t-\pi)\sin(t-\pi)]$$
$$=8(1+e^{-\pi s})\frac{1}{s^2+1}\text{，}$$

化簡爲

$$(s^2+9)Y=8(1+e^{-\pi s})\frac{1}{s^2+1}+4\text{ 。}$$

輔助方程式的解是，

$$Y=\frac{8(1+e^{-\pi s})}{(s^2+9)(s^2+1)}+\frac{4}{s^2+9}\text{ 。}$$

應用部分分式簡化，

$$\frac{8}{(s^2+9)(s^2+1)}=\frac{1}{(s^2+1)}-\frac{1}{(s^2+9)}\text{ 。}$$

因爲 $4/(s^2+9)$ 的逆轉換是 $(4/3)\sin 3t$，得到，

$$y=\mathcal{L}^{-1}(Y)=\sin t-\frac{1}{3}\sin 3t+\left[\sin(t-\pi)-\frac{1}{3}\sin(3(t-\pi))\right]u(t-\pi)+\frac{4}{3}\sin 3t \text{ 。}$$

因此，如果 $0<t<\pi$ ，則

$$y(t)=\sin t+\sin 3t$$

而如果 $t>\pi$ ，則

$$y(t)=\frac{4}{3}\sin 3t \text{ 。}$$

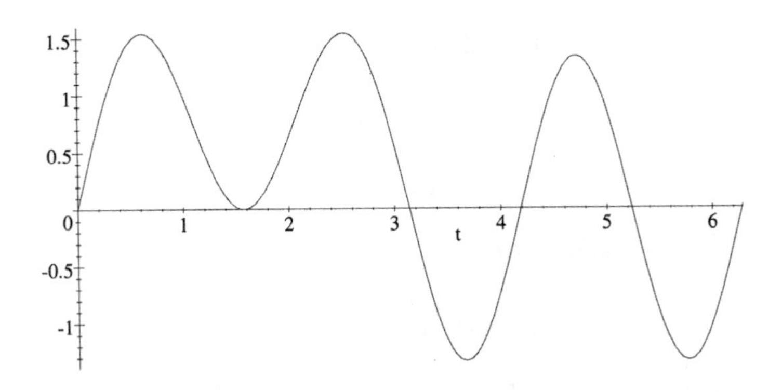

第 6.3 節 習題 27 初值問題的解

45. ***RLC* 電路** 使用拉普拉斯轉換並寫出詳細之計算過程，求出圖 129 中電路之電流 $i(t)$，假設初始的電流和電荷為零，以及：$R=2\,\Omega$，$L=1\text{H}$，$C=0.5\text{F}$，若 $0<t<2$，$v(t)=1k\text{V}$，而若 $t>2$ 則為 0。

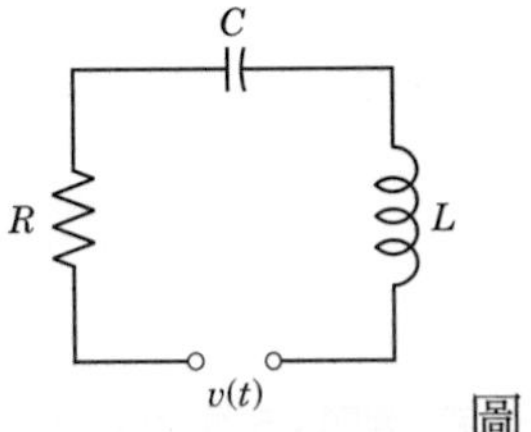

圖 129 習題 45-47

RLC 電路 模型見 2.9 節

$$i' + 2i + 2\int_0^t i(\tau)d\tau = 1 - u(t-2) \text{ 。}$$

得到輔助方程式，注意到初始電流是 0，

$$sI + 2I + \frac{2I}{s} = \frac{1-e^{-2s}}{s} \text{ 。}$$

乘上 s 得到，

$$(s^2 + 2s + 2)I = 1 - e^{-2s} \text{ 。}$$

對 I 求解得：

$$I = \frac{1-e^{-2s}}{(s+1)^2 + 1} \text{ 。}$$

這樣就得到其逆轉換(本文題的解 $i(t)$)

$$i = \mathcal{L}^{-1}(I) = e^{-t}\sin t - u(t-2)\cdot e^{-(t-2)}\sin(t-2) \text{ 。}$$

它等於 $e^{-t}\sin t$，如果 $0 < t < 2$，$e^{-t}\sin t - e^{-(t-2)}\sin(t-2)$，如果 $t > 2$。見圖示。注意到 i' 在 $t = 2$ 處的不連續性，這是由於方程式右邊的電動勢。

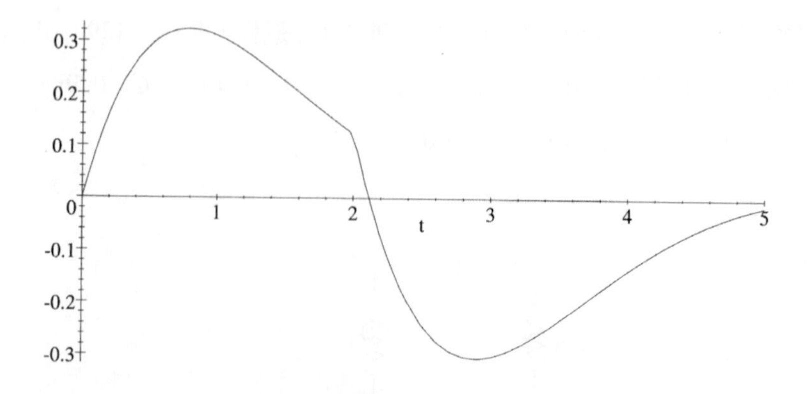

第 6.3 節 習題 45 電流 $i(t)$

6.4 節 短脈衝、Dirac's Delta 函數、部分分式

本節和前面一節非常重要，因爲 Heaviside 的步階函數(見 6.3 節)以及 Dirac's delta 函數使得拉普拉斯轉換成爲適合實際應用(力學、電學等等)的方法。

你在本章前面幾節使用過了部分分式。本節會繼續使用它來做受迫振動。

習題集 6.4

1-12 Delta 函數在振動系統上的效應

請找出、繪製並討論下列的解，列出詳細過程。

1. $y'' + y = \delta(t - 2\pi)$， $y(0) = 10$， $y'(0) = 0$。

振動 初值問題是，

$$y'' + y = \delta(t - 2\pi) , \quad y(0) = 10 , \quad y'(0) = 0 。$$

類比了一個初始位移是 10，初始速度是 0 的非阻尼運動。輔助方程式是，

$$s^2 Y - 10s + Y = e^{-2\pi s} , \quad 因此 \quad (s^2 + 1)Y = e^{-2\pi s} + 10s 。$$

解它得，

$$Y = \frac{10s}{s^2 + 1} + \frac{e^{-2\pi s}}{s^2 + 1} 。$$

得到其逆，給出系統得運動方程式，位移是時間 t 的函數，

$$y = \mathcal{L}^{-1}(Y) = 10\cos t + (\sin t)u(t - 2\pi) ,$$

在書後答案給出，同時見圖，$\sin t$ (從 $t = 2\pi$ 開始)的效用是很難看出來的。注意到這裡你用到了 $\sin(t - 2\pi) = \sin t$。

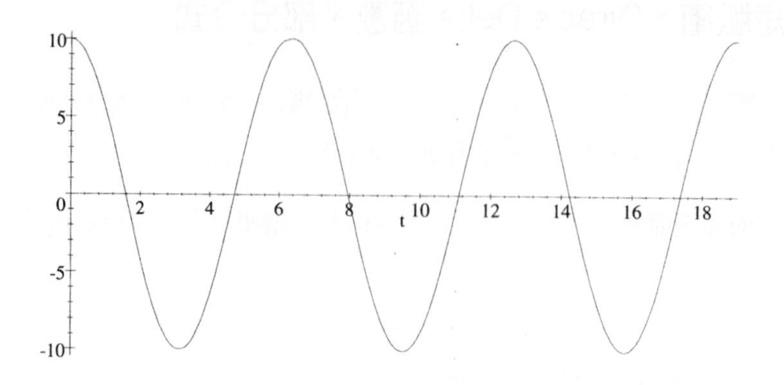

第 6.4 節 習題 1 振動

3. $y'' - y = 10\delta(t-\frac{1}{2}) - 100\delta(t-1)$， $y(0)=10$， $y'(0)=1$。

初值問題 這是非阻尼脅迫運動，而有負勢能(注意負號)和兩個衝量(在 $t=\dfrac{1}{2}$ 和 1)，

$$y'' - y = 10\delta(t-\frac{1}{2}) - 100\delta(t-1)\text{，}\quad y(0)=10\text{，}\quad y'(0)=1\text{。}$$

輔助方程式是，

$$(s^2Y - 10s - 1) - Y = 10e^{-s/2} - 100e^{-s}\text{。}$$

整理係數得，

$$(s^2-1)Y = 10e^{-s/2} - 100e^{-s} + 10s + 1\text{。}$$

現在來解 Y，

$$Y = \frac{1}{(s^2-1)}(10e^{-s/2} - 100e^{-s} + 10s + 1)\text{。}$$

把它變回去，得到，

$$y = 10\sinh(t-\frac{1}{2})u(t-\frac{1}{2}) = 100\sinh(t-1)u(t-1) + 10\cosh t + \sinh t\text{。}$$

把 cosh 和 sinh 函數表示成指數函數項，就會如書後答案所示。$y(t)$ 的圖線在 $t=1/2$ 只有小的效應，而在 $t=1$ 有大的跳躍。

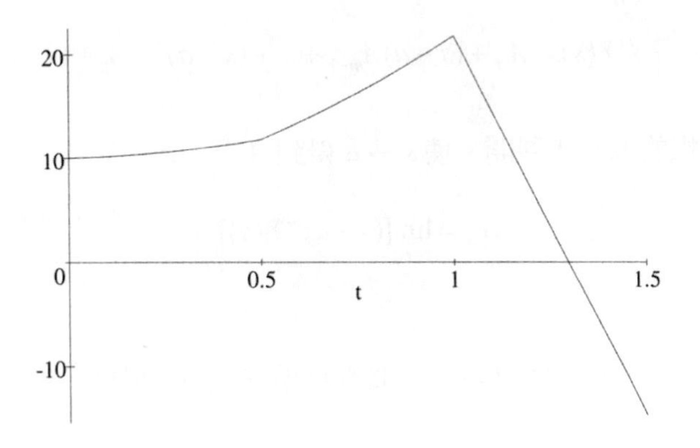

第 6.4 節 習題 3 解之曲線 $y(t)$

15. **專案 Heaviside 公式**

(a)證明對一單根 a 和 $F(s)/G(s)$ 中之分數 $A/(s-a)$ 可得 Heaviside 公式

$$A = \lim_{s\to a}\frac{(s-a)F(s)}{G(s)}$$

(b)同樣地，證明對 m 階的根 a 而分數於下式

$$\frac{F(s)}{G(s)} = \frac{A_m}{(s-a)^m} + \frac{A_{m-1}}{(s-a)^{m-1}} + \cdots + \frac{A_1}{s-a} + \text{另外的分數}$$

可得第一個係數的 Heaviside 公式

$$A_m = \lim_{s\to a}\frac{(s-a)^m F(s)}{G(s)}$$

和其它係數的

$$A_k = \frac{1}{(m-k)!}\lim_{s\to a}\frac{d^{m-k}}{ds^{m-k}}\left[\frac{(s-a)^m F(s)}{G(s)}\right], \qquad k=1, \cdots, m-1。$$

(b)Heaviside 函數 由第一平移定理得到逆轉換，

$$\mathcal{L}^{-1}((s-a)^{-k}) = t^{k-1}e^{at}/(k-1)!。$$

像下面這樣來處理係數。用 $(s-a)^m$ 乘以習題 15(b)中第一個公式，得到 $Z(s)$：

$$Z'(s) = (s-a)^m Y(s) = A_m + (s-a)A_{m-1} + \ldots + (s-a)^{m-1}A_1 + (s-a)^m W(s) \text{ ，}$$

這裡$W(s)$是其他根的進一步展開。使$s \to a$得到A_m，

$$A_m = \lim_{s \to a}[(s-a)^m Y(s)] \text{ 。}$$

對$Z(s)$微分得，

$$Z'(s) = A_{m-1} + \text{其他所有包含 } s-a \text{ 的項。}$$

計算得，

$$Z'(a) = A_{m-1} + 0 \text{ 。}$$

這是$k = m-1$的係數公式，因此$m-k=1$。再次微分令$s \to a$得到，

$$Z''(a) = 2!A_{m-2}$$

等等。

6.5 節　摺積、積分方程式

和$\mathcal{L}(f)+\mathcal{L}(g)$是對和$f+g$的變換$\mathcal{L}(f+g)$。然而，兩個變換的乘積$\mathcal{L}(f)\mathcal{L}(g)$卻並不是$fg$的變換$\mathcal{L}(fg)$。那它是什麼呢？它是摺積$f*g$，是一個積分，

$$\mathcal{L}(f)\mathcal{L}(g) = \mathcal{L}(f*g) \text{ ，} \qquad \text{這裡} \qquad (f*g)(t) = \int_0^t f(\tau)g(t-\tau)d\tau \text{ 。}$$

摺積的主要目的是解 ODEs 及其拉普拉斯轉換，就像課本上描述那樣。另外，一特類積分方程可以由摺積來解。

習題集　6.5

7. **摺合積分**　由積分算出下列式子：

$$e^{kt} * e^{-kt} \text{ 。}$$

摺積的計算　記住你作積分的是τ，而不是t！在第一項，把t換成τ，而第二項t換成

$t-\tau$。接近尾部的項使用 sinh 的定義。

$$e^{kt} * e^{-kt} = \int_0^t e^{k\tau} e^{-k(t-\tau)} d\tau$$

$$= e^{-kt} \int_0^t e^{2k\tau} d\tau$$

$$= e^{-kt} \left. \frac{e^{2k\tau}}{2k} \right|_0^t$$

$$= \frac{e^{-kt}}{2k}(e^{2kt}-1)$$

$$= \frac{e^{kt}-e^{-kt}}{2k} = \frac{\sinh kt}{k} \text{。}$$

用轉換來檢測這個結果，還可證明它等於 $L(e^{kt})L(e^{-kt})$。

9. **摺積的計算** 求出 $f(t)$，其中 $\mathcal{L}(f)$ 為：

$$\frac{1}{(s-3)(s+5)} \text{。}$$

逆轉換 $1/(s-3)$ 逆轉換是 e^{3t}。$1/(s+5)$ 的逆轉換是 e^{-5t}。因此，摺積給出 $1/(s^2+2s-15) = 1/((s-3)(s+5))$ 的逆轉換，

$$e^{3t} * e^{-5t} = \int_0^t e^{3\tau} e^{-5(t-\tau)} d\tau$$

$$= e^{-5t} \int_0^t e^{3\tau+5\tau} d\tau$$

$$= e^{-5t} \frac{e^{8t}-1}{8}$$

$$= \frac{1}{8}(e^{3t}-e^{-5t}) \text{。}$$

由部分分式得到結果。

18-25 初始值問題

應用摺合定理，求解：

19. $y'' + 4y = \sin 3t$ ， $y(0) = 0$ ， $y'(0) = 0$ 。

初始值問題 方程式 $y'' + 4y = \sin 3t$ 是非阻尼受迫振盪的方程式。推導輔助方程式，這很簡單，因爲 $y(0) = 0$ ， $y'(0) = 0$ 。你得到，

$$(s^2+4)Y = \frac{3}{s^2+9} \text{，} \qquad \text{解是} \qquad Y = \frac{3}{(s^2+4)(s^2+9)} \text{。}$$

部分分式是，

$$\frac{3}{5}\left(\frac{1}{(s^2+4)} - \frac{1}{(s^2+9)}\right) \text{。}$$

由此可以得到習題的解是，

$$\frac{3}{5}\left(\frac{1}{2}\sin 2t - \frac{1}{3}\sin 3t\right) = \frac{3}{10}\sin 2t - \frac{1}{5}\sin 3t \text{。}$$

由摺積得到的解很複雜的。因爲 $1/(s^2+4)$ 的逆轉換是 $\frac{1}{2}\sin 2t$ ，而 $3/(s^2+9)$ 的逆轉換是 $\sin 3t$ ，你首先由摺積的定義，

$$\frac{1}{2}(\sin 2t) * \sin 3t = \frac{1}{2}\int_0^t (\sin 2\tau)\sin(3t - 3\tau)\,d\tau$$

現在，再一次對所有的項，由附錄 3 的公式(11)得，

$$\sin x \sin y = \frac{1}{2}[-\cos(x+y) + \cos(x-y)] \text{。}$$

你有 $x = 2\tau$，$y = 3t - 3\tau$，所以 $x + y = 3t - \tau$，$x - y = -3t + 5\tau$。因此你的摺積包含因數 $1/2$ 在積分前面，用鏈式法則，

$$\frac{1}{4}\int_0^t [-\cos(3t-\tau) + \cos(-3t+5\tau)]\,d\tau$$
$$= \frac{1}{4}\left(\sin(3t-\tau)\Big|_0^t + \frac{1}{5}\sin(-3t+5\tau)\Big|_0^t\right)$$

$$=\frac{1}{4}\left(\sin 2t-\sin 3t+\frac{1}{5}(\sin 2t+\sin 3t)\right)$$
$$=\frac{1}{4}\left(\frac{6}{5}\sin 2t-\frac{4}{5}\sin 3t\right)$$
$$=\frac{3}{10}\sin 2t-\frac{2}{10}\sin 3t \text{ 。}$$

25. $y''+6y'+8y=2\delta(t-1)+2\delta(t-2)$ ； $y(0)=1$ ， $y'(0)=0$ 。

捶打阻尼-質量彈簧系統 系統的模型是，

$$y''+6y'+8y=2\delta(t-1)+2\delta(t-2) \text{ ， } y(0)=1 \text{ ， } y'(0)=0 \text{ 。}$$

像圖 132 那樣，在衝擊下位移是增加的，然後是單調遞減，最後趨於 0 因爲這裡有阻尼。觀察初值條件，得到輔助方程式，

$$(s^2+6s+8)Y=(s+2)(s+4)Y=2e^{-s}+2e^{-2s}+1\cdot s+0+6\cdot 1 \text{ 。} \tag{A}$$

部分分式，

$$\frac{1}{(s+2)(s+4)}=\frac{1/2}{s+2}-\frac{1/2}{s+4} \text{ ；} \quad \text{逆轉換是} \quad \frac{1}{2}(e^{-2t}-e^{-4t}) \text{ 。} \tag{B}$$

輔助方程式的解是，

$$Y=\frac{1}{(s+2)(s+4)}(2e^{-s}+2e^{-2s}+s+6) \text{ 。}$$

把它變回去你得到部分分式，

$$\frac{s}{(s+2)(s+4)}=\frac{2}{s+4}-\frac{1}{s+2} \tag{C}$$

和

$$\frac{6}{(s+2)(s+4)}=\frac{3}{s+2}-\frac{3}{s+4} \tag{D}$$

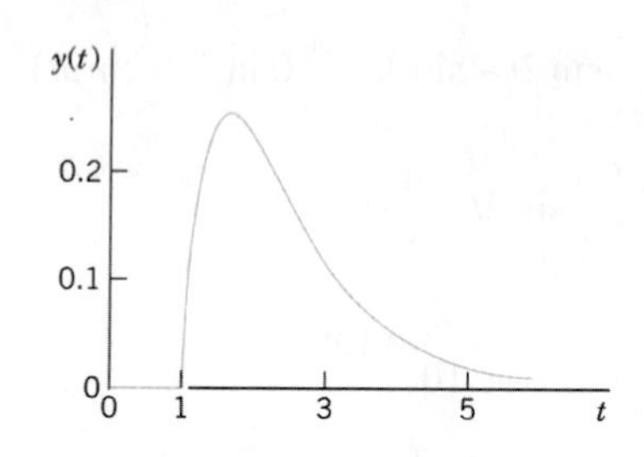

圖 132　例題 2 中榔頭衝擊之響應

通過這些準備你可以得到逆轉換，

$y=\mathcal{L}^{-1}(Y)=[e^{-2(t-1)}-e^{-4(t-1)}]u(t-1)$　　(第一項，cf.(A),(B))

$+[e^{-2(t-2)}-e^{-4(t-2)}]u(t-2)$　　(第二項，cf.(A),(B))

$+2e^{-4t}-e^{-2t}$　　(第三項，cf.(A),(C))

$+3e^{-2t}-3e^{-4t}$　　(第四項，cf.(A),(D))

下圖展示了想要的行爲。

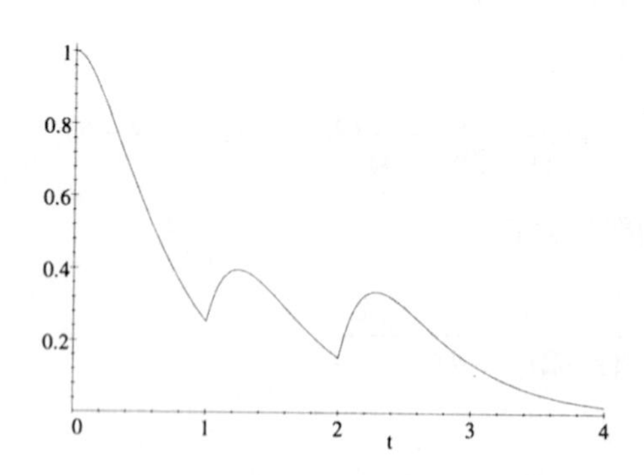

第 6.5 節 習題 25 捶打阻尼-質量彈簧系統

27. **積分方程式** 使用拉普拉斯轉換並寫出詳細之計算過程，求出：

$$y(t)-\int_0^t y(\tau)d\tau=1 \text{。}$$

積分方程 積分 $y(t)-\int_0^t y(\tau)\,d\tau=1$ 可以看成是摺積 $1*y$。因爲 1 的轉換是 $1/s$，你可以寫出輔助方程式是 $Y-Y/s=1/s$，因此 $Y=1/(s-1)$，同時得到 $y=e^t$。

對所給方程式微分來檢查這一點，得到 $y'-y=0$，解它得 $y=ce^t$，同時爲了確定 c 可通過在方程式中令 $t=0$，$y(0)-0=1$ (對 $t=0$ 積分是 0)。

6.6 節 轉換式的微分與積分、變係數常微分方程式

不要把這個和 6.2 節的函數 $f(t)$ 的微分混淆；後者是解 ODE 的整個變換的基本。而我們現在討論還增加了另一種方法得到轉換和逆轉換。

同時，用參數變異法解 ODEs 只限於少量的 ODEs，這裡最重要的可能是 Laguerre 方程式，因其解爲 Laguerre 多項式是正交的。

習題集 6.6

1. **轉換之微分** 寫出詳細之計算過程，求出 $\mathcal{L}(f)$，而 $f(t)$ 爲：

$$4te^t\text{。}$$

微分，平移 $4t$ 的轉換是 $4/s^2$ (6.1 節的表 6.1)。現在應用第一平移定理得到 $(4t)e^t$ 的轉換是 $4/(s-1)^2$。

由本節的方法有 $\mathcal{L}(f(t))=\mathcal{L}(4e^t)=4/(s-1)$，所以由(1)有

$$\mathcal{L}(tf)=\mathcal{L}(4te^t)=-[4/(s-1)]'=4/(s-1)^2\text{。}$$

第三種方法，記 $g=4te^t$，則 $g(0)=0$ 且

$$g'=4e^t+g\text{。}$$

輔助方程式和它的解 $G=\mathcal{L}(g)$ 是

$$sG = \frac{4}{s-1} + G \text{，} \qquad (s-1)G = \frac{4}{s-1} \text{，} \qquad G = \frac{4}{(s-1)^2} \text{。}$$

第四種方法，有點繞路，對(A)微分得到二階 ODE，使用 $g'(0) = 4$ 同時用拉普拉斯轉換來解它，得到與前面相同的轉換。

13-20 **逆轉換**

使用微分、積分、s 平移或摺合(並寫出詳細之計算過程)，求出 $f(t)$，而 $\mathcal{L}(f)$ 爲：

13. $\dfrac{6}{(s+1)^2}$ 。

逆轉換 由 $\dfrac{6}{s+1} = \mathcal{L}(6e^{-t})$ ，

$$\frac{6}{(s+1)^2} = \left(\frac{-6}{s+1}\right)' = \mathcal{L}(+6te^{-t}) \text{。}$$

用摺積得，

$$\frac{6}{(s+1)^2} = \frac{6}{s+1} \cdot \frac{1}{s+1} = \mathcal{L}^{-1}(h)$$

這裡，

$$h = 6e^{-t} * e^{-t} = 6\int_0^t e^{-\tau} e^{-(t-\tau)} d\tau = 6e^{-t} \int_0^t e^{-\tau} e^{\tau} d\tau = 6e^{-t} t \text{。}$$

19. $\ln \dfrac{s}{s-1}$ 。

轉換的積分 你有，

$$\mathcal{L}^{-1}\left\{\ln\frac{s}{s-1}\right\}=\mathcal{L}^{-1}\{\ln s\}-\mathcal{L}^{-1}\{\ln(s-1)\}$$

$$=\mathcal{L}^{-1}\left\{\int_s^{\infty}\frac{d\tilde{s}}{\tilde{s}}\right\}-\mathcal{L}^{-1}\left\{\int_s^{\infty}\frac{d\tilde{s}}{\tilde{s}-1}\right\}$$

$$=-\left(\frac{1}{t}-\frac{e^t}{t}\right)\text{。}$$

因爲$1/s=\mathcal{L}(1)$而$1/(s-1)=\mathcal{L}(e^t)$。注意到這裡的減號是因爲s是積分的下極限。

6.7 節　常微分方程式系統

注意到輔助系統可從 6.2 節的定理 1 得到。這個過程與單個 ODE 是類似的，差別只是符號。

習題集　6.7

1-20　常微分方程式系統

使用拉普拉斯轉換並寫出詳細的計算過程，求解初始值問題:

1. $y'_1=-y_1-y_2$，$y'_2=y_1-y_2$，$y_1(0)=0$，$y_2(0)=1$。

齊次系統　輔助方程式是

$$sY_1=-Y_1-Y_2$$

$$sY_2=Y_1-Y_2+1$$

這裡右邊的 1 是y_2的初始值。齊次線性方程式可寫成

$$\begin{aligned}(s+1)Y_1+\quad\quad Y_2&=0\\ -Y_1+(s+1)Y_2&=1\text{。}\end{aligned}$$

用代數法解得，

$$Y_1 = -\frac{1}{s^2+2s+2} = -\frac{1}{(s+1)^2+1}$$

$$Y_2 = \frac{s+1}{s^2+2s+2} = \frac{s+1}{(s+1)^2+1} 。$$

由此你可以得到逆轉換(問題的解)

$$y_1 = -e^{-t}\sin t ，\qquad y_2 = e^{-t}\cos t 。$$

5. $y'_1 = -4y_1 - 2y_2 + t$ ， $y'_2 = 3y_1 + y_2 - t$ ， $y_1(0) = 5.75$ ， $y_2(0) = -6.75$ 。

非齊次系統 所給系統是

$$y_1' = -4y_1 - 2y_2 + t ，\qquad y_1(0) = 5.75$$

$$y_2' = 3y_1 + y_2 - t ，\qquad y_2(0) = -6.75 。$$

得到插入了初值的輔助系統，

$$sY_1 - 5.75 = -4Y_1 - 2Y_2 + \frac{1}{s^2}$$

$$sY_2 + 6.75 = 3Y_1 + Y_2 - \frac{1}{s^2} 。$$

換序得，

$$(s+4)Y_1 + \quad 2Y_2 = \frac{1}{s^2} + 5.75$$

$$-3Y_1 + (s-1)Y_2 = -\frac{1}{s^2} - 6.75 。$$

所給系統的特徵值是 -1 和 -2 。注意到右邊項 $1/s^2$ ，推出部分分式 Y_1 和 Y_2 有 $1/s^2$ 和 $1/s$ ， $1/(s+1)$ ， $1/(s+2)$ 。於是積分有，

$$Y_1=\frac{\frac{1}{4}(23s^2+31s^2)+s+1}{s^2(s+1)(s+2)}=\frac{\frac{1}{2}}{s^2}+\frac{2}{s+1}+\frac{4}{s+2}-\frac{\frac{1}{4}}{s}$$

$$Y_2=-\frac{\frac{1}{4}(27s^3+39s^2)+s+1}{s^2(s+1)(s+2)}=-\frac{\frac{1}{2}}{s^2}-\frac{3}{s+1}-\frac{4}{s+2}+\frac{\frac{1}{4}}{s}\text{ 。}$$

得到右端項的逆變換，齊次系統得兩個指數函數以及非齊次項t和$-t$，見書後答案。

15. $y'_1=-3y_1+y_2+u(t-1)e^t$，
$y'_2=-4y_1+2y_2+u(t-1)e^t$，
$y_1(0)=0$，$y_2(0)=3$。

系統的步階函數 在系統

$$y_1'=-3y_1+y_2+u(t-1)e^t\text{，}\qquad y_1(0)=0$$

$$y_2'=-4y_1+2y_2+u(t-1)e^t\text{，}\qquad y_2(0)=3$$

指數函數開始作用在$t=1$。得到輔助系統，

$$sY_1\qquad=-3Y_1+Y_2+\frac{e^{-(s-1)}}{s-1}$$

$$sY_2-3\qquad=-4Y_1+2Y_2+\frac{e^{-(s-1)}}{s-1}\text{ 。}$$

重整輔助系統得，

$$(s+3)Y_1-\qquad Y_2=\frac{e^{-(s-1)}}{s-1}$$

$$4Y_1+(s-2)\qquad Y_2=\frac{e^{-(s-1)}}{s-1}+3\text{ 。}$$

於是得到系統的解，

$$Y_1=\left(\frac{1}{s-1}-\frac{1}{s+2}\right)\left(1+\frac{1}{3}e^{-(s-1)}\right)$$

$$Y_2 = \left(\frac{1}{s-1} - \frac{1}{s+2}\right)\left(s+3+\frac{1}{3}e^{-(s-1)}\right) \text{。}$$

現在往回變換，從 Y_1 開始。在 Y_1 中，第一個括弧乘以 1 的逆變換是 $e^t - e^{-2t}$ 而這些括弧乘以 $\frac{1}{3}e^{-(s-1)}$，其逆轉換包含 $u(t-1)$，即1/3 乘以

$$\mathcal{L}^{-1}\left(\frac{e^{-(s-1)}}{s-1}\right) = e\mathcal{L}^{-1}\left(\frac{e^{-s}}{s-1}\right) = eu(t-1)e^{t-1} = u(t-1)e^t \text{，}$$

加上1/3 乘以

$$\mathcal{L}^{-1}\left(-\frac{e^{-(s-1)}}{s+2}\right) = e\mathcal{L}^{-1}\left(-\frac{e^{-s}}{s+2}\right) = -eu(t-1)e^{-2(t-1)} = -u(t-1)e^{-2t+3} \text{。}$$

現在對 Y_2 來處理，

$$\left(\frac{1}{s-1} - \frac{1}{s+2}\right)(s+3) = \frac{4}{s-1} - \frac{1}{s+2} \text{。}$$

它的逆轉換是 $4e^t - e^{-2t}$。你也可以得到同樣的逆轉換就像前面的 $L'(Y_1)$，也即是說，1/3 乘以 $u(t-1)$ 再乘以 $(e^t - e^{-2t+3})$，見書後答案。

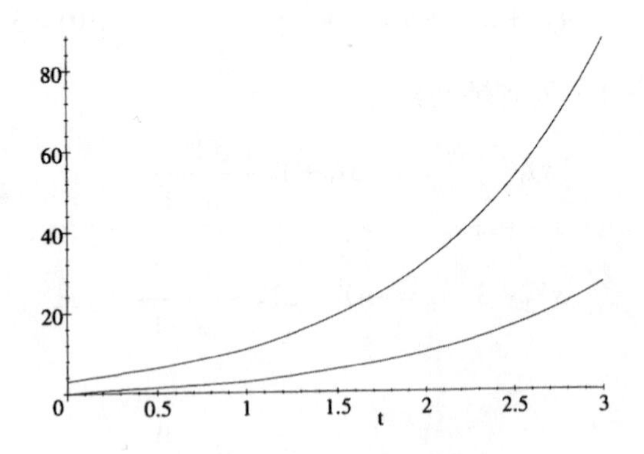

第 6.5 節 習題 25 捶打阻尼-質量彈簧系統

PART B

線性代數、向量微積分

第 7 章　線性代數：矩陣、向量、行列式、線性系統

7.1 節　矩陣、向量：加法與純量乘法

習題集　7.1

1-8　**矩陣和向量的加法與純量乘法**

令

$$\mathbf{A} = \begin{bmatrix} 3 & 0 & 4 \\ -1 & 2 & 2 \\ 6 & 5 & -4 \end{bmatrix}，\mathbf{B} = \begin{bmatrix} 0 & -5 & -3 \\ -5 & 2 & 4 \\ -3 & 4 & 0 \end{bmatrix}，$$

$$\mathbf{C} = \begin{bmatrix} 0 & 2 \\ 2 & 4 \\ 1 & 3 \end{bmatrix}，\mathbf{D} = \begin{bmatrix} 6 & 1 \\ -4 & 7 \\ -8 & 3 \end{bmatrix}，$$

$$\mathbf{u} = \begin{bmatrix} 2 \\ 0 \\ -1 \end{bmatrix}，\mathbf{v} = \begin{bmatrix} -4.5 \\ 0.8 \\ 1.2 \end{bmatrix}。$$

求出下列的表示式，或說明它們沒有定義的理由。

5. $3C-8D$，$4(3A)$，$(4\cdot3)A$，$B-\frac{1}{10}A$。

矩陣加法、純量乘法　計算 $3\mathbf{C}-8\mathbf{D}$ 首先用 3 乘以 **C**，然後用 8 乘以 **D**，得到，

$$3\mathbf{C}=\begin{bmatrix}0&2\\2&4\\1&3\end{bmatrix}=\begin{bmatrix}0&6\\6&12\\3&9\end{bmatrix}$$

以及，

$$8\mathbf{D}=8\begin{bmatrix}6&1\\-4&7\\-8&3\end{bmatrix}=\begin{bmatrix}48&8\\-32&56\\-64&24\end{bmatrix}。$$

所得矩陣與題給矩陣有相同的階，即 3×2 (3 行，2 列)，因爲純量乘法不改變矩陣的階。因此所以加法和減法就可以在這樣的矩陣上實施，你可以用 $3\mathbf{C}$ 減去 $8\mathbf{D}$ 得到結果，即

$$3\mathbf{C}-8\mathbf{D}=\begin{bmatrix}0-48&6-8\\6+32&12-56\\3+64&9-24\end{bmatrix}=\begin{bmatrix}-48&-2\\38&-44\\67&-15\end{bmatrix}。$$

矩陣加法和純量乘法的性質和數的加法及乘法很像，注意到我們先前的做法是把矩陣的每一個元素加上一個數，但我們並沒有做矩陣與矩陣的乘法，這將在下一節討論。

下一步工作是分別用 3 和 4 來乘矩陣，或者一次乘上 $3\cdot4=12$：

$$4(3\mathbf{A})=(4\cdot3)\mathbf{A}=12\mathbf{A}=12\begin{bmatrix}3&0&4\\-1&2&-2\\6&5&-4\end{bmatrix}=\begin{bmatrix}36&0&48\\-12&24&24\\72&60&-48\end{bmatrix}$$

最後，$\mathbf{B}-\frac{1}{10}\mathbf{A}$ 對於方陣 **A** 和 **B** 依然是有定義的，是 3×3 階的，可以得到，

$$\mathbf{B}-\frac{1}{10}\mathbf{A}=\begin{bmatrix}0 & -5 & -3\\ -5 & 2 & 4\\ -3 & 4 & 0\end{bmatrix}-\begin{bmatrix}0.3 & 0.0 & 0.4\\ -0.1 & 0.2 & 0.2\\ 0.6 & 0.5 & -0.4\end{bmatrix}=\begin{bmatrix}-0.3 & -5.0 & -3.4\\ -4.9 & 1.8 & 3.8\\ -3.6 & 3.5 & 0.4\end{bmatrix}。$$

7. 33u ， 4v+9u ，4(v+2.25u) ，u－v 。

向量　是一種特殊的矩陣，是單行或者單列，它們的運算與一般矩陣類似(更加簡單)。**u** 和 **v** 是列向量，它們有相同數量的分量，它們都是 3×1 的。因此它們可以做加。你可以得到，

$$33\mathbf{u}=33\begin{bmatrix}2\\ 0\\ -1\end{bmatrix}=\begin{bmatrix}66\\ 0\\ -33\end{bmatrix}。$$

下一步是得到類似的結果，

$$4\left(\mathbf{v}+\frac{9}{4}\mathbf{u}\right)=4\mathbf{v}+9\mathbf{u}=4\begin{bmatrix}-4.5\\ 0.8\\ 1.2\end{bmatrix}+9\begin{bmatrix}2\\ 0\\ -1\end{bmatrix}=\begin{bmatrix}-18\\ 3.2\\ 4.8\end{bmatrix}+\begin{bmatrix}18\\ 0\\ -9\end{bmatrix}=\begin{bmatrix}0\\ 3.2\\ -4.2\end{bmatrix}。$$

最後，

$$\mathbf{u}-\mathbf{v}=\begin{bmatrix}2\\ 0\\ -1\end{bmatrix}-\begin{bmatrix}-4.5\\ 0.8\\ 1.2\end{bmatrix}=\begin{bmatrix}6.5\\ -0.8\\ -2.2\end{bmatrix}。$$

15. (**一般規則**) 證明式(3)和式(4)對一般的 3×2 矩陣及純量 c 和 k 均成立。

(3a)的證明　假定 **A** 和 **B** 都是 3×2 的矩陣。因此你有

$$\mathbf{A}=\begin{bmatrix} a_{11} & a_{12} \\ a_{21} & a_{22} \\ a_{31} & a_{32} \end{bmatrix}, \quad \text{及} \quad \mathbf{B}=\begin{bmatrix} b_{11} & b_{12} \\ b_{21} & b_{22} \\ b_{31} & b_{32} \end{bmatrix}。$$

現在可以用矩陣的加法得到，

$$\mathbf{A}+\mathbf{B}=\begin{bmatrix} a_{11}+b_{11} & a_{12}+b_{12} \\ a_{21}+b_{21} & a_{22}+b_{22} \\ a_{31}+b_{31} & a_{32}+b_{32} \end{bmatrix}$$

以及，

$$\mathbf{B}+\mathbf{A}=\begin{bmatrix} b_{11}+a_{11} & b_{12}+a_{12} \\ b_{21}+a_{21} & b_{22}+a_{22} \\ b_{31}+a_{31} & b_{32}+a_{32} \end{bmatrix}$$

請記住你想要證明的東西。你是要證明 **A+B=B+A** 。由定義，你要證明兩邊的矩陣對應元素相等。因此即證明

$$a_{11}+b_{11}=b_{11}+a_{11} \tag{a}$$

以及其他五個元素。由數的加法得到這些等式，這就完成了證明。

其他幾個等式(3)，(4)的證明是類似的。請完成這些證明以保證你眞的明白了這種證明的思想。在每一個情況中，矩陣的性質都是由數的性質推導出來的。

7.2 節　矩陣乘法

純量乘法在本教材中指用一個純量(實數)乘上一個矩陣。矩陣乘法是指兩個(或多個)矩陣相乘，包括向量運算，這是矩陣的特殊情形。

例 1 是一中普適情形。例 2 是矩陣乘向量，這在線性方程組的求解中很重要(7.3 節)。例 3 是行向量與列向量的乘積。你要弄明白的是，依據因數(向量)的次序，你會得

到一個純量(a 1×1矩陣)或$n \times n$矩陣，這個例子中，$n=3$(向量有三個分量)。

例 4 展示了矩陣乘法的奇異性質，這裡要特別注意，我們會在 7.8 節詳細討論，那時你會有充足的背景知識。

你可以用行或列作運算，就像例 5 和例 6 那樣，這是線性代數中與並行處理器有關的內容，我們會在第 20 章詳細討論。

矩陣乘法的定義看起來很奇怪，但是你將發現它的初始動機是線性轉換。

向量的轉置，把行向量變成列向量或者反過來，更一般的，矩陣的轉置是一種附加運算，就我們現在所接觸到的運算而言；這將在書中介紹。後面會有幾個應用。

幾類特殊的方陣(對稱、反對稱、三角、對角，以及純量矩陣)在書中有介紹。請記住它們的定義。

習題集 7.2

1. **矩陣和向量的乘法、加法及轉置運算**

$$\mathbf{A}=\begin{bmatrix} 6 & -2 & -2 \\ 10 & -3 & 1 \\ -10 & 5 & 1 \end{bmatrix},\quad \mathbf{B}=\begin{bmatrix} 9 & 4 & -4 \\ 4 & 7 & 0 \\ -4 & 0 & 11 \end{bmatrix},$$

$$\mathbf{C}=\begin{bmatrix} 3 & 1 \\ 0 & -2 \\ 4 & 0 \end{bmatrix},\quad \mathbf{a}=\begin{bmatrix} 5 \\ 1 \\ 2 \end{bmatrix},\quad \mathbf{b}=\begin{bmatrix} 3 & 0 & 8 \end{bmatrix}。$$

請計算下列乘積及總和，或說明它們沒有定義的原因(顯示所有的中間結果)。

$$\text{Aa}，\text{Ab}，\text{Ab}^{\text{T}}，\text{AB}。$$

矩陣乘向量 對線性方程式組得求解很重要，從 7.3 節開始會仔細講解。這裡有，

$$\mathbf{Aa}=\begin{bmatrix}6 & -2 & -2\\ 10 & -3 & 1\\ -10 & 5 & 1\end{bmatrix}\begin{bmatrix}5\\1\\2\end{bmatrix}=\begin{bmatrix}6\cdot 5-2\cdot 1-2\cdot 2\\ 10\cdot 5-3\cdot 1+1\cdot 2\\ -10\cdot 5+5\cdot 1+1\cdot 2\end{bmatrix}=\begin{bmatrix}24\\49\\-43\end{bmatrix}。$$

注意到條件

第一個因數的列數等於第二個因數的行數

滿足；因此這個乘積是存在的(如上)。

類似的，乘積 **AB** 也是存在的，因爲 **A** 有 3 列而 **B** 有 3 行。計算得，

$$\mathrm{AB}=\begin{bmatrix}6 & -2 & -2\\ 10 & -3 & 1\\ -10 & 5 & 1\end{bmatrix}\begin{bmatrix}9 & 4 & -4\\ 4 & 7 & 0\\ -4 & 0 & 11\end{bmatrix}=\begin{bmatrix}54-8+8 & 24-14-0 & -24-0-22\\ 90-12-4 & 40-21+0 & -40-0+11\\ -90+20-4 & -40+35+0 & 40+0+11\end{bmatrix}$$

計算結果見書後答案。

Ab 是沒有定義的(3 列，1 行)。$\mathbf{Ab}^T$ 存在，第一個因數有 3 列，第二個因數有 3 行。得到，

$$\mathbf{Ab}^T=\begin{bmatrix}6 & -2 & -2\\ 10 & -3 & 1\\ -10 & 5 & 1\end{bmatrix}\begin{bmatrix}3\\0\\8\end{bmatrix}=\begin{bmatrix}18-16\\ 30+8\\ -30+8\end{bmatrix}=\begin{bmatrix}2\\38\\-22\end{bmatrix}。$$

15. (**一般規則**)證明式(2)對於 2×2 矩陣 $\mathbf{A}=[a_{jk}]$，$\mathbf{B}=[b_{jk}]$，$\mathbf{C}=[c_{jk}]$及一般純量均成立。

一般規則 就像 7.1 節習題 15 那樣，把它寫開成分量元素的運算，再用數的運算法則則可以得到等式；這樣就證明了(2a)，其它的可以類似證明。

21. **(三角矩陣)** 令 $\mathbf{U}_1$，$\mathbf{U}_2$ 爲上三角，$\mathbf{L}_1$，$\mathbf{L}_2$ 爲下三角矩陣。下列何者爲三角矩陣？試舉一些例子。你如何利用轉置運算，節省一半的運算？
$\mathbf{U}_1+\mathbf{U}_2$，$\mathbf{U}_1\mathbf{U}_2$，$\mathbf{U}_1^2$，$\mathbf{U}_1+\mathbf{L}_1$，$\mathbf{U}_1\mathbf{L}_1$，$\mathbf{L}_1+\mathbf{L}_2$，$\mathbf{L}_1\mathbf{L}_2$，$\mathbf{L}_1^2$。

三角矩陣　你可以用上三角矩陣的轉置得到下三角矩陣或者反過來。如果你想證明乘積等式，公式(10d)是有用的；注意到兩邊的階是不同的！例如

$$\left(\begin{bmatrix}3&0\\2&1\end{bmatrix}\begin{bmatrix}2&0\\5&4\end{bmatrix}\right)^T=\begin{bmatrix}6&0\\9&4\end{bmatrix}^T=\begin{bmatrix}6&9\\0&4\end{bmatrix}=\begin{bmatrix}2&0\\5&4\end{bmatrix}^T\begin{bmatrix}3&0\\2&1\end{bmatrix}^T$$

$$=\begin{bmatrix}2&5\\0&4\end{bmatrix}\begin{bmatrix}3&2\\0&1\end{bmatrix}=\begin{bmatrix}6&9\\0&4\end{bmatrix}。$$

23. **(馬可夫過程)**如果變遷矩陣 $\mathbf{A}$ 的各項爲 $a_{11}=0.5$，$a_{12}=0.3$，$a_{21}=0.5$，$a_{22}=0.7$，且初始狀態爲$[1\quad 1]^{\mathrm{T}}$，則接下來的三個狀態爲何？

馬可夫過程　馬可夫過程的矩陣如下

$$\begin{array}{cc} & \text{從}\,\mathbf{I}\quad\text{從}\,\mathbf{II} \\ \mathbf{A}= & \begin{bmatrix}0.5&0.3\\0.5&0.7\end{bmatrix}\begin{array}{l}\text{到}\,\mathbf{I}\\ \text{到}\,\mathbf{II}\end{array}\end{array}$$

爲了更好的理解，對這個過程給一個描述。比如，I 和II是兩種最初都賣得很好的肥皂，有初始向量$[1\quad 1]^T$，單位是百萬包/月。第一個元素 0.5 表示某人使用 I 後將繼續使用 I 的機率是 0.5，因此他改用II的機率是 0.5。用II的人繼續使用II的機率是 0.7 而會去嘗試 I 的機率是 0.3。通過這個描述你會發現長時間運作後的現象，即II的銷售會隨著時間的增加而增長。計算如下(使用例 13 的記號)。

$$\mathbf{y}=\mathbf{A}\mathbf{x}=\begin{bmatrix}0.5&0.3\\0.5&0.7\end{bmatrix}\begin{bmatrix}1\\1\end{bmatrix}=\begin{bmatrix}0.8\\1.2\end{bmatrix}。$$

下一步是計算 $\mathbf{Ay} = [0.76 \quad 1.24]^T$。注意到把 $\mathbf{y} = \mathbf{Ax}$ 代入 $\mathbf{Ay}$ 會得到，

$$\mathbf{Ay} = \mathbf{A}^2\mathbf{x}$$

但這不是實際計算的好方法。下一步也類似。

7.3 節　線性方程組、高斯消去法

例 2-4 展示了三種可能情形的高斯消去過程以及迴帶過程：

- 唯一解(例 2)
- 無限多組解(例 3)
- 無解(例 4)

相應得梯形形式見書中敘述。

習題集　7.3

13. **高斯消去法以及反向代入法**

求解下列系統或是指出解不存在(列出詳細的計算過程)。

$$x + y - 2z = 0$$
$$-4w - x - y + 2z = -4$$
$$-2w + 3x + 3y - 6z = -2。$$

高斯消去　顯然，對方程式組直接做高斯消去比對增廣矩陣來做要更令人接受。但是，一但你完全接受矩陣後，你就會希望用矩陣來描述這種操作。未知量依次在方程式中求得。因此從 w 開始。因為 w 在第一個方程式中存在，你需要**軸元**。第一步用第二個方程式做軸元方程式。得到新的增廣矩陣

$$\left[\begin{array}{cccc|c} -4 & -1 & -1 & 2 & -4 \\ 0 & 1 & 1 & -2 & 0 \\ -2 & 3 & 3 & -6 & -2 \end{array}\right]。$$

這實際上描述了相應行的操作，就像書上那樣。你可以得到下一個矩陣(一行一行的)。第一行是第一步的軸元方程式。w 在方程式 2 中不存在了，所以你不需要對第 2 行操作。要消去第 3 行中的 w，只需要用第 3 行減去第 1 行的 $\frac{1}{2}$ 倍。標記第 3 行，得到，

$$\left[\begin{array}{cccc|c} -4 & -1 & -1 & 2 & -4 \\ 0 & 1 & 1 & -2 & 0 \\ 0 & 3.5 & 3.5 & -7 & 0 \end{array}\right] \text{第3行} - \tfrac{1}{2}\text{第1行。}$$

注意到行可能會沒有標籤如果你沒有對它進行操作。而行數在標籤中的含義都是指相對於上一個矩陣而言的。w 現在完全消去了。下面來處理下一個未知量 x。前兩行保留，而第 3 行減去第 2 行的 3.5 倍，這樣就從第 3 行中消去了 x。結果是令人吃驚的，其實你只要注意到有兩行是成比例的就不會驚訝了。計算得到，

$$\left[\begin{array}{cccc|c} -4 & -1 & -1 & 2 & -4 \\ 0 & 1 & 1 & -2 & 0 \\ 0 & 0 & 0 & 0 & 0 \end{array}\right] \text{第3行} - 3.5\text{第2行。}$$

注意到如果第 3 行最後一個元素不是 0，則方程式組就沒有解。現在來解第 2 個方程式，

$$x + y - 2z = 0 \text{。}$$

得到 x 的運算式，

$$x = -y + 2z \tag{A}$$

這裡 y 和 z 仍然是任意的。而 $y = 2z - x$，這裡 x 和 z 任意。這樣就得到了附錄中的答案。同時 $z = (x + y)/2$，這三種情形的每一種都是正確的。最後，得到 w，由第 2 個方程式，$-4w - x - y + 2z = -4$。得到(用(A))

$$w = \frac{1}{4}(-x - y + 2z + 4)$$

$$= \frac{1}{4}(y - 2z - y + 2z + 4)$$

$$= 1 \text{。}$$

17-19 電路模型

使用克希荷夫定律(見例題 2)找出電流(列出詳細的計算過程)。

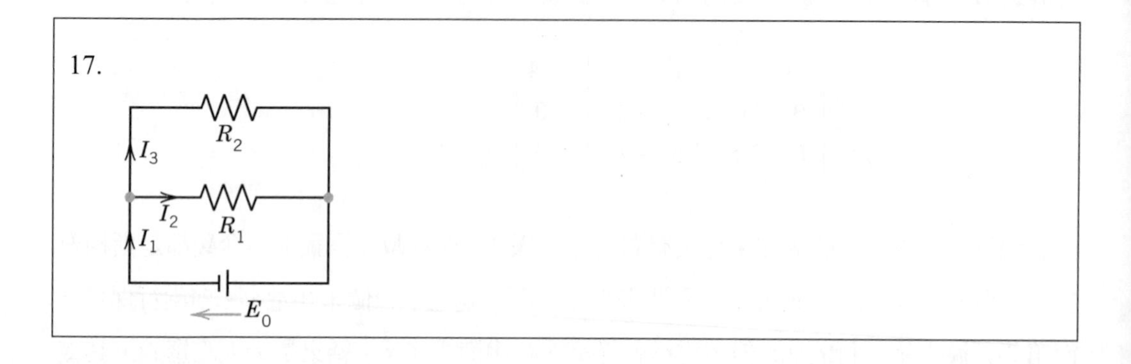

電路模型 迴路單元(電源和電阻)已知。第一步是引入未知電流的符號和方向，而這是你要確定的。這在圖中已經標出了。你還不知道電流的方向。這沒關係。你可以作選擇，如果計算出來的電流是負值則說明你的選擇錯了，電流是沿著相反的方向流的。這裡有三個電流 I_1，I_2，I_3；因此你需要三個方程式。一個明顯的選擇是左節點，I_1 流入而 I_2 和 I_3 流出；因此，由 KCL 定律得到，

$$I_1 = I_2 + I_3 \text{。} \tag{a}$$

右節點也可以同樣來做。看看你能不能得到同樣的結果(除去一個負號外)？下兩個方程式可以由 KVL 定律得到，一個是對大迴路而另一個是對小迴路。在大迴路中，你有通過電阻的電壓降 R_2I_3，這必須等於電動勢 E_0；因此，

$$I_3 = \frac{E_0}{R_2} \text{。}$$

在小迴路中有通過電阻的電壓降 R_1I_2，這也必須等於電動勢 E_0；因此，

$$I_2 = \frac{E_0}{R_1} \text{。}$$

由此以及(a)，你最後得到，

$$I_1 = \frac{E_0}{R_1} + \frac{E_0}{R_2} = \frac{E_0(R_1 + R_2)}{R_1 R_2}\text{ 。}$$

19.

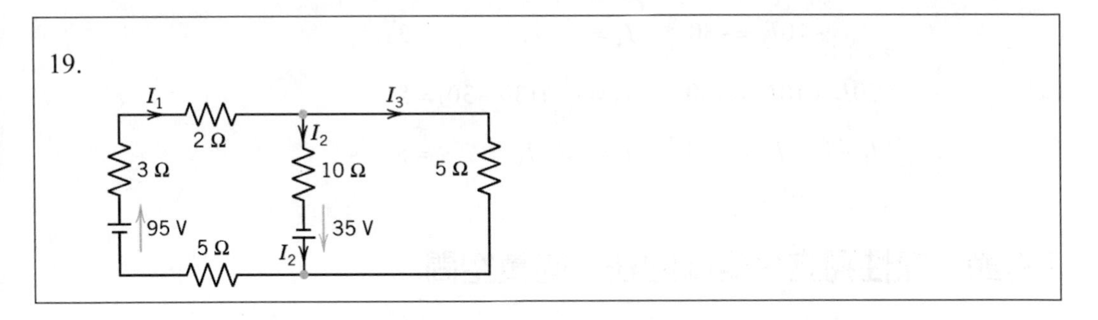

電路模型 整個計算比你想像的簡單。確實，這三個方程式如下，

$$I_1 - I_2 - I_3 = 0 \qquad \text{由上節點}$$

$$(3+2+5)I_1 + 10I_2 = 95 + 35 \qquad \text{由左迴路}$$

$$10I_2 - 5I_3 = 35 \qquad \text{由右迴路}$$

你現在可以得到方程式組得增廣矩陣

$$\left[\begin{array}{ccc|c} 1 & -1 & -1 & 0 \\ 10 & 10 & 0 & 130 \\ 0 & 10 & -5 & 35 \end{array}\right]\text{ 。}$$

如下進行高斯消去

$$\left[\begin{array}{ccc|c} 1 & -1 & -1 & 0 \\ 0 & 20 & 10 & 130 \\ 0 & 10 & -5 & 35 \end{array}\right] \quad \text{R2} - 10\text{R1}$$

$$\left[\begin{array}{ccc|c} 1 & -1 & -1 & 0 \\ 0 & 20 & 10 & 130 \\ 0 & 0 & -10 & -30 \end{array}\right] \quad R3 - \tfrac{1}{2}R2$$

現在來帶回，用消去得到的方程式，

$$\begin{aligned} -10I_3 &= -30 & I_3 &= 3 \\ 20I_2 + 10I_3 &= 130 & I_2 &= \frac{1}{20}(130-30) = 5 \\ I_1 - I_2 - I_3 &= 0 & I_1 &= I_2 + I_3 = 8 \end{aligned}$$ 。

7.4 節　線性獨立、矩陣的秩、向量空間

在整個線性代數中，線性獨立和相關都是有重要意義的概念。我們下面討論線性方程式組的解的存在和唯一性主要是圍繞著秩展開的，在下一節中會有更詳細的描述。

習題集　7.4

1-12　秩、列空間、行空間

找出對於列空間以及行空間的秩和基底。提示：對矩陣以及它的轉置進行列化簡(你可以省略這些基底的向量中的顯然的因數)。

1. $\begin{bmatrix} 1 & -2 \\ 0 & 0 \\ -3 & 6 \end{bmatrix}$。

檢式矩陣的秩　矩陣的第二列等於－2 乘以第一列。因此秩最多是 1，而不是 0 (為什麼？)。因此它等於 1。

另一方面，第三行等於－3 乘以第一行。由此亦可以推出秩是 1。

3. $\begin{bmatrix} 0 & -2 & 1 & 3 \\ 1 & 4 & 0 & 7 \\ 5 & 5 & 5 & 5 \end{bmatrix}$。

化簡行得到秩　秩是 3，首先交換第 1 行和第 2 行，然後如下處理。

$$\begin{bmatrix} 1 & 4 & 0 & 7 \\ 0 & -2 & 1 & 3 \\ 5 & 5 & 5 & 5 \end{bmatrix}$$

$$\begin{bmatrix} 1 & 4 & 0 & 7 \\ 0 & -2 & 1 & 3 \\ 0 & -15 & 5 & -30 \end{bmatrix} \quad \text{第3行} - 5\text{第1行}$$

$$\begin{bmatrix} 1 & 4 & 0 & 7 \\ 0 & -2 & 1 & 3 \\ 0 & 0 & -2.5 & -52.5 \end{bmatrix} \quad \text{第3行} - 7.5\text{第2行}$$

類似的行化簡也可以用於其轉置矩陣。交換轉置矩陣的第 1 行和第 2 行。得到，

$$\begin{bmatrix} -2 & 4 & 5 \\ 0 & 1 & 5 \\ 1 & 0 & 5 \\ 3 & 7 & 5 \end{bmatrix}$$

$$\begin{bmatrix} -2 & 4 & 5 \\ 0 & 1 & 5 \\ 0 & 2 & 7.5 \\ 0 & 13 & 12.5 \end{bmatrix} \quad \begin{matrix} \text{第3行} + \frac{1}{2}\text{第1行} \\ \text{第4行} + \frac{3}{2}\text{第1行} \end{matrix}$$

$$\begin{bmatrix} -2 & 4 & 5 \\ 0 & 1 & 5 \\ 0 & 0 & -2.5 \\ 0 & 0 & -52.5 \end{bmatrix} \begin{matrix} \\ \\ \text{第3行}-2\text{第2行} \\ \text{第4行}-13\text{第2行} \end{matrix}$$

$$\begin{bmatrix} -2 & 4 & 5 \\ 0 & 1 & 5 \\ 0 & 0 & -2.5 \\ 0 & 0 & 0 \end{bmatrix} \begin{matrix} \\ \\ \\ \text{第4行}-21\text{第3行} \end{matrix}$$

(第 1 版中的書後答案印刷有錯誤。)

13. **線性獨立** 下列的向量集合是線性獨立的嗎？(列出詳細的計算過程)
[3 −2 0 4]，[5 0 0 0]，[−6 1 0 1]，[2 0 0 3]。

線性獨立？ 不是，正如由行化簡所見那樣，由所給的行向量組成的矩陣的秩是 3。計算如下。把所給向量寫成一個矩陣然後化簡它。當你寫出這個矩陣時，你會發現它的第 3 列為 0，所以知道它們不是線性獨立的。矩陣如下，

$$\begin{bmatrix} 3 & -2 & 0 & 4 \\ 5 & 0 & 0 & 1 \\ -6 & 1 & 0 & 1 \\ 2 & 0 & 0 & 3 \end{bmatrix}。$$

如果你沒有發現這一點，也可以做行化簡，得到，

$$\begin{bmatrix} 3 & -2 & 0 & 4 \\ 0 & 10/3 & 0 & -17/3 \\ 0 & 0 & 0 & 39/10 \\ 0 & 0 & 0 & 0 \end{bmatrix}$$

這表明矩陣的秩是 3，這也意味著行是線性相關的(列也是)。

23. **秩的性質以及結論**　證明下列。

rank $\mathbf{A}$ = rank $\mathbf{B}$ 並不暗示了 rank $\mathbf{A}^2$ = rank $\mathbf{B}^2$ (給出一個反例)。

平方的秩　一個反例如下。rank $\mathbf{A}$ = rank $\mathbf{B}$ = 1

$$\mathbf{A}=\begin{bmatrix}0 & 1\\ 0 & 0\end{bmatrix},\qquad \mathbf{B}=\begin{bmatrix}1 & 0\\ 0 & 0\end{bmatrix}。$$

但是 $\text{rank}\,(\mathbf{A}^2)=0\neq\text{rank}(\mathbf{B}^2)=1$，因爲

$$\mathbf{A}^2=\begin{bmatrix}0 & 0\\ 0 & 0\end{bmatrix}\qquad \mathbf{B}^2=\begin{bmatrix}1 & 0\\ 0 & 0\end{bmatrix}。$$

27. **向量空間** 已知的向量集合是否爲一個向量空間？

(給出理由)如果你的答案是肯定的，試決定其維數並且找出一個基底。

(v_1， v_2，…表示其組成)。

所有在 R^3 中的向量，並且使得 $v_1+v_2=0$。

向量空間　所有 R^3 中的向量 $\mathbf{v}=[v_1\quad v_2\quad v_3]$ 若使得 $v_1+v_2=0$ 則要滿足 $v_2=-v_1$，因此它們有如下形式，

$$\mathbf{v}=[v_1\quad -v_1\quad v_3]=v_1[1\quad -1\quad 0]+v_3[0\quad 0\quad 1] \tag{a}$$

這個形式由向量加法和純量乘法可得。向量空間的維數是 $3-1=2$，基是

$$[1\quad -1\quad 0],\qquad 和\qquad [0\quad 0\quad 1]$$

就像(a)所展示那樣。幾何上：這個向量空間表示一個 R^3 中的平面，包括 v_3 軸以及 v_1v_2 平面的切第 2 和第 4 象限的切線。畫一個草圖你可以看得更清楚些。

7.5 節　線性系統的解：存在性、唯一性

記住重要結論：

線性方程式組有解當且僅當其係數矩陣和增廣矩陣有相同的秩。見定理 1。

因此齊次線性方程式組總有恆零解 **x=0**。如果係數矩陣的秩比方程式組的未知量個數小，則有非恆零解。

解空間的維數等於未知數的個數減去係數矩陣的秩。因此秩越小，系統的解越多。用我們的記號(5)

$$\text{nullity}\ \mathbf{A} = n - \text{rank}\ \mathbf{A}\ 。$$

7.6 節　參考用：二階以及三階行列式

本節中對有 2 個或 3 個未知量的系統用克拉瑪法則可以消去未知量。直接的消去(高斯消去)會比克拉瑪法則更簡單。

7.7 節　行列式、克拉瑪法則

本節的開頭解釋了行列式的重要作用，它可以減少某些特殊計算的計算量。
(見習題 17 的表)

習題集　7.7

> 15. **行列式之估算** 估算並且寫出你的工作細節
>
> $$\begin{vmatrix} 1 & 2 & 0 & 0 \\ 3 & 4 & 0 & 0 \\ 0 & 0 & 5 & 6 \\ 0 & 0 & 7 & 8 \end{vmatrix}\ 。$$

行列式　在舊的書裡，行列式的計算是通過尋找有 0 的行或列然後用合適的操作增加它

們的數字。對於編程來說，這種方法太落後了，已經被化成三角形式取代。正如例 4 那樣。對特殊的行列式可以有特殊的辦法。如果方陣有如下形式，

$$\begin{bmatrix} \mathbf{A} & \mathbf{0} \\ \mathbf{0} & \mathbf{B} \end{bmatrix}$$

然後你可以只在非 0 的子矩陣上化簡，而不「破壞」0 矩陣。相應得，用第 1 行作軸元，只化簡第 2 行，得到，

$$\begin{vmatrix} 1 & 2 & 0 & 0 \\ 3 & 4 & 0 & 0 \\ 0 & 0 & 5 & 6 \\ 0 & 0 & 7 & 8 \end{vmatrix} = \begin{vmatrix} 1 & 2 & 0 & 0 \\ 0 & -2 & 0 & 0 \\ 0 & 0 & 5 & 6 \\ 0 & 0 & 7 & 8 \end{vmatrix} \begin{matrix} \\ \text{第2行} - 3\text{第1行} \\ \\ \\ \end{matrix} \text{。}$$

現在用第 3 行作軸元化簡第 4 行。得到，

$$= \begin{vmatrix} 1 & 2 & 0 & 0 \\ 0 & -2 & 0 & 0 \\ 0 & 0 & 5 & 6 \\ 0 & 0 & 0 & -0.4 \end{vmatrix} \begin{matrix} \\ \\ \\ \text{第4行} - 1.4\text{第3行} \end{matrix} \text{。}$$

你會發現「三角形式」的行列式的值就是簡單的把主對角元素乘起來，

$$1 \cdot (-2) \cdot 5 \cdot (-0.4) = 4 \text{。}$$

19. **克拉瑪法則** 使用克拉瑪法則來求解，並且用高斯消除法以及反向代入法來驗算：

$$\begin{aligned} 3y + 4z &= 14.8 \\ 4x + 2z - z &= -6.3 \\ x - y + 5z &= 13.5 \end{aligned} \text{。}$$

克拉瑪法則 你可以到系統得行列式，

$$D=\begin{vmatrix}0 & 3 & 4\\ 4 & 2 & -1\\ 1 & -1 & 5\end{vmatrix}=-87$$

三個未知量的商的分子如下：

$$D_1=\begin{vmatrix}14.8 & 3 & 4\\ -6.3 & 2 & -1\\ 13.5 & -1 & 5\end{vmatrix}=104.4$$

$$D_2=\begin{vmatrix}0 & 14.8 & 4\\ 4 & -6.3 & -1\\ 1 & 13.5 & 5\end{vmatrix}=-69.6$$

$$D_3=\begin{vmatrix}0 & 3 & 14.8\\ 4 & 2 & -6.3\\ 1 & -1 & 13.5\end{vmatrix}=-269.7 \text{ 。}$$

於是得到未知量的值，

$$x=\frac{D_1}{D}=-1.2 \text{，} \qquad y=\frac{D_2}{D}=0.8 \text{，} \qquad z=\frac{D_3}{D}=3.1 \text{ 。}$$

23. **由行列式來求出秩** 以定理 3(這並不是一個非常實際的方法)來找出秩，並且以列化簡來驗算(顯示細節)。

$$\begin{bmatrix}0.4 & 0 & -2.4 & 3.0\\ 1.2 & .06 & 0 & 0.3\\ 0 & 1.2 & 1.2 & 0\end{bmatrix}\text{ 。}$$

由行列式來求出秩 這並不是一個實際的方法。這些問題只是再次提醒我們秩可以用子矩陣行列式的為 0 與否來顯示，用定理 3。因為秩 $\mathbf{A} \le 3$ 。同時，秩 $\mathbf{A} \ge 2$ 因為容易找到 $\mathbf{A}$ 的一個 2×2 的子矩陣有非 0 行列式。為了確定秩 $\mathbf{A}=3$ 是否成立，你需要計算你能否找到一個3×3的子矩陣有非 0 行列式。確實，你能找到這樣的子矩陣，例如，刪除 **A** 的最後一列。則行列式的值爲 -3.168 。

7.8 節　反矩陣、高斯喬丹消去法

例 1 展示了用高斯喬丹消去得到方陣 **A** 的反矩陣。這幾乎不需要任何進一步的評論。實際上，例 1 展示了反矩陣的元素一般是一個分數，即使 **A** 的元素是一個整數。

對於反矩陣的一般公式(4)幾乎沒有實際意義，而其特例(4*)則值得記住。

定理 3 是關於矩陣乘的一個不常用的性質。

定理 4 是關於矩陣乘的行列式性質，它有很多實際應用，理論推導中也用得多。

習題集　7.8

7. **反矩陣** 使用高斯喬丹消去法[或由式(4*)如果 $n=2$]找出反矩陣，或說明它並不存在。使用式(1)加以驗算。

$$\begin{bmatrix} 1 & 0 & 0 \\ 2 & 1 & 0 \\ 5 & 4 & 1 \end{bmatrix}。$$

反矩陣　如果 **A** 是一個特殊矩陣(對稱、三角，等等)，它的反矩陣也可能是特殊矩陣。所給矩陣是一個下三角矩陣，你可以如下開始，

$$\left[\begin{array}{ccc|ccc} 1 & 0 & 0 & 1 & 0 & 0 \\ 2 & 1 & 0 & 0 & 1 & 0 \\ 5 & 4 & 1 & 0 & 0 & 1 \end{array}\right]。$$

因爲 **A** 是下三角陣，高斯喬丹方法的高斯部分是不需要的，你可以從主對角線下 2，5，4 的喬丹消去開始。這將把所給矩陣化簡成單位矩陣。用第 1 行作軸元，消去 2 和 5。得到，

$$\left[\begin{array}{ccc|ccc} 1 & 0 & 0 & 1 & 0 & 0 \\ 0 & 1 & 0 & -2 & 1 & 0 \\ 0 & 4 & 1 & 3 & 0 & 1 \end{array}\right] \begin{matrix} \\ 第2行-2第1行 \\ 第3行-5第1行 \end{matrix} 。$$

現在消去 4(左邊主對角線下唯一的元素)。用第 2 行作軸元：

$$\left[\begin{array}{ccc|ccc} 1 & 0 & 0 & 1 & 0 & 0 \\ 0 & 1 & 0 & -2 & 1 & 0 \\ 0 & 0 & 1 & 3 & -4 & 1 \end{array}\right] \begin{matrix} \\ \\ 第3行-4第2行 \end{matrix} 。$$

這個3×6矩陣的右半部就是所給矩陣的反矩陣。因爲後者以1　1　1作爲主對角元，你不需要乘法，而它們通常是有必要用的。

我們提到對於一個三角矩陣(非奇異)，其反矩陣的元素可以一個一個被確定，而不需要求解方程式組。對這個問題可以這樣用嗎(僅僅是展示高斯喬丹方法可以用來求反矩陣)？

這裡，

$$\begin{bmatrix} 1 & 0 & 0 \\ 2 & 1 & 0 \\ 5 & 4 & 1 \end{bmatrix}\begin{bmatrix} 1 & 0 & 0 \\ -2 & 1 & 0 \\ 3 & -4 & 1 \end{bmatrix} = \begin{bmatrix} 1 & 0 & 0 \\ 0 & 1 & 0 \\ 0 & 0 & 1 \end{bmatrix} 。$$

23. **反矩陣的顯然公式(4)** 公式(4)一般而言不太實用。要瞭解它的使用，把它應用到習題 7 中。

對反矩陣的公式(4)　習題 21-23 是用來理解子式和餘子式的。所給矩陣是，

$$\mathbf{A} = \begin{bmatrix} 1 & 0 & 0 \\ 2 & 1 & 0 \\ 5 & 4 & 1 \end{bmatrix} 。$$

在(4)中計算 $1/\det \mathbf{A} = 1/1 = 1$。簡單地記 $\mathbf{A}$ 的反矩陣爲 $\mathbf{B} = [b_{jk}]$。計算(4)的元素是：

$$b_{11} = c_{11} = \begin{vmatrix} 1 & 0 \\ 4 & 1 \end{vmatrix} = 1 \text{，}$$

$$b_{12} = c_{21} = -\begin{vmatrix} 0 & 0 \\ 4 & 1 \end{vmatrix} = 0$$

$$b_{13} = c_{31} = \begin{vmatrix} 0 & 0 \\ 1 & 0 \end{vmatrix} = 0$$

$$b_{21} = c_{12} = -\begin{vmatrix} 2 & 0 \\ 5 & 1 \end{vmatrix} = -2$$

$$b_{22} = c_{22} = \begin{vmatrix} 1 & 0 \\ 5 & 1 \end{vmatrix} = 1$$

$$b_{23} = c_{32} = -\begin{vmatrix} 1 & 0 \\ 2 & 0 \end{vmatrix} = 0$$

$$b_{31} = c_{13} = \begin{vmatrix} 2 & 1 \\ 5 & 4 \end{vmatrix} = 3$$

$$b_{32} = c_{23} = -\begin{vmatrix} 1 & 0 \\ 5 & 4 \end{vmatrix} = -4$$

$$b_{33} = c_{33} = \begin{vmatrix} 1 & 0 \\ 2 & 1 \end{vmatrix} = 1 \text{。}$$

得到反矩陣

$$\mathbf{A}^{-1} = \begin{bmatrix} 1 & 0 & 0 \\ -2 & 1 & 0 \\ 3 & -4 & 1 \end{bmatrix}$$

這跟前面的結果一致。

7.9 節　向量空間、內積空間、線性轉換(選讀)

習題集　7.9

1-12　向量空間

下面所給定的集合(在通常的加法以及純量乘法下)是否為一向量空間？(給出理由)如果你的答案是肯定的，找出維度和一個基底。

1. 所有在 R^3 中滿足 $5v_1 - 3v_2 + 2v_3 = 0$ 的向量。

向量空間　為了確定這些向量是否滿足，

$$5v_1 - 3v_2 + 2v_3 = 0 \tag{A}$$

從向量空間 V，你可以找出是否對任意兩個滿足(A)的向量 **v** 和 **w**

$$5w_1 - 3w_2 + 2w_3 = 0 \tag{B}$$

的線性組合

$$\mathbf{u} = a\mathbf{v} + b\mathbf{w} = [u_1 \quad u_2 \quad u_3] = [av_1 + bw_1 \quad av_2 + bw_2 \quad av_3 + bw_3]$$

也有相應的關係，

$$5u_1 - 3u_2 + 2u_3 = 0 \text{ 。} \tag{C}$$

這是對的，把 **u** 的分量帶入(C)得到，

$$5(av_1+bw_1)-3(av_2+bw_2)+2(av_3+bw_3)=a(5v_1-3v_2+2v_3)+b(5w_1-3w_2+2w_3)$$

因爲由(A)和(B)右邊兩部分圓括弧中的運算式都是 0。

V 是二維的因爲 R^3 是三維的同時 V 滿足關係(A)，可以寫成，

$$v_1=\frac{1}{5}(3v_2-2v_3)\text{。} \qquad \text{(A*)}$$

你可以用(A*)來確定基 **p**，**q** 如下。**p** 在 V 中有 $p_2=1$，$p_3=0$，於是 $p_1=3/5$。因此 $\mathbf{p}=[3/5 \quad 1 \quad 0]^T$。$V$ 中的向量 **q** 有 $q_2=0$，$q_3=1$，於是 $q_1=-2/5$，這裡再次用到(A*)。因此 $\mathbf{q}=[-2/5 \quad 0 \quad 1]^T$。書後的答案給出 5**p** 和－5**q**。記住你有無限種選擇 V 的基底的方法。確實，另一種基底選擇是 $\mathbf{u}=a\mathbf{p}+b\mathbf{q}$ 和 $\mathbf{w}=c\mathbf{p}+k\mathbf{q}$，$a$，$b$，$c$，$k$ 是純量使得 **u** 和 **w** 線性獨立。

7. 所有歪斜對稱的 2×2 矩陣。

向量空間 一個 2×2 的反對稱矩陣有主對角元 0 0 以及 $a_{21}=-a_{12}$。這給出了一維基底，即單個元素(一個矩陣)。

15. **線性轉換** 找出反轉換(顯示出你的工作細節)。

$$y_1=x_1-2x_2$$
$$y_2=4x_1-3x_2\text{。}$$

線性轉換 向量形式有 $\mathbf{y}=\mathbf{A}\mathbf{x}$，這裡

$$\mathrm{A}=\begin{bmatrix}1 & -2\\ 4 & -3\end{bmatrix}\text{。}$$

其逆是 $\mathbf{x}=\mathbf{A}^{-1}\mathbf{y}$。因此習題 15-20 是求所給轉換的係數矩陣 **A** 的反矩陣(如果 **A** 是非奇異的)。

29. (**單位向量**)找出所有正交於 $[4 \ -3]^T$ 的所有單位向量。將它繪出。

正交性 是一個很重要的基本概念；例如，選一組正交向量作基底簡化為一些數值計算。所給向量 $\mathbf{a}=\begin{bmatrix}4\\-3\end{bmatrix}$ 和任意的 $\mathbf{v}=[v_1 \quad v_2]^T$ 的內積是，

$$\mathbf{a}\bullet\mathbf{v}=\mathbf{a}^T\mathbf{v}=4v_1-3v_2 \text{ 。}$$

它等於 0 當且僅當 $v_2=\frac{4}{3}v_1$。然後，

$$\|\mathbf{v}\|^2=v_1^2+\frac{16}{9}v_1^2=\frac{9+16}{9}v_1^2 \text{ ，} \|\mathbf{v}\|=\frac{5}{3}|v_1| \text{ 。}$$

因此 $\|\mathbf{v}\|=1$(單位向量！)當且僅當 $|v_1|=\frac{3}{5}$，即，$v_1=\frac{3}{5}$，所以 $v_2=\frac{4}{3}\cdot\frac{3}{5}=\frac{4}{5}$ 或者單位負向量，分量是 $v_1=-\frac{3}{5}$，$v_2=-\frac{4}{5}$。

第 8 章　線性代數：矩陣特徵值問題

8.1 節　特徵值、特徵向量

方陣 **A** 的特徵向量 **x** 是非零向量，而且如果你用它乘以 **A**，則得到向量 $\mathbf{y}=\mathbf{A}\mathbf{x}$ 是正比於 **x** 的，也即是說 $\mathbf{y}=\lambda\mathbf{x}$。比例因數 λ 叫作 **A** 的特徵值。

如何找到特徵值？你需要求解 **A** 的「特徵方程式」(4)，如果 **A** 是一個 2×2 的矩陣，則這是一個關於 λ 的二次方程式，對 3×3 的矩陣這是一個三次方程式。因此實際上你需要求根法或者 20 章討論的數值方法。

一旦你找到了特徵值，再找相應的特徵向量就很容易了。你可以通過解線性方程組來找它。或者你用疊代方法來求。

習題集　8.1

1-25　特徵值與特徵向量

請找出下列矩陣之特徵值及特徵向量(利用所給定之 λ 或因子)。

1. $\begin{bmatrix} -2 & 0 \\ 0 & 0.4 \end{bmatrix}$。

特徵值和特徵向量　對於對角矩陣就是主對角元素，因為其特徵方程式，

$$\det(\mathbf{A}-\lambda\mathbf{I})=\begin{vmatrix} a_{11}-\lambda & 0 \\ 0 & a_{-22}-\lambda \end{vmatrix}=(a_{11}-\lambda)(a_{22}-\lambda)=0\text{。}$$

對所給矩陣你可以得到 $\lambda_1=-2$，$\lambda_2=0.4$。現在來確定 **A** 相應於 $\lambda_1=-2$ 的特徵值。分部來看，$(\mathbf{A}-\lambda_1\mathbf{I})\mathbf{x}=\mathbf{0}$ 是，

$$(a_{11}-\lambda_1)x_1+a_{12}x_2=(-2-(-2))x_1+0x_2=0$$

$$a_{21}x_1+(a_{22}-\lambda_1)x_2=0x_1+(0.4+2)x_2=0\text{。}$$

第一個方程式沒有給出具體的約束。而第二個方程式給出 $x_2 = 0$。因此 **A** 在 $\lambda_1 = -2$ 的特徵向量是 $[x_1 \quad 0]^T$。因爲一個特徵向量僅由一個非零常數來確定，所以你可以簡單記作 $[1 \quad 0]^T$。對 $\lambda_2 = 0.4$ 有類似的處理，得到 $[0 \quad 1]^T$。

5. $\begin{bmatrix} 5 & -2 \\ 9 & -6 \end{bmatrix}$。

特徵值和特徵向量　習題 1 是關於對角矩陣，這是一種你可以直接看出特徵值的情形。對於一般的 2×2 矩陣，特徵值和特徵向量的決定有相同的形式。如例 1。對習題 5 這個矩陣是，

$$\mathbf{A} = \begin{vmatrix} 5 & -2 \\ 9 & -6 \end{vmatrix}。$$

計算特徵方程式得到，

$$\begin{vmatrix} 5-\lambda & -2 \\ 9 & -6-\lambda \end{vmatrix} = (5-\lambda)(-6-\lambda) + 2\cdot 9$$

$$= \lambda^2 + \lambda - 30 + 18$$

$$= (\lambda + 4)(\lambda - 3)$$

由此，其特徵值是 $\lambda_1 = -4$，$\lambda_2 = 3$。然後來找特徵向量。對於 $\lambda_1 = -4$ 得到方程式組(2)，

$$\begin{aligned} (5+4)x_1 - \qquad 2x_2 &= 0 \qquad \text{即，} \quad x_1 = 2\text{，} \quad x_2 = 9 \\ 9x_1 + (-6+4)x_2 &= 0 \qquad (\text{不需要}) \end{aligned}\quad 。$$

因此得到特徵向量 $\mathbf{x}_1 = [2 \quad 9]^T$，相對於 $\lambda_1 = -4$。對 $\lambda_2 = 3$ 得到方程式組(2)

$$\begin{aligned} (5-3)x_1 - \qquad 2x_2 &= 0 \qquad \text{即，} \quad x_1 = 1\text{，} \quad x_2 = 1 \\ 9x_1 + (-6-3)x_2 &= 0 \qquad (\text{不需要}) \end{aligned}\quad 。$$

因此得到特徵向量 $\mathbf{x}_2 = [1 \;\; 1]^T$，相對於 $\lambda_2 = 3$。記住特徵向量總是由非零的常數因數確定的。

19. $\begin{bmatrix} 13 & 5 & 2 \\ 2 & 7 & -8 \\ 5 & 4 & 7 \end{bmatrix}$。

特徵值和特徵向量 通常我們總希望一個3×3的矩陣有三個線性獨立的特徵向量。對於對稱矩陣、反對稱矩陣以及很多其他矩陣而言這是正確的。一個簡單的例子是3×3的單位陣，它只有一個特徵值，1，但是任意一個非零向量都是其特徵向量，所以你可以選擇，$[1 \quad 0 \quad 0]^T$，$[0 \quad 1 \quad 0]^T$，$[0 \quad 0 \quad 1]^T$。

所給矩陣的特徵方程是，

$$\begin{vmatrix} 13-\lambda & 5 & 2 \\ 2 & 7-\lambda & -8 \\ 5 & 4 & 7-\lambda \end{vmatrix} = (13-\lambda)\begin{vmatrix} 7-\lambda & -8 \\ 4 & 7-\lambda \end{vmatrix} - 5\begin{vmatrix} 2 & -8 \\ 5 & 7-\lambda \end{vmatrix} + 2\begin{vmatrix} 2 & 7-\lambda \\ 5 & 4 \end{vmatrix}$$

$$= -\lambda^3 + 27\lambda^2 - 243\lambda + 729$$

$$= -(\lambda-9)^3 = 0 \text{ 。}$$

所以$\lambda = 9$是三重特徵值。下面來找特徵向量。在特徵矩陣中令$\lambda = 9$，得到，

$$\mathbf{A} - 9\mathbf{I} = \begin{bmatrix} 4 & 5 & 2 \\ 2 & -2 & -8 \\ 5 & 4 & -2 \end{bmatrix} \text{ 。}$$

用高斯消去做行化簡得，

$$\begin{bmatrix} 4 & 5 & 2 \\ 0 & -\frac{9}{2} & -9 \\ 0 & 0 & 0 \end{bmatrix} \text{ 。}$$

你會發現它的秩是 2，所以你可以選擇一個未知量(特徵向量的一個分量)然後來確定其它兩個分量。即，$x_3 = 1$。然後從第二行找到$x_2 = -2$，$-\frac{9}{2}x_2 - 9x_3 = 0$，最後由第一行得到，$x_1 = -\frac{1}{4}(5x_2 + 2x_3) = 2$。因此有$[2 \quad -2 \quad 1]^T$。

29. **(複數特徵值)** 證明實數矩陣的特徵值爲實數或共軛負數。

複數特徵向量 更細緻地，答案如下。因爲矩陣是實的，也即是說其元素都是實數，特徵多項式的係數都是實數，由代數知識知，實係數多項式有實根或者共軛複根。

8.2 節 特徵值問題的應用

習題集 8.2

17. **(開放 Leontief 輸入-輸出模型)** 若僅有部分輸出是由本身消費，則不再是 $\mathbf{Ax}=\mathbf{x}$ (如同習題 15)，我們將得到 $\mathbf{x}-\mathbf{Ax}=\mathbf{y}$，其中 $\mathbf{x}=\begin{bmatrix}x_1 & x_2 & x_3\end{bmatrix}^{\mathrm{T}}$ 各企業之生產量，$\mathbf{Ax}$ 爲各企業之消費量，故 $\mathbf{y}$ 爲可供給其他的消費者的淨生產量。若消費矩陣爲

$$\mathbf{A}=\begin{bmatrix}0.2 & 0.4 & 0.2\\ 0.3 & 0 & 0.1\\ 0.2 & 0.4 & 0.5\end{bmatrix},$$

請求出滿足需求向量 $\mathbf{y}=\begin{bmatrix}0.136 & 0.272 & 0.136\end{bmatrix}^T$ 時之產量 $\mathbf{x}$。

開放 Leontief 輸入-輸出模型 根據題意，你需要對 $\mathbf{x}$ 求解 $\mathbf{x}-\mathbf{Ax}=\mathbf{y}$，這裡 $\mathbf{A}$ 和 $\mathbf{y}$ 是給定的。由給定的資料，你需要求解，

$$\mathbf{x}-\mathbf{Ax}=(\mathbf{I}-\mathbf{A})\mathbf{x}=\begin{bmatrix}1-0.2 & -0.4 & -0.2\\ -0.3 & 1 & -0.1\\ -0.2 & -0.4 & 1-0.5\end{bmatrix}\begin{bmatrix}x_1\\ x_2\\ x_3\end{bmatrix}=\mathbf{y}=\begin{bmatrix}0.136\\ 0.272\\ 0.136\end{bmatrix}。$$

由此，你可以運用高斯消去法得到系統的增廣矩陣

$$\begin{bmatrix}0.8 & -0.4 & -0.2 & 0.136\\ -0.3 & 1.0 & -0.1 & 0.272\\ -0.2 & -0.4 & 0.5 & 0.136\end{bmatrix}。$$

使用 6 位十進位小數來計算，得到，

$$x_1 = 0.73 \text{，} x_2 = 0.59 \text{，} x_3 = 1.04 \text{。}$$

19. **馬可夫程序** 對於由下列矩陣所模擬之 Markov 程序，請求出極限狀態。

$$\begin{bmatrix} 0.5 & 0.3 & 0.2 \\ 0.3 & 0.5 & 0.2 \\ 0.2 & 0.2 & 0.6 \end{bmatrix} \text{。}$$

馬可夫過程 在例 2 中你考慮了它的轉置，因爲你立刻可以發現它有特徵值 1 和相應的特徵向量$[1 \quad 1 \quad 1]^T$。在本題中，情形更加簡單因爲所給矩陣是對稱的，你可以立刻得到其特徵值是 1，而相應的特徵向量是$[1 \quad 1 \quad 1]^T$，這顯示了其極限情形。

8.3 節 對稱、反對稱與正交矩陣

■**例題 1** 注意到性質(1)和(2)可以立刻得到。實際上，對於反對稱矩陣有 $a_{jj} = -a_{jj}$，因此其主對角線元素是 0。

習題集 8.3

5. (**斜對稱矩陣**)證明反對稱矩陣之逆矩陣爲反對稱。

反對稱矩陣 令 $\mathbf{A}$ 是反對稱矩陣，則，

$$\mathbf{A}^T = -\mathbf{A} \tag{1}$$

令 $\mathbf{A}$ 是非奇異的。令 $\mathbf{B}$ 爲其反矩陣。則，

$$\mathbf{AB} = \mathbf{I} \tag{2}$$

轉置(2)並由(1)的反對稱性得到，

$$\mathbf{I}=\mathbf{I}^T=(\mathbf{AB})^T=\mathbf{B}^T\mathbf{A}^T=\mathbf{B}^T(-\mathbf{A})=-\mathbf{B}^T\mathbf{A} \text{ 。} \tag{3}$$

現在在(3)右邊乘上 **B**，並利用(2)，得到，

$$\mathbf{B}=-\mathbf{B}^T\mathbf{A}\mathbf{B}=-\mathbf{B}^T \text{ 。}$$

得到 $\mathbf{B}=\mathbf{A}^{-1}$ 是反對稱的。

11. **對稱矩陣、斜對稱矩陣、正交矩陣之特徵值** 下列矩陣爲對稱、斜對稱、或是正交？請求出其頻譜(由此說明定理 1 與定理 5)(請列出詳細過程)。

$$\begin{bmatrix} 3 & 1 \\ -1 & 1 \end{bmatrix} \text{。}$$

一個共同的錯誤 矩陣

$$\mathbf{A}=\begin{bmatrix} 3 & 1 \\ -1 & 1 \end{bmatrix}$$

不是反對稱的，因爲其主對角元素不是 0。其特徵方程式是，

$$(\lambda-3)(\lambda-1)+1=\lambda^2-4\lambda+4=(\lambda-2)^2=0 \text{ ，}$$

所以它有二重根 2，一個特徵向量是 $[1 \quad -1]^T$ 。

類似的，注意到矩陣

$$\mathbf{A}=\begin{bmatrix} 3 & 1 \\ -1 & 3 \end{bmatrix}$$

不是反對稱的，其特徵方程式是，

$$(3-\lambda)^2+1=\lambda^2-6\lambda+10=(\lambda-3+i)(\lambda-3-i)=0 \text{ 。}$$

其特徵值是 $3\pm i$ 。特徵向量是 $[1 \quad i]^T$ 和 $[1 \quad -i]^T$ 。

8.4 節 特徵基底、對角化、二次型

内容回顧 爲了對角化矩陣你需要一個特徵基底(特徵向量之基底)。定理 1 和 2 給出了實際中很重要的情形。對於一個合適的矩陣 **X** 的簡單轉換可以做對角化，如定理 4 的 (5)。對角化還可用到二次形式(轉換到主軸)，見定理 5。

習題集 8.4

1. **矩陣對角化** 請求出特徵基底並對角化(請列出詳細過程)。

$$\begin{bmatrix} 3 & 2 \\ 2 & 6 \end{bmatrix}。$$

對角化 你需要 **A** 的特徵值然後是特徵向量來構造矩陣 **X** 和 $\mathbf{X}^{-1}$。從特徵方程式中可以找到特徵值，

$$(3-\lambda)(6-\lambda)-4=\lambda^2-9\lambda+14=(\lambda-7)(\lambda-2)=0 \text{ 。}$$

因此 $\lambda_1=7$ ，$\lambda_2=2$ 。現在來求特徵向量

對 $\lambda_1=7$ ，由 $(3-7)x_1+2x_2=-4x_1+2x_2=0$ ， 即， $x_1=1$ ，$x_2=2$ 。

對 $\lambda_2=2$ ，由 $(3-2)x_1+2x_2=x_1+2x_2=0$ ， 即， $x_1=2$ ，$x_2=-1$ 。

由這兩個特徵向量 $[1 \quad 2]^T$ 和 $[2 \quad -1]^T$ 來構造矩陣 **X** 及其逆，

$$\mathbf{X}=\begin{bmatrix} 1 & 2 \\ 2 & -1 \end{bmatrix}, \qquad \det \mathbf{X}=-5 \text{ ，} \qquad \mathbf{X}^{-1}=-\frac{1}{5}\begin{bmatrix} -1 & -2 \\ -2 & 1 \end{bmatrix}=\begin{bmatrix} 0.2 & 0.4 \\ 0.4 & -0.2 \end{bmatrix} \text{ 。}$$

現在來計算它們的乘積以得到對角矩陣(即 **A** 的對角化)，在主對角元中顯示特徵值，

$$\mathbf{X}^{-1}\mathbf{A}\mathbf{X}=\begin{bmatrix} 7 & 0 \\ 0 & 2 \end{bmatrix} \text{ 。}$$

特徵向量由 **A** 的特徵基底得到。

15. **相似矩陣具有相同頻譜** 請對 **A** 與 $\hat{\mathbf{A}} = \mathbf{P}^{-1}\mathbf{AP}$ 驗證此敘述。請求出 $\hat{\mathbf{A}}$ 之特徵向量 **y**。證明 **x** = **Py** 爲 **A** 的特徵向量(請列出詳細過程)。

$$\mathbf{A} = \begin{bmatrix} 4 & 2 \\ -4 & -2 \end{bmatrix}, \quad \mathbf{P} = \begin{bmatrix} 1 & 3 \\ 3 & 6 \end{bmatrix}。$$

譜守恆 要證明，

$$\mathbf{A} = \begin{bmatrix} 4 & 2 \\ -4 & -2 \end{bmatrix}, \qquad \hat{\mathbf{A}} = \mathbf{P}^{-1}\mathbf{AP}, \qquad \mathbf{P} = \begin{bmatrix} 1 & 3 \\ 3 & 6 \end{bmatrix}$$

有相同的譜。你需要 $\det \mathbf{P} = -3$ 以及(使用(4*))

$$\mathbf{P}^{-1} = \frac{1}{-3}\begin{bmatrix} 6 & -3 \\ -3 & 1 \end{bmatrix} = \begin{bmatrix} -2 & 1 \\ 1 & -\frac{1}{3} \end{bmatrix}。$$

然後得到，

$$\hat{\mathbf{A}} = \mathbf{P}^{-1}\mathbf{AP} = \mathbf{P}^{-1}\begin{bmatrix} 10 & 24 \\ -10 & -24 \end{bmatrix} = \begin{bmatrix} -30 & -72 \\ \frac{40}{3} & 32 \end{bmatrix}。$$

特徵值的計算，

$$\det(\mathbf{A} - \lambda\mathbf{I}) = \begin{vmatrix} 4-\lambda & 2 \\ -4 & -2-\lambda \end{vmatrix} = \lambda^2 - 2\lambda = \lambda(\lambda - 2)$$

以及，

$$\det(\hat{\mathbf{A}} - \lambda\mathbf{I}) = \begin{vmatrix} -30-\lambda & -72 \\ \frac{40}{3} & 32-\lambda \end{vmatrix} = \lambda^2 - 2\lambda - 30\cdot 32 + 72\cdot\frac{40}{3} = \lambda(\lambda-2)。$$

計算 $\hat{\mathbf{A}}$ 的關於 $\lambda_1 = 2$ 的特徵向量 $\mathbf{y}_1$，

$$(-30-2)x_1 - 72x_2 = 0, \qquad -32x_1 = 72x_2, \qquad 即 \qquad x_1 = 9, \qquad x_2 = -4。$$

計算得，

$$\mathbf{x}_1 = \mathbf{P}\mathbf{y}_1 = \begin{bmatrix} 1 & 3 \\ 3 & 6 \end{bmatrix}\begin{bmatrix} 9 \\ -4 \end{bmatrix} = \begin{bmatrix} -3 \\ 3 \end{bmatrix}。$$

計算 $\hat{\mathbf{A}}$ 關於 $\lambda_2 = 0$ 的特徵向量 $\mathbf{y}_2$，

$$-30x_1 - 72x_2 = 0，\qquad 即 \qquad x_1 = 12，\qquad x_2 = -5。$$

於是，

$$\mathbf{x}_2 = \mathbf{P}\mathbf{y}_2 = \begin{bmatrix} 1 & 3 \\ 3 & 6 \end{bmatrix}\begin{bmatrix} 12 \\ -5 \end{bmatrix} = \begin{bmatrix} -3 \\ 6 \end{bmatrix}。$$

8.5 節　複數矩陣與形式(選讀)

■**例題 2**　在 **A** 中，對角元是實數，因此等於其共軛。$a_{21} = 1+3i$ 是 $a_{12} = 1-3i$ 的共軛，所以這是一個 Hermitian 矩陣。

在 **B** 中，$\overline{b}_{11} = \overline{3i} = -3i = -b_{11}$，$\overline{b}_{12} = 2-i = -(-2+i) = -b_{21}$，以及 $\overline{b}_{22} = i = -b_{22}$。

C 的共軛轉置是，

$$\overline{\mathbf{C}}^T = \begin{bmatrix} -i/2 & \sqrt{3}/2 \\ \sqrt{3}/2 & -i/2 \end{bmatrix}。$$

用 **C** 乘上它得到單位矩陣。這就證明了公正矩陣的定義中的關係。

習題集　8.5

5. **特徵值與特徵向量**　習題 5-11 中之矩陣爲 Hermitian、斜 Hermitian 或公正矩陣？請求出其特徵值(藉此驗證定理 1)與特徵向量。

$$\begin{bmatrix} 4 & i \\ -i & 2 \end{bmatrix}。$$

Hermitian 矩陣　a_{11} 和 a_{22} 是實數。$a_{21} = -i = \overline{a}_{12}$。得到 **A** 是 Hermitian 的。計算其特徵方程式，

$$(4-\lambda)(2-\lambda)-i(-i)=\lambda^2+6\lambda+7=(\lambda-3+\sqrt{2})(\lambda-3-\sqrt{2})=0$$ 。

特徵值是$3\pm\sqrt{2}$ 。對於$\lambda_1=3+\sqrt{2}$ ，求其特徵向量，

$$(4-\lambda_1)x_1+ix_2=(1-\sqrt{2})x_1+ix_2=0$$ ，

即，

$$x_1=-i \text{ ， } x_2=-\frac{1}{i}(1-\sqrt{2})(-i)=1-\sqrt{2}$$ 。

類似的，對於$\lambda_2=3-\sqrt{2}$ ，求其特徵向量，

$$(4-\lambda_2)x_1+ix_2=(1+\sqrt{2})x_1+ix_2=0$$ ，

即，

$$x_1=-i \text{ ， } x_2=-\frac{1}{i}(1+\sqrt{2})(-i)=1+\sqrt{2}$$ 。

13. **複數矩陣** 請問下列矩陣(稱之為 **A**)為 Hermitian 或是斜 Hermitian？請求出 $\mathbf{x}^\mathbf{T}\mathbf{A}\mathbf{x}$ (請列出所有細節)a，b，c，k 為實數。

$$\begin{bmatrix} 0 & -3i \\ -3i & 0 \end{bmatrix} \text{ ， } \mathbf{x}=\begin{bmatrix} 4+i \\ 3-i \end{bmatrix}$$ 。

斜 Hermitian 形式 注意到$a_{11}=a_{22}=0$ ，以及

$$a_{21}=-3i=\overline{3i}=-\bar{a}_{12}$$

所以 **A** 是斜 Hermitian 的。排除純虛數和 0。計算得，

$$\bar{\mathbf{x}}^T\mathbf{A}\mathbf{x}=[4-i \quad 3+i]\begin{bmatrix} 0 & -3i \\ -3i & 0 \end{bmatrix}\begin{bmatrix} 4+i \\ 3-i \end{bmatrix}$$

$$=[4-i \quad 3+i]\begin{bmatrix} -3i(3-i) \\ -3i(4+i) \end{bmatrix}$$

$$=(4-i)(-3i)(3-i)+(3+i)(-3i)(4+i)=-66i$$ 。

第 9 章　向量微分：梯度、散度、旋度

9.1 節　二維空間與三維空間的向量

習題集　9.1

1. **分量和長度**　請求出下列具有所給定起始點 P 和終止點 Q 的向量 $\mathbf{v}$ 的各分量。求出 $|\mathbf{v}|$。畫出 $|\mathbf{v}|$。然後求出在 $\mathbf{v}$ 的方向上的單位向量。

$$P:(3,2,0)\text{，}Q:(5,-2,0)\text{。}$$

分量、長度、單位向量　根據分量的定義你需要計算座標的差，即終點 Q 的座標減去起點 P 的座標。因此，$v_1 = 5-3 = 2$，及其它。因爲 P 和 Q 的 z 座標是 0，所以向量 $\mathbf{v}$ 在 xy 平面；沒有 z 分量。畫一下這個向量，你可以看到它的在 xyz 座標系統中的具體指向。

由(2)計算向量的長度($a_3 = 0$)

$$|\mathbf{v}| = \sqrt{v_1^2 + v_2^2} = \sqrt{(5-3)^2 + (-2-2)^2} = \sqrt{4+16} = \sqrt{20}\text{。}$$

爲了得到 $\mathbf{v}$ 方向的單位向量，用 $1/|\mathbf{v}|$ 乘以 $\mathbf{v}$；這是純量乘法。得到，

$$\mathbf{u} = (1/|\mathbf{v}|)\mathbf{v} = (1/\sqrt{20})[2,\quad -4] = [1/\sqrt{5},\quad -\sqrt{4/5}]\text{。}$$

在書後的答案中，我們還處理了 0 分量，強調了 xy 平面是 xyz 空間的一部份。

15. **向量加法和純量乘法**　令

$$\mathrm{a} = [2,-1,0] = 2\mathrm{i} - \mathrm{j}\text{，}\mathrm{b} = [-4,2,5] = -4\mathrm{i} + 2\mathrm{j} + 5\mathrm{k}\text{，}\mathrm{c} = [0,0,3] = 3\mathrm{k}\text{。}$$

請求出：$5(\mathrm{a}-\mathrm{c})$，$5\mathrm{a} - 5\mathrm{c}$。

加法和純量乘法　你先乘再做加，或者先做加再把和乘以純量 5 都可以。本題和課本中的例 2 是公式(6a)的應用。

29. 請求出 $\mathbf{v}$，使得它能讓習題 25 中的 $\mathbf{v}$，$\mathbf{p}$，$\mathbf{q}$ 和 $\mathbf{u}$ 保持平衡。

力 是導出向量概念的最初的應用，合力的計算需要向量加法。因此，習題 24-28 是三個向量的加法。「平衡」意味著合力爲 0。因此習題 29 中，你需要確定 $\mathbf{v}$ 滿足，

$$\mathbf{v}+\mathbf{p}+\mathbf{q}+\mathbf{u}=\mathbf{0}\ 。$$

因此，

$$\mathbf{v}=-(\mathbf{p}+\mathbf{q}+\mathbf{u})=-[2-4+2,\quad 2-4+2,\quad 2+0+7]=[0,\quad 0,\quad -9]\ 。$$

37. (**繩索**)請求出在所附圖形中，對於任何重量 w 和角度 α 每一條繩索所承受力的大小。

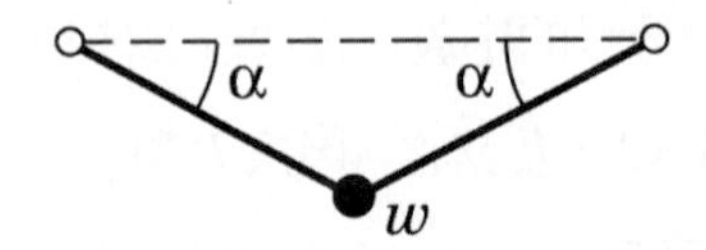

繩中的力 這是力學中的經典問題。選擇 xy 座標系使得 x 軸水準向右而 y 軸垂直向下。然後給出重力 $\mathbf{w}=[w_1,\quad w_2]=[0,\quad w]$ 垂直向下。你需要確定左繩中的力，令 $\mathbf{u}=[u_1,\quad u_2]$，而未知力是右繩中的 $\mathbf{v}=[v_1,\quad v_2]$。三個力相平衡(其合力爲 **0**)，因爲這個系統不能移動。因此，

$$\mathbf{u}+\mathbf{v}+\mathbf{w}=\mathbf{0}\ 。\tag{A}$$

對於 $\mathbf{u}$ 的方向，你有兩種選擇，類似於 $\mathbf{v}$。具體哪種選擇決定於你。假設你選擇的方向是從重力的作用點指向繩子的固定點。則

$$\begin{aligned}\mathbf{u}&=[u_1,\quad u_2]=[-|\mathbf{u}|\cos\alpha,\quad -|\mathbf{u}|\sin\alpha]\\ \mathbf{v}&=[v_1,\quad v_2]=[|\mathbf{v}|\cos\alpha,\quad -|\mathbf{v}|\sin\alpha]\\ \mathbf{w}&=[w_1,\quad w_2]=[0,\quad w]\ ，\end{aligned}\tag{B}$$

這裡的負號表示這些點的方向沿著座標軸的負方向(向左或向上)。從(A)和(B)你可以得到水準分量

$$-|\mathbf{u}|\cos\alpha+|\mathbf{v}|\cos\alpha=0\text{，}\quad\text{因此}\quad|\mathbf{u}|=|\mathbf{v}|\text{。}\qquad\text{(C)}$$

顯然，這也可以由圖的對稱性得到。從(A)和(B)你還可以得到垂直分量

$$-|\mathbf{u}|\sin\alpha-|\mathbf{v}|\sin\alpha+w=0\text{。}$$

由此以及(C)得到，

$$|\mathbf{u}|\sin\alpha=|\mathbf{v}|\sin\alpha=\frac{1}{2}w\text{，}\quad\text{因此}\quad|\mathbf{u}|=|\mathbf{v}|=w/(2\sin\alpha)\text{。}$$

因此 **u** 和 **v** 有相等的垂直分量。這也可以由圖的對稱性得到。

9.2 節　內積(點積)

內容回顧　內積是一個數(純量)。圖 176 顯示它可以是正的，零或者負的。內積是零的情況特別重要。這時你可以稱這兩個作內積的向量正交。

你可以用內積來表示向量的長度和它們之間的夾角(公式(3)和(4))。這導致力學和幾何中的各種應用。有些例子見例 2-6。

習題集　9.2

1-12　**內積**

令 $a=[2,1,4]$， $b=[-4,0,3]$，$c=[3,-2,1]$，試求下列各題

1. $a\cdot b$，$b\cdot a$。

內積的交換律　見(5b)。一般的證明可以從(2)及數量乘法的交換律得到，$a_1b_1=b_1a_1$，及其它。注意到點積是可以交換的，而下一節介紹的叉積則不行；見 9.3 節的(6)。

本題的答案是 $2(-4)+1\cdot 0+4\cdot 3=4$ 。

7. $(a-b)\cdot c$，$a\cdot c-b\cdot c$ 。

內積的線性 見(5a)，令 $q_1 = 1$，$q_2 = -1$。你可以計算得

$$[2-(-4),\quad 1-0,\quad 4-3] \bullet [3,\quad -2,\quad 1] = 6\cdot 3 + 1(-2) + 1\cdot 1 = 17$$ 。

17. 請證明平行四邊行等式。

平行四邊形等式 通過計算來證明。由線性和對稱性，得到(8)的左邊，

$$|\mathbf{a}+\mathbf{b}|^2 = (\mathbf{a}+\mathbf{b}) \bullet (\mathbf{a}+\mathbf{b}) = \mathbf{a} \bullet \mathbf{a} + \mathbf{a} \bullet \mathbf{b} + \mathbf{b} \bullet \mathbf{a} + \mathbf{b} \bullet \mathbf{b}$$

$$= \mathbf{a} \bullet \mathbf{a} + 2\mathbf{a} \bullet \mathbf{b} + \mathbf{b} \cdot \mathbf{b}$$ 。

類似的，對於左邊第二項你有 $\mathbf{a} \bullet \mathbf{a} - 2\mathbf{a} \bullet \mathbf{b} + \mathbf{b} \bullet \mathbf{b}$。把所有結果加起來。你會發現 $\mathbf{a} \bullet \mathbf{b}$ 項消掉了，因爲它們有相反的符號。因此你可以得到左邊是，

$$2\mathbf{a} \bullet \mathbf{a} + 2\mathbf{b} \bullet \mathbf{b} = 2(\mathbf{a} \bullet \mathbf{a} + \mathbf{b} \bullet \mathbf{b}) = 2(|\mathbf{a}|^2 + |\mathbf{b}|^2)$$ 。

這就是(8)的右邊，同時也完成了證明。

19. **功** 如果一個物體由點 A 沿著直線線段 $\overrightarrow{AB}$ 移動到點 B，請求出力 $\mathbf{p}$ 對物體所作的功。畫出 $\mathbf{p}$ 和 $\overrightarrow{AB}$ (寫出詳細解題過程)。

$$\mathrm{p} = [8, -4, 11],\quad A:(1,2,0),\quad B:(3,6,0)$$ 。

功 這是內積的主要產生動機和應用。在這個習題中，力 $\mathbf{p} = [8,\quad -4,\quad 11]$ 作用在由 $A(1,2,0)$ 到 $B(3,6,0)$ 的位移上。這兩點都位於 xy 平面。因此對於 AB 部分也是對的，這可表示成位移向量 $\mathbf{d}$，它的分量由 B 減去 A 得到(終點減起點)，因此，

$$\mathbf{d} = [d_1, d_2, d_3] = [3-1, 6-2, 0-0] = [2, 4, 0]$$ 。

這給出像例 2 那樣的內積，

$$W = \mathbf{p} \bullet \mathbf{d} = [8, -4, 11] \bullet [2, 4, 0] = 8\cdot 2 - 4\cdot 4 + 11\cdot 0 = 0$$ 。

這表明如果位移方向與力的方向正交則功爲 0。

27. **向量之間的夾角、正交性** 令 $\mathbf{a}=[1,1,1]$，$\mathbf{b}=[2,3,1]$，$\mathbf{c}=[-1,1,0]$。

請求出下列向量之間的角度：

b，c。

角 用(4)

31. **(平面)**請求出平面 $x+y+z=1$ 和平面 $2x-y+2z=0$ 之間的夾角。

平面的法線向量。平面的夾角 平面的一個法線向量是一條與該平面垂直的直線。見例6。平面 P_1 和 P_2 的夾角 γ 是它們的法向的夾角。(等價的說法是，如果 P 是與平面 P_1 和 P_2 的交線垂直的平面，則 γ 就是 P 與 P_1 和 P_2 的交線之間的夾角)平面 P_1：$x+y+z=1$ 和 P_2：$2x-y+2z=0$ 的法向量分別是：

$$\mathbf{n}_1=[1,1,1]，\qquad 和 \qquad \mathbf{n}_2=[2,-1,2]，$$

現在用(4)。你需要 $\mathbf{n}_1\bullet\mathbf{n}_2=2-1+2=3$ 和 $|\mathbf{n}_1|=\sqrt{3}$，$|\mathbf{n}_2|=\sqrt{4+1+4}=3$。因此，

$$\cos\gamma=\frac{3}{\sqrt{3}\cdot 3}=\frac{1}{\sqrt{3}}，\qquad \gamma=\arccos\frac{1}{\sqrt{3}}=0.9553=54.74^\circ。$$

39. **在某個向量方向上的分量** 請求出 a 在 b 方向上的分量。

$$a=[0,4,-3]，\ b=[0,4,3]。$$

一個方向上的分量 9.1 節定義的向量的分量是向量在三個座標軸方向的分量。這是本節中普遍的形式。由(11)，$\mathbf{a}=[0,4,-3]$ 在方向 $\mathbf{b}=[0,4,3]$ 上的分量是，

$$\frac{\mathbf{a}\bullet\mathbf{b}}{|\mathbf{b}|}=\frac{16-9}{5}=\frac{7}{5}=1.4。$$

9.3 節　向量積(叉積)

請一定搞清楚「右手」和「左手」的概念，這是使用向量積的本質，其經典的應用見例 3-5。同時例 6 也是值得注意的。

習題集　9.3

1-20　向量積、純量三重積

在右手型笛卡兒座標系統中，令 $\mathbf{a}=[1,2,0]$，$\mathbf{b}=[3,-4,0]$，$\mathbf{c}=[3,5,2]$，$\mathbf{d}=[6,2,-3]$。請求出下列各向量數學式，並且寫出詳細解

1. $a\times b$，$b\times a$。

向量積　點積和叉積的概念都是由實際應用的需要而產生的。點積是一個純量，例如你在習題集 9.2 中所見那樣。而叉積是一個與相乘的兩個向量所在平面正交的向量(或者是零向量)。課本上的例 3-5 描述了重要應用，這些應用是導出這種積的源頭。假設 $\mathbf{a}=[1,2,0]$，$\mathbf{b}=[3,-4,0]$，由(2)得到叉積 $\mathbf{v}=\mathbf{a}\times\mathbf{b}$。向量 **a** 和 **b** 是在 xy 平面上的(更精確的說，它們是與這個平面平行的)因爲它們的 z 分量爲 0。因此它們的叉積必須與 xy 平面垂直，這是直接由定義得到的。見圖 183。比(2)更容易記住的是(2**)，它還包含了(2*)，由二階行列式給出了其分量。如果你需要使用行列式，請見 7.6 節(2*)，你有

$$v_1=\begin{vmatrix}2 & 0\\ -4 & 0\end{vmatrix}=0\text{，}\qquad v_2=\begin{vmatrix}0 & 1\\ 0 & -3\end{vmatrix}\text{，}\qquad v_3=\begin{vmatrix}1 & 2\\ 3 & -4\end{vmatrix}=-4-6=-10\text{。}$$

因此 $\mathbf{v}=[0,0,-10]$。由此有 $\mathbf{b}\times\mathbf{a}=-\mathbf{v}=[0,0,10]$。這說明叉乘是不能交換的而是反交換的；見(6)和圖 187。因此必須要小心的檢查因數的順序。

17. $(a\ b\ d)$，$|(a\ b\ d)|$，$(b\ a\ d)$。

純量三重積　這是對於兩、三個因數最有用的積。原因是其幾何意義(見圖 191 和 192)。

用(10)的第三列來計算行列式得到，

$$-(\mathbf{a}\quad\mathbf{b}\quad\mathbf{d})=(\mathbf{b}\quad\mathbf{a}\quad\mathbf{d})=\mathbf{b}\bullet(\mathbf{a}\times\mathbf{d})=\begin{vmatrix}3 & -4 & 0\\ 1 & 2 & 0\\ 6 & 2 & -3\end{vmatrix}=-3\begin{vmatrix}3 & -4\\ 1 & 2\end{vmatrix}$$

$$=-3(6+4)=-30\text{。}$$

這三個向量構成了行列式的三行，交換兩行需要在積前面加上負號，這就是第一個等式。

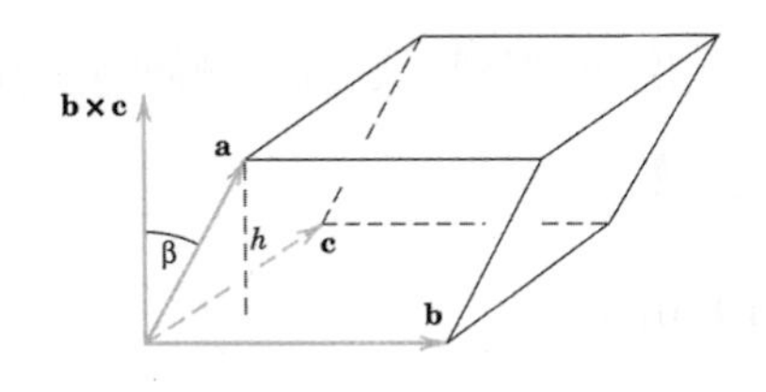

圖 191　純量三重積的幾何意義

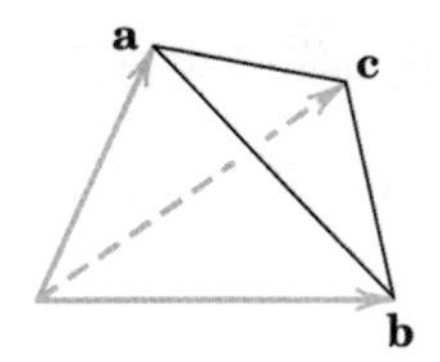

圖 192　四面體

25. **力矩** 當力 **p** 作用在一條通過點 A 的直線上時，請求出 **p** 相對於點 Q 的力矩向量 **m**，和力矩 m。 p=[4,4,0] ， Q:(2,1,0) ， A:(0,3,0) 。

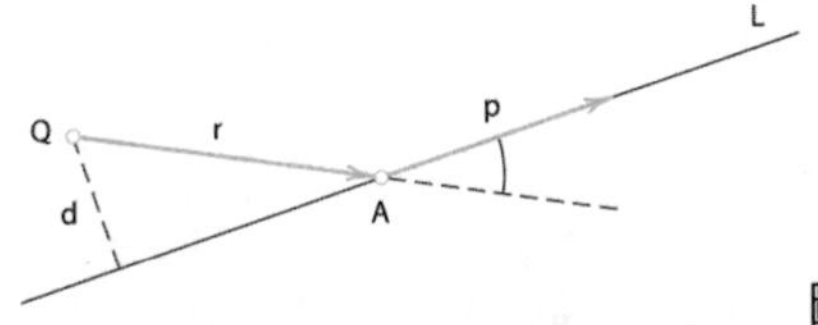

圖 188　力矩 **p**

矩　由圖 188。計算，

$$\mathbf{r}=\overrightarrow{QA}=[0-2,\quad 3-1,\quad 0-0]\text{。}$$

力 **p** 是給定的。因爲 **r** 和 **p** 在 xy 平面(更準確的說是：平行於該平面，沒有 z 分量)，你可以用 $m_1=0$ 和 $m_2=0$ 和 m_3 來計算力矩向量，

$$m_3=\begin{vmatrix}-2 & 2\\ 4 & 4\end{vmatrix}=-2\cdot 4-2\cdot 4=-16\text{。}$$

這是(2**)的一部份，下面有，

$$\mathbf{m}=\mathbf{r}\times\mathbf{p}=\begin{vmatrix}\mathbf{i} & \mathbf{j} & \mathbf{k}\\ -2 & 2 & 0\\ 4 & 4 & 0\end{vmatrix}。$$

> 29. **(旋轉)**一個輪子以角速度 ω=10sec^{-1} 繞著 y 軸旋轉。如果從原點往正 y 方向看過去，則旋轉爲順時針方向。請求出在點(4,3,0)處的速度和速率。

旋轉 可以用向量積來方便的處理，就像書上例 5 那樣。對於 y 軸的旋轉向量 **w**，$\omega=10\sec^{-1}$，(如果你選軸上的一點作爲 **w** 的初始點)則，

$$\mathbf{w}=[0,\ 10,\ 0]。$$

同時，$\mathbf{r}=[4,\ 3,\ 0]$，要求出在 P 點之位置向量的速度向量 **v**(見圖 190)可利用公式(9)代入數據

$$\mathbf{v}=\mathbf{w}\times\mathbf{r}=\begin{vmatrix}\mathbf{i} & \mathbf{j} & \mathbf{k}\\ 0 & 10 & 0\\ 4 & 3 & 0\end{vmatrix}=0\mathbf{i}-0\mathbf{j}+(-(10\cdot 4))\mathbf{k}=[0,\ 0,-40]。$$

速率是速度向量 **v** 的長度，即，$|\mathbf{v}|=40$。

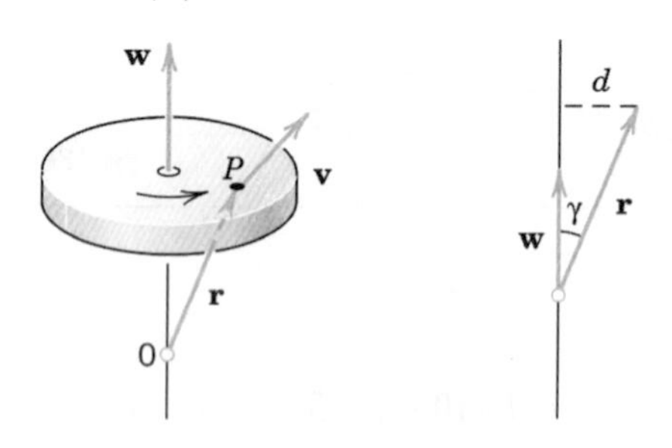

圖 190 剛體的轉動

> 31. **(平行四邊形)**如果各頂點是$(2,2)$，$(9,2)$，$(10,3)$，$(3,3)$，請求出此平行四邊形的面積。

面積　畫出這些點。然後你將發現面積是 $(9-2)\cdot(3-2)=7$ 。有系統地，先計算前兩條邊向量

$$(9,2,0)-(2,2,0)=[7,0,0]$$

$$(3,3,0)-(2,2,0)=[1,1,0] \text{。}$$

分部計算其叉積 $[0,0,7\cdot1-0\cdot1]=[0,0,7]$ 。得到其面積是 $|\mathbf{v}|=7$ 。

9.4 節　向量與純量函數與場、導函數

這是對一元函數微積分的拓展，即對每個分量都作微分，見(10)，所以沒有新的微分定律；確實，(11)-(13)由分部形式立刻可得。

習題集　9.4

> 5. **純量場** 在平面中，下列純量函數將指定出溫度場，請藉此求出等溫線(溫度 T 固定的曲線)。並且畫出其中一些等溫線。
>
> $$T=y/(x^2+y^2) \text{ 。}$$

常數曲線　對於給定的純量函數 f ，曲線 $f(x,y)=$ 常數 可能表示溫度(等溫線)，常數勢曲線(等勢線)，常壓曲線(等壓線)，等等。在這個問題中你有 $y/(x^2+y^2)=$ 常數 。把常數記作 c ，它是任意的。然後解代數方程式：

$$y=c(x^2+y^2) \text{，} \qquad \frac{y}{c}=x^2+y^2 \text{，} \qquad x^2+\left(y-\frac{1}{2c}\right)^2=\left(\frac{1}{2c}\right)^2 \text{。}$$

這些是以 $y=1/(2c)$ 爲中心的圓。它們的半徑是 $1/(2c)$ 。它們都經過原點($x=0,y=0$)。

> 9. **空間中的純量場** 請問下列位準面(level surface) $f(x,y,z)=const$ 是什麼樣的表面？
>
> $$f=x^2+y^2+4z^2 \text{ 。}$$

位準面　這是旋轉橢圓體

$$\frac{x^2}{2^2}+\frac{y^2}{2^2}+z^2=常數 。$$

它們與平面 $z=const$ 的交集中圓，與 $y=$ 常數 ，$x=$ 常數 的交集是橢圓。例如，對於橢圓

$$\frac{1}{4}x^2+\frac{1}{4}y^2+z^2=1$$

圓 $z=0$ 的半徑是 2，而對於 $x=y=0$ 有 $z=\pm1$ ，所以這個橢圓是在 $z=-1$ 和 $z=1$ 拓展的。看起來像一個圓球從 z 方向被壓擠的情形。

19. **向量場** 請針對下列各向量函數畫出類似於 196 的圖形。

向量場　向量 $\mathbf{v}=[x,-y,0]$ 是平行於 xy 平面的(它們的 z 分量是 0)。你可畫出這樣圖來觀察，從 (x,y) 到 $(x+x,y-y)=(2x,0)$ ，所以所有這些箭頭的頂點都在 x 軸上($y=0$)。

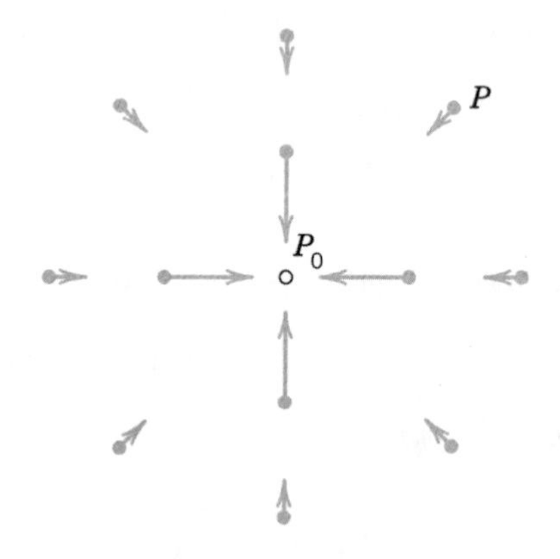

圖 196　例題 3 的重力場

23. **微分**　試求 $[4x^2,9z^2xyz]$ 和 $[yz,zx,xy]$ 的一階偏導數。

偏導數　分部微分，把兩、三個變數看作是常數。對於 $\mathbf{v}=[4x^2,9z^2,xyz]$ 有，

$$\mathbf{v}_x = [8x, 0, yz]$$

$$\mathbf{v}_y = [0, 0, xz]$$

$$\mathbf{v}_z = [0, 18z, xy]\text{ 。}$$

對於其他向量函數是類似的。

9.5 節　曲線、弧長、曲率、扭率

本節很長，包括很多概念和事實。下面幾點是值得思考的。

1．曲線的參數表示(1)的好處。真正完全理解這一點是非常重要的。見圖 200 和 201。

2．長度(一個常數)和弧長 s (一個函數)這兩個概念的區別。公式的簡化是用 s 代替任意參數 t 。

3．空間中運動的速度和加速度。特別的，請看基本例子 7。

4．選讀材料是如何化簡在 xy 平面上的曲線？在這些例子中你還需要扭率的概念嗎？

習題集　9.5

1-10　參數表示法

試求下列曲線的參數表示法。

5. 圓 $y^2 + 4y + z^2 = 5$ ， $x = 3$ 。

參數表示　「完全平方」

$$y^2 + 4y + z^2 = (y+2)^2 - 4 + z^2 = 5\text{ ，}$$

$$(y+2)^2 + z^2 = 5 + 4 = 9\text{ 。}$$

現在可以發現這個圓(在平面 $x=3$ 上)的半徑是 3，中心是 $x=3$，$y=-2$，$z=0$。

9. 圓 $\frac{1}{2}x^2+y^2=1$，$z=y$。

圓　畫一個草圖。曲線在橢圓柱 $\frac{1}{2}x^2+y^2=1$ 上，它與 xy 平面的交集是橢圓 $\frac{1}{2}x^2+y^2=1$，$z=0$，它的半軸是 $\sqrt{2}$ (半長軸，x 方向)和 1(半短軸，y 方向)。平面與橢圓柱交集是一個橢圓。因為曲線在平面 $z=y$ 上，它在 x 方向的半軸長是 $\sqrt{2}$ 在 y 方向的是 1(柱體的半軸)乘以 $\sqrt{2}$。因此這條曲線是一個圓。

15. 下列參數表示式代表什麼樣的曲線？

$[\sqrt{\cos t},\sqrt{\sin t},0]$「Lam'e 曲線」。

Lame' 曲線　下圖即是曲線，$0\le t\le \frac{1}{2}\pi$。

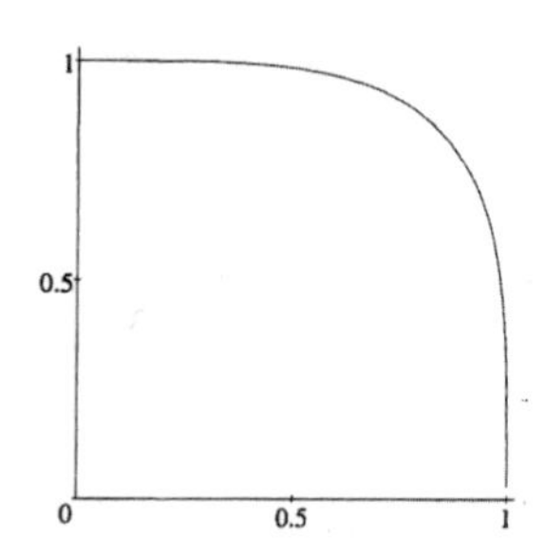

第 9.5 節 習題 15 四分之一的 Lame'曲線

21. CAS **專題** **曲線** 試畫出下列更複雜的曲線。

(a) $\mathrm{r}=(t)=[2\cos t+\cos 2t, 2\sin t-\sin 2t]$ (Steiner 內擺線)(Steiner's hypocycloid)

(c) $\mathrm{r}(t)=[\cos t,\sin 5t]$ (Lissajous 曲線)

(e) $\mathrm{r}(t)=[R\sin\omega t+\omega Rt, R\cos\omega t+R]$ (擺線，cycloid)。

a. Steiner 內擺線　這裡 $0 \le t \le 2\pi$ 。

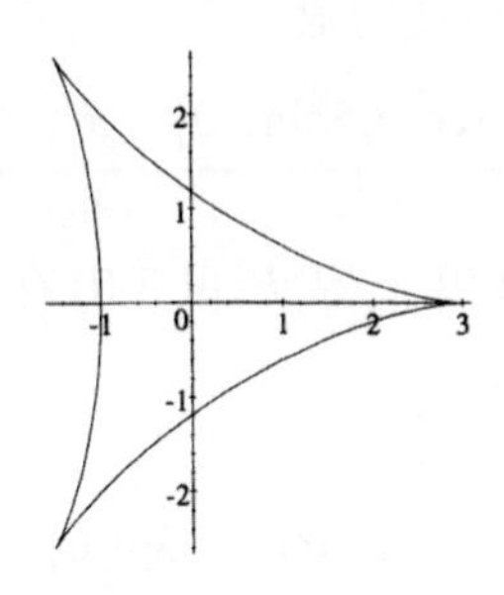

第 9.5 節 習題 21a Steiner 內擺線

c. Lissajous 曲線　有很多條 Lissajous 曲線，這由你選取的正弦和餘弦獨立變數 at 和 bt 決定，而非 t 和 $5t$ 。

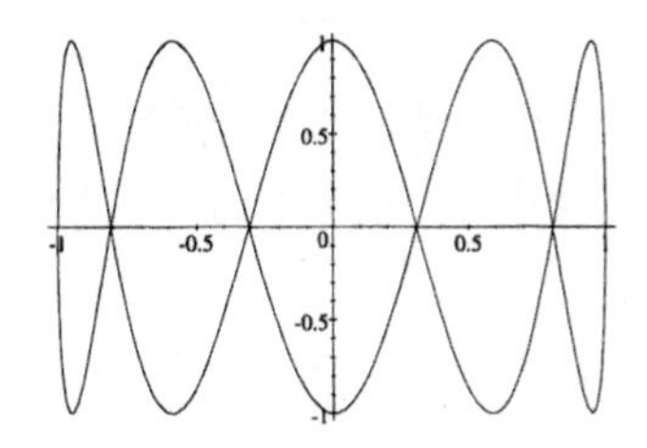

第 9.5 節 習題 21c Lissajous 曲線

e. Cycloid 擺線　這是輪胎的邊緣在沒有打滑的情況下在水平線上的軌跡。

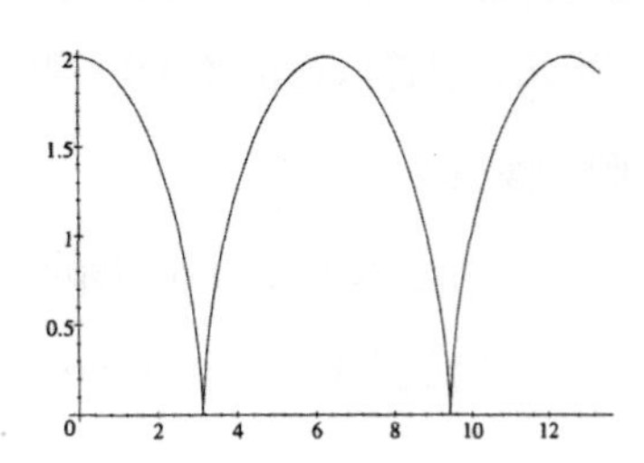

第 9.5 節 習題 21e 部分的 Cycloid 擺線

23. **切線** 已知一條曲線 C: $\mathbf{r}(t)$，試求切線向量 $\mathbf{r}'(t)$，單位切線向量 $\mathbf{u}'(t)$，以及曲線 C 在點 P 的切線。畫出曲線以及切線。

$$\mathrm{r}(t)=[5\cos t, 5\sin t, 0]\text{ ， }P:(4,3,0)\text{ 。}$$

切線 假定圓 $\mathbf{r}=[5\cos t, 5\sin t, 0]$，點 $P:[4,3,0]$ 在切線上，你需要 P 點的切向量 $\mathbf{r}'=[-5\sin t, 5\cos t, 0]$，在 P 點爲

$$\mathbf{r}'(P)=[-3,4,0]$$

這裡可以用 -3 和 4 來與 $\mathbf{r}$ 相應的分量比較。現在用(9)(用書後答案中所用的 $\mathbf{u}$ 並非必需，那樣反而繞路了)得到，

$$\mathbf{q}(w)=[4,3,0]+w[-3,4,0]=[4-3w, 3+4w, 0]\text{ 。}$$

27. **長度** 試求下列所要求的各長度，並且畫出曲線。
懸鏈線 (catenary) $\mathbf{r}(t)=[t, \cosh t]$，從 $t=0$ 到 $t=1$。

長度 對於懸鏈線 $\mathbf{r}=[t, \cosh t]$ 有

$$\mathbf{r}'=[1, \sinh t]\text{ ，}\qquad \mathbf{r}'\bullet\mathbf{r}'=1+\sinh^2 t=\cosh^2 t\text{ 。}$$

用(10)以及所給區間 $0 \le t \le 1$ 計算得，

$$l=\int_0^1 \cosh t\, dt=\sinh 1-0\text{ 。}$$

31. **CAS 專題 極座標表示法** 請使用讀者自己的 CAS，畫出下列各著名的曲線 4，並且根據參數 a 和 b 探討它們的圖形。

$\rho=a\theta$	阿基米德螺旋線 (spiral of Archimedes)
$\rho=ae^{b\theta}$	對數螺線 (Logarithmic spiral)
$\rho=\dfrac{2a\sin^2\theta}{\cos\theta}$	Diocles 蔓葉線 (Cissoid of Diocles)

$\rho = \dfrac{3a\sin 2\theta}{\cos^3\theta + \sin^3\theta}$	笛卡兒葉形線 (Folium of Descartes)
$\rho = 2a\dfrac{\sin 3\theta}{\sin 2\theta}$	馬克勞林三等分角線 (Maclaurin's trisectrix)

CAS 專題　極座標

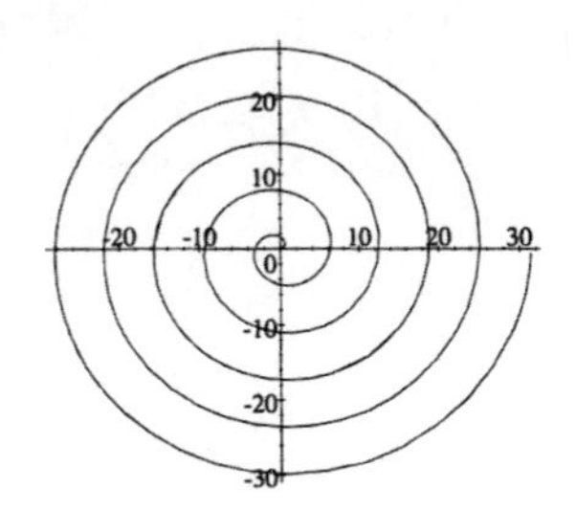

第 9.5 節 習題 31 阿基米德螺旋線

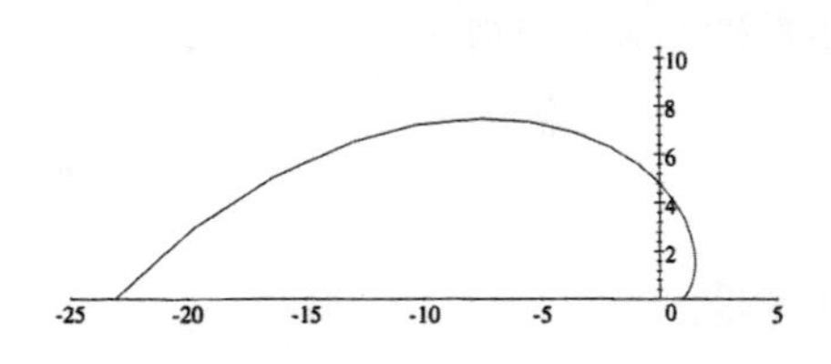

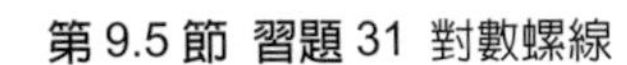

第 9.5 節 習題 31 對數螺線

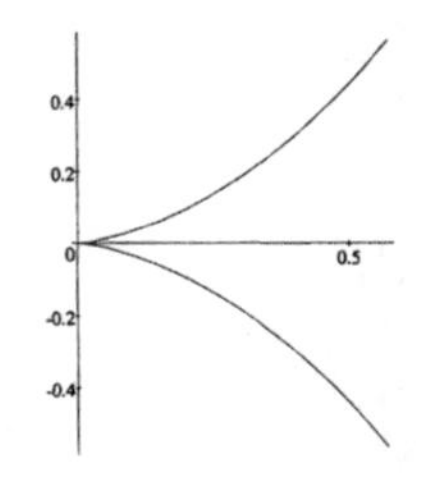

第 9.5 節 習題 31 Diocles 蔓葉線

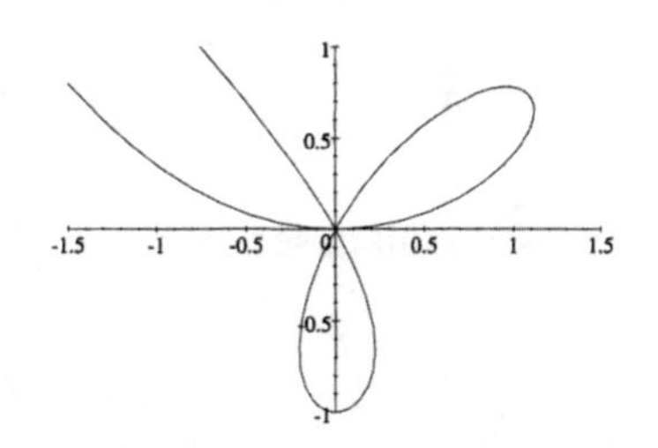

第 9.5 節 習題 31 笛卡兒葉形線

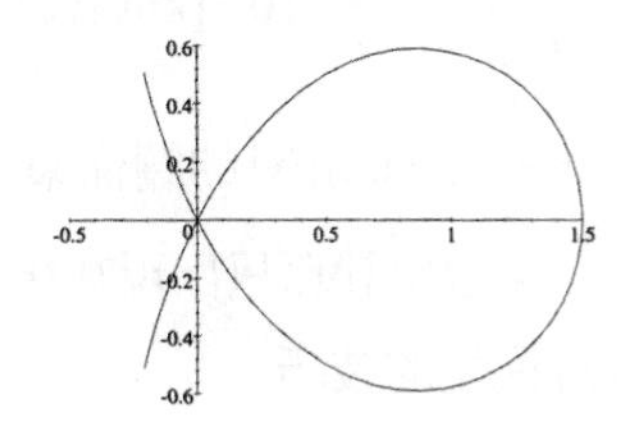

第 9.5 節 習題 31 馬克勞林三等分角線

37. (**太陽和地球**)試利用式(19)，以及地球以近乎 30 km/sec 的固定速率，在幾乎是圓形的軌道上，繞著太陽公轉這個事實，求出地球往太陽的加速度。

太陽和地球　下面的解使用了與書後答案中同樣的想法，但可能更加直接和有邏輯性，而沒有那麼多技巧。首先，

$$\mathbf{a} = [-R\omega^2 \cos \omega t, \quad -R\omega^2 \sin \omega t] \tag{19}$$

使用點積然後開方得，

$$|\mathbf{a}| = R\omega^2 \text{ 。}$$

角速度是已知的，

$$\omega = \frac{\text{角度}}{\text{時間}} = \frac{2\pi}{T}$$

這裡 $T = 365 \cdot 86400$ 每年的秒數。因此得到，

$$|\mathbf{a}| = R\omega^2 = R\left(\frac{2\pi}{T}\right)^2 \text{ 。} \tag{1}$$

軌道長 $2\pi R$ 是以 30km/sec 運行一年的長度。於是 $2\pi R = 30T$ ，因此

$$R = \frac{30T}{2\pi} \text{ 。} \tag{2}$$

把(2)代入(1)，消掉 R 和 2π 得到，

$$|\mathbf{a}| = \frac{2\pi \cdot 30}{T} = 5.98 \cdot 10^{-6} [\text{km/sec}^2] \text{ 。}$$

所以在這個推導中，你最好用 ω 而少用 $|\mathbf{a}|$ 和 $|\mathbf{v}|$ 的關係來得到未知的 R 。同時也可以避免數值微積分以及相應的計算誤差；數值計算只出現在後一個公式中，這裡實際的 T 被用到了。這是一種好的構造和求解模型的技巧。

9.7 節　純量場的梯度、方向導數

內容回顧　定義和三個相關的思路：

1．**梯度的定義**　$\mathbf{v} = \text{grad}\, f$ 把純量場 f 化成向量場 $\mathbf{v}$，見定義 1。

2．**梯度的向量性**　一個向量 $\mathbf{v}$，如(1)中那樣的分部定義，必須要有一個獨立於分量的大小和方向。這由定理 1 證明。

3．梯度 grad f 的一個主要應用是(5*)的**方向導數**，它給出了 f 對任意固定方向的變化率。見定義 2。這是一個特別的例子，在座標軸方向的變化率 $\partial f / \partial x$，$\partial f / \partial y$，$\partial f / \partial z$。

4．grad f 在 f 方向變化最快。於是可以把它當作面 $f(x, y, z) =$ 常數 的**表面法向量**。詳見圖 214 和定理 2。

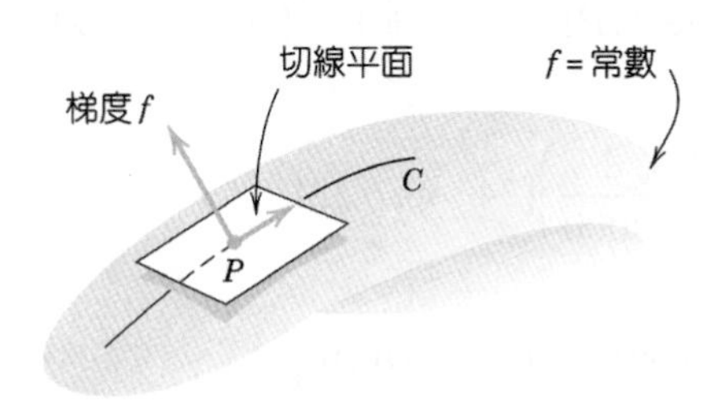

圖 214　梯度作為表面法線向量

習題集　9.7

> 7. **梯度的運用、速度場**　就題目所給定的流動速度位勢，請求出流動的速度 $V = \nabla f$，以及在點 P 的速度值。畫出 v(P)的圖形。
>
> $$f = x^2 + y^2 + z^2 \text{，} P: (3,2,2) \text{。}$$

速度場　$\mathbf{v} = \text{grad}\, f = \text{grad}(x^2 + y^2 + z^2) = [2x,\quad 2y,\quad 2z]$。因此你有 $\mathbf{v} = 2[x,\quad y,\quad z] = 2\mathbf{r}$。這裡 $\mathbf{r}$ 是 $\mathbf{v}$ 的位置向量。在點 $P: (3,2,2)$ 有 $\mathbf{v}(P) = [6,\quad 4,\quad 4]$。這個你可以容易的畫出。它的方向是從原點 O 到點 P 的兩倍長的線段。所以你可以畫出整個速度場。在任意一點，$\mathbf{v}$ 是向外放射的，長度也隨之增加(運動的速度)$|\mathbf{v}| = 2|\mathbf{r}|$。在原點處，$\mathbf{v} = \mathbf{0}$ 且沒有方向。

23. **電力** 在一個靜電場$f(x, y, z)$中，電力的方向與f的梯度相同。試求∇f以及其在點P處的值。

$$f = (x^2 + y^2 + z^2)^{-1/2} \text{ ， } P:(12,0,16) \text{ 。}$$

電力 由$f = (x^2 + y^2 + z^2)^{-1/2}$，通過微分(鏈式法則！)可以得到，

$$\nabla f = \text{grad } f = -\frac{1}{2}(x^2 + y^2 + z^2)^{-3/2}[2x, 2y, 2z] \text{ 。} \quad \text{(A)}$$

在$P:(12,0,16)$這等於

$$\nabla f(P) = \text{grad } f(P) = -\frac{1}{2}(400)^{-3/2}[24, \quad 0, \quad 32]$$

$$= -\frac{1}{2}\left(\frac{1}{8000}\right)[24, \quad 0, \quad 32]$$

$$= [-0.0015, \quad 0, \quad -0.0020] \text{ 。}$$

注意到這個向量是向內擴散的，從P到原點，因爲它的分量是分別正比於x, y, z的(見(A))並有一個負號。這導致對任意點$P \neq (0,0,0)$。grad f的長度是隨著從P到O的距離的減少而增加的，當距離趨於0時，其長度是趨於無窮的。

27. **表面法線** 試求下列各表面在給定的點P處的法線向量。

$$ax + by + cz = d \qquad \text{任意點} P \text{ 。}$$

表面法線 $\nabla f = \text{grad } f$是與面$f(x, y, z) = c$ =常數正交的，就像書上說得那樣。對一個平面$ax + by + cz = d$你可以得到常數法向量。確實，計算法向量

$$\mathbf{N} = \nabla f = [a, b, c] \text{ ，}$$

的長度，

$$|\mathbf{N}| = \sqrt{a^2 + b^2 + c^2}$$

單位法向量要用純量乘法，乘以$1/|\mathbf{N}|$，

$$\mathbf{n}=(\frac{1}{|\mathbf{N}|})\mathbf{N}=(\frac{1}{\sqrt{a^2+b^2+c^2}})[a,b,c] \text{ 。}$$

然後 $-\mathbf{n}$ 是另一個單位法向量。

對於一般的曲面法向量 **N** 是一個變數，決定於曲面上的點。

> 33. **方向導數** 試求函數 f 在點 P 處向量 **a** 方向上的方向導數。
>
> $$f=x^2+y^2-z^2 \text{ ， } P:(1,1,-2) \text{ ， } \mathrm{a}=[1,1,2] \text{ 。}$$

方向導數 這給出了純量函數 f 在這方向 **a** 上的變化率。在它的定義式(5*) 中，梯度 ∇f 給出了最大變化率，∇f 和單位向量 $(1/|\mathbf{a}|)\mathbf{a}$ 的內積給出了想要的變化率(5*)。這是你最後在所給點要計算的東西。

因此，從 $f=x^2+y^2-z$ ，$\mathbf{a}=[1,\ 1,\ 2]$，和點 $P:(1,1,-2)$ 計算得 $|\mathbf{a}|=\sqrt{6}$ ，$\mathbf{v}=\nabla f=[2x,\ 2y,\ -1]$，以及

$$\frac{1}{|\mathbf{a}|}\mathbf{v}\bullet\mathbf{a}=\frac{1}{|\mathbf{a}|}[2x,\ 2y,\ -1]\bullet[1,\ 1,\ 2]$$
$$=\frac{1}{\sqrt{6}}(2x+2y-2) \text{ 。}$$

在 P 點計算它，得到，

$$D_a f(P)=\frac{1}{\sqrt{6}}(2+2-2)=\frac{2}{\sqrt{6}}=\sqrt{\frac{2}{3}} \text{ 。}$$

> 39. **位勢** 對於一個給定的向量場，如果它們存在的話，則可以利用第 9.9 節所討論的方法求出其位勢。在比較簡單的情形下，則可以運用審視的方式求出位勢。請針對下列各給定的 $\mathrm{v}(x,y,z)$，求出位勢 f，其中 $f=\text{grad v}$ $\quad \mathrm{v}=[3x,5y,-4z]$ 。

位勢 習題 39 和習題 41 包含特定的 $\mathbf{v}(x,y,z)$ ，即，

$$\mathbf{v}(x,y,z)=[v_1(x),v_2(y),v_3(z)] \text{ 。}$$

這樣一個向量函數總是有位勢，即，

$$f(x,y,z)=\int v_1(x)dx+\int v_2(y)dy+\int v_3(z)dz \text{ 。}$$

在習題 39 中，$f=\frac{3}{2}x^2+\frac{5}{2}y^2-2z^2$ 。

9.8 節　向量場的散度

從純量場 f 通過梯度可以得到向量場 **v**，而散度(1)是做相反的事，從一個向量場 **v** 得到一個純量場(1) div **v**。散度產生的動機是物理實際，同時它也在流體的流動和(例 2)其它物理領域扮演重要角色。

習題集　9.8

1. **散度的計算** 請求出下列向量函數的散度

$$[x^3+y^3, 3xy^2, 3zy^2] \text{ 。}$$

散度　一個向量函數(向量場)的散度的物理意義和實際重要性在課本上有詳細的解釋。div 被用於向量函數 **v** 同時給出了一個純量 div **v**，反之 grad 被用於純量函數 f 同時給出了一個向量 grad f 。當然，grad 和 div 不是彼此的反轉換；他們是完全不同的運算，是由它們的物理應用，幾何產生的。(1)中的 div **v** 的計算是微積分中的偏微分計算。在這個習題中，它非常簡單，

$$\text{div } \mathbf{v}=\frac{\partial v_1}{\partial x}+\frac{\partial v_2}{\partial y}+\frac{\partial v_3}{\partial z}=3x^2+6xy+3y^2=3(x+y)^2 \text{ 。}$$

9. **(不可壓縮流動)**試證明，速度向量爲 v = yi 的流動，是不可壓縮的。

證明在時間 $t=0$ 位於一個立方體的諸粒子，在時間 $t=1$ 的時候將佔有體積 1，其中上述立方體的各表面是 $x=0$ ，$x=1$ ，$y=0$ ，$y=1$ ，$z=0$ ，$z=1$ 之各平面的一部份。

不可壓縮流動　速度向量是 $\mathbf{v} = y\mathbf{i} = [y,\ 0,\ 0]$。因此 $\operatorname{div} \mathbf{v} = 0$。這表明流動是不可壓縮的；見書中的(7)，$\mathbf{v}$ 是平行於 x 軸的。在上平面它指向右邊，在下平面它指向左邊。在 x 軸 $(y = 0)$ 它是 0 向量。在每條水平線 $y = const$ 爲常數。速度越大離 x 軸越遠。從 $\mathbf{v} = y\mathbf{i}$ 和速度向量的定義你有，

$$\mathbf{v} = [dx/dt,\ \ dy/dt,\ \ dz/dt] = [y,\ \ 0,\ \ 0]\text{。}$$

這個向量方程式給出了相應的三個分量方程式，

$$dx/dt = y\text{，}\qquad dy/dt = 0\text{，}\qquad dz/dt = 0\text{。}$$

對 $dz/dt = 0$ 積分得，

$$z(t) = c_3\text{，對於面 } z = 0\text{，} c_3 = 0\text{，}\qquad \text{對於面}\quad z = 1\text{，}\qquad c_3 = 1\text{。}$$

而對立方體中的粒子有 $0 < c_3 < 1$。類似的，對 $dy/dt = 0$ 積分得 $y(t) = c_2$，對於面 $y = 0$，$c_2 = 0$，對於面 $y = 1$，$c_2 = 1$，而對立方體中的粒子有 $0 < c_2 < 1$。

最後，$dx/dt = y$，$y = c_2$，則 $dx/dt = c_2$。通過積分，

$$x(t) = c_2 t + c_1\text{。}$$

由此，

$$x(0) = c_1\text{，對於面 } x = 0\text{，} c_1 = 0\text{，而對於面 } x = 1\text{，} c_1 = 1\text{，}$$

還有，

$$x(1) = c_1 + c_2\text{，}$$

因此，

$$x(1) = c_2 + 0\text{，對於面 } x = 0\text{，} x(1) = c_2 + 1\text{，對於面 } x = 1\text{。}$$

因爲對於 $x = 0$，$c_1 = 0$，而對於 $x = 1$，$c_1 = 1$。這表明這兩個平行面之間的距離仍然相同，也即是 1。同時因爲在 y 和 z 方向什麼都沒發生，表明在時間 $t = 1$ 是的體積仍然是 1，這是不可壓縮的情形。

13. **專題** 有用的散度公式 請證明

(a) $\operatorname{div}(k\mathbf{v}) = k \operatorname{div} \mathbf{v}$ （k 常數)

(b) $\operatorname{div}(f\mathbf{v}) = f \operatorname{div} \mathbf{v} + \mathbf{v} \cdot \nabla f$

(c) $\operatorname{div}(f\nabla g) = f\nabla^2 g + \nabla f \cdot \nabla g$

(d) $\operatorname{div}(f\nabla g) - \operatorname{div}(g\nabla f) = f\nabla^2 g - g\nabla^2 f$

當 $f = e^{xyz}$ 而且 $\mathbf{v} = ax\mathbf{i} + by\mathbf{j} + cz\mathbf{k}$ 時，請驗證證實式(b)。

請利用式(b)求出習題 4 的答案。

當 $f = x^2 - y^2$ 而且 $g = e^{x+y}$ 的時候，請驗證式(c)。

請提出能夠適用於(a)-(d)的例題。

散度公式 這些公式對簡化微積分計算和理論分析很有用。它們直接由微積分的定義得出。例如，由散度的定義和積的定義有，

$$\begin{aligned}\operatorname{div}(f\mathbf{v}) &= (fv_1)_x + (fv_2)_y + (fv_3)_z \\ &= f_x v_1 + f_y v_2 + f_z v_3 + f[(v_1)_x + (v_2)_y + (v_3)_z] \\ &= (\operatorname{grad} f) \bullet \mathbf{v} + f \operatorname{div} \mathbf{v}\end{aligned}$$ 。

9.9 節　向量場的旋度

就像 grad 和 div，產生 curl 的動機也是主要由於物理和次要由於幾何所致，在第 10 章你將看到 curl 在積分中也很有用。

習題集　9.9

3. **旋度的計算** 在給定下列 $\mathbf{v}$ 之後，請求出相對於右手型笛卡兒座標系的 curl $\mathbf{v}$。寫出詳細的解題過程。

$$[e^x \cos y, e^x \sin y, 0]$$ 。

旋度的計算　$\mathbf{v}=[e^x \cos y,\quad e^x \sin y,\quad 0]$是向量函數，它平行於 xy 平面，因爲$v_3=0$，這個函數沒有 z 分量。同時注意到其餘兩部分不依賴於 z 。更進一步(1)，curl v 的前兩部分或者包含 v_3，或者是 0，或者是相對於 z 的偏導數，那也是 0。由此，curl 的前兩個分量是 0。計算其第三個分量，

$$\begin{aligned}\frac{\partial v_2}{\partial x}-\frac{\partial v_1}{\partial y}&=\frac{\partial(e^x \sin y)}{\partial x}-\frac{\partial(e^x \cos y)}{\partial y}\\&=e^x \sin y+e^x \sin y\\&=2e^x \sin y\end{aligned}$$

11. **流體流動** 令 **v** 是一個穩定流體流動的速度向量。請問此流動是非旋轉性的嗎？不可壓縮的嗎？求出其流線 (streamline) (粒子的運動路徑)。提示：在求出路徑的時候，請參考習題 9 和 11 的解答。

流體流動　div 和 curl 都刻畫了流動的重要特徵，這通常由速度向量 $\mathbf{v}(x,y,z)$ 得到。這個問題是二維的，即，在每個平面 $z=$ 常數 流動是一樣的。速度就是，

$$\mathbf{v}=[y,\quad -x,\quad 0]\text{ 。}$$

因此 $\text{div}\,\mathbf{v}=0+0+0=0$ 。這表明流動是不可壓縮(見前面部分)。另外，由本節的(1)你可以看到 curl 前兩個分量是 0 因爲它們包含 v_3，而 v_3 是 0，或者包含關於 z 的偏導數，這也是 0 因爲 **v** 是不依賴於 z 的。還有，

$$\text{curl}\,\mathbf{v}=((v_2)_x-(v_1)_y)\mathbf{k}=(-1-1)\mathbf{k}=-2\mathbf{k}\text{ 。}$$

這表明流動是無旋轉性的。現在來確定粒子流動路徑。由速度的定義有，

$$v_1=dx/dt\text{ ，}\qquad v_2=dy/dt\text{ 。}$$

由此以及給定的速度向量 **v** 有，

$$dx/dt=y \tag{A}$$

$$dy/dt = -x。 \qquad \text{(B)}$$

這個微分方程式組可以用一個值得記憶的技巧來解。(B)的右邊乘以(A)的左邊是 $-xdx/dt$ 。這必須等於(A)的右邊乘以(B)的左邊，這是 ydy/dt 。因此，

$$-x\,dx/dt = y\,dy/dt \text{ 。}$$

你現在可以在兩邊對 t 作積分同時再乘以 -2 ，得到

$$x^2 = -y^2 + c \text{ 。}$$

這表明粒子的運行路徑(流線)是同心圓

$$x^2 + y^2 = c \text{ 。}$$

這與將 curl 和旋轉向量作關聯的第二個公式一致。在本習題中，

$$\mathbf{w} = \frac{1}{2}\text{curl }\mathbf{v} = \mathbf{k} \text{ ，}$$

這表明 z 軸是旋轉軸。

第 10 章　向量積分計算、積分定理

10.1 節　線積分

習題集　10.1

1-12　**線積分、力所做之功**

請按以下的資料計算 $\int_C \mathbf{F}(\mathbf{r}) \bullet d\mathbf{r}$。若 **F** 爲一力，則計算結果代表沿著位移 C 所作之功(寫出詳細過程)。

1. $\mathbf{F} = [y^3, x^3]$，C 爲拋物線 $y=5x^2$ 上由 $A:(0,0)$ 至 $B:(2,20)$。

平面上的線積分　這是對簡單積分定義的推廣。你現在不是沿著 x 軸直線積分而是沿著曲線 C 積分，在 xy 平面上，是拋物線的一部分。

形式(3)的積分有很多應用，比如在一段位移上迫力作功的問題。(3)的右邊顯示這樣一個積分是如何被變成一個以 t 爲變數的積分。這種轉換由 C 的積分路徑來完成。

這個習題跟書上的例 1 是平行的。拋物線 C 可以被表示成，

$$\mathbf{r}(t) = [t, \quad 5t^2], \qquad \text{分量是,} \qquad x = t, \qquad y = 5t^2, \tag{I}$$

這裡 t 從 $t = 0$ (C 在 x 軸上的起點)變到 $t = 2$ (C 的終點)。

所給函數是向量函數，

$$\mathbf{F} = [y^3, \quad x^3]。 \tag{II}$$

F 定義了一個 xy 平面上的向量場。在每點 (x, y) 給出了一個特定向量，你可以把它畫作小箭頭。特別的，C 的每一點向量函數 **F** 都是一個向量。爲了得到這些向量，你可以簡單的把 x 和 y 從(I)替換進(II)。得到，

$$\mathbf{F}(\mathbf{r}(t)) = [125t^6,\quad t^3]\text{。} \tag{III}$$

現在這是拋物線 C 上關於 t 的向量函數。

現在來看一個要點。你不能對 **F** 本身作積分，但是你可以對(III)中的 **F** 和 $\mathbf{r}'(t)$ 的點積作積分。點積 $\mathbf{F}\bullet\mathbf{r}'$ 可以被「視覺化」，因爲它是 **F** 在 C 的切線方向的分量(乘上因數 $|\mathbf{r}'(t)|$)，就像你在 9.2 節中(11)中看到那樣，**F** 相當於 **a**，$\mathbf{r}'$ 相當於 **b**。(注意到如果 t 是 C 的弧長 s，則 $\mathbf{r}'$ 是單位向量，所以因數等於 1 同時你可以精確的得到切向投影)在你做計算之前在仔細想想這一點。

關於 t 的微分得到切向量

$$\mathbf{r}'(t) = [1,\quad 10t]\text{。}$$

因此點積是

$$\mathbf{F}(\mathbf{r}(t))\bullet\mathbf{r}'(t) = 125t^6\cdot 1 + t^3\cdot 10t = 125t^6 + 10t^4\text{。}$$

對 t 作積分(t 是 C 的路徑積分的參數運算式的參數)，從 $t=0$ 到 $t=2$，得到，

$$\int_0^2 \mathbf{F}(\mathbf{r}(t))\bullet\mathbf{r}'(t)dt = \int_0^2 (125t^6 + 10t^4)dt$$

$$= \left[\frac{125t^7}{7} + \frac{10t^5}{5}\right]_0^2$$

$$= \frac{125}{7}\cdot 2^7 + 2\cdot 2^5 = 2349.71$$

四捨五入爲 2350，見書後的答案。

7. $\mathbf{F}=[z,x,y]$，C：$\mathbf{r}=[\cos t,\sin t,t]$ 由 $(1,0,0)$ 至 $(1,0,4\pi)$。

空間中的線積分(3)　空間中的線積分可以和平面上的線積分一樣處理。一般來說，在大多數的情況下，空間中和平面上的向量方法都有很大的優點。積分(3)就是很好的例子。

在這個習題中，積分 C 的路徑是螺旋線的一部分(見例 4)

$$C:\mathbf{r}(t)=[\cos t,\quad \sin t,\quad t]$$

這裡 t 是從 0 到 4π。它在半徑爲 $a=1$ 的圓柱上，z 軸是其對稱軸。現在在(3)中的積分你需要 C 的運算式 $\mathbf{F}$，

$$\mathbf{F}(\mathbf{r}(t))=[z(t),\quad x(t),\quad y(t)]=[t,\quad \cos t,\quad \sin t]\text{，}$$

C 的切向量($\mathbf{r}(t)$ 的導數)

$$\mathbf{r}'(t)=[-\sin t,\quad \cos t,\quad 1]\text{，}$$

點積，

$$\mathbf{F}(\mathbf{r}(t))\bullet\mathbf{r}'(t)=[t,\quad \cos t,\quad \sin t]\bullet[-\sin t,\quad \cos t,\quad 1]$$

$$=-t\sin t+\cos^2 t+\sin t\text{ 。}$$

對 t 從 0 到 4π 積分得到，

$$\int_0^{4\pi}(-t\sin t+\cos^2 t+\sin t)dt$$

$$=4\pi+2\pi+0=6\pi\text{ 。}$$

你能從 $-t\sin t$ 的圖像中看出這個函數的積分必須是正的嗎？

(提示：考慮到這是「半波長」。)

15-18 積分式(8)及(8*)

請以如下的 $\mathbf{F}$ 或 f，和 C 計算式(8)或式(8*)。

15. $f=x^2+y^2$ ，C：$\mathrm{r}=[t,4t,0]$，$0\leqq t\leqq 1$。

線積分(8*) 你需要在 C 上求積分 $f = x^2 + y^2$ ：在 xy 平面，$\mathbf{r}(t) = [t, \quad 4t, \quad 0]$ ，$t = 0$ 到 $t = 1$ 。即，從 $(x, y) = (0,0)$ 到 $(x, y) = (1,4)$ 。這個積分是，

$$f(\mathbf{r}(t)) = x^2(t) + y^2(t) = t^2 + 16t^2 = 17t^2 \text{ 。}$$

積分得到，

$$\int_0^1 f(\mathbf{r}(t))dt = \frac{17t^3}{3}\bigg|_0^1 = \frac{17}{3} \text{ 。}$$

17. $\mathbf{F} = [y^2, -z^2, x^2]$ ，C 爲螺旋 $[3 \cos t, 3 \sin t, 2t]$，$0 \leqq t \leqq 8\pi$。

線積分(8) 這是對(8*)的推廣，這裡的 f 你在技術上可以認爲是向量函數的一個分量，因爲向量函數的分量總是一個純量函數(你能解釋這一點嗎？)

你需要對 $\mathbf{F} = [y^2, \quad z^2, \quad x^2]$ 在螺旋線 $C : \mathbf{r}(t) = [3\cos t, \quad 3\sin t, \quad 2t]$ 上求積分，t 從 $t = 0$ 到 $t = 8\pi$ 。在(8)中的積分是，

$$\mathbf{F}(\mathbf{r}(t)) = [y^2(t), \quad z^2(t), \quad x^2(t)]$$

$$= [9\sin^2 t, \quad 4t^2, \quad 9\cos^2 t] \text{ 。}$$

現在在每一分量上，t 沿 0 到 8π 積分，得到向量，

$$\int_0^{8\pi} [9\sin^2 t, \quad 4t^2, \quad 9\cos^2 t]dt$$

$$= \left[9 \cdot 4\pi \quad 4 \cdot \frac{(8\pi)^3}{3} \quad 9 \cdot 4\pi\right]$$

$$= [113.1, \quad 21167, \quad 113.1] \text{ 。}$$

10.2 節 線積分之路徑獨立性

在區域 D 上的線積分(1) $\int_C \mathbf{F} \bullet d\mathbf{r}$ 之路徑獨立性的想法如下：

(1) 是 p.i.(路徑獨立的) iff (當且僅當) **F** 是某函數 f 的梯度，叫做 **F** 的位勢(定理 1)。

(1) 是 p.i. iff 它在每一封閉路徑上是 0 (定理 2)。

(1) 是 p.i. iff 微分形式 $F_1\, dx + F_2\, dy + F_3\, dz$ 是精確的(定理 3*)。

如果(1)是 p.i.的，則 crul $\mathbf{F} = \mathbf{0}$。如果 crul $\mathbf{F} = \mathbf{0}$ 且 D 是單連通的，則(1)是 p.i. (定理 3)。

習題集 10.2

1. **路徑獨立積分** 請證明積分符號下的型式在平面(1-4 題)或空間中(5-8 題)爲正合，並計算積分值(請列出細節)。

$$\int_{(0,0)}^{(4,\,\pi/8)} (y\cos xy\ dx\ +\ x\cos xy\ dy)\ 。$$

路徑獨立 積分下的形式是，

$$y\cos xy\, dx + x\cos xy\, dy\ 。$$

因爲你想積分，你最好找到一個位勢(如果它存在)然後應用(3)。現在定理 1 把路徑獨立性與 **F** 的位勢 f 的存在性聯繫起來，

$$\mathbf{F} = [y\cos xy,\quad x\cos xy] = \text{grad}\ f = [f_x,\quad f_y]\ ，$$

下標表示偏導數。爲了找到 f ，你需要，

$$f_x = y\cos xy\ ，對\ x\ 積分：\ f = \sin xy + g(y)$$

$$f_y = x\cos xy\ ，對\ y\ 積分：\ f = \sin xy + h(x)\ 。$$

因此你有 $f = \sin xy$ ，選擇 g 和 h 是 0。現在插入積分的上極限得到 $\sin(4\cdot\frac{\pi}{8}) = \sin\frac{\pi}{2} = 1$ ，以及下極限，是 0。因此答案是 1。

注意下面的事實。只在你發現路徑獨立以後你才將選擇(3)。第二，你有多大的自由選擇 g 和 h？因爲這兩個運算式必須相等，你需要 $g(y)=h(x)=const$。給定一個積分的唯一值，任意常數由(3)得到。

怎麼運用定理 3？因爲 F 是關於 z 獨立的，導出 curl **F** 的前兩個分量是 0。計算第三個分量(鏈式法則！)

$$\frac{\partial(x\cos xy)}{\partial x}-\frac{\partial(y\cos xy)}{\partial y}=\cos xy-(x\sin xy)y-\cos xy-y(-\sin xy)x=0 \text{。}$$

由相關的區域得到路徑獨立性，例如，對於整個 xy 平面。

你可以積分得，

$$f=\int x\cos xy dy=\sin xy+h(x)$$

同時用，

$$f_x=\frac{\partial}{\partial x}\sin xy+h'(x)=y\cos xy+h'(x)=y\cos xy$$

得到 $h'(x)=0$，因此 $h(x)=const$。

13. **檢驗路徑獨立性** 若爲獨立，從(0,0,0)積分至(a,b,c)。

$$3x^2y\ dx\ +\ x^3\ dy\ +\ y\ dz \text{。}$$

檢查路徑獨立性 你有 $\mathbf{F}=[3x^2y,\quad x^3,\quad y]$ 同時可以看出 curl **F** 不是 0 向量因爲它的第一個分量等於 1(而其他兩個分量爲 0)。計算得，

$$\text{curl}\,\mathbf{F}=\begin{vmatrix}\mathbf{i} & \mathbf{j} & \mathbf{k}\\ \dfrac{\partial}{\partial x} & \dfrac{\partial}{\partial y} & \dfrac{\partial}{\partial z}\\ 3x^2y & x^3 & y\end{vmatrix}=[1-0,\quad 0-0,\quad 3x^2-3x^2] \text{。}$$

這表明在任意的區域路徑獨立。

10.3 節 微積分回顧：重積分(選讀)

本章的下一件工作將是關於基本的轉換不同形式積分(線、重、表面、三重積分)到其它積分的積分定理，重積分聯繫了線積分(10.4 節)和表面積分(10.6 節和 10.9 節)。

習題集 10.3

3. **重積分** 請說明積分區域並求值：

$$\int_0^1 \int_{x^2}^x (1-2xy)dydx \text{ 。}$$

重積分 這裡和其它類似的情形的唯一的困難是畫出積分區域。注意到 $x^2 < x$ 對於 $0 < x < 1$ 成立，但別處不是。因此積分區域在直線 $y = x$ 以下且在 $y = x^2$ 以上，在 x 方向從 0 到 1(畫一下)。因此你可以先對 y 從 x^2 到 x 積分然後對積分結果(現在只是 x 的函數，消去了 y)對 x 從 0 到 1 積分。你得到，

$$\int_0^1 \int_{x^2}^x [(1-2xy)dy]dx = \int_0^1 (y - xy^2)\Big|_{y=x^2}^{x} dx$$

$$= \int_0^1 [(x - x^3) - (x^2 - x^5)]dx$$

$$= \left(\frac{x^2}{2} - \frac{x^4}{4} - \frac{x^3}{3} + \frac{x^6}{6}\right)\Bigg|_0^1$$

$$= \frac{1}{2} - \frac{1}{4} - \frac{1}{3} + \frac{1}{6} = \frac{1}{12} \text{ 。}$$

11. **體積** 請求出下列空間中區域之體積

$z = x^2 + y^2$ 以下，頂點為 $(1,1)$，$(-1,1)$，$(-1,-1)$，$(1,-1)$

之長方形以上之區域。

體積 你可能會把積分寫成是兩個積分的和。在第一個積分 x^2 中 x 從 -1 到 1，得到 $2/3$，然後對 y，從 -1 到 1，得到因數 2。乘起來得到 $4/3$。現在來求 y^2 的積分。首先對 y^2 的 y 從 -1 到 1 積分，得到 $2/3$，然後是對 x，從 -1 到 1，得到因數 2。乘起來是 $4/3$，因此答案是 $8/3$。

在書後答案的積分是一個不那麼「對稱」的形式。

15. **重心** 請求出區域 R 內質量密度爲 $f(x,y)=1$ 之重心 $(\bar{x},\bar{y})$。

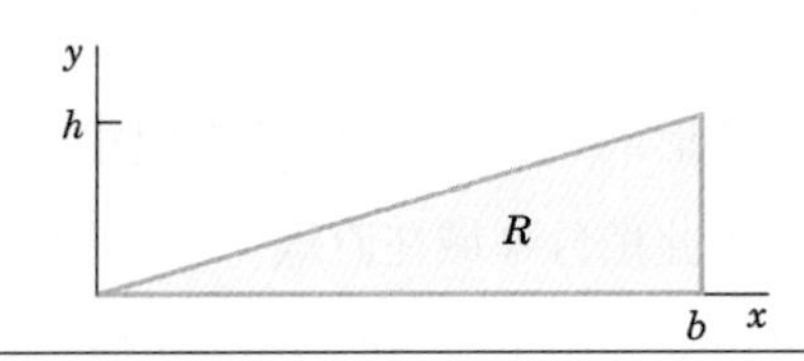

重心 總品質是 $M=\frac{1}{2}bh$。三角形的斜邊是 $y=hx/b$。因此計算得，

$$\bar{x}=\frac{1}{M}\int_{x=0}^{b}\left(\int_{y=0}^{hx/b}xdy\right)dx=\frac{1}{M}\int_{x=0}^{b}x\cdot\frac{hx}{b}dx$$

$$=\frac{2}{bh}\cdot\frac{h}{b}\cdot\frac{x^3}{3}\Big|_0^b=\frac{2b}{3}\text{。}$$

類似的，

$$\bar{y}=\frac{1}{M}\int_{x=0}^{b}\left(\int_{y=0}^{hx/b}ydy\right)dx=\frac{1}{M}\int_{x=0}^{b}\frac{1}{2}\left(\frac{hx}{b}\right)^2dx$$

$$=\frac{2}{bh}\cdot\frac{1}{2}\left(\frac{h}{b}\right)^2\frac{x^3}{3}\Big|_0^b=\frac{1}{3}h\text{。}$$

$\bar{x}$ 是與 h 相獨立的，$\bar{y}$ 是與 b 相獨立的。你注意到這些了嗎？你能不能從物理上給它一個解釋？

10.4 節 平面之葛林定理

注意書上的公式(9)以及習題 10-12。這些是平面葛林定理中值得注意的內容。

例如，特別的，如果 w 是調和的($\nabla^2 w = 0$)，則它的在一條封閉曲線上的法向導數是 0，用(9)。對於其他函數，(9)對於化簡積分及其法向導數是有用的。這樣的積分是存在的，比如，在流體流動問題中，流體通過一個曲面流動。

習題集 10.4

1. **利用葛林定理計算線積分** 利用葛林定理，計算 $\oint_C \mathbf{F}(\mathbf{r}) \cdot d\mathbf{r}$ 逆時鐘方向繞區域 R 之邊界曲線 C，其中 $\mathbf{F} = [\frac{1}{2}xy^4, \frac{1}{2}x^4y]$，$R$ 為具頂點(0,0)，(3,0)，(3,2)，(0,2)之長方形。

把線積分化成重積分 平面上葛林定理把 xy 平面的區域 R 上的重積分化成線積分，在一條邊界曲線 C 上，這些轉換有實踐和理論上的意義。習題 1-12 是對於線積分直接的估計，比葛林定理得到的重積分用的更多。得到，

$$\mathbf{F} = [F_1, \quad F_2] = [\frac{1}{2}xy^4, \quad \frac{1}{2}x^4y] \text{。}$$

在(1)中，左邊有，

$$(F_2)_x - (F_1)_y = 2x^3y - 2xy^3 \text{。} \tag{A}$$

畫出給定的三角形(重積分區域 R)。然後你的積分區間是，x 從 0 到 3，y 從 0 到 2。對(A)沿 x 積分得到，

$$\frac{1}{2}x^4y - x^2y^3 \text{。}$$

帶入上極限 $x = 3$ 然後是下極限 $x = 0$ (得到 0)，得到，

$$\frac{1}{2} \cdot 81y - 9y^3 \text{。}$$

對它沿 y 積分得到，

$$\frac{81}{4}y^2-\frac{9}{4}y^4 \text{ 。}$$

帶入上極限 $y=2$ 和下極限 $y=0$ ，你最後得到習題的答案，

$$81-36=45 \text{ ，}$$

這與書後的答案一致。

> 13. **法線導數之積分** 利用式(9)，求出 $\oint_C \frac{\partial w}{\partial n}ds$ 逆時鐘於區域 R 之邊界曲線 C。
>
> $w=\sinh x$ ，R 爲具頂點(0,0)，(2,0)，(2,1)之三角形。

法向導數的積分 對於給定的 $w=\sinh x$ ，你有 $\nabla^2 w=\sinh x$ 。因此斜邊是 $y=\frac{1}{2}x$ ，積分(9)是，

$$\int_{x=0}^{2}\left(\sinh x\int_{y=0}^{x/2}dy\right)dx=\int_{x=0}^{2}\frac{1}{2}x\sinh x dx$$

$$=\left[\frac{1}{2}x\cosh x-\frac{1}{2}\sinh x\right]_0^2$$

$$=\cosh 2-\frac{1}{2}\sinh 2 \text{ 。}$$

> 19. 證明 $w=2e^x\cos y$ 滿足拉普拉斯方程式 $\nabla^2 w=0$ ，並利用式(10)逆時鐘沿正方形 $0\leqq x\leqq 2$ ，$0\leqq y\leqq 2$ ，之邊界曲線 C，求出 $w(\partial w/\partial n)$ 的積分值。

拉普拉斯方程式 由 $w=2e^x\cos y$ ，通過微分得到，

$$\nabla^2 w=w_{xx}+w_{yy}=2e^x\cos y+2e^x(-\cos y)=0$$

所以你可以運用公式(10)，

$$w_x=2e^x\cos y \text{ ，} \qquad w_y=-2e^x\sin y \text{ 。}$$

由此計算得，

$$w_x^2 + w_y^2 = 4e^{2x}\cos^2 y + 4e^{2x}\sin^2 y = 4e^{2x}$$ 。

沿 x 的積分(鏈式法則！) $2e^{2x}$ ，你需要從 $x=0$ 到 $x=2$ 積分， $2e^4 - 2e^0 = 2(e^4-1)$ 。然後你需要對 y 從 0 到 2 積分(相應於給定的平方)。這導出了最後結果 $4(e^4-1)$ 的因數 2。

10.5 節　面積分的曲面

本節的標題預告我們要考慮曲面，以及其切平面和法向導數，在這個意義上，將需要曲面積分。再好好理解一下課本上關於曲面的參數表示形式的那些例子(柱體、球以及錐)。

習題集　10.5

5. **曲面積分之準備：參數表示法及法線** 藉由找出曲面的參數曲線(曲線 $u=$ 常數及 $v=$ 常數)，以及曲面之法線向量 $\mathbf{N}=\mathbf{r}_u\times\mathbf{r}_v$．求出表示法式(1)，以使你熟悉重要曲面的參數表示法(請列出細節)。

   圓錐 $\mathbf{r}(u,v)=[au\cos v, au\sin v, cu]$。

曲面的參數表示　優點是位置向量 $\mathbf{r}$ 的分量 x ， y ， z 有相同的地位，它們每一個都不是獨立的(區別爲 $z=f(x,y)$)，但它們三個是兩個變數(**參數**) u 和 v 的函數(我們需要兩個參數因爲曲面是二維的)。因此，在這個問題中，

$$\mathbf{r}(u,v) = [x(u,v),\quad y(u,v),\quad z(u,v)] = [au\cos v,\quad au\sin v,\quad cu]$$ 。

其分量是，

$$x = au\cos v\text{，}\qquad y = au\sin v\text{，}\qquad z = cu\qquad (c\text{ 是常數})\tag{A}$$

如果 cos 和 sin 出現了，你可以用 $\cos^2 v + \sin^2 v = 1$ 。在這裡，

$$x^2 + y^2 = a^2u^2(\cos^2 v + \sin^2 v) = a^2u^2$$ 。

由此以及 $z=cu$ 你會發現，

$$z=\frac{c}{a}\sqrt{x^2+y^2}\ 。$$

這是錐的運算式，由 $z=f(x,y)$ 看出。

如果你令 $u=const$，你會發現 $z=const$，所以這些曲線是錐和水平面 $u=const$ 的交集。它們是圓。

如果你令 $v=const$，則 $y/x=\tan v=const$ (因爲 au 在(A)中不出現)。因此 $y=kx$，這裡 $k=\tan v=const$。它們是 xy 平面上通過原點的直線，因此它們是空間中通過 z 軸的平面，沿直線與錐相交。

爲了求曲面的法向，你首先需要計算 r 的偏導數，

$$\mathbf{r}_u=[a\cos v,\quad a\sin v,\quad c]\ ，$$

$$\mathbf{r}_v=[-au\sin v,\quad au\cos v,\quad 0]\ ，$$

然後得到它們的叉積 **N**，因爲叉積是於這兩個向量正交的，它們張成了切平面，所以 **N** 事實上就是法向量。你有，

$$\mathbf{N}=\mathbf{r}_u\times\mathbf{r}_v=\begin{vmatrix}\mathbf{i} & \mathbf{j} & \mathbf{k}\\ a\cos v & a\sin v & c\\ -au\sin v & au\cos v & 0\end{vmatrix}$$

$$=\mathbf{i}\begin{vmatrix}a\sin v & c\\ au\cos v & 0\end{vmatrix}-\mathbf{j}\begin{vmatrix}a\cos v & c\\ -au\sin v & 0\end{vmatrix}+\mathbf{k}\begin{vmatrix}a\cos v & a\sin v\\ -au\sin v & au\cos v\end{vmatrix}$$

$$=[-acu\cos v,\quad -acu\sin v,\quad a^2u]\ 。$$

在這個計算中，第三個分量可以被化簡，

$$(a\cos v)au\cos v-(a\sin v)(-au\sin v)=a^2u(\cos^2 v+\sin^2 v)=a^2u\ 。$$

13. **參數表示法之推導** 請求出參數表示法與法線向量
(答案只需爲許多表示法中的一個即可)。

平面 $4x-2y+10z=16$ 。

參數表示法之推導 這可由非參數形式導出，它一般比反過來容易。平面 $4x-2y+10z=16$ ，如其它的曲面，可以有很多參數形式，

令 $x=u$ ， $y=v$ 得到，

$$10z=16-4x+2y=16-4u+2v \text{ ，}$$

所以，

$$z=f(x,y)=f(u,v)=1.6-0.4u+0.2v$$

同時，

$$\mathbf{r}=[u,\quad v,\quad 1.6-0.4u+0.2v] \text{ 。}$$

如果你想消去 z 令 $x=10u$ ， $y=10v$ ，於是，

$$\mathbf{r}=[10u,\quad 10v,\quad 1.6-4u+2v]$$

如書後答案所示。

要得到 $\mathbf{r}(u,v)=[u,\quad v,\quad f(u,v)]$ 的法向量 $\mathbf{N}$，先計算偏導數，

$$\mathbf{r}_u=[1,\quad 0,\quad f_u] \quad ,$$

$$\mathbf{r}_v=[0,\quad 1,\quad f_v]$$

然後是它們的叉積，

$$\mathbf{N}=\mathbf{r}_u\times\mathbf{r}_v=\begin{vmatrix}\mathbf{i} & \mathbf{j} & \mathbf{k}\\ 1 & 0 & f_u\\ 0 & 1 & f_v\end{vmatrix}$$

$$=\mathbf{i}\begin{vmatrix}0 & f_u\\ 1 & f_v\end{vmatrix}-\mathbf{j}\begin{vmatrix}1 & f_u\\ 0 & f_v\end{vmatrix}+\mathbf{k}\begin{vmatrix}1 & 0\\ 0 & 1\end{vmatrix}$$

$$=[-f_u,\quad -f_v,\quad 1]\text{。}$$

10.6 節　面積分

回顧

- 有方向的曲面(3)-(5)上的曲面積分
- 通量：例 1
- 曲面之方向性，實際和理論
- 沒有方向的曲面積分
- 曲面的面積

習題集　10.6

1. **通量積分式(3)** $\int_S \mathbf{F}\cdot\mathbf{n}\,dA$。以下列的資料計算積分。指出曲面的種類(請列出細節)。

   $\mathbf{F}=[2x,\ 5y,\ 0]$，$S:\mathbf{r}=[u,\quad v,\quad 4u+3v]$，$0\leqq u\leqq 1$，$-8\leqq v\leqq 8$。

空間中一個平面上的曲面積分　曲面 S 如下，

$$\mathbf{r}(u,v)=[u,\quad v,\quad 4u+3v]\text{。}$$

因此 $x=u$ ， $y=v$ ， $z=4u+3v=4x+3y$ 。這表明這是空間中的一個平面。積分區域是三角形； u 從 0 變到 1 ， v 從 -8 變到 8 。因爲 $x=u$ ， $y=v$ ，這與 xy 平面上的三角形相同。

(3)的右邊你需要法向 $\mathbf{N}=\mathbf{r}_u\times\mathbf{r}_v$ 。現在，

$$\mathbf{r}_u=[1,\quad 0,\quad 4] ,$$

$$\mathbf{r}_v=[0,\quad 1,\quad 3] ,$$

所以，

$$\mathbf{N}=\begin{vmatrix}\mathbf{i} & \mathbf{j} & \mathbf{k}\\ 1 & 0 & 4\\ 0 & 1 & 3\end{vmatrix}=-4\mathbf{i}-3\mathbf{j}+\mathbf{k}=[-4,\quad -3,\quad 1] 。$$

下面在曲面上計算 $\mathbf{F}$，通過替換 $\mathbf{F}$ 的分量 $\mathbf{r}$。這給出，

$$\mathbf{F}=[2x,\quad 5y,\quad 0]=[2u,\quad 5v,\quad 0] 。$$

因此，(3)中的點積是，

$$\mathbf{F}\bullet\mathbf{N}=[2u,\quad 5v,\quad 0]\bullet[-4,\quad -3,\quad 1]=-8u-15v 。$$

接下來是很有趣的。因爲 $\mathbf{N}$ 是叉積，$\mathbf{F}\bullet\mathbf{N}$ 是純量三重積(9.3 節)，有如下的行列式，

$$(\mathbf{F}\quad \mathbf{r}_u\quad \mathbf{r}_v)=\begin{vmatrix}2u & 5v & 0\\ 1 & 0 & 4\\ 0 & 1 & 3\end{vmatrix}=2u(-4)-5v\cdot 3+0=-8u-15v$$

這樣做你可以把兩步合而爲一。

現在來對 $-8u-15v$ 積分。對 u 積分得到，

$$-4u^2-15uv 。$$

積分的上極限 $u=1$ 等於 $-4-15v$ ，下極限是 0。再對 $-4-15v$ 沿 v 積分得到 $-4v-\frac{15}{2}v^2$ 。在上極限 $v=8$ 處，它等於 -512 。在下極限 $v=-8$ 處等於 448。這兩者的差是答案 -64 。

17. **面積分式(7)** $\iint_S G(r)\,dA$ 以下列的資料計算積分。指出曲面的種類(請列出細節)。

$G=\left(x^2+y^2+z^2\right)^2$，$S: z=\sqrt{x^2+y^2}$，$y \geqq 0$，$0 \leqq z \leqq 2$。

(6)的面積分 選擇座標系的原則是讓積分區域盡可能的簡單。首先，考慮爲什麼 Cartesian 座標系(令 $x=u$，$y=v$)在本題中不實際，儘管極座標看起來是很自然的選擇，v 從 0 變到 π (需要 $y>0$)，u 從 0 變到 2。相應的，選擇 $x=u\cos v$，$y=u\sin v$，因此 $z=\sqrt{x^2+y^2}=u$，所以，

$$\mathbf{r}=[u\cos v,\ \ u\sin v,\ \ u]$$

容易得到 G，

$$G=(x^2+y^2+z^2)^2=(u^2+u^2)^2=4u^4$$

但這不是關鍵點，你需要，

$$\mathbf{r}_u=[\cos v,\quad \sin v,\quad 1]$$

$$\mathbf{r}_v=[-u\sin v,\quad u\cos v,\quad 0]\text{ 。}$$

下面計算，

$$\mathbf{N}=\mathbf{r}_u\times\mathbf{r}_v=\begin{vmatrix}\mathbf{i} & \mathbf{j} & \mathbf{k}\\ \cos v & \sin v & 1\\ -u\sin v & u\cos v & 0\end{vmatrix}$$

$$=[-u\cos v,\quad -u\sin v,\quad u]$$

這裡你需要 $\cos^2 v+\sin^2 v=1$。現在用它自己跟自己的點積得到，

$$|\mathbf{N}|^2=u^2\cos^2 v+u^2\sin^2 v+u^2=2u^2$$

所以 $|\mathbf{N}|=u\sqrt{2}$。你現在可以做如下的積分，

$$\int_{u=0}^{2}\int_{v=0}^{\pi} 4u^4 \cdot u\sqrt{2}du = \frac{4\sqrt{2}u^6}{6}\bigg|_{u=0}^{2} \cdot \pi = \frac{2\sqrt{2}}{3}2^6\pi = 189.56 \text{ 。}$$

25. **應用** 請求出密度爲 1 之一薄層 S 對軸 A 之慣性矩，其中
$$S: x^2+y^2=1 \text{，} 0 \leqq z \leqq h \text{，} A: z \text{ 軸。}$$

慣性矩 習題 23 的慣性矩的積分包含了點(x, y, z)到座標軸的距離的平方。在這個習題中，曲面S是柱面$x^2+y^2=1$，z從0到h。距離是$x^2+y^2=1$。由假設，密度$\sigma=1$。角度的積分是從0到2π。後面的積分沿z從0到h得到因數h，因此你可以得到答案$2\pi h$。

10.7 節　三重積分、高斯散度定理

證明散度定理的主要思想是通過計算沿z的積分(5)，而沿著xy平面上的投影的積分(見(7)的右邊)來得到曲面積分(5)。然後用同樣的方法，在(3)中把z換成x。而後是對(4)把z換成y。

習題集　10.7

3. **三重積分之應用 質量分佈** 空間中區域 T 內，質量分佈之密度爲σ，求此質量分佈之總質量(請列出細節)。
$$\sigma=\sin x\cos y \text{，} T: 0 \le x \le \frac{1}{2}\pi \text{，} \frac{1}{2}\pi - x \le y \le \frac{1}{2}\pi \text{，} 0 \le z \le 12 \text{。}$$

品質分佈 你需要對$\sigma=\sin x\cos y$作積分。所給不等式要求你的積分限是，y從$\frac{1}{2}\pi-x$到$\frac{1}{2}\pi$，x從0到$\frac{1}{2}\pi$。畫個草圖看看這個xy平面上的三重積分，相應的向量是$(\frac{1}{2}\pi, 0)$，$(\frac{1}{2}\pi, \frac{1}{2}\pi)$和$(0, \frac{1}{2}\pi)$。沿$y$積分得，

$$\int_{\frac{1}{2}\pi-x}^{\frac{1}{2}\pi} \sin x \cos y dy = \sin x \sin y \Big|_{\frac{1}{2}\pi-x}^{\frac{1}{2}\pi} = \sin x\left(\sin\frac{1}{2}\pi - \sin(\frac{1}{2}\pi - x)\right)$$

$$= \sin x(1-\cos x)$$

$$= \sin x - \frac{1}{2}\sin 2x \text{ 。}$$

現在對後一運算式作積分，沿著 x ，從 0 到 $\frac{1}{2}\pi$ ，得到，

$$[-\cos x + \frac{1}{4}\cos 2x]\Big|_0^{\frac{1}{2}\pi} = (-\cos\frac{1}{2}\pi + \frac{1}{4}\cos\pi) - (-\cos 0 + \frac{1}{4}\cos 0)$$

$$= 0 - \frac{1}{4} + 1 - \frac{1}{4}$$

$$= \frac{1}{2} \text{ 。}$$

沿著 z 積分，從 0 到 12 得到因數 12 及答案 6 。

11. **三重積分之應用** 慣性矩 T 中一密度為 1 之質量對 x 軸之慣性矩 $I_x = \iiint_T (y^2 + x^2)\, dx\, dy\, dz$ 。當 T 如下列所示時，試求出 I_x 。

圓柱體 $y^2 + z^2 \le a^2$ ， $0 \le x \le h$ 。

慣性矩 積分區域假設是用關於 y 和 z 的極座標，即沿 x 軸的柱座標。令 $y = u\cos v$ ， $z = u\sin v$ ，然後對 v 從 0 到 2π 積分，對 u 從 0 到 a 積分，對 x 從 0 到 h 積分。即，因為 $y^2 + z^2 = u^2$ ，計算三重積分(對 u ，單元面積是 $u\, du\, dv$)

$$I_x = \int_{x=0}^{h}\int_{u=0}^{a}\int_{v=0}^{2\pi} u^2 dv\, u\, du\, dx = \int_{x=0}^{h}\int_{u=0}^{a}\int_{v=0}^{2\pi} u^3 dv\, du\, dx$$

$$= \int_{x=0}^{h}\int_{u=0}^{a} 2\pi u^3 du\, dx = 2\pi\frac{a^4}{4}h \text{ 。}$$

17-25 散度定理之應用 面積分 $\iint_S \mathbf{F}\cdot\mathbf{n}\ dA$

利用散度定理計算此積分(請列出細節)。

17. $\mathbf{F}=[x,\quad y,\quad z]$，$S$ 為球面 $x^2+y^2+z^2=9$。

散度定理 對 div **v** 積分，$\mathbf{v}=[x,y,z]$，在半徑為 3 的球上。

現在，$\text{div}\ \mathbf{v}=1+1+1=3=const$，所以你可以簡單的乘以 3 得到答案 $\frac{4}{3}\pi r^3=\frac{4}{3}\pi\cdot 27$，即

$3\cdot\frac{4}{3}\pi\cdot 3^3=108\pi$。

25. $\mathbf{F}=[5x^3,\quad 5y^3,\quad 5z^3]$，$S:x^2+y^2+z^2=4$。

散度定理

第一種解法：

在這個習題中，你可以用散度定理來計算法分量 $\mathbf{F}\bullet\mathbf{n}$ 的曲面積分，

$$\mathbf{F}=[5x^3,5y^3,5z^3]$$

在中心是原點，半徑為 2 的球 S 上。這個積分被轉化為散度的體積分，

$$\text{div}\ \mathbf{F}=15x^2+15y^2+15z^2=15(x^2+y^2+z^2)=15r^2\ 。$$

這裡 $r^2=x^2+y^2+z^2$，你會發現 div **F** 在任意的同心球 $r=const$ 上是常數。因此在這樣的球上的關於 div **F** 的積分就是 $15r^2$ 與球的面積 $4\pi r^2$ 的乘積。得到 $60\pi r^4$。你還需要做的是沿 r 積分，從 0 到 2(S 的半徑)。於是，

$$60\pi 2^5/5=384\pi\ 。$$

第二種解法：

如果你不了解上一種方法，你可以用參數運算式，即 10.5 節中的(3)，

$$\mathbf{r} = [r\cos v\cos u,\quad r\cos v\sin u,\quad r\sin v]，$$

這裡你假設 r 是從 0 變到 2 的。你還用到 $\operatorname{div}\mathbf{F} = 15r^2$。這還必須乘上球座標中體積元素

$$dV = r^2\cos v\,dr\,du\,dv，\qquad 因此，\qquad \operatorname{div}\mathbf{F}\,dV = 15r^4\cos v\,dr\,du\,dv，$$

再來積分。積分限是 u 從 0 到 2π 得到因數 2π。$\cos v$ 沿 v 從 $-\pi/2$ 積到 $\pi/2$ 得到，

$$\sin\pi/2 - (-\sin\pi/2) = 2。$$

$15r^4$ 沿 r 從 0 積到 2 得到 $15\cdot 2^5/5$。乘在一起得到 $60\pi 2^5/5 = 384\pi$，跟上一種方法得到的一樣。

10.8 節　散度定理之進一步應用

本節給出散度定理的三個主要應用：

1. **流體流動**　方程式(1)展示了用散度定理給出流體的流動平衡(流出減去流進)，主要依靠考慮區域上的散度的積分。
2. **熱方程式**　散度定理的一個重要應用是熱方程式或者擴散方程式(5)，我們將在 12 章對幾個標準的物理狀態來仔細討論。
3. **調和函數**　用散度定理你可以得到調和函數(有連續二階偏導的拉普拉斯方程式的解)的幾個基本的性質，以定理 3 作爲結束。

習題集　10.8

1. (**調和函數**)對 $f = 2z^2 - x^2 - y^2$，S 爲立方體 $0 \leqq x \leqq 1$，$0 \leqq y \leqq 1$，$0 \leqq z \leqq 1$ 之表面，請驗證定理 1。

公式(7) 展示了一個關於定理 1 中調和函數非常值得注意的性質。當然，這個公式也可以用於其他函數。本題的目的是想驗證公式的有效性，同時看看如何組織更多的計算以使得誤差儘量的小。這個立方體盒子有六個面 S_1，…，S_6。它們的法向(這裡你需要法向導數)是沿座標軸的方向；這使得曲面積分的計算變得簡單，另外法向導數在每個面上是常數。因此面 $x=0$ 和 $x=1$ 分別對應著負和正 x 方向的，是外法向，其它的類似。對於函數 $f=2x^2+2y^2-4z^2$，你有，

S_1：$x=0$	$f_x=4x=0$	積分	0
S_2：$x=1$	$f_x=4$	積分	$4\cdot1\cdot1=4$
S_3：$y=0$	$f_y=4y=0$	積分	0
S_4：$y=1$	$f_y=4$	積分	$4\cdot1\cdot1=4$
S_5：$z=0$	$f_z=-8z=0$	積分	0
S_6：$z=1$	$f_z=-8$	積分	$-8\cdot1\cdot1=-8$。

每一行的法向導數值都乘上了對應面的面積。對於一般的 f 你需要計算這六個面的二重積分。你會發現這六個積分的和是 0，這就用這個特殊的例子驗證了公式(9)，確實，f 的 Laplacian 是 $4+4-8=0$。因此 f 是調和的。

10.9 節　Stokes 定理

在這部分最後一節解決了我們在 10.2 節遺留的獨立路徑問題。你最好按照 Stokes 定理再回顧一下 10.2 節。

習題集　10.9

5. **面積分之直接積分** 對所給定之 F 和 S，請用直接求出 $\iint_S (\mathbf{curl\ F})\cdot \mathbf{n}\, dA$ 之積分

$$\mathbf{F}=[e^{2z},\ e^z \sin y,\ e^z \cos y]，$$

$$S: z=y^2\ (0\le x\le 4,\ 0\le y\le 1)。$$

Stokes 定理 把曲面積分轉化成(部分)曲面邊界上的線積分或者反過來。但這要求該問題的兩個積分都很簡單。在本題中，直接積分過程如下。假設 $\mathbf{F}=[e^{2z}, e^z\sin y, e^z\cos y]$，曲面 $S: z=y^2$，x 的變化區間是 0 到 4，y 是 0 到 1。(S 被稱作圓柱面。)用(1)，計算在 S 上之 $\mathbf{F}$ 的 curl，

$$\text{curl}\,\mathbf{F}=\begin{vmatrix}\mathbf{i} & \mathbf{j} & \mathbf{k}\\ \partial/\partial x & \partial/\partial y & \partial/\partial z\\ e^{2z} & e^z\sin y & e^z\cos y\end{vmatrix}$$

$$=[-e^z\sin y+e^z\sin y,\quad 2e^{2z}-0,\quad 0-0]$$

$$=[0,\quad 2e^{2z},\quad 0]$$

$$=[0,\quad 2\exp 2y^2,\quad 0]。$$

在 Stokes 定理中，你下面需要 S 的法向量。爲了得到它，把 S 寫作，

$$S:\mathbf{r}=[x,\quad y,\quad y^2]。$$

你也可以寫成，$\mathbf{r}=[u,\quad v,\quad v^2]$，所以，$x=u$，$y=v$；這在下面不會造成什麼不同。偏導數爲，

$$\mathbf{r}_x=[1,\quad 0,\quad 0]，$$

$$\mathbf{r}_y=[0,\quad 1,\quad 2y]。$$

它們的叉積就是法向量

$$\mathbf{N}=\mathbf{r}_x\times\mathbf{r}_y=[0,\quad -2y,\quad 1]。$$

由此可得，

$(\text{curl}\,\mathbf{F})\bullet\mathbf{n}\,dA=(\text{curl}\,\mathbf{F})\bullet\mathbf{N}\,dx\,dy=(0-4y\ \exp(2y^2)+0)\,dx\,dy=-4\exp(2y^2)\,dx\,dy$ 。

對 x 積分，從 0 到 4，得到因數 4。對 y 積分得到 $-\exp 2y^2$。在上極限 $y=1$，這等於 $-e^2$，在下極限 $y=0$，它等於 -1。乘上因數 4 你可以得到答案

$$4(1-e^2) \tag{A}$$

(或者 $-4(1-e^2)$ 如果你把法線向量的方向反過來的話)。

用 Stokes 定理來驗證這個結果如下。畫出曲面 S 的草圖，於是你可以看到怎麼做。S 的邊界曲線有四部分。第一部分，C_1，是 x 軸的一部分，從原點到 $x=4$。在其上，$y=0$，$z=0$，x 從 0 變到 4，$\mathbf{F}=[1,\ \ 0,\ \ 1]$，$\mathbf{r}=[x,\ \ 0,\ \ 0]$ (因爲在 C_1 上，$s=x$)，$\mathbf{r}'=[1,\ \ 0,\ \ 0]$，$\mathbf{F}\bullet\mathbf{r}'=1$，從 0 到 4 積分得 4。第三部分，$C_3$，是上直線邊界，從 (0,1,1) 到 (4,1,1)。在它上面，$y=1$，$z=1$，x 從 4 變到 0，

$$\mathbf{F}=[e^2,\ \ e^2\sin 1,\ \ e^2\cos 1]，\qquad \mathbf{r}=[x,\ \ 1,\ \ 2]，\qquad \mathbf{r}'=[1,\ \ 0,\ \ 0]，$$

$\mathbf{F}\bullet\mathbf{r}'=e^2$，從 4 到 0 積分得 $-4e^2$，這裡的負號是因爲你在負 x 方向積分。這兩個積分的和爲 $4-4e^2$；這就是(A)中的結果。其他兩個拋物線上的積分的和是 0。第二部分，C_2，是拋物線 $z=y^2$ 在平面 $x=4$ 上的投影，你可以表示爲 $\mathbf{r}=[4,\ \ y,\ \ y^2]$。相應於 y 的導數是 $\mathbf{r}'=[0,\ \ 1,\ \ 2y]$。此外，$\mathbf{F}$ 在 C_2 是

$$\mathbf{F}=[\exp(2y^2),\ \ (\exp(2y^2))\sin y,\ \ (\exp(2y^2))\cos y]\ 。$$

這就得到點積，

$$\mathbf{F}\bullet\mathbf{r}'=0+(\exp(2y^2))\sin y+2y(\exp 2(y^2))\cos y\ 。$$

這需要沿 y 積分，從 0 到 1。但是對於第四部分，C_4，你可以得到精確的運算式因爲 C_4 可以被寫作 $\mathbf{r}=[0,\ \ y,\ \ y^2]$，所以 $\mathbf{r}'=[0,\ \ 1,\ \ 2y]$ 對 C_2 是精確的，對 $\mathbf{F}\bullet\mathbf{r}'$ 也是成立的

因為 **F** 不包含 x 。在 C_4 上你不得不沿 y 的反方向積分，從1到0 ，所以這兩個積分確實相互抵消了，它們的和是 0。如果弧長 s 作為積分變數這也是正確的。這就完成了邊界 S 上的積分，結果與(A)中相一致。

由這個習題你會發現邊界越複雜，則線積分的計算也複雜。另一方面，如果 curl 很複雜或者找不到曲面積分的簡單的參數運算式，則線積分的計算可能會很簡單。

PART C

傳立葉分析、偏微分方程式

第 11 章　傳立葉級數、積分及轉換

11.1 節　傳立葉級數

內容：

- 傳立葉級數(5)和它們的係數(6)
- 用積分計算傳立葉係數(例 1)
- 式(6)給出傳立葉係數的原因(定理 1)
- 傳立葉級數的極大的一般性(定理 2)

習題集　11.1

5. 若 $f(x)$ 與 $g(x)$ 具有週期 p，請證明 $h(x)=af(x)+bg(x)$ (a，b 常數)具有週期 p。因此所有具週期 p 之函數形成一向量空間。

週期函數的線性組合　有相同週期 p 的週期函數的和依然是週期爲 p 的週期函數，而常數與週期函數的乘積也是一樣的。因此所有週期爲 p 的函數構成了一類重要的函數空間。這就是你要驗證的。現在，由假設，任意的週期函數 f 和 g 有週期 p，即，

$$f(x+p)=f(x)\ ,\qquad g(x+p)=g(x)\ , \tag{A}$$

構成它們的線性組合，即，

$$h=af+bg \qquad (a\text{和}b\text{是常數})$$

h 也是週期的，以 p 爲週期；於是，你需要證明 $h(x+p)=h(x)$。這需要計算以及使用 h 的定義，然後由(A)：

$$h(x+p)=af(x+p)+bg(x+p)=af(x)+bg(x)=h(x)\ 。$$

13. **傅立葉級數** 求出 $f(x)$ 之傅立葉級數，假設其週期爲 2π。畫出包含 $\cos 5x$ 及 $\sin 5x$ 以下之部份和(請列出細節)。

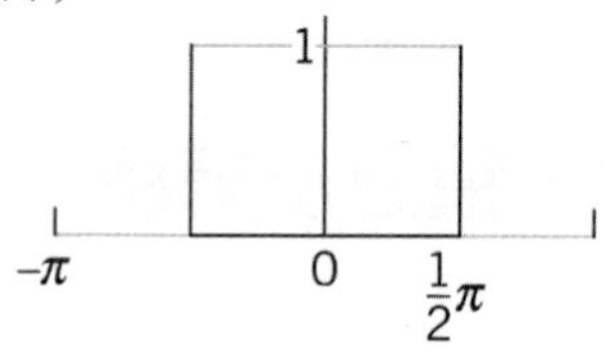

傅立葉級數 在習題 13-20 中，你第一次要爲一個給定的函數找公式。然後你由(6)通過積分得到傅立葉係數。

在習題 13 和 14 中，被積函數是常數乘以餘弦和正弦。在習題 15-20 中它們是 t 乘以餘弦和正弦。這些積分都是由分部積分得到的，就像微積分中那樣。當然你需要注意它們是依賴於 n 的，即因數 $1/n$ ，$1/n^2$ 等。在係數中；它們對於收斂是很重要的。

在習題 13 中你只需要在 $-\pi/2$ 到 $\pi/2$ 積分。(爲什麼？)由(6a)可得級數的常數項(這是所給函數在區間 $-\pi$ 到 π 上的平均值)。確實，你得到

$$a_0=\frac{1}{2\pi}=\int_{-\pi/2}^{\pi/2}1\cdot dx=\frac{1}{2}\ 。$$

下面你用(6b)得到，

$$a_n = \frac{1}{\pi}\int_{-\pi/2}^{\pi/2} 1\cdot\cos\pi x\,dx \frac{1}{n\pi}\sin\pi x\Big|_{-\pi/2}^{\pi/2}$$

$$= \frac{1}{n\pi}\left(\sin\frac{n\pi}{2} - \sin\left(-\frac{n\pi}{2}\right)\right)$$

$$= \frac{2}{n\pi}\sin\frac{n\pi}{2} = \begin{cases} 2/n & n = 1, 5, 9, \cdots \\ 0 & n = 2, 4, 6, \cdots \\ -2/n & n = 3, 7, 11, \cdots \end{cases}$$ 。

因此餘弦係數序列是

$$\frac{2}{\pi},\quad 0,\quad -\frac{2}{3\pi},\quad 0,\quad \frac{2}{5\pi},\quad 0,\cdots$$ 。

最後，餘弦係數是 0，

$$b_n = \frac{1}{\pi}\int_{-\pi/2}^{\pi/2} 1\cdot\sin nx\,dx = \frac{-1}{n\pi}\cos nx\Big|_{-\pi/2}^{\pi/2}$$

$$= \frac{1}{n\pi}\left(-\cos\frac{n\pi}{2} + \cos\left(-\frac{n\pi}{2}\right)\right) = 0$$ 。

於是傅立葉級數是「傅立葉餘弦級數」

$$f(x) = \frac{1}{2} + \frac{2}{\pi}\left(\cos x - \frac{1}{3}\cos 3x + \frac{1}{5}\cos 5x - + \cdots\right)$$ 。

11.2 節　任意週期 $p=2L$ 的函數

沒有新的辦法轉換成任意週期，只有更複雜的公式。運算式 $p = 2L$ 對後面的應用是實用的，正如下面提到那樣。

注意例 2 是與例 1 在下一節中是密切聯繫的。

習題集　11.2

3. **週期 $p=2L$ 之傅立葉級數** 請求出下列週期爲 $p=2L$ 之週期函數 $f(x)$ 之傅立葉級數，並畫出 $f(x)$ 及其前三個部份和的圖形(請列出詳細過程)。

$$f(x)=x^2(-1<x<1)\text{，}p=2\text{。}$$

週期為 $p=2L=2$ 的傅立葉級數 這裡 $L=1$。由(6a)得到平均值：

$$a_0=\frac{1}{2}\int_{-1}^{1}x^2dx=\frac{x^3}{6}\bigg|_{-1}^{1}=\frac{1}{6}-\left(-\frac{1}{6}\right)=\frac{1}{3}\text{。}$$

現在由(6b)通過兩個分部積分來計算餘弦係數，這裡用到如下事實，對 $-L(=-1)$ 到 $L(=1)$ 的偶函數的積分等於兩次從 0 到 $L(=1)$ 的積分。

$$a_n=\int_{-1}^{1}x^2\cos n\pi x\,dx=2\int_{0}^{1}x^2\cos n\pi x\,dx$$

$$=2\frac{x^2}{n\pi}\sin n\pi x\bigg|_0^1-\frac{2}{n\pi}\int_0^1 2x\sin n\pi x\,dx\text{。}$$

你會發現非積分部分是 0。對於剩下的積分，連同前面的符號和因數，應用另一個分部積分，得到，

$$=\frac{4}{(n\pi)^2}x\cos n\pi x\bigg|_0^1-\frac{4}{(n\pi)^2}\int_0^1\cos n\pi x dx\text{。}$$

剩下的積分部分也是 0(得證！)，而在下極限($x=0$)的部分也是 0，在上極限($x=1$)部分其值爲，

$$\frac{4}{n^2\pi^2}\cos n\pi=\frac{4}{n^2\pi^2}(-1)^n\text{。}$$

由這些係數得到級數

$$\frac{1}{3}+\frac{4}{\pi^2}\left(-\cos\pi x+\frac{1}{4}\cos 2\pi x-\frac{1}{9}\cos 3\pi x+-\cdots\right)\text{。}$$

注意到所給函數是連續的。它的傅立葉係數是正比於 $1/n^2$ 的，所以級數比習題集 11.1(本書中的)習題 13 收斂的更快，這對應著一個不連續函數，同時其傅立葉係數正比於 $1/n$，所以收斂的很慢。

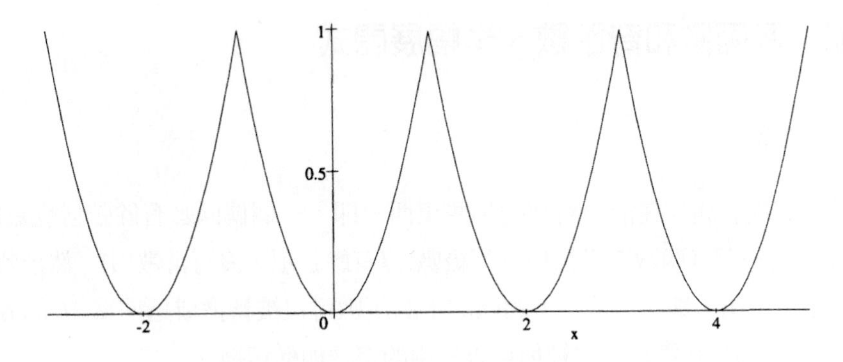

第 11.2 節 習題 3 週期 P=2 之週期函數 $f(x)=x^2$

13. 證明所熟知的等式 $\cos^3 x=\frac{3}{4}\cos x+\frac{1}{4}\cos 3x$ 及 $\sin^3 x=\frac{3}{4}\sin x-\frac{1}{4}\sin 3x$ 可解釋爲傅立葉級數展開式。請展開 $\cos^4 x$。

三角公式 爲了由現在的觀點來得到 $\cos^3 x$ 的公式，計算 $a_0=0$，$\cos^3 x$ 的平均值(見圖)，則

$$a_1=\frac{1}{\pi}\int_{-\pi}^{\pi}\cos^4 x\,dx=\frac{1}{\pi}\cdot\frac{3\pi}{4}=\frac{3}{4}$$

$a_2=0$ 因爲積分是奇的，

$$a_3=\frac{1}{\pi}\int_{-\pi}^{\pi}\cos^3 x\cos 3x\,dx=\frac{1}{4}\text{，}$$

$a_4=0$ 因爲積分是奇的，後面的傅立葉係數也都是 0。

對 $\sin^3 x$，其過程與 $\cos^4 x$ 是類似的。$\cos^4 x$ 的答案見書後。

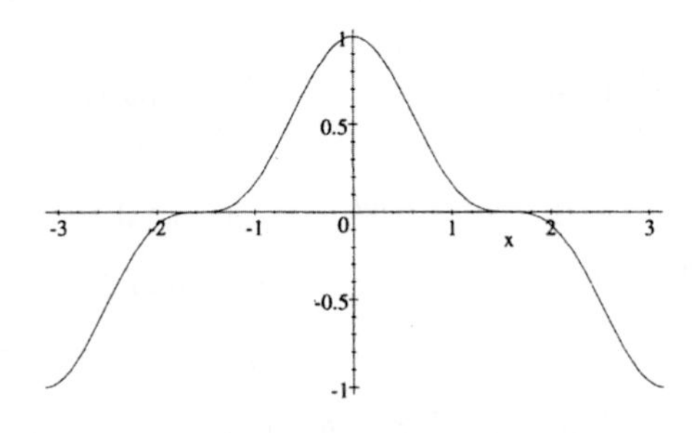

第 11.2 節 習題 13 $\cos^3 x$

11.3 節　偶函數和奇函數、半幅展開式

習題集　11.3

此節我們系統地討論你在前面看到的那些東西，即，一個偶函數有餘弦傅立葉級數(沒有正弦項)，而一個奇函數有正弦傅立葉級數(沒有餘弦項，沒有常數項)。然後我們運用這點來做很多應用，即，長度爲 L 的區間上的函數可以被轉換成週期爲 $2L$ 的餘弦級數或者週期爲 $2L$ 的正弦級數；這裡你可以自由的選擇如何轉換。

13. **偶函數與奇函數之傅立葉級數** 所給定之函數爲偶函數或奇函數？求出其傅立葉級數。畫出這些函數以及若干個部分和(請列出細節)。

$$f(x)=\begin{cases} x & \text{若} \quad -\pi/2<x<\pi/2 \\ \pi-x & \text{若} \quad \pi/2<x<3\pi/2 \end{cases} \text{。}$$

奇函數　偶函數和奇函數前面已經見到過了，而在這一節公式(2)和(4)針對傅立葉級數是修正過的，所以你只在半週期區間上積分。在這個問題中函數是奇的(見圖)且其週期是 2π。對於 x 從 0 到 $\pi/2$ 是 $f(x)=x$。對於 x 從 $\pi/2$ 到 π 是 $f(x)=\pi-x$。相應的，你需要把(4)中的區間 0 到 π 分成兩個積分。使用分部積分，你得到，

$$\begin{aligned} b_n &= \frac{2}{\pi}\int_0^{\pi/2} x\sin nx\,dx+\frac{2}{\pi}\int_{\pi/2}^{\pi}(\pi-x)\sin nx\,dx \\ &= -\frac{2}{n\pi}x\cos nx\Big|_0^{\pi/2}+\frac{2}{n\pi}\int_0^{\pi/2}\cos nx\,dx \\ &\quad -\frac{2}{n\pi}(\pi-x)\cos nx\Big|_{\pi/2}^{\pi}-\frac{2}{n\pi}\int_{\pi/2}^{\pi}\cos nx\,dx \text{。} \end{aligned}$$

後一個積分前的減號是由 $(\pi-x)'=-1$ 得到的。而前一個非積分運算式在 $x=0$ 處是 0 同時在積分上限 $\pi/2$ (消去了因數 2π)處是 $-(1/n)\cos(n\pi/2)$。另一個非積分運算式在 $x=\pi$ (因爲這裡 $x-\pi=0$)處是 0 而在下極限處等於 $-(1/n)\cos(n\pi/2)$。你會發現這兩個非積分運算式是相等的；因此第一個運算式減去(減號是因爲這是下極限)第二個運算式等於 0。

考慮這兩個積分。對 $\cos nx$ 的積分是 $(1/n)\sin nx$ ；再加之前面還有因數 $2/(n\pi)$ ，則得到 $(2/(n^2\pi))\sin nx$ 。這在 0 (第一個積分的下極限)和 π (第二個積分的上極限)是 0 。對剩下的兩個極限有，

$$\frac{2}{n^2\pi}\sin(n\pi/2)+\frac{2}{n^2\pi}\sin(n\pi/2)=\frac{4}{n^2\pi}\sin(n\pi/2)\text{。}$$

對於 $n=1$，2，3，4 正弦的値分別是1，0，-1，0，而後是這些值的重複(因為週期性)。因此得到傅立葉正弦級數

$$f(x)=\frac{4}{\pi}\left(\sin x-\frac{1}{9}\sin 3x+\frac{1}{25}\sin 5x-\frac{1}{49}\sin 7x+-\cdots\right)\text{。}$$

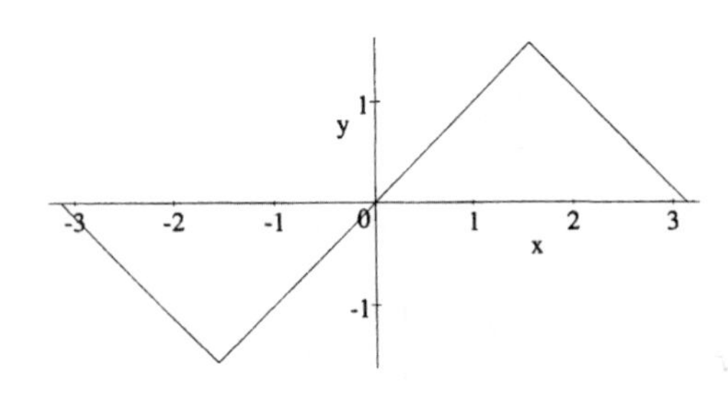

第 11.3 節 習題 13 給定的奇週期函數

11.4 節　複數傅立葉級數(選讀)

習題集　11.4

> 9. **複數傅立葉級數** 請求出下列函數之複數傅立葉級數(列出細節)。
> $$f(x)=x\ (-\pi<x<\pi)\text{。}$$

複數傅立葉級數　對於週期是 2π 的函數有形式(6)，這也包括對複數傅立葉係數 c_n 的尤拉方程式。對給定的函數 $f(x)=x$ 有，

$$c_n=\frac{1}{2\pi}\int_{-\pi}^{\pi}xe^{-inx}dx\text{。}$$

對於 $n=0$ 這很簡單，對 x 在 $-\pi$ 到 π 的積分為 0。因此級數沒有常數項。現在來確定後

面的係數 c_n ，$n \neq 0$ 。用分部積分。因爲 $1/i = -i$ ，指數函數 e^{-inx} 的積分是，

$$\frac{1}{-in}e^{-inx} = \frac{i}{n}e^{-inx} \text{ 。}$$

你因此得到，

$$c_n = \frac{1}{2\pi}\left(\frac{ix}{n}\right)e^{-inx}\bigg|_{-\pi}^{\pi} - \frac{i}{2n\pi}\int_{-\pi}^{\pi} e^{-inx}dx \text{ 。}$$

而非積分部分(乘上因數 $1/(2\pi)$)的值是，

$$\frac{1}{2\pi}\left(\frac{i\pi}{n}\right)e^{-in\pi} - \frac{1}{2\pi}\left(-\frac{i\pi}{n}\right)e^{in\pi} = \frac{i}{2n}(e^{in\pi} + e^{-in\pi}) \text{ 。}$$

由(3a)得到它等於

$$\frac{i}{n}\cos n\pi = \frac{i}{n}(-1)^n \text{ 。}$$

現在，剩下的積分爲 0，對任意的整數 $n \neq 0$ 。確實，由(3b)，

$$\int_{-\pi}^{\pi} e^{-inx}dx = \frac{1}{in}(e^{-in\pi} - e^{in\pi}) = \frac{1}{in}\cdot 2i\sin n\pi = 0 \qquad (n=1，2，\cdots)\text{。}$$

11.5 節　強迫振盪

圖 274 展示了本節的主要點，品質彈簧系統的強迫振盪的驅動力是週期的但不是餘弦或正弦項，但這個振盪可以用傅立葉級數展開來表述。

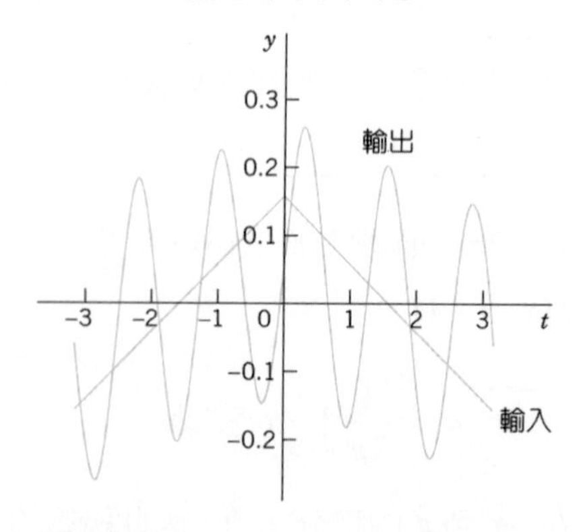

圖 274 例題 1 中之輸入及穩態輸出

習題集 11.5

5-11 通解

請求出 ODE $y'' + \omega^2 y = r(t)$ 之通解，$r(t)$ 如下(列出細節)。

5. $r(t) = \cos\omega t$，ω＝0.5，0.8，1.1，1.5，5.0，10.0。

正弦驅動力 $y'' + \omega^2 y = \cos t$ (在書中把 t 錯印成 ωt 了)最好用未定係數法來解。把 $y = A\cos t$ 代入方程式。因爲 $y'' = -A\cos t$，得到

$$(-A + \omega^2 A)\cos t = \cos t， \quad 因此 \quad -A + \omega^2 A = 1 。$$

因此 $A = 1/(\omega^2 - 1)$，這導致其絕對值越大，越接近於共振點 $\omega^2 = 1$。這就是本題中 ω 取那些不同值的目的。注意到 A 是負當 $\omega(>0)$ 時，而爲正當 $\omega > 1$。如 2.8 節圖 53 和 57($c = 0$)中所示。

9. $r(t) = \begin{cases} t + \pi & 若 \quad -\pi < t < 0 \\ -t + \pi & 若 \quad 0 < t < \pi \end{cases}$ 且 $r(t + 2\pi) = r(t)$，$|\omega| \neq 1$，3，5，…。

強迫非阻尼振盪 你需要驅動力 $r(t)$ 的傅立葉級數，就像書上那樣。$r(t)$ 是偶函數(畫出它)。因此它能表示成傅立葉餘弦級數。週期是 2π。相應的，級數的通項的形式是 $a_n \cos nt$。就像例 1 那樣，由右邊的單項來解這個方程式，即，

$$y'' + \omega^2 y = a_n \cos nt 。$$

把 $y = A\cos nt$ 和 $y'' = -n^2 A\cos nt$ 代入方程式。得到，

$$(-n^2 A + \omega^2 A)\cos nt = a_n \cos nt 。$$

求解 A，並把 A 寫作 A_n，得到，

$$A_n = a_n/(\omega^2 - n^2) 。 \qquad (\text{I})$$

這表明你下一步要做什麼。你必須找到 $r(t)$ 的傅立葉級數。因爲 $r(t)$ 是偶的，你可以用 11.3 節的(2*)，用 t 換掉 x，$r(t)$ 換掉 $f(x)$。你得到 $a_0 = \pi/2$ (整個週期區間上 $r(t)$ 的平均值)同時，進一步地，對於 n＝1，2，3…，用分部積分，

$$a_n = \frac{2}{\pi}\int_0^{\pi}(\pi - t)\cos nt\,dt$$

$$= \frac{2}{n\pi}(\pi - t)\sin nt\Big|_0^{\pi} + \frac{2}{n\pi}\int_0^{\pi}\sin nt\,dt \text{ 。}$$

非積分部分在兩個積分極限處是 0。計算後一個積分得到，

$$-\frac{2}{n^2\pi}\cos nt\Big|_0^{\pi} = -\frac{2}{n^2\pi}(\cos n\pi - 1)$$

$$= -\frac{2}{n^2\pi}((-1)^n - 1) \text{ 。}$$

對於偶數 n 它等於 0，對於奇數 n 有，

$$a_n = \frac{4}{n^2\pi} \qquad (n=1，3，5，\cdots)\text{。}$$

注意到如果你用 11.5 節的(3)來與這些 a_n 作比較，則這些 a_n 與(3)中的係數是一樣的。爲什麼呢？因爲這裡的 $r(t)$ 是由(3)增加常數項 $a_0 = \pi/2$ 得到的。因此你可以避免所有的計算，這就是可作爲補強的例 1 沒有說明的細節。然而，你的下一步計算與書中的內容是不同的因爲微分方程式是不同的。由 a_n 和(Ⅰ)得到 $A_0 = a_0/\omega^2 = \pi/(2\omega^2)$ 以及，

$$A_n = \frac{4}{n_2\pi(\omega^2 - n^2)} \qquad (n = 1，3，5，\cdots)\text{。}$$

因此可以得到如下形式的特解，

$$\frac{\pi}{2\omega^2} + \frac{4}{\pi}\left(\frac{1}{\omega^2 - 1}\cos t + \frac{1}{9(\omega^2 - 9)}\cos 3t + \cdots\right) \text{。}$$

加上熟知的齊次方程式的通解，你可以得到附錄書後的答案。

11.6 節　三角多項式的近似法

這種近似法與傅立葉級數的聯繫是自然的，反之多項式近似 19.3 和 19.4 節與泰勒級數的聯繫也是很自然的。

習題集　11.6

7. **最小平方誤差** 在下列每一情況下，請求出型式(2)之三角多項式 $F(x)$ 使得在區間 $-\pi \le x \le \pi$ 內，對 $f(x)$ 之平方誤差 E 爲最小，並計算在 N=1，2，⋯，5 下之最小值。

$$f(x)=\begin{cases}-1 & 若 \quad -\pi<x<0 \\ 1 & 若 \quad 0<x<\pi\end{cases} \text{。}$$

最小平方誤差 最小平方誤差 E^* 由(6)給出。爲了比較它，你需要所給函數 $f(x)$ 在整個週期區間上的平方的積分。在這個習題中，這個關於 1 的積分從 $-\pi$ 到 π ，即 2π 。下一步你需要 $f(x)$ 的傅立葉係數。這個函數是奇的。因此 a_n 全是 0。b_n 可由 11.3 節的(4*)得到(或者由 11.1 節的尤拉方程式得出，這會麻煩點)。於是，

$$b_n=\frac{2}{\pi}\int_0^{\pi}\sin nx\,dx=-\frac{2}{n\pi}(\cos n\pi-\cos 0)$$

$$=-\frac{2}{n\pi}((-1)^n-1)$$

$$=4/n\pi \qquad 對\ n=1，3，5，\cdots$$

而 $b_n=0$ 對於偶數 n 。(見 11.1 節的例 1)由此以及(6)你得到，

$$E^*=2\pi-\pi(b_1^2+b_2^2+b_3^2+\cdots)$$

$$=2\pi-\pi(16/\pi^2)(1+0+1/9+0+1/25+\cdots) \text{。}$$

這就得到書後的數值。

11. **(單調性)**請證明最小平方誤差(6)爲 N 之單調遞減函數。你如何實際應用?

最小平方誤差的單調性 最小平方誤差(6)是單調遞減的，即，如果你再增加項(對這個近似多項式選擇一個很大的 N)，它也不是遞增的。爲了證明這一點，注意到和式(6)中的項是平方的，因此它們是非負的。因此這個和是減去了(6)的第一項(積分)，總的運算式是不增的。這就是所謂的「單調遞減」，這裡，由定義，還包括運算式是常數的情形，在我們這裡，

$$E_N^* \le E_M^*， \qquad 如果 \qquad N>M$$

這裡 M 和 N 是(6)的上極限和。

13. **Parseval 恒等式** 利用 Parseval 恒等式，證明下列習題。計算前幾個部份和，以觀察其收斂速度快慢。

$$1+\frac{1}{3^2}+\frac{1}{5^2}+\cdots=\frac{\pi^2}{8}=1.233700550\text{ (利用 11.1 節習題 13)。}$$

Parseval 恒等式 可以被用於求特殊級數的和。在這個習題中你需要找 f^2 的積分，即，對 1 從 $-\pi/2$ 到 $\pi/2$。這個積分，除以 π ，等於 1。由 11.1 節習題 13 的解，以及 Parseval 恒等式得到，

$$1=\frac{1}{2}+\frac{4}{\pi^2}\left(1+\frac{1}{9}+\frac{1}{25}+\cdots\right)\text{。}$$

相應的圓括號中的和等於

$$\left(1-\frac{1}{2}\right)\cdot\frac{\pi^2}{4}=\frac{\pi^2}{8}\text{。}$$

11.7 節　傅立葉積分

概述由(5)($A(w)$)和(4)($B(w)$)的傅立葉積分。由例 1 和書中的討論這個積分似乎是合理的。

定理 1 給出了函數 $f(x)$ 的傅立葉積分運算式存在的充分條件。

例 2 給出了(8)中所謂的正弦積分 Si(x) 的一個應用(我們寫成 Si(u) 是把 x 換成了 u)，這不能用一般的微積分方法來計算。

對於一個偶或奇函數，傅立葉積分(5)分別變成了傅立葉餘弦積分(11)或者傅立葉正弦積分(13)。這在例 3 中有應用。

習題集　11.7

1-6　積分計算

請證明所給定之積分代表所指定之函數。提示：利用式(5)，(11)或(13)；可由積分看出應使用之公式，由積分值可看出應考慮之函數(請列出細節)。

1. $\int_0^\infty \frac{\cos xw + w\sin xw}{1+w^2}\,dw = \begin{cases} 0 & 若 \quad x<0 \\ \pi/2 & 若 \quad x=0 \\ \pi e^{-x} & 若 \quad x>0 \end{cases}$。

傅立葉積分 如果只給出了積分，這個問題可能比較難。右邊的函數給出了如何計算過程的思路。對負的 x，函數是 0。對於 $x=0$，它是 $\pi/2$ (從左到右當 x 趨於 0 時的平均值)。對你來說很重要的是 $f(x)=\pi e^{-x}$ ， $x>0$ 。用(4)。 π 消掉了，你必須從 0 到 ∞ 積分，因爲對於負的 x ， $f(x)$ 爲 0。因此，

$$A=\int_0^\infty e^{-v}\cos wv\,dv \text{ 。}$$

這個積分可以由分部積分來解，就像微積分中那樣。它的值是 $A=1/(1+w^2)$ 。類似的，由(4)也可以得到，

$$B=\int_0^\infty e^{-v}\sin wv\,dv \text{ 。}$$

這給出 $B=w/(1+w^2)$ 。把 A 和 B 代入(5)得到習題中的積分。

分部積分可以通過複數運算來避免。由(4)用 $\cos wv + i\sin wv = e^{iwv}$ ，你得到(用到因數 -1 ，由下極限算得)

$$A+iB=\int_0^\infty e^{-(v-iwv)}dv$$

$$=\frac{1}{-(1-iw)}e^{-(1-iw)v}\Bigg|_0^\infty$$

$$=\frac{1}{1-iw}=\frac{1+iw}{1+w^2} \text{ ，}$$

這裡後一個運算式是分子和分母同時乘以 $1+iw$ 得到的。把兩邊的實數和虛數部分分開得到左邊的 A 和 B 的積分以及右邊它們的值，這與先前的結果一致。

3. $\int_0^\infty \frac{\cos xw}{1+w^2}\,dw = \frac{\pi}{2}e^{-x}$ 若 $x>0$ 。

傅立葉餘弦積分 這個積分沒有正弦項。由(10)以及 $f(x)=\frac{1}{2}\pi e^{-x}\,(x>0)$ 你得到(消去 $\pi/2$)

$$A=\int_0^\infty e^{-v}\cos wv\,dv=\frac{1}{1+w^2}$$

(也見習題 1)。由此以及(11)得到，

$$f(x)=\int_0^\infty \frac{\cos wx}{1+w^2}\,dw \text{ 。}$$

> 15. **傅立葉正弦積分表示** 請將下列函數 $f(x)$ 以式(13)表示。
> $$f(x)=\begin{cases}\sin x & 若 \quad 0<x<\pi \\ 0 & 若 \quad x>\pi\end{cases} \text{ 。}$$

傅立葉正弦積分 由(12)計算 B，由分部積分來做迴圈的計算。得到，

$$B=\frac{2}{\pi}\int_0^\pi \sin v\sin wv\,dv=\frac{2\sin\pi w}{\pi(1-w^2)} \text{ 。}$$

由此你得到書後的答案。

11.8 節　傅立葉餘弦及正弦轉換

習題集　11.8

> 1. **傅立葉餘弦轉換** 令 $f(x)=-1$，若 $0<x<1$， $f(x)=1$，若 $1<x<2$， $f(x)=0$，若 $x>2$。請求出 $\hat{f}_c(w)$。

傅立葉餘弦轉換 由(2)得到(畫出給定的函數如果必要的話)

$$\hat{f}_c(w)=\sqrt{\frac{2}{\pi}}\left(\int_0^1(-1)\cos wx\,dx+\int_1^2\cos wx\,dx\right)$$

$$=\sqrt{\frac{2}{\pi}}\left(\left.\frac{-\sin wx}{w}\right|_0^1+\left.\frac{\sin wx}{w}\right|_1^2\right)$$

$$=\sqrt{\frac{2}{\pi}}\left(\frac{-\sin w}{w}+\frac{\sin 2w}{w}-\frac{\sin w}{w}\right)$$

$$=\sqrt{\frac{2}{\pi}}\left(-2\frac{\sin w}{w}+\frac{\sin 2w}{w}\right)。$$

11. **傅立葉正弦轉換** 請由積分求出 $F_s(e^{-\pi x})$ 。

傅立葉正弦轉換 用(5)和迴圈分部積分。得到，

$$F_s(e^{-\pi x})=\sqrt{\frac{2}{\pi}}\frac{e^{-\pi x}}{w^2+\pi^2}(-w\cos wx-\pi\sin wx)\Big|_{x=0}^{\infty} 。$$

它是趨於 0 的，隨著 $x\to\infty$ ，同時對 $x=0$ 你有，

$$\sqrt{\frac{2}{\pi}}\frac{e^0}{w^2+\pi^2}(w\cdot 1+0)=\sqrt{\frac{2}{\pi}}\frac{w}{w^2+\pi^2} 。$$

11.9 節　傅立葉轉換、離散及快速傅立葉轉換

本節與下列四個方面有關：

1. 傅立葉轉換(6)的推導，它是複數的，由複數傅立葉積分(4)，後者可以由尤拉方程式(3)，以及加上其值為零的積分(2)的小技巧得到。
2. 傅立葉轉換和頻譜表示的物理含義。
3. 傅立葉轉換的運算性質。
4. 由離散傅立葉轉換的樣本值的表示。

習題集　11.9

3. **由積分求傅立葉轉換** 請求出下列函數 $f(x)$ 之傅立葉轉換(不使用 11.10 節之表 III)請列出細節。

$$f(x)=\begin{cases}k & 若\quad 0<x<b\\ 0 & 其它\end{cases}。$$

傅立葉轉換的計算　總的來說即是計算(6)定義的積分式。對於習題 1 的函數這簡單的意味著複數指數函數的積分，這在形式上與微積分中相同。你由 0 到 b 積分，在區間中 $f(x)=k=const$，反之在區間外爲 0。再由(6)得到，

$$\hat{f}(w)=\frac{1}{\sqrt{2\pi}}\int_0^b ke^{-iwx}\,dx=\frac{k}{\sqrt{2\pi}\cdot(-iw)}e^{-iwx}\Bigg|_{x=0}^{b}=\frac{ik}{w\sqrt{2\pi}}e^{-iwx}\Bigg|_{x=0}^{b}\text{。}$$

這裡你用到 $1/(-i)=+i$。插入積分的極限，你得到書後的答案。

13. **其它方法** 請利用 11.10 節表 III。請利用表 III 公式 2 求公式 1。

11.10 節表 III　包含傅立葉轉換公式，它們有些是相關的。爲了從公式 2 推導公式 1，我們由公式 2 開始，轉換是，

$$\frac{e^{-ibw}-e^{-icw}}{iw\sqrt{2\pi}}$$

的函數是 1，如果 $b<x<c$；是 0，其它情形。因爲你需要 1，對於 $-b<x<b$。很明顯，你應該在第一項中把 $-b$ 換成 $+b$，在第二項中令 $c=b$。在這個結果中，應用的尤拉方程式(3)($x=bw$)；然後餘弦項消掉了。而分母是 $iw\sqrt{2\pi}$，分子是，

$$\begin{aligned}e^{-ibw}-e^{-icw}&=\cos bw+i\sin bw-(\cos bw-i\sin bw)\\&=2i\sin bw\text{。}\end{aligned}$$

此二表示式的商即爲表 III 公式 1 之右邊

第 12 章　偏微分方程式

12.1 節　基本概念

一個 PDE 有比 ODE 多許多的解。確實，一個二階 ODE 的解包含兩個任意常數，而二階 PDE 的解則包含兩個任意函數。後者由初值條件來確定(給定的初值函數，比如給定力學系統的初始位移和速度)。

本節包含基本的概念，列出了那些需要考慮的最重要的 PDEs，以及一些可以如 ODEs 來解的 PDEs。

習題集　12.1

1-12　**如同常微分方程式求解的偏微分方程式**

當偏微分方程式中，只有對一個變數的導數時(或是可轉換成這種形式)，可視爲常微分方程式求解，因爲其他的變數可視爲參數。求解 $u = u(x, y)$：

1. $u_{yy} + 16u = 0$。

如同 ODE 來解 PDE　x 不是顯式的。像一個 ODE 一樣，它會是 $u'' + 16u = 0$，通解是 $u = A\cos 4y + B\sin 4y$，而 A 和 B 是任意常數。因爲這是在解 PDE，找解 $u = u(x, y)$，你需要任意函數 $A = A(x)$，$B = B(x)$，所以，

$$u(x, y) = A(x)\cos 4y + B(x)\sin 4y \text{ 。}$$

5. $u_y + u = e^{xy}$。

如同線形 ODE 來解 PDE　$u' + u = e^{xy}$ 可以由 1.5 節的(4)來解，$x = y$，這裡的 x 是一個參數，即，

$$u = e^{-y}\left(\int e^{y}e^{xy}dy + c(x)\right)$$

$$= c(x)e^{-y} + e^{-y}\frac{e^{(x+1)y}}{x+1}$$

$$= c(x)e^{-y} + \frac{e^{xy}}{x+1}\ 。$$

11. $u_{xy} = u_x$ 。

替代 $u_x = v$ 　由 $u_{xy} = u_x$ 給出，PDE $u_y = v$ 可以像 ODE 那樣來解。分離變數和對 y 積分得到 $v = c_1(x)e^y$ ，這乘上對於 x 的積分，得到答案，

$$u = \int c_1(x)e^y dx + c_2(y) = e^y\int c_1(x)dx + c_2(y)\ ，$$

書後，記作 $c(x)e^y + h(y)$ 。這兩者是一樣的，除了符號，就像你看到那樣，兩個依賴於變數 x 和 y 的加數的關係。

27. (**邊界值問題**)證明函數 $u(x,y) = a\ln(x^2+y^2)+b$ 滿足拉普拉斯方程式(3)，求 a 和 b 使得 u 滿足在圓 $x^2+y^2=1$ 的邊界條件 $u=110$ 以及在圓 $x^2+y^2=100$ 的邊界條件 $u=0$。

邊界值問題 　驗證這個解。觀察鏈式法則，由微分得到，

$$u_x = \frac{2ax}{x^2+y^2}$$

再一次微分，由乘積的微分法則應用到 $2ax$ 和 $\frac{1}{x^2+y^2}$ ，得到，

$$u_{xx} = \frac{2a}{x^2+y^2} + \frac{-1\cdot 2ax\cdot 2x}{(x^2+y^2)^2}\ 。\qquad (A)$$

類似的，把 x 換成 y ，

$$u_{yy} = \frac{2a}{x^2+y^2} - \frac{4ay^2}{(x^2+y^2)^2}\ 。\qquad (B)$$

用公分母 $(x^2+y^2)^2$ 通分得到(A)的分子是，

$$2a(x^2+y^2)-4ax^2=-2ax^2+2ay^2$$

(B)的是，

$$2a(x^2+y^2)-4ay^2=-2ay^2+2ax^2 \text{。}$$

把這兩個運算式加起來右邊得 0 就完成了證明。

現在由邊界條件來確定 $u(x,y)=a\ln(x^2+y^2)+b$ 中的 a 和 b 。對於 $x^2+y^2=1$ ，你有 $\ln 1=0$ ，所以由第一個邊界條件有 $b=110$ 。由此和第二個邊界條件 $0=a\ln 100+b$ 你得到 $a\ln 100=-110$ 。因此 $a=-110/\ln 100$ ，這與書後的答案相一致。

12.2 節　模型化：振動弦、波動方程式

小提琴的弦振動都滿足波動方程式(3)。這個 PDE 有一個一般的原則得到，也即是說，考慮以小部分弦上的力作用情況同時由慣量關係列出方程式，滿足牛頓第二定律。

你將再次使用 12.7 節的模型化原理，得到關於鼓膜振動的二維波動方程式。

12.3 節　以變數分離求解、使用傅立葉級數

變數分離是求解 PDE 的一個普遍原則。它把 PDE 化簡成幾個 ODEs 來解，在這個例子中是兩個因爲 PDE 包含兩個獨立變數，x 和時間 t 。你將對 12.5 節的熱方程式使用兩次這條原則，對 12.8 節的二維波動方程式使用一次。

變數分離給出了無限多的解，但是只是分離將不能滿足所有的物理條件。確實，爲了完全求解物理問題，你將使用那些條件得到分離成傅立葉級數的項，這些係數是從弦的初始位移和初始速度中找到的。這就是你在本節的工作。

習題集　12.3

1-10　弦的偏移

找出在當初始速度爲零並且初始偏移爲如下所給定且具有小的 k 值(如 0.01)時，具有長度 $L=\pi$ 以及 $c^2=1$ 的弦的 $u(x,t)$ 爲

1. $k\sin 2\pi x$ 。

振動弦：最簡單的解　在(11)中，項 $\sin px$ 要乘上 $\cos cpt$ 因爲，

$$p=\frac{n\pi}{L}，\quad 在(9)中，\quad 以及\quad \lambda_n=c\frac{n\pi}{L}=cp，\quad 在(11^*)中。$$

p 和 λ_n 差一個因數 c，由假設，在這個習題中是 1。於是，$c=1$，初始速度 0，初始偏轉是，

$$k\sin 2\pi x$$

相應的解是，

$$k\cos 2\pi t\sin 2\pi x\ 。$$

3. $kx(1-x)$ 。

有初始偏轉的弦　初始偏轉是，

$$u(x,0)=kx(1-x) \qquad (0<x<1)$$

弦長 $L=1$，從 $x=0$ 到 $x=1$。首先你需要初始偏轉的傅立葉級數。由週期 $2L=2$ 的半域展開得到其傅立葉級數，係數見 11.3 節的(4)。你可以用分部積分來計算這個積分，得到，

$$b_n=2\int_0^1 kx(1-x)\sin n\pi x\,dx$$

$$=\frac{2k(2-2\cos n\pi)}{n^3\pi^3}\ 。$$

分母等於，

$$2k(2-2\cdot(-1)^n)=8k \quad 對於奇數\ n \quad 以及=0 \quad 對於偶數\ n\ 。$$

這就給出了傅立葉係數，

$$b_1=\frac{8k}{\pi^3}\text{，}\quad b_2=0\text{，}\quad b_3=\frac{8k}{27\pi^3}\text{，}\quad b_4=0\text{，}\quad b_5=\frac{8k}{125\pi^3}\text{，}\quad b_6=0\text{，}\quad \cdots\text{。}$$

$u(x,0)$ 的傅立葉級數的非 0 傅立葉係數 b_{2n+1} 還要乘上 $\sin(2n+1)\pi x$ 。在這個解中，這些項還要乘上 $\cos(2n+1)\pi t$ 因爲 $c=1$ 。這即是書後的答案。

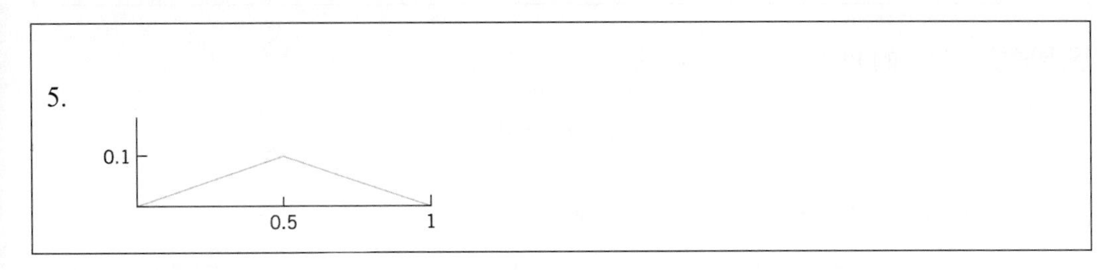

傅立葉級數的使用 習題 3-10 都是在由初值偏轉來確定傅立葉正弦級數。每一項 $b_n \sin nx$ 再乘上相應的 $\cos nt$ (因爲 $c=1$；對於任意常數 c 是 $\cos cnt$)。這些項組成的級數就是解。對於問題 5 中的「三角」初始偏轉你可以得到傅立葉正弦級數($L=1$ ，$k=0.1$)

$$\frac{0.8}{\pi^2}\left(\sin\pi x-\frac{1}{9}\sin 3\pi x+\frac{1}{25}\sin 5\pi x-+\cdots\right)\text{。}$$

每一項乘上 $\sin((2n+1)\pi x)$ 和相應的 $\cos((2n+1)\pi t)$ ，得到書後的答案。

12.4 節　波動方程式的達朗伯特解、特徵值

習題集　12.4

達朗伯特那巧妙的求解波動方程式的方法其實是很簡單的，就如你在本節第一部分看到的那樣。這導致要考慮如下問題：這個方法是否會導出 PDEs 方程式，以及會導出什麼 PDEs 方程式。我們在本節關於特徵值理論的介紹會給出答案。

1. 證明 c 爲式(4)所給出的兩波中任一個的速度。

速度 這是勻速運動(速度是常數)。在本題中使用那個方法，速度是距離除以時間，或者爲等價的，速度是單位時間經過的距離。即，$\partial(x+ct)/\partial t = c$ 。

11. **正規形式** 找出下列方程式的形式、轉換成正規形式、並求得其解(詳列求解步驟)。

$$u_{xy} - u_{yy} = 0 \text{ 。}$$

正規形式 給定的 PDE

$$u_{xy} - u_{yy} = 0$$

有形式(14)，$A = 0$ ，$2B = 1$ ，$C = -1$ 。因此，

$$AC - B^2 = -\frac{1}{4} < 0$$

所以這是雙曲方程式。另外，ODE (15)是，

$$1 \cdot (-y' - 1) = 0 \text{ 。}$$

積分給出 $x = c_1$ ，以及 $y + x = c_2$ 。因此新的變數是，

$$v = x \tag{T}$$

$$z = x + y$$

我們期望的解是，

$$u(x, y) = f_1(x) + f_2(x + y) \text{ 。} \tag{A}$$

通過微積分計算來驗證

$$u_y = f_2{}'$$

$$u_{yy} = f_2{}''$$

$$u_{xy} = f_2{}''$$

相減得到方程式。這給出

$$f_2"-f_2"=0 \text{。}$$

想要的所給方程式的轉換是，

$$u_{vz}=0 \tag{B}$$

由積分給出解(A)，就像波動方程式的達朗伯特解。

通過轉換(T)和鏈式法則來導出(B)。這很簡單，因爲$v_x=1$，$v_y=0$，$z_x=1$，$z_y=1$，

$$u_x=u_v+u_z$$

$$u_{xy}=u_{vz}+u_{zz}$$

$$u_y=u_z$$

$$u_{yy}=u_{zz} \text{。}$$

把這些代入所給的 PDE，消去u_{zz}，得到(B)。

12.5 節　熱傳方程式：由傅立葉級數求解

變數分離法在這裡是與波動方程式平行的，但是因爲熱傳方程式(1)包含u_t，而波動方程式包含u_{tt}，你得到關於時間的指數函數而不是正弦和餘弦函數。

一個單獨的正弦項作爲初值條件導致一個單項解(例 1)，而更多的初始條件導致傅立葉級數解，如例 3 那樣。

二維時間相關的熱方程式是由拉普拉斯方程式(14)來模型化的，由(17)得到其解。

習題集 12.5

5. **橫向絕緣的棒** 一個橫向絕緣的棒具有長度 10cm，固定截面積 $1\ \mathrm{cm}^2$，密度 $10.6\ \mathrm{g/cm}^3$，熱傳導率 $1.04\ \mathrm{cal/(cm\cdot\ sec\ ^\circ C)}$，比熱 $0.056\ \mathrm{cal/(gm^\circ C)}$，(這是對應於銀這一個良好的熱導體)，有著初始溫度 $f(x)$ 並且在端點 $x=0$ 以及 $x=10$ 上保持在 $0^\circ\mathrm{C}$。找出在接下來的時間中的溫度 $u(x,t)$。此處 $f(x)$ 爲：$f(x)\sin 0.4\pi x$。

單獨的正弦項 作爲初始溫度導致形式(9)的解，

$$B_n \sin\frac{n\pi x}{L} e^{-\lambda_n^2 t} \ ,$$

這是，唯一的特徵函數(在更複雜的問題中可能不是完全的滿足初始條件)。初始條件是，

$$\sin(0.4\pi x) = \sin(4\pi x/10) = \sin(4\pi x/L)$$

(這裡 $L=10$) $n=4$，即，初始條件是由第四個特徵函數給出的解。由數據 K，σ，以及 ρ 計算得到 $c^2 = K/(\sigma\rho) = 1.75202$ (見 12.5 節第一個方程式)。這給出答案，

$$u = \sin(0.4\pi x)\exp(-1.75202\cdot 16\pi^2 t/100) \ 。$$

31. **二維問題（平板上的熱流動）**具有邊 $a=24$ 的圖 294 中的薄方形平板的面爲完美的絕緣。上面的邊被保持在溫度 20 °C，而其他的邊則被保持在 0 °C。找出在平板中的穩態溫度 $u(x,y)$。

平板上的熱流動 這個習題因其邊界條件對應著書中的矩形，這裡 $f(x)=20=const$。因此你可以得到習題的解，由(17)，(18)以及 $a=b=24$。你需要由(18)開始，這有如下形式，

$$A_n^* = \frac{2}{24\sinh n\pi}\int_0^{24} 20\sin\frac{n\pi x}{24}\,dx$$

$$= \frac{40}{24\sinh n\pi}\left(-\frac{24}{n\pi}\right)\cos\frac{n\pi x}{24}\Bigg|_{x=0}^{24}$$

$$= -\frac{40}{n\pi\sinh n\pi}(\cos n\pi - 1)$$

$$= -\frac{40}{n\pi\sinh nx}((-1)^n - 1)$$

$$= +\frac{80}{n\pi\sinh n\pi}\text{，}\quad \text{如果}\quad n=1\text{，}3\text{，}5\text{，}\cdots$$

$$= 0 \qquad\qquad \text{如果}\quad n\text{是偶數}$$

如果你把這個式子代入(17)，你可以得到如下的級數，

$$u = \frac{80}{\pi}\sum\frac{1}{n\sinh n\pi}\sin\frac{n\pi x}{24}\sinh\frac{n\pi y}{24}$$

這裡你是把所有的奇數項加在一起的，因爲 $A_n^* = 0$ 對所有的偶數成立。如果在答案中你用 $2n-1$ 換掉 n ，則你會自動得到和式並且去掉條件「只有奇數」。這就是書後答案的形式。

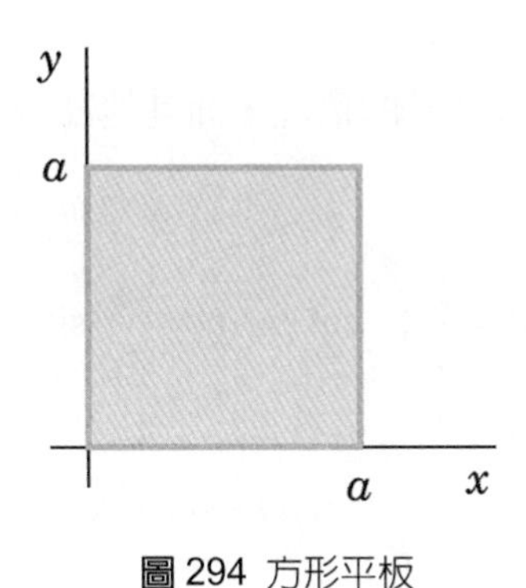

圖 294 方形平板

12.6 節 熱傳方程式：用傅立葉積分與轉換求解

在這一節中你將回到一維熱傳方程式。

在前面的章節 x 區間是有限的。現在它是無限的。這使得求解方法由傅立葉級數變成傅立葉積分，當 PDE 被分離變數後。

例 1 給出一個應用。例 2 和例 3 用摺積的方法求解了相同的模型。

這些例子(例 1-3)是關於棒(很長的線)被擴展成兩個方向無限長(從 $-\infty$ 到 ∞)。例 4 展示了如果只在一個方向擴展到無限的情形，所以你可以用傅立葉正弦轉換。

習題集 12.6

1-7 積分形式的解

使用式(6)，以滿足初始條件 $u(x,0)=f(x)$ 的積分形式來求解式(1)，其中

1. $f(x)=1$，如果 $|x|<a$，或為 0 對於其它。

積分形式的解 可以由傅立葉積分得到(不是傅立葉級數，那是限制於週期解的)。這些解都有形式(6)。這裡，$A(p)$ 和 $B(p)$ 由(8)給出，它們由在無限長的棒或線中的初始溫度 $f(x)$ 決定。問題 1 的初始溫度是，

$$f(x)=1 \quad \text{如果} \quad -a<x<a\text{，} \quad f(x)=0 \quad \text{其它的 } x\text{。} \tag{I}$$

這個模型是那種只有一部分棒被加熱的情況，而其他部分的初始溫度是 0。

從(8)和(I)你可以得到，

$$A(p)=\frac{1}{\pi}\int_{-a}^{a}\cos pv\,dv=\frac{1}{\pi p}\sin pv\Big|_{v=-a}^{a} \tag{II}$$

$$=\frac{1}{\pi p}(\sin pa-\sin(-pa))=\frac{2\sin pa}{\pi p}\text{。}$$

於是，由(8)和(I)

$$B(p)=\frac{1}{\pi}\int_{-a}^{a}\sin pv\,dv=0\text{ ；} \tag{III}$$

這是馬上可以得到的，而不需要計算，因為注意到 $f(x)$ 是一個偶函數，所以 $f(x)\sin px$

是奇的，你是從 $-a$ 到 a 積分，所以是曲線下的區域從 $-a$ 到 0 減去曲線下的區域從 0 到 a。把(II)和(III)代入(6)得到書後的答案。

5. $f(x)=(\sin\pi x)/x$ [使用 11.7 節習題 4]。

使用 11.7 節 該部分和其習題集包含的積分可以被用於這個習題。習題 5 的初始溫度是「起伏」的，有一個減少的相對快的最大振幅以及一個或正或負的溫度(由 $f(x)$ 給出)。$\sin\pi x$ 是奇的。因此 $(\sin\pi x)/x$ 是偶的，所以(8)中的 $B(p)$ 是 0。對於 $A(p)$，你由(8)得到，

$$A(p)=\frac{1}{\pi}\int_{-1}^{1}\frac{\sin\pi v}{v}\cos pv\,dv$$

$$=\frac{2}{\pi}\int_{0}^{1}\frac{\sin\pi v}{v}\cos pv\,dv \tag{IV}$$

令 $\pi v=s$，就像書後答案假設的那樣。然後令 $v=s/\pi$，$dv=ds/\pi$，而 s 從 0 到 π，即

$$A(p)=\frac{2}{\pi}\int_{0}^{\pi}\frac{\sin s}{s/\pi}\cos\frac{p}{\pi}s\frac{ds}{\pi}$$

$$=\frac{2}{\pi}\int_{0}^{\pi}\frac{\sin s}{s}\cos\frac{p}{\pi}s\,ds$$

$$=\frac{2}{\pi}\cdot\frac{\pi}{2}=1 \qquad \text{如果 } 0<p/\pi<1\text{，}$$

因此 $0<p<\pi$，由(6)給出書後的答案。

12.7 節 模型化：薄膜、二維波動方程式

把本節和第 12.2 節做比較，與振動弦的一維情形做類比，在那裡將有更多的物理細節。

好的建模是一門忽略次要因素的藝術。而這裡的忽略是要求該模型依然要充分精確且容易求解。你能找到本節的推導中那些被忽略的次要因素嗎？

12.8 節　矩形薄膜、使用雙重傅立葉級數

我們是第一次處理這樣的問題因爲它比圓形薄膜(鼓膜)問題簡單，後者需要 5.5 節及後一節的貝索 ODE。但是求解步驟是類似的：

1. 把兩個變數分離得到三個 ODEs 分別包含三個獨立的變數 x ， y 和時間 t 。
2. 找無限多滿足邊界條件「薄膜在邊界固定」(矩形)的解。稱這些解爲問題的「特徵函數」。
3. 用傅立葉級數求解整個問題。

習題集　12.8

5. **雙重傅利葉級數** 以級數(15)來表示 $f(x,y)$ ，其中 $0<x<1$ ， $0<y<1$ 。

$$f(x,y)=y \text{ 。}$$

雙重傅利葉級數　可由書上的想法得到。對於 $f(x,y)=y$ ，在區域 $0<x<1$ ， $0<y<1$ 計算如下。(這裡我們用到書上的公式)由(15)所求的級數是，$(a=b=1)$

$$f(x,y)=y=\sum\left(\sum B_{mn}\sin m\pi x\sin n\pi y\right)$$

$$=\sum K_m(y)\sin m\pi x \qquad (\text{對全部 } m \text{ 求和}) \qquad (15)$$

這裡用到記號

$$K_m(y)=\sum B_{mn}\sin n\pi y \qquad (\text{對全部 } n \text{ 求和}) \qquad (16)$$

現在固定 y 。然後(15)的第二行是傅立葉正弦級數 $f(x,y)=y$ ，作爲 x 的函數(因此是一個常數，但這不重要)。於是，由 11.3 節的(4)，它的傅立葉係數是，

$$b_m=K_m(y)=2\int_0^1 y\sin m\pi x dx \text{ 。} \qquad (17)$$

你可以在積分中提出 y (因爲你是對於 x 積分)，

得到，

$$K_m(y)=\frac{2y}{m\pi}(-\cos m\pi+1)$$

$$=\frac{2y}{m\pi}(-(-1)^m+1)$$

$$=\frac{4y}{m\pi} \qquad \text{如果 } m \text{ 是奇數}$$

$$=0 \qquad \text{如果 } m \text{ 是偶數}$$

(因爲對於偶數 m ，$(-1)^m=1$)。由 11.3 節的(4)(用 y 換掉 x ，$L=1$)，$K_m(y)$ 的傅立葉係數是，

$$B_{mn}=2\int_0^1 K_m(y)\sin n\pi y dy$$

$$=2\int_0^1 \frac{4y\sin n\pi y}{m\pi}dy$$

$$=\frac{8}{m\pi}\int_0^1 y\sin n\pi y dy \text{ 。}$$

由分部積分得到，

$$B_{mn}=\frac{8}{nm\pi^2}\left(-y\cos n\pi y\Big|_{y=0}^{1}+\int_0^1\cos n\pi y dy\right) \text{ 。}$$

這個積分給出了正弦項，它在 $y=0$ 和 $y=n\pi$ 是 0。非積分部分在下極限處也是 0。在上極限處是，

$$\frac{8}{nm\pi^2}(-(-1)^n)=\frac{(-1)^{n+1}8}{nm\pi^2} \text{ 。}$$

記住這是 m 是奇數時的運算式，而對於偶數 m 這些係數是 0。

12.9節　極座標上的拉普拉斯算子、圓形薄膜、傅立葉-貝索級數

把 PDE(這裡，二維波動方程式(1))轉換成那些在該區域上有簡單的解的運算式的座標形式。這裡是極座標，轉換是(5)式。你的下一步是：

1. 應用變數分離(7)，得到貝索 ODE(12)，對於 $r = s/k$ 以及 ODE(10)，對於時間 t 。
2. 找到無限多貝索解 $J_0(k_m r)$ 滿足邊界條件，即薄膜在邊界 $r = R$ 上是固定的；見(15)。
3. 傅立葉-貝索級數(17)以及係數(19)給出了整個習題 7-9 的解， $g(r) = 0$ (初始速度是 0)，見(9b)。

習題集 12.9

5. (**徑向解**)證明 $\nabla^2 u = 0$ 只和 $r = \sqrt{x^2 + y^2}$ 相關的唯一解爲，具有常數 a 和 b 的 $u = a \ln r + b$ 。

徑向解 (5)中的 $\nabla^2 u = 0$ ，u 是與角度 θ 相獨立的，

$$u'' + \frac{1}{r} u' = 0 \text{ 。}$$

令 $u' = v$ ，分離變數，積分得，

$$v' + \frac{1}{r} v = 0 \quad , \qquad \frac{dv}{v} = -\frac{dr}{r} \quad , \qquad \ln v = -\ln r + \tilde{c} = \ln \frac{c}{r}$$

這裡 c 是任意常數。指數部分 $v = c/r$ 。因爲 $u' = v$ ，積分得到，

$$u = \int v dr = c \ln r + b \text{ 。}$$

7-12 靜電位、穩態熱傳問題

在任意不含電荷的區域內的靜電位 u 均滿足拉普拉斯方程式 $\nabla^2 u = 0$ 。又熱傳方程式 $u_t = c^2 \nabla^2 u$ (見 12.5 節)化簡了拉普拉斯方程式，如果溫度 u 與時間 t 無關(即**穩態情況**)。使用式(20)，找出在圓盤 $r < 1$ 內的電位(等效於：穩態溫度)如果其邊界值爲(畫出它們以看出發生了什麼)。

7. $u(1,\theta)=40\cos^3\theta$。

級數解(20) 給定的邊界條件有形式(9a)。公式(20)和答案告訴你需要用傅立葉級數形式來表達邊界條件。這給出(用尤拉方程式或者類似的三角方程式)

$$40\cos^3\theta=40\cdot\frac{1}{4}(3\cos\theta+\cos 3\theta)=30\cos\theta+10\cos 3\theta\text{ 。}$$

相應於(20)現在代入$(r/R)^n=r^n$，$n=1$和3，得到，

$$u(r,\theta)=30r\cos\theta+10r^3\cos 3\theta\text{ 。}$$

9. $u(1,\theta)=110$若$-\frac{1}{2}\pi<\theta<\frac{1}{2}\pi$及0其他。

級數解(20) 在習題 7 中你不需要尤拉方程式來得到傅立葉級數。在這個習題中你需要使用它們來處理邊界條件，如圖所示。對於偶函數你有$a_0=55$(函數的平均值)

$$a_n=\frac{2}{\pi}\int_0^{\pi/2}110\cdot\cos nx dx=\frac{220}{n\pi}\sin\frac{n\pi}{2}\text{ 。}$$

對於偶數n這是 0。對於$n=1$，5，9，…，這等於$220/(n\pi)$，對於$n=3$，7，11，…，等於$-220/(n\pi)$。這就得到書後的答案。

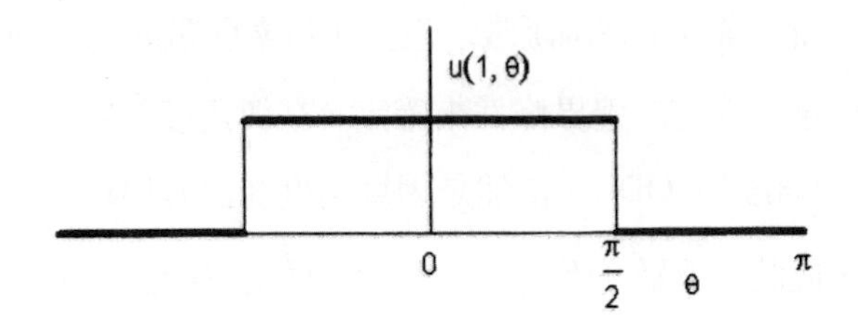

第 12.9 節 習題 9 邊界位勢

15. **(半圓盤)** 找出在半圓平板$r<a$，$0<\theta<\pi$上的穩態溫度，其中在半圓$r=a$上被保持在常數的溫度u_0上，而在$-a<x<a$的部份上被保持在 0。

半圓盤 這個想法是從答案的對稱性得到的；這樣做的話你將得到在水準軸方向的位勢爲 0。你會發現當 $\theta = 0$ 或 π 時所有的正弦項爲 0，即水準軸。見例 2。

25 **同時與 r 及 θ 相關的圓形薄膜的振動**
(**週期**)證明 $Q(\theta)$ 必須具有 2π 的週期，因此在式(25)和式(26)中 n＝0，1，2，…。證明此結果可以得到解 $Q_n = \cos n\theta$，$Q_n^* = \sin n\theta$，$W_n = J_n(kr)$，n＝0，1，…。

$Q(\theta)$ 的週期 這由 θ 是極角馬上可以得到，所以 (r,θ) 和 $(r,\theta + 2n\pi)$，n 是整數給出相同的點。

27. (**同時與 r 及 θ 相關的解**)證明滿足式(27)的式(22)的解爲

$$u_{mn} = (A_{mn} \cos ck_{mn}t + B_{mn} \sin ck_{mn}t) \times J_n(k_{mn}r) \cos n\theta$$
$$u_{mn}^* = (A_{mn}^* \cos ck_{mn}t + B_{mn}^* \sin ck_{mn}t) \times J_n(k_{mn}r) \sin n\theta \text{ 。}$$

同時與 r 和 θ 相關的解 這些解見(28)。公式可以由習題 24-26 的解題步驟得到。爲了完全的理解它，值得考慮這個問題與獨立的角的關係。在後一種情況，對於 r 貝索方程式(12)，這是 $v = 0$ 的貝索方程式。後者由貝索方程式(11)(包含常數 k，不要與參數 v 混淆；k 是一個常數，而 v 描述了整個函數，也要與貝索函數的另一個 v 的值區別開)。任意的 k 後面由薄膜在邊界固定的邊界條件來確定。在與角度無關的問題中你可以不考慮 J_0。這裡也沒有關於角度的 ODE，當然是因爲角度並沒有出現。在與角度有關的情形中你得到貝索函數，此時 v 不是 0 (因此，大於 0；貝索方程式包含平方項 v^2，所以你總是可以假設 v 是正數或者 0)。你還有(25)，關於角度的方程式，由於週期性的原因導致整數值 v＝n＝1，2，3，…。之前，由於沿圓形邊界固定薄膜導致了 J_0 的 a_m 爲 0；這裡由於同樣的原因，J_n 的 a_{mn} 爲 0。

對於 $n = 0$ 解 u_{mn} 在(28)的第一行化簡爲(16)中的情形，解 u_{mn}^* 在(28)的第二行不再出現了，當 $n = 0$ 時，因爲 $\sin n\theta$ 等於 0。

12.10 節　圓柱及球座標的拉普拉斯方程式、勢能

柱座標由極座標增加 z 軸得到，所以得到(5)中的 $\nabla^2 u$ ，見 12.9 節的(5)。但是把 $\nabla^2 u$ 化成球座標的形式(7)則不那麼顯然。分離座標到尤拉 ODE 和雷建德 ODE，考慮到後者的重要性以及(17)式中的雷建德多項式的項，叫做**傅立葉-雷建德級數**，它的係數由正交化得到，就像傅立葉係數一樣。

習題集　12.10

> 5.和 7. 驗證在式(16)中的 u_n 和 u_n^* 為式(18)的解。
> **(三維)**證明 $u = c/r$ 和 $r = \sqrt{x^2 + y^2 + z^2}$ 滿足了在球座標上的拉普拉斯方程式。

球和圓對稱　在三維情形勢能是，

$$u = c/r \text{，}\qquad \text{這裡}\qquad r = (x^2 + y^2 + z^2)^{1/2}$$

反之在二維的情況，

$$u = \ln r \text{，}\qquad \text{這裡}\qquad r = (x^2 + y^2)^{1/2} \text{。}$$

相應的計算是直接的，使用球極座標的拉普拉斯方程化成 ODE。這些 ODEs 可以用分離變數來解。對於 n 等於三維的情形你有 $(r^2 u')' = 0$ ，見$(7')$，因此

$$r^2 u' = c \text{，}\qquad u' = \frac{c}{r^2} \text{，}\qquad u = \frac{\tilde{c}}{r} + \tilde{\tilde{c}} \text{。}$$

類似的，對於 n 等於二維你有，

$$u'' + \frac{1}{r}u' = \frac{1}{r}(ru'' + u') = \frac{1}{r}(ru')' = 0 \text{，}\qquad (ru')' = 0 \text{，}\qquad ru' = c$$

所以，

$$u' = \frac{c}{r} \text{，}\qquad u = c\ln r + \tilde{c} \text{。}$$

13-17　**球座標 r ，θ ，ϕ 中的邊界值問題**

找出在球面 $S:r=R=1$ 內的電位，如果在其內部沒有電荷且在 S 上的電位為：

15. $f(\phi)=\cos 3\phi$。

球座標的邊界值問題 你必須用雷建德多項式處理 $f(\phi)=\cos 3\phi$。由三角學知識得到，

$$u(1,\phi)=\cos 3\phi=4\cos^3\phi-3\cos\phi \text{ 。}$$

另一方面，由雷建德多項式的定義你有 $P_1(\cos\phi)=\cos\phi$ 以及，

$$P_3(\cos\phi)=\frac{5}{2}\cos^3\phi-3\cos\phi \text{ 。}$$

對於 $\cos^3\phi$ 求解並帶入得到，

$$u(1,\phi)=\frac{8}{5}P_3(\cos\phi)-\frac{3}{5}P_1(\cos\phi) \text{ 。}$$

這是由雷建德多項式得到的邊界勢能。由此以及(17)你可以得到書後的答案。

23. **(圓中的偏移)** 令 r，θ 為極座標。如果 $u(r,\theta)$ 滿足了 $\nabla^2 u=0$，證明 $v(r,\theta)=u(1/r,\theta)$ 滿足 $\nabla^2 v=0$。$u=r\cos\theta$ 和 v 以 x 和 y 加以表示時各自為何？對於 $u=r^2\cos\theta\sin\theta$ 和 v 再次回答同樣的問題。

圓中的偏移 令 $v(r,\phi)=u(\frac{1}{r},\phi)=u(s,\phi)$，$s=1/r$。使用鏈式法則，你得到，

$$v_r=u_s s_r=u_s\cdot\left(-\frac{1}{r^2}\right)$$

$$v_{rr}=u_{ss}s_r^2+u_s\cdot\frac{2}{r^3}=u_{ss}\cdot\left(\frac{1}{r^4}\right)+u_s\cdot\left(\frac{2}{r^3}\right) \text{ 。}$$

把這個代入 $\nabla^2{}_v$ 得到，

$$\nabla^2 v=v_{rr}+\frac{1}{r}v_r+\frac{1}{r^2}v_{\theta\theta}=\frac{1}{r^4}u_{ss}+\frac{2}{r^3}u_s+\frac{1}{r}u_s\cdot\left(-\frac{1}{r^2}\right)+\frac{1}{r^2}u_{\theta\theta}$$

$$=s^4\left(u_{ss}+\frac{1}{s}u_s+\frac{1}{s^2}u_{\theta\theta}=0\right) \text{ 。}$$

括弧中的表示式爲 0 (根據假設，因這就是 $\nabla^2 u(s, \theta)$)。

12.11 節　以拉普拉斯轉換求解偏微分方程式

習題集　12.11

5. **以拉普拉斯轉換求解**

$$x\frac{\partial w}{\partial x}+\frac{\partial w}{\partial t}=xt \text{，} \quad w(x,0)=0 \text{ 若 } x\geq 0 \text{，} \quad w(0,t)=0 \text{ 若 } t\geq 0 \text{。}$$

一階微分方程式　邊界條件意味著 $w(x,t)$ 在 xt 平面的正座標軸上爲 0。令 W 是 $w(x,t)$ 的拉普拉斯轉換(關於 t)；記作 $W=W(x,s)$。導數 w_t 有轉換 sW 因爲 $w(x,0)=0$。右邊對 t 的轉換是 $1/s^2$。因此你首先有，

$$xW_x+sW=\frac{x}{s^2} \text{。}$$

這是一個一階線性 ODE，關於獨立變數 x。除以 x 得到，

$$W_x+\frac{sW}{x}=\frac{1}{s^2} \text{。}$$

它的解給出積分公式 1.5 節的(4)。使用那一節的記號，你有

$$p=s/x \text{，} \qquad h=\int p\,dx=s\ln x \text{，} \qquad e^h=x^s \text{，} \qquad e^{-h}=1/x^s \text{。}$$

因爲 1.5 節的(4)是關於 s 的「常數」積分，而 $1/s^2$ 是不依賴於 x 的，

$$W(x,s)=\frac{1}{x^s}\left(\int\frac{x^s}{s^2}dx+c(s)\right)=\frac{c(s)}{x^s}+\frac{x}{s^2(s+1)}$$

(注意到 x^s 在第二項中消掉了，消去了因數 x)。這裡你有 $c(s)=0$，對 $W(x,s)$ 在 $x=0$ 有限時。於是，

$$W(x,s)=\frac{x}{s^2(s+1)}\text{ 。}$$

現在

$$\frac{1}{s^2(s+1)}=\frac{1}{s^2}-\frac{1}{s}+\frac{1}{s+1}\text{ 。}$$

這有反拉普拉斯轉換 $t-1+e^{-t}$ 同時給出解 $w(x,t)=x(t-1+e^{-t})$ 。

PART D

複數分析

第 13 章　複數與函數

13.1節　複數、複數平面

確實了解式(7)的意義。同時對從複數變回實數的公式(8)也應透徹了解。

習題集　13.1

1. (**i 的冪次**)請證明 $i^2 = -1$，$i^3 = -i$，$i^4 = 1$，$i^5 = i$，而且 $1/i = -i$，$1/i^2 = -1$，$1/i^3 = i$，⋯。

i 的冪次　$i^2 = -1$ 和 $\frac{1}{i} = -i$ 將被頻繁的使用。書上有一個關於 $i^2 = -1$ 的很普遍的推導，用到了乘法公式。由(7)，$1/i = -i/i(-i) = -i/1 = -i$。

7-15　**複數算術**

令 $z_1 = 2 + 3i$ 而且 $z_2 = 4 - 5i$。請求出下列各數學式(表示成 $x + iy$ 的形式)，並且寫出詳細解題過程：

7. $(5z_1+3z_2)^2$。

複數算術 這裡你首先用實數乘以複數，然後再加複數，最後把結果平方；注意到這樣的操作也可以用到實數上。

$5z_1$ 是把實數部分 2 乘以 5，虛數部分 3 乘以 5，

$$5z_1 = 5(2+3i) = 5\cdot 2 + 5\cdot 3i = 10+15i \text{。}$$

類似的，

$$3z_2 = 3(4-5i) = 12-15i \text{。}$$

現在你把這些結果加起來(需要圓括號前兩部分；爲什麼？)

$$5z_1+3z_2 = (10+15i)+(12-15i) = 10+12+(15-15)i = 22$$

平方得，$22^2 = 484$。

9. $\text{Re}(1/z_1^2)$。

除法，實部 先做除法然後考慮實部。在除法中你還有一個選擇。你可以先除然後再把結果平方，或者先平方再除(求其倒數)。兩種方法都試試，你將看到第二種方法較簡單，因爲 $1/z_1$ 是分數，而你還要對它平方。於是，

$$z_1^2 = (2+3i)^2 = 4+2\cdot 2\cdot 3i - 9 = -5+12i \text{。}$$

然後做除法，使用(7)，

$$\frac{1}{z_1^2} = \frac{-5-12i}{(-5+12i)(-5-12i)} = \frac{-5-12i}{25+144} = \frac{-5-12i}{169} \text{。}$$

最後取出其實數部分 $-5/169$。

19. 令 $z = x+iy$。試求：$\text{Re}(1\sqrt{z}^2)$。

除法，共軛 你可以對所給運算式做除法。或者你可以計算 $1/\bar{z}$ 然後再把結果平方。在這兩種做法中，取實部都是最後一步。

第一種作法，計算

$$\frac{1}{\bar{z}^2}=\frac{z^2}{z^2\bar{z}^2}=\frac{x^2+2ixy-y^2}{(z\bar{z})^2}=\frac{x^2-y^2+2ixy}{(x^2+y^2)^2}$$

然後求實數部分得到分子中的 x^2-y^2 以及前面的分母。

第二種做法，你計算

$$\frac{1}{\bar{z}}=\frac{z}{z\bar{z}}=\frac{x+iy}{x^2+y^2}$$

然後把右邊平方，得到，

$$\frac{x^2+2ixy-y^2}{(x^2+y^2)^2}\ ,$$

你現在可以像前面一樣取實部了。

13.2 節　複數的極座標式、冪次與根

極座標在複數分析中的地位比在微積分中要重要的多。特別的，它們可以讓你更深刻的理解乘法和除法。它們同樣有助於處理絕對值。

現在複數的極角只由整數乘以 2π 決定。通常這不重要，但是如果涉及到它，則需要使用主值的概念(5)。

與絕對值聯繫最重要的是三角不等式(6)。

它的一般化(6*)可以通過把複數畫成短箭頭並令其尾部與前一箭頭頭部重合。這給出一條 n 部分的蜿蜒線，(6*)的左邊等於從 z_1 的尾部到 z_n 的頭部的距離。你發現了嗎？現在把這條線拉緊則得到(6*)的右邊。

這個不等式是非常重要的我們將在很多場合用到它。在大多數場合它都沒有問題，不管右邊是否是比左邊大得多。最重要的是在左邊我們有一個絕對值和的下界，在一個不能趨於無窮的極限過程中。

習題集 13.2

1-8 極座標示

因為極座標式經常需要使用到，所以請讀者非常仔細地做完下列習題。請以極座標式寫出這些複數，並且像圖 322 那樣在複數平面上畫出這些複數(請寫出詳細解題過程)。

1. $3-3i$。

極座標式 畫出 $z=3-3i$，為了理解下面的做法。z 是點複數平面上的點 $(3,-3)$。由此你看到從原點到 z 的距離是 $|z|=3\sqrt{2}$。這是 z 的絕對值。下一步，z 是在第四象限的平分線上的，所以它的幅角(從 x 軸的正方向繞到 0 至 z 的直線的角)是 -45° 或者 $-\pi/4$。

現在來看如何由(3)和(4)得到結果。在(3)和(4)的記號中你有 $z=x+iy=3-3i$。因此 z 的實部是 $x=3$，z 的虛部是 $y=-3$。由(3)你可以得到，

$$|z|=\sqrt{3^2+3^3}=3\sqrt{2}\ ,$$

如前，由(4)得到，

$$\tan\theta=y/x=-1\ , \qquad \theta=-45^{\circ} \text{ 或者 } -\pi/4\ \text{。}$$

因此極座標形式(2)是，

$$\begin{aligned} z&=3\sqrt{2}\left(\cos\left(-\frac{\pi}{4}\right)+i\sin\left(-\frac{\pi}{4}\right)\right) \\ &=3\sqrt{2}\left(\cos\frac{\pi}{4}-i\sin\frac{\pi}{4}\right)\text{。} \end{aligned}$$

5. $\dfrac{1+i}{1-i}$。

極座標示 用 13.1 節的(7)得到，

$$\frac{1+i}{1-i}=\frac{(1+i)^2}{(1-i)(1+i)}=\frac{2i}{1+1}=i=\cos\frac{\pi}{2}+i\sin\frac{\pi}{2}\ \text{。}$$

用本節的(10)和(11)來驗證。畫一個草圖。得到絕對值

$$\left|\frac{1+i}{1-i}\right| = \frac{|1+i|}{|1-i|} = \frac{\sqrt{2}}{\sqrt{2}} = 1$$

以及相位，

$$\text{Arg}\,\frac{1+i}{1-i} = \text{Arg}(1+i) - \text{Arg}(1-i) = \frac{\pi}{4} - \left(-\frac{\pi}{4}\right) = \frac{\pi}{2}$$

所以極座標形式是$1 \cdot (\cos\frac{\pi}{2} + i\sin\frac{\pi}{2})$，如前。

9. **主幅角** 試求下列幅角的主值。

$$-1-i\ 。$$

主幅角 第一和第二象限對應著$0 \le \text{Arg}z \le \pi$。第三和第四象限對應著$-\pi \le \text{Arg}z \le 0$。注意到$\text{Arg}z$在正實數半軸上是連續的同時在負半實軸上有$2\pi$的跳躍。這是一條很好用的規則。負半實軸上的點，例如-4.7，其幅角主值是$\text{Arg}z = \pi$。

現在因爲$-1-i$是在第三象限，它有$\text{Arg}z < 0$。更精確的，因爲z在平分線上，它的幅角主值是$\text{Arg}z = -\frac{3\pi}{4}$。

17. **轉換成 $x+iy$** 將下列複數寫成$x+iy$的形式，並且畫在複數平面上

$$3(\cos 0.2 + i\sin 0.2)\ 。$$

轉換成 $x+iy$ 總的來說就是找餘弦和正弦以及兩個乘積，所以這非常簡單。在這個問題中，

$$3(\cos 0.2 + i\sin 0.2) = 3(0.9801 + 0.1987i) = 2.9402 + 0.5960i\ 。$$

21-25 **根**

試求下列各題所有的根，並且將它們畫在複數平面上。

21. $\sqrt{-i}$ 。

平方根 $z \ne 0$的平方根有兩個值，即，

$$\sqrt{-1} = \sqrt{1}\left(\cos\frac{-\pi/2+2k\pi}{2} + i\sin\frac{-\pi/2+2k\pi}{2}\right) \qquad k=0\text{，}1\text{。}$$

因此對於 $k=0$ 你有，

$$z_0 = \cos(-\frac{\pi}{4}) + i\sin(-\frac{\pi}{4}) = \frac{1}{\sqrt{2}} - \frac{i}{\sqrt{2}}$$

而對 $k=1$ 有，

$$z_1 = \cos(-\frac{\pi}{4}+\pi) + i\sin(-\frac{\pi}{4}+\pi)$$
$$= \cos\frac{3\pi}{4} + i\sin\frac{3\pi}{4} = -\frac{1}{\sqrt{2}} + \frac{i}{\sqrt{2}}\text{。}$$

注意到 $z_1 = -z_0$，就像通常的情形，$z \neq 0$ 有兩個平方根的值。

25. $\sqrt[5]{-1}$ 。

根 $\sqrt[5]{-1}$ 的五個值是規則的分佈在單位圓上的。由此推出臨近值之間的角是 $2\pi/5$ 。現在，因爲 $-1=\cos\pi+i\sin\pi$ ，$\sqrt[5]{1}$ 的一個值是 $\cos(\frac{\pi}{5})+i\sin(\frac{\pi}{5})$ 。由此可知其 4 個值爲

$$\cos\frac{\pi}{5} \pm i\sin\frac{\pi}{5}\text{，} \qquad \text{和} \qquad \cos\frac{3\pi}{5} \pm i\sin\frac{3\pi}{5}$$

及實數值爲 $\cos(\frac{5\pi}{5})+i\sin(\frac{5\pi}{5})=-1$ 。後者是顯然因爲 $(-1)^5=-1$ 。

27. **方程式** 請求解並且畫出下列方程式的所有解，寫出詳細過程：
$z^2-(8-5i)z+40-20i=0$ (利用式(19))。

方程式 對二次方程式應用通常的公式求解，

$$z^2-(8-5i)z+40-20i=0$$

你首先有，

$$z = 4-\frac{5}{2}i \pm \sqrt{\left(4-\frac{5}{2}i\right)^2 - 40 + 20i}\text{。}$$

對被開方數化簡得，$-121/4=(11i/2)^2$ ，所以你得到根的運算式，

$$4-\frac{5}{2}i\pm\frac{11}{2}i=4+3i \text{，} \quad 以及 \quad 4-8i \text{。}$$

13.3 節　導數、解析函數

本節最重要的概念是導數，這像微積分，但是最根本的不同在於如何取極限，你可以從無限多的方向趨近點。範例，見圖 331。導數由極限項定義，而這是第一次這樣定義。

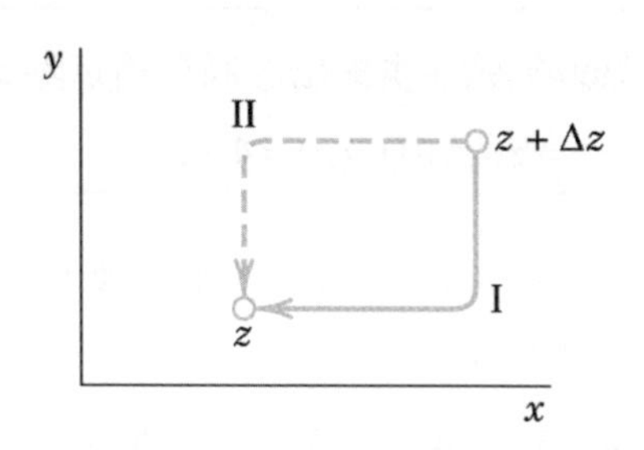

圖 331 式 (5) 的路徑

習題集　13.3

1-10　在實務上讓人感興趣的曲線和區域

試求由下式所指定的集合，並且畫在複數平面中。

> 7. $|z+1|=|z-1|$ 。

曲線(直線)　幾何上，$|z+1|=|z-1|$ 意味著你需要找那些到1和-1的距離相等的點。畫一下，這其實是虛軸。

解析地，平方得到，

$$|z+1|^2=(x+1)^2+y^2=|z-1|^2=(x-1)^2+y^2 \text{ 。}$$

請務必弄懂這一步。乘出來，消掉兩邊的 x^2+y^2+1 ，所以最後得到，

$$2x=-2x \text{，} \qquad x=0 \text{，}$$

這就是 y 軸。

9. $\text{Re}\,z \le \text{Im}\,z$ 。

不等式 在複數裡是沒有意義的，但是這裡你有不等式 $\text{Re}\,z \le \text{Im}\,z$ ，這是實數的。即，$x \le y$ 。對 $x = y$ ，這是第一(或第三)象限的平分線，對於其上的點 (x, y) 你需要檢查所有左邊的 x 點，因爲這些 x 點要小於或等於 y。畫個草圖來看，這是在傾斜線上的區域。(對 $x = 4$ 和 $y = 5$ 不等式 $x \le y$ 是滿足的， $z = 4 + 5i$ 線上的上面)。

13. **函數值** 請求出 $\text{Re}\,f$ 和 $\text{Im}\,f$。另外也求出它們在給定點 z 處的值。

$$f = z/(z+1) \text{，} z = 4 - 5i \text{ 。}$$

函數值 可通過微積分運算把給定的值代入給定的函數得到。書後的解並不會省多少力；反之，如下這樣可以更加直接，

$$f(4-5i) = \frac{4-5i}{5-5i} = \frac{(4-5i)(5+5i)}{(5-5i)(5+5i)} = \frac{20+20i-25i+25}{25+25}$$

$$= \frac{45-5i}{50} = 0.9 - 0.1i \text{ 。}$$

17. **連續性** 試回答(並且提出理由)下列習題中，如果 $f(0)=0$，則 $f(z)$在 $z=0$ 是否是連續的，而且當 $z \ne 0$ 的時候，函數 f 會等於什麼：

$$[\text{Im}(z^2)]/|z| \text{ 。}$$

連續性 $z = 0$ 是唯一需要檢查的點。(爲什麼？)極座標定義成 $x = r\cos\theta$ ， $y = r\sin\theta$ ，這樣可以使你清楚當 $r \to 0$ 會發生什麼情況。計算得，

$$\frac{\text{Im}(z^2)}{|z|} = \frac{2xy}{\sqrt{x^2+y^2}} = \frac{2r^2\cos\theta\sin\theta}{r}$$

$$= r\sin 2\theta \to 0 \text{，} \quad \text{當} \quad r \to 0 \text{ 。}$$

這意味著在 $z = 0$ 點是連續的。

23. **導數**　微分 $i/(1-z)^2$ 。

導數　就像微積分中那樣。在這個習題中，使用鏈式法則同時注意到 $(1-z)'=-1$ ，你可以得到，

$$(i(1-z)^{-2})' = -2i(1-z)^{-3}(-1) = 2i(1-z)^{-3} \text{ 。}$$

13.4 節　柯西-里曼方程式、拉普拉斯方程式

如果 $f(z)=u(x,y)+iv(x,y)$ 在 D 是解析的，則 u 和 v 滿足柯西-里曼方程式

$$u_x = v_y \text{ ，} \qquad u_y = -v_x$$

(定理 1)以及拉普拉斯方程式 $\nabla^2 u=0$ ， $\nabla^2 v=0$ (定理 3)。定理 1 的逆依然是正確的(定理 2)如果(1)中的導數是連續的話。由於這些原因，柯西-里曼方程式在複數分析中很重要，也是在學習解析函數。

習題集　13.4

1-10　柯西-里曼方程式

下列函數是否爲解析的？[利用式(1)或式(7)]

1. $f=(z)=z^4$ 。

檢驗解析性　所給函數的形式， $f(z)=z^4$ ，在當前這個題目中，(7)會更簡單。確實，在極座標中你有，

$$f(z)=r^4(\cos 4\theta + i\sin 4\theta) \text{ 。}$$

因此，

$$u = r^4\cos 4\theta \text{ ，} \qquad v = r^4 \sin 4\theta$$

(7)中需要這些運算式來得到導數。在(7)的第一個柯西-里曼方程式中，

$$u_r = 4r^3 \cos 4\theta \ , \qquad v_\theta = 4r^4 \cos 4\theta \ ,$$

v_θ 中的因數 4 是由鏈式法則得到的。由此你會發現第一個方程式 $u_r = v_\theta / r$ 是滿足條件的。在第二個柯西-里曼方程式中你需要，

$$v_r = 4r^3 \sin 4\theta \text{，} \qquad \text{和} \qquad u_\theta = -4r^4 \sin 4\theta \text{ 。}$$

如果你把 u_θ 除以 $-r$ ，則得到 v_r 。因此第二個柯西-里曼方程式也是滿足條件的，你可以推出 z^4 對所有 $z \neq 0$ 都是解析的。

z^4 在 $z = 0$ 也是解析的。這由(7)得到，因爲對於 $z = 0$ 幅角是沒有定義的。因此你需要用到(1)，這會複雜點。(當然，這會使你在(7)上的工作是多餘的)你用二項式定理得到 u 和 v ，

$$\begin{aligned}(x+iy)^4 &= x^4 + 4x^3(iy) + 6x^2(iy)^2 + 4x(iy)^3 + (iy)^4 \\ &= x^4 + 4ix^3y - 6x^2y^2 - 4ixy^3 + y^4 \text{ 。}\end{aligned}$$

沒有 i 的項給出實部，

$$u = x^4 - 6x^2y^2 + y^4 \text{ 。}$$

包含 i 的項給出虛部，

$$v = 4x^3y - 4xy^3 \text{ 。}$$

在第一個柯西-里曼方程式中你需要偏導數，

$$u_x = 4x^3 - 12xy^2$$

以及，

$$v_y = 4x^3 - 12xy^2 \text{ 。}$$

因此第一個柯西-里曼方程式是滿足條件的。第二個包含，

$$v_x = 12x^2y - 4y^3$$

以及，

$$u_y = -12x^2y + 4y^3 \text{ 。}$$

你會發現 $v_x = -u_y$ ，所以第二個柯西-里曼方程式也是滿足條件的。這就證明了 z^4

對所有的 z 都是解析的。

5. $e^{-x}(\cos y - i\sin y)$。

柯西-里曼方程式 解析 答案是解析的。確實，函數

$$f(z) = u + iv = e^{-x}(\cos y - i\sin y) \tag{A}$$

有實部 $u = e^{-x}\cos y$ 和虛部 $v = -e^{-x}\sin y$。用我們熟知的方法來對指數函數作微分，其正弦和餘弦項顯示柯西-里曼方程式(1)對於所有的 $z = x + iy$ 都滿足。確實，

$$u_x = -e^{-x}\cos y = v_y$$

$$u_y = -e^{-x}\sin y = -v_x \text{。}$$

你將在下一節中看到(A)定義了複指數函數 e^{-z}。當 $y = 0$，所以 $z = -x$ 是實的，然後 $\cos y = \cos 0 = 1$，$\sin y = \sin 0 = 0$，$f(z)$ 變成是 e^{-x}，這個指數函數由微積分得到。下一節會有更多這方面的內容。

17. **調和函數** 試問下列函數是調和函數嗎？如果你的答案是肯定的，那麼請求出相對應的解析函數。 $f(z) = u(x, y) + iv(x, y)$

$$u = x^3 - 3xy^2 \text{。}$$

調和函數 其實部和虛部是解析函數。如果你記得所給函數 $u = x^3 - 3xy^2$ 是 z^3 的實部，你就成功了，確實，

$$z^3 = x^3 + 3ix^2y + 3i^2xy^2 + i^3y^3$$

$$= x^3 + 3ix^2y - 3xy^2 - iy^3$$

$$= x^3 - 3xy^2 + i(3x^2y - y^3) \text{。}$$

這也說明 u 的調和共軛是 $v = 3x^2y - y^3$。

如果你沒有想起這一點，你需要系統地求導，首先要驗證 u 滿足拉普拉斯方程式(8)：

$$u_{xx} + u_{yy} = 6x - 6x = 0 \text{ 。}$$

現在來確定調和共軛v。第一個柯西-里曼方程式有，

$$u_x = 3x^2 - 3y^2 = v_y \text{ 。}$$

對它關於y積分得到，

$$v = 3x^2 y - y^3 + k(x) \text{ 。}$$

再次使用柯西-里曼方程式來找$k(x)$:

$$v_x = 6xy + k'(x) = -u_y = 6xy \text{ 。}$$

因此$k'(x) = 0$，$k = const$，這就簡單的導出了調和共軛可由一個任意常數來確定。你現在有，

$$f(z) = u(x, y) + iv(x, y) = x^3 - 3xy^2 + i(3x^2 y - y^3 + k) = z^3 + ik \text{ ，}$$

這裡k是實常數。

13.5 節　指數函數

(1)是定義。(2)和(3)如微積分中的定義。(4)是(3)的特例。尤拉方程式(5)是很重要的，同時給出了極座標形式(6)

$$z = x + iy = r(\cos\theta + i\sin\theta) = re^{i\theta} \text{ 。}$$

(7)，(8)，(9)是你需要記住的。(12)是關於週期性的，在實數中沒有對應的公式。這導出e^z的基礎區域為(13)。

習題集　13.5

7. e^z **的值** 請以$u + iv$和$\left|e^z\right|$的形式計算e^z，其中z等於$0.8 - 5i$。

函數值　由(1)你得到，

$$e^{0.8-5.0i} = e^{0.8}(\cos 5.0 - i\sin 5.0)$$

$$= 2.225541(0.283662 - 0.958924i)$$

$$= 0.631302 - 2.134125i \text{ 。}$$

由(10)你有其絕對值，

$$\left|e^{z}\right| = e^{x} = e^{0.8} = 2.225541 \text{ ，}$$

就像前面推測的一樣。

11. **實部和虛部** 試求複數的實部和數部：e^{z^2} 。

實和虛部　由(1)，(3)，(5)你有，

$$e^{z^2} = e^{x^2-y^2+2ixy}$$

$$= e^{x^2-y^2}e^{2ixy}$$

$$= e^{x^2-y^2}(\cos 2xy + i\sin 2xy) \text{ 。}$$

由此你得到書後的答案。

13. **極座標形式** 試寫出複數的極座標形式：$\sqrt{i}$ 。

極座標形式　一個值是，

$$\sqrt{i} = i^{1/2} = 1\cdot e^{i\pi/4} = e^{i\pi/4} \text{ 。}$$

其幅角主值是$\pi/4$。另一個值是，

$$-e^{i\pi/4} = e^{i\pi}e^{i\pi/4} = e^{i\pi/4+i\pi} = e^{5\pi i/4} \text{ 。}$$

其幅角主值是$-3\pi/4$。

19. **方程式** 請求出方程式的解，並且在複數平面上畫出這些解。$e^z = -2$。

方程式 $e^z = -2$ 沒有實數解因爲對所有的 x，$e^x > 0$。令兩邊的實部和虛部相等得到，

$$\text{(Re)} \quad e^x \cos y = -2, \qquad \text{(Im)} \quad e^x \sin y = 0 \text{。}$$

由(Im) $y = n\pi$ (n 是整數)。因爲 $e^x > 0$，爲了滿足(Re)你需要使 $\cos y < 0$，因此 $y = (2n+1)\pi$。而後 $\cos y = -1$，$e^x = 2$，$x = \ln 2$。這就給出了書後的答案。

13.6 節　三角函數和雙曲線函數

習題集　13.6

在複數中，指數函數，三角函數和雙曲線函數是相互關聯的，這些聯繫見定義(1)和(11)以及尤拉方程式(5)還有(14)和(15)，你可以自己把它們推導一下。(6)和(7)是用來求值的。

3. **雙曲函數的公式** 請證明:

$$\cosh z = \cosh x \cos y + i \sinh x \sin y$$

$$\sinh z = \sinh x \cos y + i \cosh x \sin y \text{。}$$

$\cosh z$ 的實部和虛部 用(11)的定義，把它乘上 2，令 $z = x + iy$。由 13.5 節中指數函數的定義得到，

$$2\cosh z = e^z + e^{-z}$$

$$= e^x(\cos y + i \sin y) + e^{-x}(\cos y - i \sin y) \text{。}$$

下面整理餘弦和正弦項，得到，

$$2\cosh z = (e^x + e^{-x})\cos y + i(e^x - e^{-x})\sin y \text{。}$$

括弧中的運算式分別是雙曲函數 $2\cosh x$ 和 $2\sinh x$。

除以 2 給出結果，

$$\cosh z = \cosh x \cos y + i \sinh x \sin y \text{ 。}$$

其他的公式可以由相似的微積分運算得到。

7-15 函數值

試計算下列各題的函數值(表示成 $u + iv$ 的形式)。

7. $\cosh(1+i)$ 。

函數值 這與實值函數是一樣的。公式(6a)直接給出，

$$\cos(1+i) = \cos 1 \cosh 1 - i \sin 1 \sinh 1$$

$$= 0.540302 \cdot 1.543081 - i \cdot 0.841471 \cdot 1.175201$$

$$= 0.833730 - 0.988898i \text{ 。}$$

15. $\cosh(4-6\pi i)$ 。

函數值 複數函數的函數值可以用實部和虛部來計算，即，通過實函數計算來完成。由習題 3，計算

$$\cosh(4-6\pi i) = \cosh 4 \cos(-6\pi) + i \sinh 4 \sin(-6\pi)$$

$$= (\cosh 4) \cdot 1 + 0$$

$$= \cosh 4$$

$$= 27.30823 \text{ 。}$$

17. **方程式** 試求出方程式的解 $\cosh z = 0$ 。

方程式 複數函數 $\cosh z = 0$ 等價於一對實函數

$$\text{Re}(\cosh z) = \cosh x \cos y = 0 \text{ ，}$$

$$\text{Im}(\cosh z) = \sinh x \sin y = 0 \text{ 。}$$

因爲對所有的 x 其 $\cosh x \neq 0$ ，你需要 $\cos y = 0$ ，因此 $y = \pm(2n+1)\pi/2$ ， n 是整數。對於這些 y 你有 $\sin y \neq 0$ (實 cos 和 sin 沒有相同的零點！)；因此 $\sinh x = 0$ ， $x = 0$ 。因此答案是

$$(0, \pm(2n+1)\pi/2) \text{，} \quad \text{即} \quad z = \pm(2n+1)\pi i/2 \text{ 。}$$

23. **方程式和不等式** 試利用相關定義，證明：
$\cos z$ 是偶函數， $\cos(-z) = \cos z$ ，而且 $\sin z$ 是奇函數 $\sin(-z) = -\sin z$ 。

方程式 就像 $\cos x$ ，複數函數 $\cos z$ 是偶函數因爲 $z = x + iy$ 意味著 $-z = -x - iy$ ，所以你由(6a)得到

$$\begin{aligned}\cos(-z) &= \cos(-x)\cosh(-y) - i\sin(-x)\sinh(-y) \\ &= \cos x \cosh y - i(-1)\sin x(-1)\sinh y \\ &= \cos z \text{ 。}\end{aligned}$$

13.7 節　對數、一般冪次

本節的工作有幾個需要特別注意的地方：

1．(1)，(2)，(3)的含義，

2．與實數對數 $\ln x$ 的區別，這是一個定義在 $x > 0$ 的函數，複數對數 $\ln z$ 是有無窮多値的，經由公式(3)「分解」爲無窮多個函數。

習題集　13.7

1. **主值 Ln z** 當 z 等於－10 的時候，試求出 $\mathrm{Ln}\,z$ 。

主值 注意到虛數的實值對數是沒有定義的。 $\ln z$ 的主值 $\mathrm{Ln}z$ 由(2)定義，這裡 $\mathrm{Arg}z$ 是 $\arg z$ 的主值。現在回想一下 13.2 節中關於幅角主值的定義，

$$-\pi < \mathrm{Arg}\theta \le \pi \text{ 。}$$

特別的，對於負的實數你通常有 $\mathrm{Arg}\theta = +\pi$ ，你應該時刻牢記它。由此及(2)得到答案，

$$\mathrm{Ln}(-10) = \ln 10 + i\pi \text{ 。}$$

15. **ln z 的所有值** 請求出 $\ln(-e^{-i})\ln z$ 的所有值，並且畫在複數平面上。

複數對數的所有值 你需要 $-e^{-i}$ 的絕對值和幅角因爲由(1)和(2)

$$\ln(-e^{-i}) = \ln\left|-e^{-i}\right| + i\arg(-e^{-i}) = \ln\left|-e^{-i}\right| + i\mathrm{Arg}(-e^{-i}) \pm 2n\pi i \text{ 。}$$

現在實數函數 e^z 的純虛數部分的絕對值總是等於 1，即，

$$\left|e^{iy}\right| = \left|\cos y + i\sin y\right| = \sqrt{\cos^2 y + \sin^2 y} = 1 \text{ 。}$$

(你能看出如果 y 不是實數，計算會在哪裡出問題嗎？)在我們的題目中，

$$\left|-e^{-i}\right| = 1 \text{，} \quad \text{因此} \quad \ln\left|-e^{-i}\right| = 0 \text{ 。} \tag{A}$$

$-e^{i}$ 的幅角由 13.5 節(10)得到，

$$\arg(e^z) = \mathrm{Arg}(e^z) \pm 2n\pi = y \pm 2n\pi \text{ 。}$$

在習題 15 中，你有 $z = -i$ ，因此 $y = -1$ ，同時，

$$\arg(e^{-i}) = -1 \pm 2n\pi \text{ 。} \tag{B}$$

最後，由 13.2 節的(9)，乘積的幅角是因數的幅角的乘積，其整數還有乘上 2π 。因此 e^{-i} 前乘以 -1 相當於幅角增加 π 。由(B)你得到，

$$\arg(-e^{-i}) = \pi - 1 \pm 2n\pi \text{ 。} \tag{C}$$

由(A)和(C)你可以得到答案，

$$\ln(-e^{-i}) = (\pi - 1)i \pm 2n\pi i$$ 。

19. **方程式** 試求解 $\ln z = 0.3 + 0.7i$ 的 z。

方程式 由(1)，$\ln z = 0.3 + 0.7i = \ln|z| + i\arg z$，分別令實部和虛部相等得到，

$$0.3 = \ln|z|, \qquad \text{因此} \qquad |z| = e^{0.3}$$

$$0.7 = \arg z$$

答案是，

$$z = e^{0.3}(\cos 0.7 + i\sin 0.7) = e^{0.3+0.7i}$$ 。

23. **一般冪次** 試求出 4^{3+i} 的主值，並且寫出詳細過程。

一般冪次 你首先有，

$$4^{3+i} = 4^3 4^i = 64 \cdot 4^i$$ 。

對於後一個因數應用(8)，$a = 4$ 和 $z = i$，得到，

$$4^i = e^{i\ln 4}$$ 。

右邊使用指數函數(13.5 節)的定義。得到，

$$4^i = \cos(\ln 4) + i\sin(\ln 4)$$ 。

把它帶入(A)得到答案，

$$4^{3+i} = 64(\cos(\ln 4) + i\sin(\ln 4))$$

$$= 11.741 + 62.914i$$ 。

第 14 章　複數積分

這是關於複數積分的第一章。與實數線積分類似。

另一章關於複數積分的是第 16 章，這是基於無限級數的，其討論是從第 15 章開始。

14.1 節　複數平面中的線積分

本節包含定義、性質、存在性以及兩種積分方法。

習題集　14.1

1-9　參數表示式

請求出以及畫出下列各題所指定的路徑和其方位：

1. $z(t)=(1+3i)\ t\ (1\le t\le 4)$。

參數運算式　因為

$$z(t)=x(t)+iy(t)=(1+3i)t=t+3it$$

對 t 是線性的，在 z 平面上是直線。它的斜率是正的，$y(t)/x(t)=3$。這條直線通過點。$t=1$ 和 $t=4$ 對應著點 $1+3i$ 和 $(1+3i)\cdot 4=4+12i$。這些是所給資料的直線部分的終點。畫出來看看。

7. $z(t)=6\cos 2t+5i\sin 2t(0\le t\le \pi)$。

橢圓　從 $z(t)=x(t)+iy(t)=6\cos 2t+5i\sin 2t$ 得到，

$$x(t)=6\cos 2t \qquad 和 \qquad y(t)=5\sin 2t。$$

同時，

$$\left(\frac{x}{6}\right)^2+\left(\frac{y}{5}\right)^2=\frac{x^2}{6^2}+\frac{y^2}{5^2}=\cos^2 2t+\sin^2 2t=1。$$

這是一個橢圓，半軸長為 6 和 5。t 從 0 變到 π，所以 $2t$ 由 0 變到 2π；因此這個運算式包含整個橢圓。

13．**參數表示式** 試畫出從 $1+i$ 到 $4+\frac{1}{4}i$ 的雙曲線 $xy=1$，並且以參數法表示之。

參數表示式 你有 $y=1/x$ 因此令 $x=t$ ，$y=1/t$ 。現在 $z_0=1+i$ ，相應的 $t=1$ ，$z_1=4+\frac{1}{4}i$ ，$t=4$ 因此你可以得到，

$$z(t)=x(t)+iy(t)=t+i/t \qquad (1\le t\le 4) \text{ 。}$$

19-23 **積分**

試利用第一個方法進行積分運算，或者說明爲什麼這個方法不能適用，然後再使用第二個方法(寫出詳細過程)。

19. $\int_C \operatorname{Re} z dz$ ，其中 C 是從 0 到 $1+i$ 的最短路徑。

積分 $\operatorname{Re} z=x$ 不是解析的。因此要使用路徑積分。找路徑 C 的運算式，

$$z(t)=(1+i)t=t+it \text{ ，} \qquad 0\le t\le 1 \text{ 。}$$

因爲 $\operatorname{Re} z(t)=t$ 以及 $dz/dt=1+i$ ，你會有

$$\int_C \operatorname{Re} z dz=\int_0^1 t(1+i)dt=\frac{1}{2}t^2(1+i)\Big|_0^1=\frac{1}{2}(1+i) \text{ 。}$$

23. $\int_C \cos^2 z dz$ ，在右半平面中，從 $-\pi i$ 沿著 $|z|=\pi$ πi 。

第一種方法的積分 $\cos^2 z$ 是解析的。因此使用積分的定義並代入極限。就像微積分一樣，用到，

$$\cos^2 z=\frac{1}{2}+\frac{1}{2}\cos 2z \qquad \text{(見(10))}$$

對它積分得到(由鏈式法則得到因數 $1/2$)

$$\frac{1}{2}z+\frac{1}{4}\sin 2z\Big|_{-\pi i}^{\pi i}=\frac{1}{2}(\pi i-(-\frac{\pi}{i}))+\frac{1}{4}\sin 2\pi i-\frac{1}{4}\sin(-2\pi i)$$

$$=\pi i+\frac{1}{2}\sin 2\pi i \qquad \text{(13.6 節(15))}$$

$$=\pi i+\frac{1}{2}i\sinh 2\pi \text{ 。}$$

27. $\int_C \sec^2 z dz$ 其中 C 是從 $\pi/4$ 到 $\pi i/4$ 的任何路徑。

第一種方法 對於 $\sec^2 z = 1/\cos^2 z$ 積分得到 $\tan z$ 。代入積分的極限得到，

$$\tan\frac{1}{4}\pi i - \tan\frac{1}{4}\pi \text{ 。}$$

第二項等於 -1 (微積分計算！)。對於第一項使用 13.6 節的(15)以及雙曲線切線的定義：

$$\frac{\sin\frac{1}{4}\pi i}{\cos\frac{1}{4}\pi i} = \frac{i\sinh\frac{1}{4}\pi}{\cosh\frac{1}{4}\pi} = i\tanh\frac{1}{4}\pi \text{ ，}$$

這裡後一個等式直接由雙曲線切線的定義得到。數值(6S)是 $0.655794i$ 。記住實雙曲線切線值在 -1 和 1 中變化，從曲線 $\sinh x$ 和 $\cosh x$ 的圖像中可以看出。答案是 $-1+0.655794i$ 。

33. (**線型**)請利用任意的例子說明式(4)。並證明式(4)。

線型 使用(2)並取極限。得到，

$$\int_C (k_1 f_1(z) + k_2 f_2(z))\, dz = \lim \sum_{m=1}^{n} [k_1 f_1(\zeta_m) + k_2 f_2(\zeta_m)] \Delta z_m \text{ 。}$$

(4)的左邊的積分是 $k_1 f_1 + k_2 f_2$ 。現在來取 $k_1 f_1 + k_2 f_2$ 的極限，逐項求極限則可以把常數 k_1 和 k_2 提到它們的極限前面。由此以及定義，你可以得到(4)的右邊，從而完成證明；即，

$$k_1 \lim \sum_{m=1}^{n} f_1(\zeta_m)\Delta z_m + k_2 \lim \sum_{m=1}^{n} f_2(\zeta_m)\Delta z_m = k_1 \int_C f_1(z)\, dz + k_2 \int_C f_2(z)\, dz \text{ 。}$$

14.2 節 柯西積分定理

習題集 14.2

這是本章最重要的定理。它告訴我們圍繞著閉迴路的積分(圍線積分)是 0，如果被積函數是解析的。

這個定理的重要性不僅是在於其是一種重要的複數積分工具，還在於它還有

14.2-14.4 節討論的那些重要結果。

1-11 柯西積分定理是否能適用？

請將下列各 $f(z)$ 沿著單位圓以逆時針方向進行積分，並且指出柯西積分定理是否適用(寫出詳細解題過程)。

1. $f(z) = \operatorname{Re} z$ 。

柯西定理不適用 因爲 $\operatorname{Re} z = x$ 不是解析的。使用路徑(單位圓)

$$C: z(t) = e^{it} = \cos t + i \sin t \text{ ，}$$

因此 $\dot{z}(t) = ie^{it}$ ，由 14.1 節的(10)得到，

$$\int_0^{2\pi} x(t)\dot{z}(t)dt = \int_0^{2\pi} (\cos t) ie^{it} dt$$

$$= i\int_0^{2\pi} (\cos t)(\cos t + i \sin t)dt$$

$$= i(\pi + i \cdot 0) = \pi i$$

而不是 0。

3. $f(z) = e^{z^2/2}$ 。

柯西定理積分 應用於給定的函數，它是整函數(你能記得 13.5 節中的定義嗎？)。因此對 $e^{z^2/2}$ 的積分沿著單位圓或者沿著任意的閉迴路積分都等於 0。

7. $f(z) = 1/(z^8 - 1.2)$ 。

圍線外的非解析性 因爲 $z^8 - 1.2 = 0$，當 $z^8 = 1.2$ 時，因此 $|z| = \sqrt[8]{1.2}$，對 $f(z) = 1/(z^8 - 1.2)$ 的積分在 $z = \sqrt[8]{1.2}$ 的八個值不是解析的。但是這些值在單位圓外。反之在圓上或者在圓內，函數 $f(z)$ 是解析的。因此可用柯西積分定理，其值爲 0。

12-17 關於內文和例題的評論

15. (**變形原理**)試問可以從例題 4 得到結論來說沿著習題 13 的周線的積分等於零嗎？

變形原理 在例 4 中被積部分在 $z=0$ 不是解析的，但是其它任何地方都是。因此你可以把圍線(單位圓)變形成任意包含 $z=0$ 作爲其內點的圍線。習題 13 中的圍線就是這種類型。因此答案是解析的。

17. (**路徑的獨立性**)試針對 $\cos z$ ，從 0 到 $(1+i)\pi$ ，沿著下列兩個路徑，驗證定理 2：(a)沿著最短路徑，(b)沿著 x 軸到π，然後垂直往上到 $(1+i)\pi$ 。

路徑的獨立性

(a)最短的路徑片段是，

$$z(t)=(1+i)\pi t \qquad (0\le t\le 1)\text{。}$$

你還需要 $\dot{z}(t)=(1+i)\pi$ 。因此得到(用 13.6 節的(15))

$$\int_0^1 \cos((1+i)\pi t)(1+i)\pi dt = \sin((1+i)\pi t)\Big|_0^1$$

$$=\sin((1+i)\pi)$$

$$=\sin\pi\cosh\pi + i\cos\pi\sinh\pi$$

$$=-i\sinh\pi \text{。}$$

(b)第二條路徑包含兩部分 C_1 (水平線)和 C_2 (垂直線往上)。你把 C_1 表示爲，

$$z_1(t)=\pi t \qquad (0\le t\le 1) \qquad \text{你還需要} \qquad \dot{z}_1(t)=\pi \text{。}$$

因此你有積分(用 13.6 節的(15))

$$\int_0^1 \pi\cos\pi t\,dt = \sin\pi t\Big|_0^1 = 0 \text{。}$$

對第二部分你可以選擇如下運算式，

$$z_2(t)=\pi+i\pi t \qquad (0\le t\le 1) \qquad \text{你還需要} \qquad \dot{z}_2(t)=i\pi \text{。}$$

因此對於第二部分 C_2 你有積分，

$$\int_0^1 i\pi\cos(\pi+i\pi t)dt = i\pi\frac{\sin(\pi+i\pi t)}{i\pi}\bigg|_0^1$$

$$= \sin(\pi+i\pi)$$

$$= \sin\pi\cos i\pi + \cos\pi\sin i\pi$$

$$= 0+(-1)i\sinh\pi$$

作爲最短路徑上的積分。這就證明了路徑的獨立性。

21.　試計算$\oint_C \operatorname{Re} 2z dz$ 積分(寫出詳細過程，而且如果需要的話，請使用部分分式)，

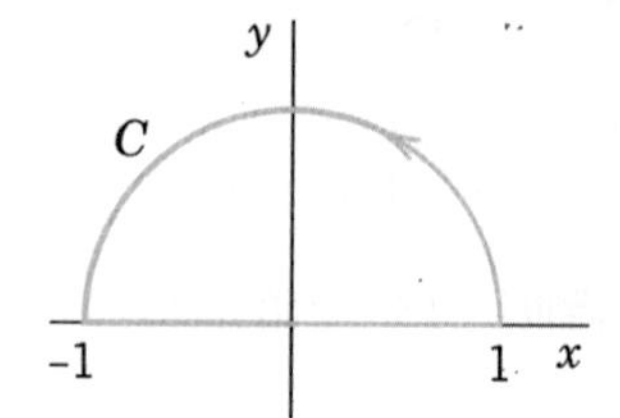

C 如圖所示：

圍線積分　被積部分 $\operatorname{Re} 2z = 2x$ 不是解析的，所以不能用柯西積分定理。對於水平部分你可以對 x 積分，從 -1 到 1，得到 0，或者你寫成 $z(t)=t$ ($-1\le t\le 1$)就和前面的一樣。

下一步，把半圓表示爲，

$$z(t)=e^{it}\ (0\le t\le \pi)\qquad 你還需要\qquad \dot{z}(t)=ie^{it}=i(\cos t+i\sin t)\ 。$$

因此你對被積部分 $2\cos t$ 有積分，

$$\int_0^{\pi} 2(\cos t)i(\cos t+i\sin t)dt = 2i\cdot\frac{\pi}{2}=\pi i\ 。$$

14.3 節　柯西積分公式

這個公式(1)計算了圍線積分

$$\oint_C g(z)dz$$

被積函數是 $g(z)=f(z)/(z-z_0)$，$f(z)$ 是解析的。因此你首先需要 $f(z)=(z-z_0)g(z)$。

例如，在書中的例 1，$g(z)=e^z/(z-2)$，因此 $f(z)=(z-2)g(z)=e^z$。

例 3 給出了一個被積部分依賴於那些使得 $g(z)$ 不解析的點的位置的情形，這與圍線的積分有關。

習題集 14.3

1-4 圍線積分

試將 $(z^2-4)/(z^2+4)$ 以逆時針方向沿著下列的圓形曲線進行積分：

1. $|z-i|=2$。

圍線積分 圍線是半徑爲 2 的圓，中心是 i。被積函數是，

$$g(z)=\frac{z^2-4}{(z+2i)(z-2i)}$$

在圍線內的 $z=2i$ 以及圍線外的 $z=-2i$ 都不是解析的。畫出這種情形，然後有，

$$f(z)=(z-z_0)g(z)=(z-2i)g(z)=\frac{z^2-4}{z+2i}\text{。}$$

對應於(1)在 $z_0=2i$ 計算它同時把結果乘以 $2\pi i$；這就給出了 $g(z)$ 的積分：

$$2\pi i\lim_{z\to 2i}\frac{z^2-4}{z+2i}=2\pi i\frac{(2i)^2-4}{2i+2i}=2\pi i\frac{-8}{4i}=-4\pi\text{。}$$

點 $-2i$ 對你來說是沒有用處的，因爲它在圍線外。

3. $|z+3i|=2$。

柯西積分公式 $|z+3i|=2$ 是中心在 $-3i$，半徑爲 2 的圓。點 $-2i$ 在圓內部，反之 $2i$ 在圓外部。把這個和習題 1 做比較。習題 1 中是 $g(z)$，而這裡是 $f(z)$，即，

$$f(z)=(z+2i)g(z)=\frac{z^2-4}{z-2i}\text{。}$$

你需要在點 $-2i$ 計算它，得到，

$$f(-2i)=\frac{(-2i)^2-4}{-2i-2i}=\frac{-8}{-4i}=-2i\text{。}$$

把這個乘上 $2\pi i$ 就得到答案 4π。

5-17 圍線積分

請利用柯西積分公式(並且寫出詳細過程)，沿著逆時針方向進行積分(或者如題目中所指出的)。

5. $\oint_C \frac{z+2}{z-2}dz$ ， $C:|z-1|=2$ 。

柯西積分公式 積分有形式(1)($z-z_0=z-2$)。因此 $z_0=2$ 。同時， $f(z)=z+2$ 是解析的，所以你可以用(1)並計算

$$2\pi i f(2)=8\pi i \text{ 。}$$

7. $\oint_C \frac{\sinh \pi z}{z^2-3z}dz$ ， $C:|z|=1$ 。

柯西積分公式 被積函數

$$g(z)=(\sinh \pi z)/(z(z-3))$$

是解析的除了點 0 和 3 。圍線是單位圓。它包含 $z_0=0$ 但沒有 3 。因此你有

$$f(z)=zg(z)=\frac{\sinh \pi z}{z-3} \text{ 。}$$

在 $z=0$ 計算它，你得到答案 0。

17. $\oint_C \frac{\cosh^2 z}{(z-1-i)z^2}dz$ ， C 和習題 16 相同。

環面 $1<|z|<3$ 中的點使得函數

$$g(z)=\frac{\cosh^2 z}{(z-1-i)z^2}$$

中是不解析的。 $z=1+i$ 就是這個環面中的點。另一個點是 $z=0$ ，但它不在環面內(不在兩個圓之間)但是在「洞」上。因此，

$$f(z)=(z-1-i)g(z)=\frac{\cosh^2 z}{z^2} \text{ 。}$$

在 $z=1+i$ 計算它，這裡 $z^2=2i$ 。你有，

$$2\pi i f(1+i)=2\pi i\frac{\cosh^2(1+i)}{2i}=\pi \cosh^2(1+i) \text{ 。}$$

其數值是 $\pi(-0.28281+1.64895i)=-0.88848+5.18032i$ 。

14.4 節　解析函數的導數

習題集　14.4

1-8　圍線積分

試將下列各函數沿著圓 $|z|=2$ 以逆時鐘方向進行積分(其中 n 是正整數，a 是任意數)。

請寫出詳細解題過程。

1. $\dfrac{\cosh 3z}{z^5}$ 。

圍線積分　$(\cosh 3z)/z^5$ (1)中積分的形式，這裡 $z_0=0$ ，$n=4$ 。因此你需要對 $\cosh 3z$ 求 4 次導數，由鏈式法則得到 $81\cosh 3z$ 。對於(1)中的積分有，

$$
\begin{aligned}
f^{(4)}(0)\cdot\frac{2\pi i}{4!} &= \frac{\pi i}{12}\frac{d^4}{dz^4}\cosh 3z\bigg|_{z=0} \\
&= \frac{\pi i}{12}\cdot 3^4\cosh 3z\bigg|_{z=0} \\
&= \pi i\cdot\frac{27}{4}\ 。
\end{aligned}
$$

3. $\dfrac{e^z\cos z}{(z-\pi/2)^2}$ 。

圍線積分、一階導數　因爲 $\pi/2<2$ ，這些點使得所給函數在圍線內不是解析的。另外，$n+1=2$ ，所以 $n=1$ 你還需要一階導數

$$(e^z\cos z)'=e^z(\cos z-\sin z)\ 。$$

由(1)積分，得到，

$$
\begin{aligned}
\frac{2\pi i}{1!}(e^z\cos z)'\bigg|_{z=\pi/2} &= 2\pi i e^{\pi/2}\left(\cos\frac{\pi}{2}-\sin\frac{\pi}{2}\right) \\
&= -2\pi i e^{\pi/2}\ 。
\end{aligned}
$$

7. $\dfrac{z^n}{(z-a)^{n+1}}$ 。

圍線積分 如果$|a|>2$，則$z=a$，這些點使得所給函數是不解析的，在圍線外，使用柯西積分定理其積分是 0。如果$|a|<2$，點$z=a$在圍線外。因爲$z-a$有指數$n+1$，你有(1)中z的第n階導數。這會導出$n!$，所以積分的值是，

$$\frac{2\pi i}{n!}\cdot n!=2\pi i \text{ 。}$$

11. **沿著不同圍線進積分** 請沿著C對下列各題進行積分。並且寫出詳細過程。
$\dfrac{\tan\pi z}{z^2}$，C是橢圓路徑$16x^2+y^2=1$，逆時針方向。

一階導數 這個導數是存在的因爲所給函數是$(\tan\pi z)/z^2$。而$\tan\pi z=(\sin\pi z)/\cos\pi z$在點$\pm(2n+1)\pi/2$是不解析的。但這些無窮多個點在橢圓

$$x^2/(1/4)^2+y^2=1$$

外面。其半軸長是$1/4$和1。另外，$(\tan\pi z)/z^2$在點$z=0$是不解析的，這裡它有(1′)的被積函數形式。相應的，計算

$$f(z)=z^2g(z)=\tan\pi z$$

以及導數(鏈式法則)

$$f'(z)=\frac{\pi}{\cos^2\pi z} \text{ 。}$$

因此(1)給出積分的值，

$$2\pi i f'(0)=\frac{2\pi i\cdot\pi}{1}=2\pi^2 i \text{ 。}$$

第 15 章　冪級數、泰勒級數

這些與微積分中的冪級數和泰勒級數(這也是冪級數)類似。在開始下面的新課程前，你可能需要再回顧一下微積分課程。

　　這些級數它們本身就很重要，比微積分中的那些實數級數要重要的多。另外，本章還需要理解下一章的羅倫級數(這在微積分中沒有什麼作用)以及基於這些級數的複數積分方法。

15.1 節　數列、級數與收斂檢驗

這與微積分中的數列、級數相似。最重要的實際應用是定理 7。

習題集　15.1

1-10　數列

試問下列數列是有界的嗎？是收斂的嗎？請求出它們的極限點(寫出詳細解題過程)。

1. $z_n = (-1)^n + i/2^n$ 。

數列　$z_n = (-1)^n + i/2^n$ ，n＝0，1，⋯是

$$i+i\ ，\quad -1+\frac{1}{2}i\ ，\quad 1+\frac{1}{4}i\ ，\cdots 。$$

對於絕對值有

$$|z_n|^2 = 1+\frac{1}{2^{2n}} \le 1+1 = 2\ ，$$

這顯示了其有界性。因為 $\operatorname{Im} z = 1/2^n \to 0$ ，隨著 $n \to \infty$ ，$\operatorname{Re} z = \pm 1$，你會發現 $\{z_n\}$ 有兩個極限點 1 和 -1 。由此知道 $\{z_n\}$ 是發散的。

9. $z_n = (0.9+0.1i)^{2n}$ 。

數列　計算

$$\begin{aligned} |z_n| &= |0.9+0.1i|^{2n} \\ &= (|0.9+0.1i|^2)^n \\ &= (0.81+0.01)^n \\ &= 0.82^n \to 0 \quad 當 \quad n \to 0 時， \end{aligned}$$

於是該數列絕對收斂到 0。

15. **(有界性)**請證明，若且唯若一個複數數列的實數部分和虛數部分，所形成的兩個相對應數列是有界，則這個複數數列是有界的。

有界性 令$\{z_n\}$是有界的，則$|z_n| < K$，K是一個常數，對任意的n都成立。令$z_n = x_n + iy_n$。則數列的$\{x_n\}$和$\{y_n\}$的有界性可由下列兩式得到，

$$|x_n| \le |z_n| < K, \qquad |y_n| \le |z_n| < K \text{。}$$

這裡對於$z = x + iy$你總有，

$$x^2 \le x^2 + y^2 = |z|^2, \qquad \text{因此} \qquad |x| \le |z|$$

對於y的虛部可以類似處理，即，$|y| \le |z|$。

反之，令$\{x_n\}$和$\{y_n\}$是有界的，即$|x_n| < K$， $|y_n| < K$。

於是，$x_n^2 < K^2$，$y_n^2 < K^2$，即$|z_n|^2 = x_n^2 + y_n^2 < 2K^2$

取平方根後得，

$$|z_n| < k, \qquad (k = K\sqrt{2})$$

因此$\{z_n\}$是有界的。

17. **級數** 試問下列級數是收斂的或發散的？(說明理由)

$$\sum_{n=0}^{\infty} \frac{(-1)^n (1+2i)^{2n+1}}{(2n+1)!} \text{。}$$

比例檢驗法 對於定理 7 中的比例檢驗法你有，

$$z_n = \frac{(-1)^n (1+2i)^{2n+1}}{(2n+1)!} \text{。}$$

計算比例得到，

$$\frac{z_{n+1}}{z_n} = \frac{(-1)^{n+1} (1+2i)^{2(n+1)+1} / (2(n+1)+1)!}{(-1)^n (1+2i)^{2n+1} / (2n+1)!} \text{。}$$

現在取商的絕對值並化簡得到，

$$\left|\frac{z_{n+1}}{z_n}\right| = \frac{|1+2i|^{2n+3}}{|1+2i|^{2n+1}} \cdot \frac{(2n+1)!}{(2n+3)!} \text{。}$$

於是，

$$\left|\frac{z_{n+1}}{z_n}\right| = |1+2i|^2 \cdot \frac{1}{(2n+3)(2n+2)} \to 0 \text{，} \qquad 當\ n \to \infty \text{。}$$

所以級數是收斂的因爲$|1+2i|$與n無關，而分母趨於無窮大，當$n \to \infty$時。

> 27. 在例題 4 中，該級數中具有最大絕對值的是 n 爲多少的數項？這個數項大約有多大？請先用猜想的，然後再利用第 24.4 節的 Stirling 公式計算它。

最大項　數項的絕對值首先增大，達到最大值，然後開始減小。顯然，「轉捩點」是商的絕對值等於 1 時，計算得到，

$$\frac{|100+75i|^n}{n!} \cdot \frac{(n-1)!}{|100+75i|^{n-1}} = \frac{125}{n} = 1 \text{。}$$

因此$n = 125$。現在應用 Stirling 公式，當$n = 125$時得到書後的答案。

15.2 節　冪級數

定理 2 告訴我們收斂半徑是商$|a_n / a_{n+1}|$的極限(如果它存在的話)，這是比例檢驗中$|a_{n+1} / a_n|$的倒數。這是很好理解的；如果$|a_{n+1} / a_n|$的極限很小，則它的倒數，收斂半徑，將會很大。

習題集　15.2

3-18　收斂半徑

> 3. $\displaystyle\sum_{n=1}^{\infty} \frac{(z+i)^n}{n^2}$ 。

收斂半徑　中心是$-i$因爲$z - z_0 = z - (-i)$。由(6)得到收斂半徑是 1，即

$$\frac{1/n^2}{1/(n+1)^2} = \frac{(n+1)^2}{n^2} \to 1 \text{，} \qquad 當 \qquad n \to \infty \text{。}$$

> 5. $\displaystyle\sum_{n=0}^{\infty} \frac{n!}{n^n}(z+1)^n$ 。

Cauchy-Hadamard 公式(6)　因爲$z + 1 = z - (-1)$，故中心爲－1。由(6)得到收斂半徑 1，

於是，

$$\frac{n!/n^n}{(n+1)!/(n+1)^{n+1}} = \frac{n!(n+1)^{n+1}}{(n+1)!n^n}\text{。}$$

現在用到 $(n+1)! = (n+1)n!$，與 $(n+1)^{n+1}$ 消去 $n+1$，剩下 $(n+1)^n$。結果就是，

$$\left(\frac{n+1}{n}\right)^n = \left(n+\frac{1}{n}\right)^n\text{。}$$

這個運算式的極限是 e，自然對數的底。這就是要找的收斂半徑。

15. $\sum_{n=0}^{\infty} 2^n (z-i)^{4n}$。

$(z-i)^4$ 中的級數　中心是 $+i$。把級數寫作，

$$\sum_{n=0}^{\infty} 2^n (z-i)^{4n} = \sum_{n=0}^{\infty} z^n [(z-i)^4]^n = \sum_{n=0}^{\infty} 2^n t^n$$

$$t = (z-i)^4\text{。}$$

用(6)，寫作

$$\frac{a_n}{a_{n+1}} = \frac{2^n}{2^{n+1}} = \frac{1}{2}\text{。}$$

這就是所給級數的收斂半徑，記成關於 t 的函數。現在 $z-i = t^{1/4}$，
所以級數的半徑，記成 z 的函數，是 $1/2^{1/4} = 0.84090$。

17. $\sum_{n=0}^{\infty} \frac{n^4}{2^n} z^{2n}$。

冪次 z^{2n}　這與習題 15 一樣。它是冪次 $z^2 = t$ 的冪級數，由(6)得，

$$\frac{n^4}{2^n} \Big/ \frac{(n+1)^4}{2^{n+1}} = \frac{2n^4}{(n+1)^4} \to 2\text{。}$$

由此關於 t 的收斂半徑是 2，而 $z = \sqrt{t}$，所以 $z = \sqrt{2}$。

15.3 節　由冪級數代表的函數

定理 5 回答了爲什麼冪級數在複分析中很重要，比在微積分中要重要得多。定理 3 和定理 4 指出冪級數可以被逐項微分和逐項積分。

習題集 15.3

1-10 利用微分或積分運算求出收斂半徑

試利用下列兩種方式求出收斂半徑：

(a)直接由第 15.2 節的 Cauchy-Hadamard 公式求出，

(b)透過使用定理 3 和定理 4，從數項比較簡單的級數求出。

1. $\sum_{n=2}^{\infty}\frac{n(n-1)}{3n}(z-2i)^n$ 。

利用微分得到收斂半徑(定理 3) 幾何級數是，

$$\sum_{n=0}^{\infty}\left(\frac{z-2i}{3}\right)^n$$

對 $|z-2i|/3<1$ 是收斂的，因此，$|z-2i|<3$ 。由定理 3，同樣有，

$$\sum_{n=1}^{\infty}\frac{n(z-2i)^{n-1}}{3^n} \tag{A}$$

(這裡你可以從 $n=1$ 加起，因爲 $n=0$ 的項是 0)，對(A)求導得到，

$$\sum_{n=2}^{\infty}\frac{n(n-1)(z-2i)^{n-2}}{3^n} \text{ 。}$$

因此下式也是正確的，

$$(z-2i)^2 f''(z)=\sum_{n=2}^{\infty}n(n-1)\left(\frac{z-2i}{3}\right)^n \text{ 。}$$

這就是所給級數，並且證明了收斂半徑是 3。

7. $\sum_{n=1}^{\infty}\frac{(-7)^n}{n(n+1)(n+2)}z^{2n}$ 。

由積分得到收斂半徑(定理 4) 係數分母中的因數 $n+2$ ，$n+1$ 以及 n 指出了確定收斂半徑需要三次積分。幾何級數，

$$\sum_{n=1}^{\infty}(-7)^n z^{2n} \tag{A}$$

其在$\left|z^2\right|<1/7$收斂。因此，$|z|<1/\sqrt{7}$。爲了得到因數$1/n$。把(A)除以z，積分，再乘以 2 得到：

$$2\sum_{n=1}^{\infty}(-7)^n\frac{z^{2n}}{2n}=\sum_{n=1}^{\infty}(-7)^n\frac{z^{2n}}{n} \text{。} \tag{B}$$

在(B)的右邊乘以z，積分，再乘以 2，得到，

$$2\sum_{n=1}^{\infty}(-7)^n\frac{z^{2n+2}}{n(2n+2)}=\sum_{n=1}^{\infty}(-7)^n\frac{z^{2n+2}}{n(n+1)} \text{。} \tag{C}$$

在(C)的右邊乘上z，積分，再把結果乘以 2 然後除以z^4得到，

$$2z^{-4}\sum_{n=1}^{\infty}(-7)^n\frac{z^{2n+4}}{n(n+1)(2n+4)}=\sum_{n=1}^{\infty}(-7)^n\frac{z^{2n}}{n(n+1)(n+2)} \text{。}$$

這些操作既不會影響收斂性也不會改變收斂半徑$1/\sqrt{7}$。

17. **同一性定理的應用** 請清楚並且明確地說明可以將定理 2 用於何處，以及如何使用它。**(奇函數)**如果式(1)中的$f(z)$是奇函數(也就是$f(-z)=-f(z)$)，試證明當n是偶數的時候，$a_n=0$。請舉幾個例子。

奇函數　偶數項係數是 0 因爲$f(-z)=-f(z)$，於是，

$$a_{2m}(-z)^{2m}=a_{2m}(-1)^{2m}z^{2m}=a_{2m}z^{2m}=-a_{2m}z^{2m} \text{。}$$

15.4 節　泰勒級數與馬克勞林級數

例 2 給出了指數函數的馬克勞林級數。用它來定義e^z使我們很早就接觸到級數。對不同的學生群嘗試了幾次，直接在本書中找到該方法是最好的教誨。

習題集　15.4

1-12　泰勒和馬克勞林級數

試求下列函數的泰勒級數或馬克勞林級數，並且以指定點當作中心點，然後求出收斂半徑。

1. e^{-2z}，0。

指數函數　把(12)中的t換成z然後作替代$t=-2z$：

$$e^{-2z}=\sum_{n=0}^{\infty}\frac{(-2z)^n}{n!}=1-\frac{2z}{1!}+\frac{4z^2}{2!}-\frac{8z^3}{3!}+-\cdots 。$$

現在就可以化簡得到書後的答案了。

7. $1/(1-z)$，i。

幾何級數 這與書上例 7 類似；事實上，$c=1$ 和 $z_0=i$ 是特例。爲了得到 $z-i$ 的冪級數，首先，

$$\frac{1}{1-z}=\frac{1}{1-(z-i)-i}=\frac{1}{1-i-(z-i)}=\frac{1}{(1-i)(1-\frac{z-i}{1-i})} 。$$

現在使用幾何級數的和公式，對應於右邊方程式組的運算式(用 $1/(1-i)=(1+i)/2$)

$$\frac{1}{1-i}\sum_{n=0}^{\infty}\left(\frac{z-i}{1-i}\right)^n=\frac{1+i}{2}\sum_{n=0}^{\infty}\left(\frac{1+i}{2}\right)^n(z-i)^n 。$$

這就給出了書後的答案。

15. **高等超越函數** 請利用對下列被積分函數進行逐項積分，求出馬克勞林級數(其中的積分式不能以平常的微積分方法計算其值。這些積分式定義了誤差函數(error function) erf z，正弦積分 Si(z)，和 Fresnel 積分式 S(z)和 C(z)，它們會應用於統計學、熱傳導、光學和其他領域中。這些數學式是所謂的高等超越函數)。

$$\mathrm{S}(z)=\int_0^z \sin t^2\,dt 。$$

Fresnel 積分式 由 $\sin x$ 的馬克勞林級數開始。令 $x=t^2$ 。逐項積分得到，

$$\int_0^z\sum_{n=0}^{\infty}\frac{(-1)^n t^{4n+2}}{(2n+1)!}dt=\sum_{n=0}^{\infty}\frac{(-1)^n t^{4n+3}}{(2n+1)!(4n+3)}\bigg|_{t=0}^{z} 。$$

現在令 $t=z$；這由積分的上極限得到。積分的下極限是 0，所以你可以令 $t=z$ 來得到右邊的級數。

15.5 節 均勻收斂(選讀)

你應該知道的是定理 1。本節的內容是關於任意級數的一般的均勻收斂性的，這裡的項數是的(z 的函數)。

習題集 15.5

1. **均匀收斂** 試證明下列級數在給定區域中會均勻收斂。

$$\sum_{n=0}^{\infty}(z-2i)^{2n} \text{，} |z-2i| \le 0.999 \text{。}$$

冪級數 這是由定理 1 推出的，因爲這個級數的收斂半徑是 $R=1$，所以它在 $|z-2i|<1$ 中收斂，這是在閉圓盤 $|z-2i| \le 0.999$ 。

9-16 冪級數

試求下列均勻收斂的區域(請說明理由)。

9. $\sum_{n=0}^{\infty}\frac{(z+1-2i)^n}{4^n}$ 。

冪級數 由定理 1，關於 $z-z_0$ 的冪級數在閉圓盤 $|z-z_0| \le r$ 中均勻收斂，這裡 $r<R$ ，R 是級數的收斂半徑。因此求解習題 9-16 歸結於確定收斂半徑。

在習題 9 中，你在下列範圍中收斂，

$$\left|\frac{z+(1-2i)}{4}\right|<1 \text{，} \qquad \text{因此} \qquad |z+1-2i|<4 \text{，}$$

(見 15.2 節的(6))，因此對 $|z+1-2i| \le r < R = 4$ 是均勻收斂。

15. $\sum_{n=1}^{\infty}\frac{z^{2n}}{5^n n^2}$ 。

冪級數 這是 $t=z^2$ 的冪級數。它的收斂範圍是，

$$\left|\frac{t}{5}\right|<1 \text{，} \qquad \text{因此} \qquad |t|<5 \text{，} \qquad \text{於是} \qquad |z|<\sqrt{5} \text{。}$$

在如下範圍內均勻收斂，

$$|z| \le r < R = \sqrt{5} \text{。}$$

在書後的答案，這可寫成，

$$|z| \le \sqrt{5}-\delta \quad (\delta>0) \text{。}$$

請一定要理解此答案與我們的所得的相同。

第 16 章　羅倫級數、留數積分

這是我們對於級數討論的最後一章。羅倫級數在微積分中沒有很類似的情形。它們在複數分析中十分的重要。

16.1 節　羅倫級數

一個給定的函數 $f(z)$ 可能有幾個有相同中心的 z_0 的羅倫級數，在這些級數中，最重要的是在 z_0 的一個領域內收斂(除了在 z_0 點)的級數。其負冪次部分叫作 $f(z)$ (或者羅倫級數)奇異性在 z_0 點的**主部**；見定理 1。

習題集　16.1

1. **在奇異點 0 附近的羅倫級數** 將下列各給定函數展開成羅倫級數，其中這個羅倫級數會在 $0<|z|<R$ 的範圍內收斂，並且求出這個級數收斂的準確範圍(寫出詳細的解題過程)。

$$\frac{1}{z^4 - z^5}\text{。}$$

羅倫級數　由幾何級數的和公式，羅倫級數是，

$$f(z)=\frac{1}{z^4-z^5}=\frac{1}{z^4(1-z)}=\frac{1}{z^4}\frac{1}{(1-z)}=\frac{1}{z^4}\sum_{n=0}^{\infty}z^n=\sum_{n=0}^{\infty}z^{n-4}$$

$$=\frac{1}{z^4}+\frac{1}{z^3}+\frac{1}{z^2}+\frac{1}{z}+1+z+\ldots\text{。}$$

$f(z)$ 在 $z=0$ 奇異性的主部是，

$$z^{-4}+z^{-3}+z^{-2}+z^{-1}\text{。}$$

7-14　在奇異點 z_0 附近的羅倫級數

將下列各給定函數展開成羅倫級數，其中這個羅倫級數會在 $0<|z-z_0|<R$ 的範圍內收斂，並且求出這個級數收斂的準確範圍(寫出詳細的解題過程)。

7. $\dfrac{e^z}{z-1}$，$z_0=1$。

$z\neq 0$ 點的奇異性　在習題 1 中奇異性出現在 $z=0$。在 $z\neq 0$ 點沒有多少改變，這裡是 $z=1$。寫成 $e^z=ee^{z-1}$ 並對 e^{z-1} 用馬克勞林級數(12)(見 15.4 節)，把 z 換成 $z-1$。

$$e^{-z}=\sum_{n=0}^{\infty}\frac{(z-1)^n}{n!}\text{。}$$

把它乘上 $e/(z-1)$ 就得到書後的答案。

11. $\dfrac{1}{(z+i)^2-(z+i)}$，$z_0=-i$。

羅倫級數　使用幾何級數的和公式得到，

$$\frac{1}{(z+i)^2-(z+i)}=\frac{-1}{(z+i)(1-(z+i))}$$

$$=\frac{-1}{z+i}\sum_{n=0}^{\infty}(z+i)^n$$

$$=-\frac{1}{(z+i)}-1-(z+i)-(z+i)^2-\cdots\text{。}$$

15-23　泰勒級數和羅倫級數

試求下列各題所有的泰勒級數和羅倫級數，其中心點為 $z=z_0$，並且找出收斂的準確區域。

15. $\dfrac{1}{1-z^3}$，$z_0=0$。

泰勒級數和羅倫級數　用幾何級數的和公式，把 z 換成 z^3 得到，

$$\frac{1}{1-z^3}=\sum_{n=0}^{\infty} z^{3n} \qquad (|z|<1)。$$

類似的，由下面的技巧可以得到 $|z|>1$ 的收斂性，這是你應該記住的。

$$\frac{1}{1-z^3}=\frac{1}{-z^3\left(1-\frac{1}{z^3}\right)}=\frac{1}{-z^3}\sum_{n=0}^{\infty}\frac{1}{z^{3n}}=-\frac{1}{z^3}-\frac{1}{z^6}-\frac{1}{z^9}-\cdots 。$$

23. $\dfrac{\sin z}{z+\frac{1}{2}\pi}$，$z_0=-\dfrac{1}{2}\pi$。

羅倫級數

$$\sin z=\sin((z+\frac{\pi}{2})-\frac{\pi}{2})=\sin(z+\frac{\pi}{2})\cos\frac{\pi}{2}-\cos(z+\frac{\pi}{2})\sin\frac{\pi}{2} 。$$

而 $\cos\pi/2=0$，$\sin\pi/2=1$，由馬克勞林級數類似的可以得到，

$$-\sum_{n=0}^{\infty}\frac{(-1)^n\left(z+\frac{\pi}{2}\right)^{2n}}{(2n)!} 。$$

把它乘上 $(z+\frac{\pi}{2})^{-1}$ (見所給函數)就得到書後的答案。

16.2 節　奇異點與零點、無限大

解析函數 $f(z)$ 在點 $z=z_0$ 的奇異性可以用 $f(z)$ 在中心 z_0 的羅倫級數(在 $0<|z-z_0|<R$ 收斂)來分類。類似的，$f(z)$ 在 $z=z_1$ 的零點可以用 $f(z)$ 在中心 z_1 的泰勒級數來分類。

習題集　16.2

1-10　**奇異點**

試判斷下列函數在有限複數平面中和無限遠處，其奇異點的位置和種類。如果奇異點是極點，請說出它的階數。

1. $\tan^2 \pi z$。

奇異點　$\tan z = (\sin z)/\cos z$ 奇異點，這裡 $\cos z = 0$，因此對 $z = (2n+1)\pi/2$。得到 $\tan \pi z$ 是奇異的，這裡 $\cos \pi z = 0$，因此 $\pi z = \pm(2n+1)\pi/2$，於是 $z = \pm(2n+1)/2$。這裡你用到一個事實：sin 和 cos 沒有公共的零點。這些零點是簡單的。在 $\tan^2 \pi z$ 中分母是 $\cos^2 \pi z$，因此這些零點是 2 階的因爲 $\cos \pi z$ 有簡單零點。由定理 4，這就導出了所給函數的 2 階簡單極點。下一步，$\sin^2 \pi z$ 在 ∞ 有本性奇異點，由 $\sin^2 \pi t$ 的奇異性，令 $t = 1/z$ 可以看出；這個無窮大級數是羅倫級數的主部。乘上 $1/\cos^2 \pi z$ 不改變奇異性的類型。

5. $\cos z - \sin$。

整函數　$\cos z$ 和 $\sin z$ 是整函數(13.6 節)。所以 $f(z) = \cos z - \sin z$ 也是。因爲 $f(z)$ 不是一個多項式，於是它在 ∞ 有本性奇異點。這可以直接由 $\cos t - \sin t$ 的馬克勞林級數作替換 $t = 1/z$ 得到。

13-22　零點

試判斷下列函數的零點的位置和階數。

13. $(z+16i)^4$。

零點　所給函數 $f(z) = (z+16i)^4$ 在 $z = -16i$ 有四階零點。由微分得到，

$$f'(z) = 4(z+16i)^3, \qquad f'(-16i) = 0$$

$$f''(z) = 12(z+16i)^2, \qquad f''(-16i) = 0$$

$$f'''(z) = 24(z+16i), \qquad f'''(-16i) = 0$$

$$f^{(iv)}(z) = 24 = 4!, \qquad f^{(iv)}(-16i) \neq 0 。$$

這就驗證了前面的結論。定理的一個特例是如果 g 在 z_0 有一階零點，則 g^n (n 是正整數) 在 z_0 有 n 階零點。

15. $z^{-3}\sin^3 \pi z$ 。

消去 這道題和類似問題的關鍵是仔細。在本題中， $z=0$ 不是所給函數的零點因爲，

$$z^{-3}\sin^3 \pi z = z^{-3}((\pi z)^3 + \cdots) = \pi^3 + \cdots$$ 。

23. **(零點)** 如果 $f(z)$ 是解析的，而且在 $z=z_0$ 處具有第 n 階零點，試證明 $f^2(z)$ 在該點具有第 $2n$ 階零點。

零點 由假設，利用公式，得到

$$f(z) = (z-z_0)^n g(z) \text{，} \qquad g(z_0) \neq 0 \tag{A}$$

所以

$$f(z_0)=0 \text{，} \qquad f'(z_0)=0 \text{，} \qquad \cdots \text{，} \qquad f^{(n-1)}(z_0)=0 \text{，}$$

它應該是 n 階零點。

由(A)，

$$h(z) = f^2(z) = (z-z_0)^{2n} g^2(z) \text{，}$$

所以由連續的微分， $h(z)$ 之導數在 z_0 是零，因爲 $z-z_0$ 的因數在每一項都出現。如果 $n=1$，即對 h 和 h'，有 h 的 2 階零點。如果 $n=2$，你會有 $(z-z_0)^4$，同時有 f，f'，f''，f''' 在 z_0 等於 0，即在 z_0 是 4 階零點。

16.3 節　留數積分法

習題集　16.3

3-12 留數

試求所有奇異點以及相對應的留數(請寫出詳細的解題過程)。

3. $\dfrac{1}{4+z^2}$。

簡單極點 $4+z^2=0$ 在 $z^2=-4$，$z=2i$ 和 $-2i$ 因此所給函數 $f(z)=1/(4+z^2)$ 在 $z=2i$ 和 $-2i$ 有簡單極點。對於 $z=z_0=2i$，使用 $(4+z^2)'=2z$ 和 $1/i=-i$，由(4)你可以得到，

$$\operatorname*{Res}_{z=2i} f(z)=1/4i=-i/4 \text{ 。} \tag{A}$$

類似的，對於 $z=-2i$ 你有，

$$\operatorname*{Res}_{z=-2i} f(z)=1/(-4i)=i/4 \text{ 。}$$

公式(3)給出了相同的答案。在(3)中你需要 $z=z_0=2i$

$$\frac{(z-2i)}{z^2+4}=\frac{(z-2i)}{(z+2i)(z-2i)}=\frac{1}{z+2i} \text{ 。}$$

在 $z=2i$，其值是 $1/(4i)=-i/4$ 與(A)相吻合。對於 $z=-2i$ 有類似的做法。

5. $\dfrac{\sin z}{z^6}$。

使用羅倫級數 在習題 3 中你用公式可以直接得到留數，不需要考慮整個羅倫級數。對於函數 $f(z)=(\sin z)/z^6$ 你可以使用熟悉的正弦函數的馬克勞林級數，並找到 z^5 的係數 a_5，因爲 $a_5z^5/z^6=a_5/z$，這表示 a_5 是 $f(z)$ 在 $z=0$ 的留數，這裡 $f(z)$ 有 5 階極點(不是 6 階的因爲 $\sin z$ 在 $z=0$ 有簡單零點)。你最後得到，

$$\frac{\sin z}{z^6}=\frac{1}{z^6}\left(z-\frac{z^3}{3!}+\frac{z^5}{5!}-+\cdots\right) \text{ 。}$$

因此 $a_5=1/5!=1/120$ (在 $z=0$ 的留數)。

23. **留數積分法** 試計算下列各積分式(逆時針方向)(請寫出詳細過程)。

$$\oint_C \frac{\tan \pi z}{z^3} dz \text{ , } C: \left| z + \frac{1}{2} i \right| = 1 \text{ 。}$$

留數定理 $\tan \pi z$ 在 $\pi z = \pm \pi / 2$，$\pm 3\pi / 2$，…，因此在 $z = \pm \frac{1}{2}$，$\pm \frac{3}{2}$，…。畫出積分 C 的路徑圓(中心是 $-i/2$，半徑是 1)看到 $(\tan \pi z)/z^3$ 在 $z=0$ 有奇異點(一個 2 階極點，因爲 $\tan \pi z$ 在 0 有簡單零點)以及 C 內的 $z = \pm \frac{1}{2}$，還有 C 外的無窮多點，但這裡不關心這些。

在 $z=0$ 你可以得到留數 0 因爲 $z^{-3} \tan \pi z$ 是偶函數(奇乘以奇是偶)，所以它只有 z 的偶冪次，由 $\pi z / z^3 = \pi / z^2$ 開始，下面是常數項和 z 的正冪次。

在 $z = \pm \frac{1}{2}$ 分母 $z^3 \cos \pi z$ 有簡單零點。因此你對下式用(4)，

$$p(z)/q(z) = (\sin \pi z)/(z^3 \cos \pi z) \text{ 。}$$

在(4)中你需要(由鏈式法則得到 π)

$$p(z)/q'(z) = (\sin \pi z)/(3z^2 \cos \pi z - \pi z^3 \sin \pi z) \text{ 。}$$

在 $z = \frac{1}{2}$ 這等於，

$$\frac{\sin \frac{\pi}{2}}{0 - \pi \cdot \frac{1}{8} \sin \frac{\pi}{2}} = -\frac{8}{\pi} \text{ 。}$$

在 $z = -\frac{1}{2}$ 這等於 $+8/\pi$ 。留數定理給出結果爲 0。

16.4 節 實數積分的留數積分法

這部分的中心思想如下。應用留數積分，你需要閉合路徑(圍線)。對於實數積分(1)你可以通過轉換(2)得到圍線。對於實數積分(4)和(10)開始是實軸上的無限區間 $-R$ 到 R (x 軸)，而後是半圓 S (圖 371)。然後「放大」圍線並作假定(分母的階數 ≥ 分子的階數+2)積分在放大的半圓外爲 0。

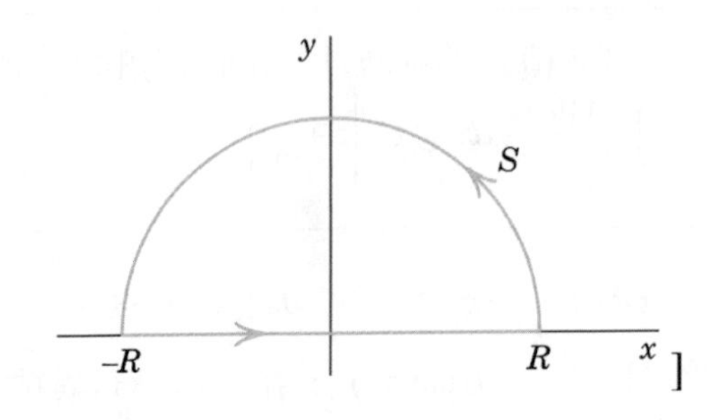

圖 371 在式 (5*) 中，圍線積分的路徑

習題集 16.4

> 1. **牽涉到正弦和餘弦函數的積分式** 試計算下列積分式(寫出詳細過程)。
> $$\int_0^{2\pi}\frac{d\theta}{7+6\cos\theta}\text{。}$$

包含 $\cos\theta$ 的積分 用(2)，這是 $7+6\cos\theta=7+3(z+1/z)$ ，$d\theta=dz/(iz)$ 。因此得到被積函數，

$$\frac{1}{iz(7+3(z+1/z))}=\frac{1}{3i(z^2+7z/3+1)} \tag{A}$$

二次方程式，

$$z^2+\frac{7}{3}z+1=0 \tag{B}$$

有根，

$$z_1=-\frac{7}{6}+r\text{ ，}\qquad z_2=-\frac{7}{6}-r\text{ ，}\qquad \text{這裡}\qquad r=\sqrt{\frac{49}{36}-1}=\frac{1}{6}\sqrt{13}\text{ 。}$$

根是實的，你會發現$|z_2|>1$ 。因此 z_2 在單位圓外。現在(B)中的常數項是兩個根的積。於是$|z_1|<1$因爲$|z_2|>1$，所以 z_1 在單位圓內。這給出了(A)在 z_1 的單極點。相應的留數最好由 16.3 節的(4)得到。對(A)的分母求導數；再令 $z=z_1$ 。得到，

$$\left.\frac{1}{3i(2z+7/3)}\right|_{z=z_1}=\frac{1}{3i(-7/3+2r+7/3)}=\frac{1}{3i\cdot 2r}\text{。}$$

把它乘上 $2\pi i$ 就得到積分的值，即，

$$2\pi i/(6ir)=\pi/(3r)=\pi/(\tfrac{3}{6}\sqrt{13})=2\pi/\sqrt{13}\text{ 。}$$

9. **瑕積分 在無限區間上的積分** 請計算下列積分式(寫出詳細過程)。

$$\int_{-\infty}^{\infty}\frac{dx}{x^2+1}\text{ 。}$$

無限區間上的積分 使用書上的方法。發現被積部分 $1/(z^2+1)$ 在上半平面有單極點 $z=i$。相應的留數是，

$$\left.\frac{1}{z+i}\right|_{z=i}=\frac{1}{2i}=-\frac{i}{2}$$

由 16.3 節的(3)。可由 16.3 節的(4)驗證。

$1/(x^2+1)$ 滿足分子和分母的條件，所以你可以應用這裡的複數方法。由(7)推得積分等於 $2\pi i(-i/2)=\pi$ 。

這裡的積分也可由微積分來計算，即，

$$\int_{-\infty}^{\infty}\frac{dx}{x^2+1}=\lim_{a\to-\infty}\int_a^0\frac{dx}{x^2+1}+\lim_{b\to\infty}\int_0^b\frac{dx}{x^2+1}$$

$$=-\lim_{a\to\infty}\arctan a+\lim_{b\to\infty}\arctan b$$

$$=-(-\pi/2)+\pi/2$$

$$=\pi\text{ 。}$$

23. **瑕積分 在實數軸上的極點** 試求下列各題的柯西主值(寫出詳細解題過程)。

$$\int_{-\infty}^{\infty} \frac{x+2}{x^3+x} dx \text{ 。}$$

實軸上的極點 使用(14)。你有，

$$z^3 + z = z(z-i)(z+i) \text{ 。}$$

你會發現簡單極點在 0 和 i ($-i$ ，這在本題中沒有意義)。計算得，

$$p(z)/q'(z) = (z+2)/(z^3+z)' = (z+2)/(3z^2+1) \text{ 。}$$

在 $z=0$ ，留數是 2，在 $z=i$ 留數是，

$$(i+2)/(3(-1)+1) = (2+i)/(-2) = -1-\frac{i}{2} \text{ 。}$$

現在使用(14)得到，

$$2\pi i(-1-\frac{i}{2}) + \pi i \cdot 2 = -2\pi i + \pi + 2\pi i = \pi \text{ 。}$$

注意到這個積分必須是實數值的！爲什麼？

第 17 章　保角映射

本章包括五節。在 17.1 節你會看到由解析函數 $f(z)$ 給出的映射是保角的(這包含了大小和兩條曲線的方位，定理 1)。例外情況是導數為 0 的點。例如：$f(z)=z^2$，$f'(2)=2z=0$ 在點 $z=0$，這裡角是雙重的。17.2 節和 17.3 節處理了一類重要函數的映射，$w=(az+b)/(cz+d)$，a，b，c，d 是常數。17.4 節處理了複數三角函數和雙曲函數的映射。選讀材料 17.5 節是給出一種巧妙的思想把複數多值與單值聯繫起來，在合適的區域上，這叫做 Riemann 表面。

為了完全理解這種映射，請畫草圖。

17.1 節　解析函數的幾何學：保角映射

習題集　17.1

3. 試問映射 $w=\bar{z}=x-iy$ 會在角度的大小和方向兩方面，都使原角度等於像的角度嗎？

$w=f(z)=\bar{z}$ 給出的映射　例如，從 $(0,0)$ 到任意的 $(x,y)\neq(0,0)$ 的線段給出了與 x 軸的夾角 $\theta=\arctan(y/x)$。它的映射是從 $(0,0)$ 到 $(x,-y)$ 的線段，這使得夾角 $\tilde{\theta}=\arctan(-y/x)=-\arctan(y/x)=-\theta$。注意到 $f(z)$ 不是解析的。請畫一下圖。

5. **曲線的映射** 試求並且畫出給定曲線，在指定映射之下的像。如例題 4 中的曲線，$w=iz$ **(旋轉)**。

旋轉　$z=re^{i\theta}$ $(r>0)$在映射 $w=iz$ 下的像是，

$$w=iz=e^{i\pi/2}re^{i\theta}=re^{i\tilde{\theta}}, \qquad \text{這裡} \qquad \tilde{\theta}=\theta+\pi/2,$$

所以這個映射確實是關於 0 正方向旋轉 $\pi/2$ 得到的(逆時針旋轉)。

在書後的答案中，線 $x=c$ 上的點是

$$z=x+iy=c+iy, \qquad \text{所以} \qquad w=iz=i(c+iy)=-y+ic。$$

例如，在實軸上的 $z=x=c$ 映到虛軸上的 $w=ic$。類似的，對於 $y=k$，你有 $z=x+ik$，因此 $iz=-k+ix$。

7-15　區域的映射

試求並且畫出給定區域，在指定映射之下的像。

7. $-\pi/4 < \mathrm{Aag}z < \pi/4$，$|z| < 1/2$，$w = z^3$。

角形區域,扇形　不等式$-\pi/4 < \mathrm{Arg}z < \pi/4$定義了第一和第四象限的平分線之間的角形區域$R$。因爲$w = z^3$在原點是三重角，$R$的像是複數平面上第二、三象限角平分線之外的區域；$R$的像是一個角度爲$3\pi/2$的角形區域，因爲$|z| < 1/2$，於是$|w| < 1/8$。

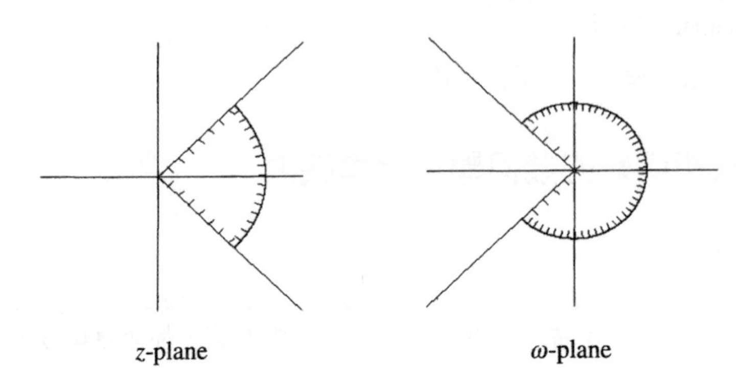

第 17.1 節 習題 7 所給定的區域及其線

11. $x \geq 0$，$y \geq 0$，$|z| \leq 4$；$w = z^2$。

映射 $w = z^2$　因爲角在$z = 0$是雙重的，所以把四分之一圓映成了半圓，在w平面上，半徑爲16。

13. $\ln 3 < x < \ln 5$，$w = e^z$。

指數函數　取$\ln 3 < x < \ln 5$的指數得到$3 < e^x < 5$，因爲對數$\ln x$隨著x的增大單調遞增。現在$e^x = |e^z| = |w|$，這由 13.5 節(10)。因此，$3 < |w| < 5$。

17. **保角性的失效**　試找出下列映射不具有保角性的所有位置。

$$z(z^4 - 5)\text{。}$$

臨界點　這些點(保角性失效點)是，

$$(z(z^4 - 5))' = (z^5 - 5z)' = 5(z^4 - 1) = 0\text{。}$$

因此 $z^4=1$，所以 $z=\pm 1$ 和 $\pm i$。

25. **放大比例**，Jacobian 試求放大比例 M。然後說明它能夠告訴我們關於映射的什麼性質。在何處 M 會等於 1？求出 Jacobian J。

$$w=e^z\text{。}$$

放大比例　由(4)你需要，

$$\left|(e^z)'\right|=\left|e^z\right|=e^x\text{。}$$

因此當 $x=0$（y 軸上每一點)時，$M=1$。

同時，$M<1$ 在左半平面的任意點成立，因為當 $x<0$ 時 $e^x<1$。$M>1$ 在右半平面任意點成立。

由(5)你有，

$$J=\left|f'(z)\right|^2=\left|(e^z)'\right|^2=\left|e^z\right|^2=(e^x)^2=e^{2x}\text{。}$$

使用(5)中的偏導數可以確定這一點。

17.2 節　線性分式轉換

習題集　17.2

3. **(矩陣)** 如果讀者已經熟悉 2×2 矩陣，那麼請證明，當 $ad-bc=1$ 的時候，式(1)和(4)的係數矩陣，彼此互為逆矩陣，並且證明若干個 LFT 的合成對應成若干個係數矩陣的乘法運算結果。

矩陣　如果你對矩陣熟悉，可以找到(1)式的係數矩陣的逆矩陣，即，

$$\mathbf{A}=\begin{bmatrix} a & b \\ c & d \end{bmatrix},$$

使用 7.8 節的(4*)，得到，

$$\mathbf{A}^{-1}=\frac{1}{\det\mathbf{A}}\begin{bmatrix} d & -b \\ -c & a \end{bmatrix},\qquad \text{這裡}\qquad \det\mathbf{A}=ad-bc\text{。}$$

你會發現這等於本節(4)中的係數矩陣，當且僅當 $\det\mathbf{A}=1$。

5. **反映射** 試求下列映射的反映射 $z = z(w)$。請藉由針對 w 求解 $z(w)$來檢驗結果。

$$w = \frac{3z}{2z - i}$$。

反映射 你有 $a = 3$，$b = 0$，$c = 2$，$d = -i$。由(4)你可以得到，

$$z = \frac{-iw}{-2w + 3}$$。

通過求 w 可以得到驗證，

$$(-2w + 3)z = -iw, \qquad w(-2z + i) = -3z, \qquad w = \frac{-3z}{-2z + i} = \frac{3z}{2z - i}$$。

9. **固定點** 試求映射的固定點。$w = (4 + i)$。

固定點 對於 $w = (4 + i)z$ 固定點條件是 $(4 + i)z = z$

其解是 $z = 0$。

幾何上，這個 $w = f(z)$ 可通過長度放大 $|4 + i| = \sqrt{17}$ 同時旋轉 $\theta = \arctan(1/4)$ 得到。

15. 當固定點只有－2 和 2 的時候，試求這樣一個 LFT。

固定點 固定點方程式需滿足，

$$(z - 2)(z + 2) = z^2 - 4 = 0$$。

由此和(5)可推出 $c = 1$，$a = d$，$b = 4$，所以這個 LFT 是，

$$w = \frac{az + 4}{z + a}$$。

你會發現 $z = 2$ 給出 $w = 2$，$z = -2$ 給出 $w = -2$，就如所期望那樣。例如，你取 $a = d = 0$ 以及 $w = 4/z$，也會得到這兩個固定點。你能找到這個問題的其他解嗎？

19. 當固定點是 0 和∞的時候，試求所有滿足此條件的 LFT。

0 和 ∞ 作為固定點 由(1)(或(5))你會發現 $w = 0$，對 $z = 0$，有 $b = 0$。然後你有，

$$w = \frac{az}{cz + d}$$。

現在 $w = \infty$ 對 $z = \infty$ 表示 $a \neq 0$，$c = 0$，$d \neq 0$，所以 $w = az/d$。

17.3節 特殊線性分式轉換

「標準區域」(這不是一個術語)即那些在應用上頻繁地用到的區域，可能是直接或者由保角映射得到的區域。例如，在 PDEs 的邊界值問題中兩個空間變數之間的聯繫。

習題集 17.3

1. 試由式(2)推導出例題 2 中的映射。

公式(2) 由例題 2 中的資料和(2)你有

$$\frac{w+1}{w-1}\cdot\frac{-i-1}{-i+1}=\frac{z-0}{z-\infty}\cdot\frac{1-\infty}{1-0}\ 。$$

化簡左邊，

$$-(1+i)/(1-i)=-(1+i)^2/((1-i)(1+i))=-2i/2=-i\ 。$$

由定理 1，化簡右邊。即，把 $(1-\infty)/(z-\infty)$ 換成 1。你馬上可以得到結果，

$$\frac{w+1}{w-1}(-i)=z\ ，\qquad 因此\qquad \frac{w+1}{w-1}=\frac{z}{-i}=iz\ 。$$

對 w 求解得：

$$w+1=iz(w-1)\ ，\qquad w(1-iz)=-iz-1\ 。$$

所以，

$$w=\frac{-iz-1}{-iz+1}=\frac{z-1/(-i)}{z+1/(-i)}=\frac{z-i}{z+i}\ 。$$

5. **(反轉換)** 如果 $w=f(z)$ 是具有逆轉換的任何一個轉換，試證明 f 以及其逆轉換具有相同的固定點。

固定點 如果函數 $w=f(z)$ 把 z_1 映成 w_1，你有 $w_1=f(z_1)$，由反映射 f^{-1} 的定義，以及 $z_1=f^{-1}(w_1)$。現在對於固定點 z_1，你有 $z_1=f(z_1)$，因此 $z_1=f^{-1}(z_1)$。

11. **從三個點和它們的像求出 LFT** 試求能將下列各指定的三個點，依序映上於三個指定的點的映射。

$$0，1，\infty\ 映上於\ \infty，1，0。$$

給定點的 LFT 這裡 $w=1/z$，所以你只在更複雜的情形中需要(2)。然而，在這個習題

中，(2)也是很簡單和直接的，即，

$$\frac{w-\infty}{w-0}\cdot\frac{1-0}{1-\infty}=\frac{z-0}{z-\infty}\cdot\frac{1-\infty}{1-0}\text{。}$$

由此即有，$1/w=z$。

17. 試求一個能將 $\lvert z\rvert\le 1$ 映上於 $\lvert w\rvert\le 1$ 的 LFT，而且它還必須能將 $z=i/2$ 映上於 $w=0$。請畫出直線 $x=$ 常數 和 $y=$ 常數的像。

圓盤到圓盤　用(3)，得到，

$$w=\frac{z-i/2}{(-i/2)z-1}=\frac{2z-i}{-iz-2}\text{。}$$

19. 試求一個能將區域 $0\le\arg z\le\pi/4$ 映上於單位圓 $\lvert w\rvert\le 1$ 的解析函數 $w=f(z)$。

角度區域到圓盤　$t=z^4$ 把所給的角度區域映成上 t 半平面。(畫個草圖)($\tau=t^8$ 將把所給區域映成全 τ 平面，但這不會在下一步得到所想要的單位圓。)現在使用(2)把 t 半平面映成 w 平面上的單位圓盤(本書例題 3 的反問題)。很明顯，實 t 軸(半平面的邊界)會被映成單位圓 $\lvert w\rvert=1$。因爲沒有實 t 軸上的特殊點以及它們的在單位圓 $\lvert w\rvert=1$ 上的像能夠被表示出來，你會得到無窮多的解(映射函數)。例如，如果你把－1，0，1 分別映到－1，$-i$，1，自然的選擇是－1 和 1 是固定點，你可以得到書後的答案，

$$w=\frac{t-i}{-it+1}=\frac{z^4-i}{-iz^4+1}$$

它把 $t=i$ 映成 $w=0$，圓盤的中心。

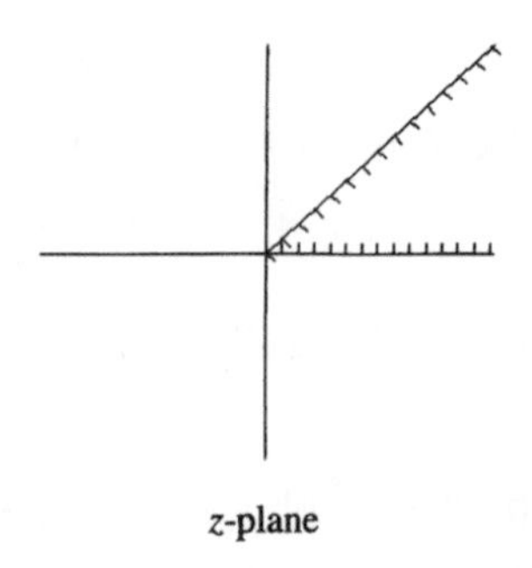

z-plane

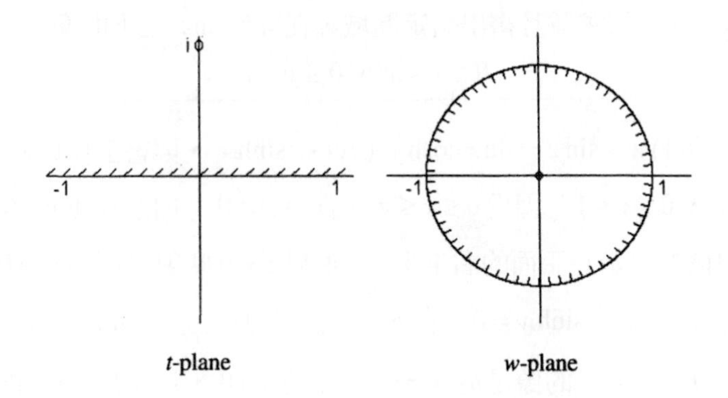

第 17.3 節 習題 19 z，t 及 w 平面和區域

17.4 節 由其他函數造成的保角映射

習題集 17.4

1. **保角映射** $w = e^z$ 試求出並且畫出下列給定區域，在 $w = e^z$ 之下的像。

$$0 \le x \le 2 \text{，} -\pi \le y \le \pi \text{。}$$

映射 $w = e^z$ 所給區域被映成了矩形 R。因爲 $|w| = |e^z| = e^x$ (見 13.5 節的(10))，推出不等式 $0 \le x \le 2$，於是 $e^0 = 1 \le |w| \le e^2 = 7.389$。這是一個 w 平面上的中心爲 0 的圓環。不等式 $-\pi \le y \le \pi$ 沒有給出其他限制。R 的邊 $x = 0$ 被映成平面上的單位圓，邊 $x = 2$ 被映成半徑爲 e^2 的圓。R 的這兩條水準邊的映射在兩條實 w 軸上，從 -1 拓展到 $-e^2$。也見 17.1 節的例題 4，這是對另一個矩形的映射。

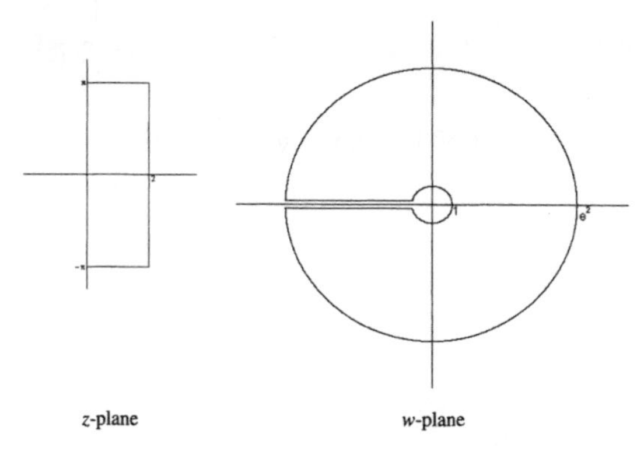

第 17.4 節 習題 1 R 區域及其線

9. **保角映射** $w=\sin z$ 試求並且畫出給定區域，在 $w=\sin z$ 之下的像。

$$0\le x\le \pi \text{，} 0\le y\le 1 \text{。}$$

映射 $w=\sin z$ 　用(1) $w=\sin z=\sin x\cosh y+i\cos x\sinh y$，與書上作比較，見圖 388。矩形 R 是 $0\le x\le \pi$，$0\le y\le 1$。因爲 $0\le x\le \pi$，你有 $x\ge 0$；加上 $\cosh y>0$ 給出 $u\ge 0$；也就是說，R 的整個映射是 w 平面的右半平面。原點 $z=0$ 映射到原點 $w=0$。x 軸 $y=0$ 映射到 u 軸，因爲當 $y=0$ 時 $\sinh y=0$。在 $\pi/2$ 沒有正則性這裡 $(\sin z)'=\cos z=0$。因此 R 的下邊界(從 $z=0$ 到 $z=\pi$)的像是從 $w=0$ 到 1 再返回 0，這也是 $z=\pi$ 的像。垂直邊從 $z=x=\pi$ 到 $z=\pi+i$ 是從 $w=0$ 垂直的到 $w=i(-1)\sinh 1$。上水準邊 $y=1$，$\pi\ge x\ge 0$ 被映到橢圓的右半邊

$$\frac{u^2}{\cosh^2 1}+\frac{v^2}{\sinh^2 1}=1 \qquad (u\ge 0)\text{。}$$

最後，R 的左邊被映到 v 軸 $u=0$，從 $i\sinh 1$ 到 0。

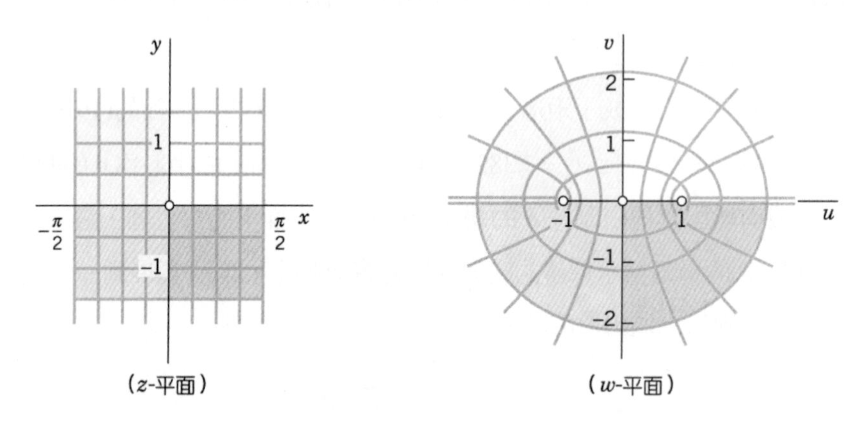

圖 388 映射 $w=u+iv=\sin z$

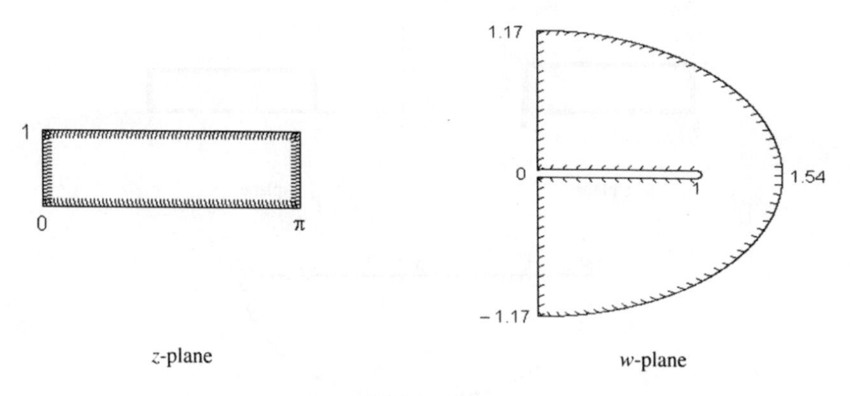

第 17.4 節 習題 9 長方形及其由 $w = \sin z$ 所造成的線

19. **保角映射** $w = \cos z$ 試求並且畫出下列給定區域，在 $w = \cos z$ 之下的像。

$$0 < x < \pi \text{ ，} 0 < y < 1 \text{ 。}$$

映射 $w = \cos z$ 被作映射的矩形與習題 9 中的一樣，不同的是這裡它是開的，而習題 9 中它是閉的。使用下式與習題 9 作聯繫，

$$\cos z = \sin(z + \frac{1}{2}\pi) \text{ 。}$$

令 $t = z + \frac{1}{2}\pi$ 。則 t 平面上所給區域的像是 $\frac{1}{2}\pi < \operatorname{Re} t = x + \frac{1}{2}\pi < \frac{3}{2}$ ，
$\theta < \operatorname{Im} t = y < 1$ 。使用

$$w = \sin t = \sin\left(x + \frac{1}{2}\pi\right)\cosh y + i\cos\left(x + \frac{1}{2}\pi\right)\sinh y \text{ 。}$$

現在 $\cos\left(x + \frac{1}{2}\pi\right) < 0$ ，如果 $\frac{1}{2}\pi < x + \frac{1}{2}\pi < \frac{3}{2}\pi$ 。同時 $\sinh y > 0$ 如果 $0 < y < 1$ 。因此做給區域的像在 w 平面的下半平面，其邊界是 u 軸，習題 9 的下半橢圓，

$$\frac{u^2}{\cosh^2 1} + \frac{v^2}{\sinh^2 1} = 1 \qquad (v < 0) \text{ 。}$$

所給矩形的下邊界映到 $1 \geq u \geq -1$ ， $v = 0$ ，右邊界映到，

$$-1 \geq u \geq -\cosh 1 \text{ ，} \qquad v = 0 \text{ ，}$$

上邊界映到半橢圓，左邊界映到，

$$\cosh 1 \geq u \geq 1 \text{ ，} \qquad v = 0 \text{ 。}$$

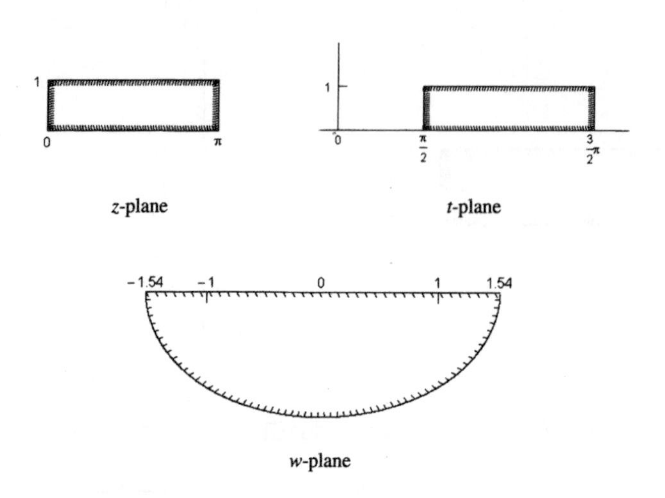

第 17.4 節 習題 19 給定的區域及其在 t 和 w 平面的線

17.5 節　Riemann 表面(選讀)

習題集　17.5

1. 考慮 $w=\sqrt{z}$ 。某一個點 z 從初始位置 $z=1$ 開始，繞著單位圓移動兩次，試求出其像的路徑。

平方根　直覺地，解是相當清楚的，你必須知道如何用公式來表達它。

令 $z=re^{i\theta}$ 。因爲在單位圓上，$r=1$，你實際上是有 $z=e^{i\theta}$ 。推出 $w=\sqrt{z}=e^{i\theta/2}$ 。因爲 z 圍繞單位圓兩次，θ 增加 $2\cdot 2\pi=4\pi$ 。因此 $\theta/2$ 增加 $4\pi/2=2\pi$ 。這是如前的，在 w 平面繞單位圓運動一次的情形。

第 18 章　複數分析與位勢理論

複數分析可以在精確或者近似求解兩個變數拉普拉斯方程式時起作用，而後一種情況意味著可以在所考慮的空間區域中忽略第三個變數。

與位勢理論的聯繫是複數分析在應用數學中很重要的主要原因。

本章首先討論幾個領域的特殊問題然後是調和函數的一般性質(拉普拉斯方程式的解有二階連續偏導數)。

18.1 節　靜電場

本節解釋出了用複數位勢的好處，它的實部和虛部都有物理意義。

習題集　18.1

> 3. **位勢** 試求並且畫出位勢。然後求出複數位勢。
> 在兩個軸(位勢 110 V)和雙曲線 $xy=1$ (位勢 60 V)之間的位勢。

實數和複數位勢　用

$$w=u+iv=z^2=x^2-y^2+2ixy \text{，}\qquad \text{因此}\qquad u=x^2-y^2 \text{，}\qquad v=2xy \text{。}$$

函數 $w=z^2$ 把 $y=0$ 和 $x=0$ 映成實 w 軸 $v=0$ 。它也把 $xy=1$ 映成 $v=2xy=2$ 。因此它把所給區域映成寬爲 2 的條狀區域($v=0$ 和 $v=2$ 之間)。條狀區域中的位元勢是，

$$\tilde{\phi}(u,v)=av+b$$

這裡 a 和 b 由邊界值確定，

$$\tilde{\phi}(u,0)=b=110$$

$$\tilde{\phi}(u,2)=2a+b=2a+110=60 \text{，}\qquad a=-25 \text{。}$$

因此 w 平面上的位勢是 $\tilde{\phi}(u,v)=110-25v$ 。這就是複數位勢的實部，

$$\tilde{F}(w)=110+25iw=110+25i(u+iv)=110-25v+25iu \text{。}$$

在 z 平面你於是有複數位勢，

$$F(z)=110+25iz^2=110-50xy+25(x^2-y^2)i$$

因此實數位勢是，

$$\phi(x, y) = 110 - 50xy \text{ 。}$$

曲線 $\phi =$ 常數 是等勢線(傳導邊界總是等勢線！)。雙曲線 $\Psi = x^2 - y^2 =$ 常數 是電力線，同時跟等勢線垂直。

5. **同軸圓柱** 兩個無限長同軸圓柱的半徑分別是 r_1 和 r_2，其位勢分別是 U_1 和 U_2，試求兩個圓柱之間的位勢。然後求出複數位勢。

$$r_1 = 0.5 \text{ ，} r_2 = 2.0 \text{ ，} U_1 = -110\text{V} \text{ ，} U_2 = 110\text{V} \text{ 。}$$

圓柱 例題 2 告訴我們 $\phi(r) = a \ln r + b$，a，b 由邊界條件決定。用到 $\ln \frac{1}{2} = -\ln 2$。於是，

$$\phi(0.5) = a \ln 0.5 + b$$

$$= -a \ln 2 + b = -110$$

$$\phi(2.0) = a \ln 2.0 + b = 110 \text{ 。}$$

另外，$b = 0$。作減法並由 $b = 0$ 得到，

$$\phi(2.0) - \phi(0.5) = 2a \ln 2 = 220 \text{ ，}$$

因此 $a \ln 2 = 110$ ，$a = 110/\ln 2$，這給出

$$\phi(r) = \frac{110}{\ln 2} \ln r \text{ ，} \qquad \text{以及} \qquad F(z) = \frac{110}{\ln 2} \text{Ln} z \text{ 。}$$

11. 請經由計算來驗證，在例題 7 中的等位線是圓形曲線。

兩個點源的等位線 例題 7 的等位線是

$$|(z - c)/(z + c)| = k = \text{常數} \qquad (k \text{ 和 } c \text{ 是實數})\text{。}$$

因此 $|z - c| = k|z + c|$ 。平方得

$$|z - c|^2 = K|z + c|^2 \qquad (K = k^2)\text{。}$$

把這寫開成實數和虛數部分並把所有項都移到左邊，得到

$$(x - c)^2 + y^2 - K((x + c)^2 + y^2) = 0 \text{ 。}$$

把平方展開得到，

$$x^2 - 2cx + c^2 + y^2 - K(x^2 + 2cx + c^2 + y^2) = 0 \text{ 。} \qquad \text{(A)}$$

因為 $k = 1$，因此 $K = 1$。所有項都消去了，還剩下 $-4cx = 0$ ，因此 $x = 0$ (因為 $c \neq 0$)。這

是 y 軸。而，

$$|z-c|^2=|z+c|^2=y^2+c^2\text{，}\qquad |z-c|/|z+c|=1\text{，}\qquad \mathrm{Ln}1=0\text{ 。}$$

這表明 y 軸的位勢是 0。你現在可以繼續處理(A)，假設 $K\neq 1$。整理(A)中的項，得到，

$$(1-K)(x^2+y^2+c^2)-2cx(1+K)=0\text{ 。}$$

除以 $1-K$ ($\neq 0$ 因爲 $K\neq 1$)給出，

$$x^2+y^2+c^2-2Lx=0 \qquad (L=c(1+K)/(1-K))\text{。}$$

對 x 作完全平方，你最後可得，

$$(x-L)^2+y^2=L^2-c^2\text{ 。}$$

這是一個圓，中心在實軸上的 L，半徑是 $\sqrt{L^2-c^2}$。如果你代入 L 並化簡，你會發現半徑等於 $2k^2c/(1-k^2)$。

18.2 節　運用保角映射、數學模型化

習題集　18.2

> 5. 令 D^* 是矩形區域 $D: 0\le x\le \frac{1}{2}\pi$，$0\le y\le 1$ 在 $w=\sin z$ 之下的像，而且 $\Phi^*(u,v)=u^2-v^2$。試求在 D 中的相對應位勢 Φ，以及其邊界值。

映射 $w=\sin z$　回顧 17.4 節的保角映射，

$$w=u+iv=\sin z=\sin x\cosh y+i\cos x\sinh y\text{ 。}$$

推導出所給矩形的下邊界 $0<x<\pi/2 (y=0)$ 映射成 $0<u<1 (v=0)$ 因爲 $\cosh 0=1$，$\sinh 0=0$。右邊界 $0<y<1$ ($x=\pi/2$)映成 $1<u<\cosh\pi/2$ ($v=0$)。上邊界映成四分之一橢圓，

$$\frac{u^2}{\cosh^2 1}+\frac{v^2}{\sinh^2 1}=1$$

在 w 平面的第一象限。最後，左邊界映到 $0<v<\sinh 1 (u=0)$。

現在所給的位勢是，

$$\Phi^*(u,v)=u^2-v^2=\sin^2 x\cosh^2 y-\cos^2 x\sinh^2 y\text{ 。}$$

因此 $\Phi=\sin^2 x$ ，在下邊界($y=0$)上，它從 0 到 1。在右邊界，$\Phi=\cosh^2 y$ ，它從 1 到 $\cosh^2 1$ 。

在上邊界你有位勢，

$$\Phi=\sin^2 x\cosh^2 1-\cos^2 x\sinh^2 1$$

它從 $\cosh^2 1$ 開始減小到 $-\sinh^2 1$ 。最後，在左邊它從 $-\sinh^2 1$ 開始，又回到其在原點的值 0。

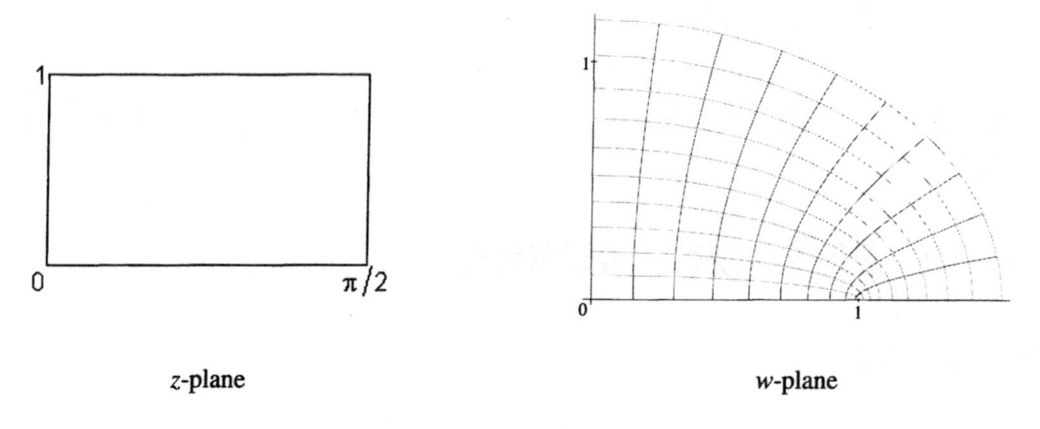

第 18.2 節 習題 5 所給定的區域即其線

13. 在上半平面中，如果 $x<4$，則在 x 軸上的邊界值爲 0，如果 $x>4$，則邊界值爲 10 kV，試求在上半平面中的複數位勢和實數位勢。

位勢的跳變　x 軸上的邊界位勢在 $x=4$ 有跳變。在 $z=x=x_0$ ，幅度爲 A 的跳變是，

$$\Phi=A\text{Arg}(z-x_0)+B$$

因爲 $\text{Arg}(z-x_0)=\pi$ ，如果 $z=x<x_0$ ，同時， $\text{Arg}(z-x_0)=0$ ，如果 $z=x>x_0$ 。因此 $|A|\pi$ 在 Φ 中是跳躍量。

在習題 13 中，你有 $x_0=4$ (跳躍的位置)，

$$\pi A+B=0, \qquad \text{同時} \qquad B=10\text{kV}$$

(所給值是 x 軸上的位勢，這就是要找位勢的上半平面的邊界)。因此 $A=-B\pi=-10\pi$ ，這就是書後的答案，

$$\Phi = -\frac{10}{\pi}\text{Arg}(z-4)+10 \text{ 。}$$

現在可到相應的複數位勢，注意到 Arg$z$ 是下式的虛部，

$$\text{Ln}z = \ln|z| + i\text{Arg}z \text{ 。}$$

因此 Arg$z$ 是下式的實部，

$$-i\text{Ln}z = -i\ln|z| + \text{Arg}z \text{ 。}$$

由此推出 Arg$(z-4)$ 是下式的實部，

$$-i\text{Ln}(z-4) = -i\ln|z-4| + \text{Arg}(z-4) \text{ 。}$$

於是可以得到書後的複數位勢，

$$F = -\frac{10}{\pi}(-i\text{Ln}(z-4))+10 \text{ 。}$$

18.3 節　熱問題

這是與時間獨立的二維問題，所以熱方程式可以化爲拉普拉斯方程式。

習題集　18.3

5. 在圖 405 中，如果 y 軸上的溫度是 $T=-20^\circ\text{C}$ ，x 軸上的溫度是 $T=100^\circ\text{C}$ ，而且邊界的圓弧部分和先前一樣是絕熱的，試求此圖形中的溫度分佈。

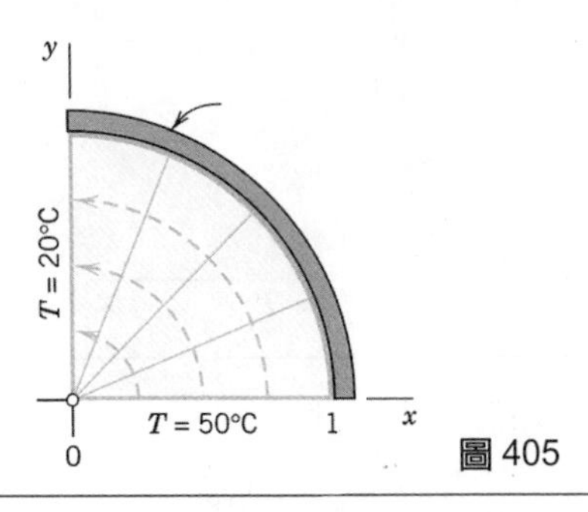

圖 405

混合式問題　邊爲常數溫度的扇面上的位元勢有如下形式，

$$T = a + b\text{Arg}z \text{ 。} \tag{A}$$

這裡你知道 Arg$z=\theta=\text{Im}(\text{Ln}z)$ 是調和函數。兩個常數 a 和 b 可以由兩邊 Arg$z=0$ 和

$\text{Arg}z = \pi/2$ 上給定的值來確定。也就是說，對於 $\text{Arg}z = 0$ (x 軸)你有 $T = a = 100$ 。而對於 $\text{Arg}z = \pi/2$ 你有

$$T = 100 + b \cdot \pi/2 = -20 \text{ 。}$$

求解 b 得到 $b = -240/\pi$ 。因此給出了兩條邊上要求的值的位勢是

$$T = 100 - \frac{240}{\pi}\text{Arg}z \text{ 。} \tag{B}$$

現在來做觀察。邊界部分(圓弧)是絕熱的。在弧上溫度 T 的法向導數必須是 0。但是法線向是輻射方向；所以對 r 的偏導數爲 0。現在公式(B)告訴我們 T 對於 r 獨立，也就是說，在所討論的情形下條件自動滿足。(如果不是這種情況，整個解都沒有意義)。最後得到複數位勢 F 。由 13.7 節，回想起，

$$\text{Ln}z = \ln|z| + i\text{Arg}z \text{ 。} \tag{C}$$

爲了要讓 Arg$z$ 成爲實數部分，因爲($F = T + i\Psi$)必須對(C)乘以 $-i$

$$-i\text{Ln}z = -i\ln|z| + \text{Arg}z$$

由此式和(B)你會得到複數位勢是，

$$F = 100 - \frac{240}{\pi} - (i\text{Ln}z) = 100 + \frac{240}{\pi}i\text{Ln}z \text{ 。}$$

11. **在平板中的溫度分佈** 在下列各給定的薄金屬板中，其正面是絕熱的，其邊緣則維持在如圖所指出的溫度或絕熱的，試求在各金屬板中的溫度。

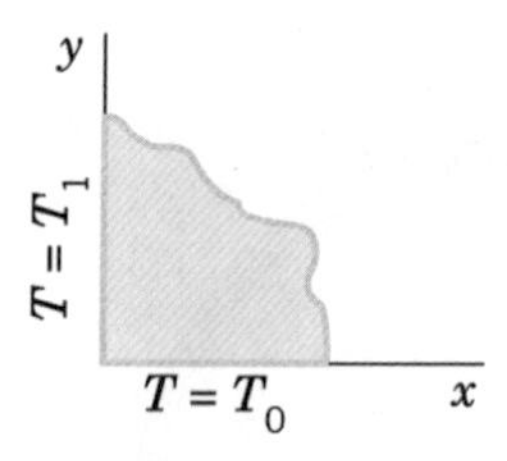

Arg$z$ 的另一用處 與習題 5 類似，由下式開始，

$$T = a + b\text{Arg}z \text{ 。}$$

對於 $\text{Arg}z = 0$ (x 軸的正射線)你需要

$$T = a = T_0 \text{ 。}$$

對於 $\text{Arg}z = \pi/2$ (y 軸的正射線)你需要

$$T = T_0 + b(\pi/2) = T_1 \text{ 。}$$

求解b得到$b = (2/\pi)(T_1 - T_0)$。因此答案是，

$$T = T_0 + \frac{2}{\pi}(T_1 - T_0)\text{Arg}z \text{ 。}$$

18.4 節　流體流動

式(3)是特別重要的，它把流體速度向量$V = V_1 + iV_2$跟複數位勢$F(z)$聯繫起來，其虛部Ψ給出了流體的運動的流線：

$$\Psi = \text{常數}$$

流動可以是可壓縮的或不可壓縮的，有旋度的或者無旋度的，或者在其它性質上有差異。我們這裡討論與複數分析(拉普拉斯方程式)有關的，首先假定流動是不可壓縮的且是無旋度的(見定理 1)。我們後面可以用複數對數來處理有旋度的流動；見團隊專題 16。

習題集　18.4

1. **(平行流動)** 試證明$F(z) = -iKz$ (K 是正實數)描述了一個向上的均勻流動，而且這個流動可以詮釋爲，在兩個平行線(在三度空間中的平行面)之間的均勻流動。請參看圖 414。試求速度向量、流線、和等位線。

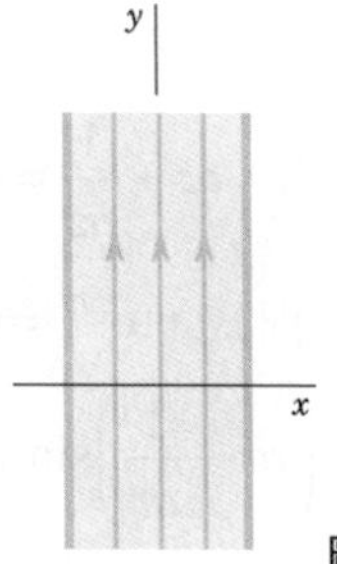

圖 414 習題 1 中的平行流動

平行流動　流動完全被其複數位勢確定，

$$F(z) = \Phi(x, y) + i\Psi(x, y) \text{ 。}$$

Ψ給出流線$\Psi = \text{常數}$，它一般比速度位元勢Φ重要，這給出了等勢線$\Phi = \text{常數}$。流動可以很好的被速度向量V描繪出來，這就得到了複數位勢：

$$V = V_1 + iV_2 = \overline{F}'(z) \text{ 。}$$

這裡我們不需要特別的向量符號，因爲一個複數函數V總是可以被表示成一個向量函數，其分量是V_1和V_2。因此對於，

$$F(z) = -iKz = -iK(x+iy) = Ky - iKx \qquad \text{(A)}$$

K是正實數你有速度向量：

$$V = V_1 + iV_2 = \overline{F'(z)} = \overline{-iK} = iK = iV_2 \text{，} \qquad V_2 = K \text{ 。}$$

由$F(z) = \Phi + i\Psi$你可以得到流線$\Psi = -Kx =$常數；這是與y軸平行的直線，流動是往上的因爲$V_2 = K > 0$。

這裡你處理的是一個一致流動(有常數速度的流動)，是平行的。由(A)你發現等勢線是水準的平行直線：

$$\Phi(x,y) = \operatorname{Re} F(z) = Ky = \text{常數 。}$$

13. 將例題 2 中的$F(z)$稍做改變，以便求得繞過半徑爲r_0的圓柱的流動，而且當$r_0 \to 1$的時候，這個流動必須會趨近例題 2 中的流動。

繞圓柱的流動　因爲半徑爲r_0的圓柱可以由半徑爲 1 的圓柱擴張成(在複數平面上對所有方向的一致擴展或者收縮)，自然的，用az代替z，a是實常數因爲這是一個擴張。即要替換複數位勢，

$$z + 1/z$$

在例題 2 中由，

$$F(z) = \Phi(r,\theta) + i\Psi(r,\theta) = az + \frac{1}{az} = are^{i\theta} + \frac{1}{ar}e^{-i\theta} \text{ 。}$$

函數Ψ是F的虛數部分。因爲由尤拉方程式，$e^{\pm i\theta} = \cos\theta \pm i\sin\theta$，你會得到，

$$\Psi(r,\theta) = \left(ar - \frac{1}{ar}\right)\sin\theta \text{ 。}$$

流線是曲線$\theta =$常數。就像書上的例題 2，流線$\Psi = 0$包含x軸($\theta = 0$和π)，這裡$\sin\theta = 0$，在軌跡上Ψ的另一個因數是 0，即，

$$ar - \frac{1}{ar} = 0 \text{，} \qquad \text{因此} \qquad (ar)^2 = 1 \qquad \text{或者} \qquad a = 1/r \text{ 。}$$

因此這個圓柱的半徑是$r = r_0$，於是$a = 1/r_0$。由此，你可以得到答案，

$$F(z) = az + \frac{1}{az} = \frac{z}{r_0} + \frac{r_0}{z} 。$$

18.5 節　與位勢有關的卜瓦松積分公式

公式導出圓盤 D 上的位勢。由此你得到區域 R 的位勢通過把 R 保角映射到 D，在 D 中求解問題，然後使用這個映射得到 R 上的位勢。

習題集　18.5

4-13　在圓盤內的調和函數

試利用式(7)，求出在單位圓盤 $r<1$ 內的位勢 $\Phi(r,\theta)$，其中這個單位圓盤具有下列各給定的邊界值 $\Phi(1,\theta)$。利用級數的前面幾項的和，計算Φ的一些值，然後畫出等位線的圖形。

5. $\Phi(1,\theta) = 2\sin^2\theta$ 。

正弦邊界值　使得級數(7)化爲有限多項(一個三角多項式)。在習題 5 中所給的邊界函數 $\Phi(1,\theta) = 2\sin^2\theta$ 不是顯式的出現在級數(7)中，但是可以用兩倍角的餘弦函數表示出來。相應的公式是(10)，附錄 3

$$\sin^2\theta = \frac{1}{2} - \frac{1}{2}\cos 2\theta 。$$

因此邊界值可以寫成，

$$\Phi(1,\theta) = 1 - \cos 2\theta 。$$

由(7)你會發現單位圓盤上的位元勢滿足的所給的邊界條件是，

$$\Phi(r,\theta) = 1 - r^2\cos 2\theta 。$$

13. 如果 $-\frac{1}{2}\pi < \theta < \frac{1}{2}\pi$ ，則 $\Phi(1,\theta) = \theta$ ，
如果 $\frac{1}{2}\pi < \theta < \frac{3}{2}\pi$ ，則 $\Phi(1,\theta) = \pi - \theta$ 。

分段線性邊界值　導出級數(7)，其係數可以在 11 章中找到。例如，這裡的邊界值的傅立葉級數是 11.3 節例題 4 的奇數週期的拓展，$k=\pi/2$ ，$L=\pi$ ，即，

$$f(x)=\frac{4}{\pi}(\sin x-\frac{1}{9}\sin 3x+\frac{1}{25}\sin 5x-+\cdots)\text{。}$$

由此以及 $x=\theta$ 因得到位勢(7)

$$\Phi(r,\theta)=\frac{4}{\pi}(r\sin\theta-\frac{1}{9}r^3\sin 3\theta+\frac{1}{25}r^5\sin 5\theta-+\cdots)\text{。} \tag{A}$$

下圖是所給邊界的位勢，以及它的一個近似(級數(A)的前三項和)，近似得相當好；另一個近似對半徑爲 $r=1/2$ 的圓上的位勢的($r=1/2$ 的前三項和)後者實際上是正弦曲線因爲 $r=1/2$ 時，(A)中的項有係數 $4/\pi$ 乘以 $1/2$ ，$1/72$ ，$1/800$ ，等等，它衰減得很快。這表明級數(A)的部分和給出了圓盤上位勢的好的近似。畫一個圓盤(圓)的草圖並標出圓上的邊界值。

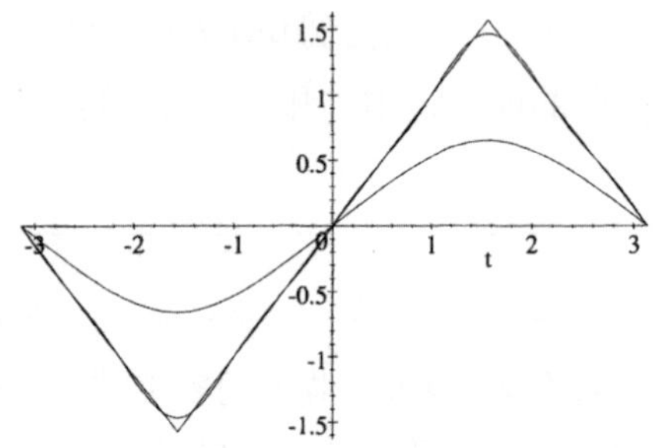

第 18.5 節 習題 13 邊界位勢及近似，當 $r=1$ 及 $r=\frac{1}{2}$

18.6 節　調和函數的一般性質

本節給出了調和函數的一般性質，特別是最大值原理(定理 4)很重要，後面是由解析函數得到的，相對簡單。

習題集　18.6

3. **驗證定理 1** 試針對給定的 $F(z)$，z_0 和半徑爲 1 的圓，驗證定理 1。

$$(z-2)^2 \text{ ，} z_0=\frac{1}{3}\text{。}$$

解析函數的平均值　由定理 1，

$$F(z)=(z-2)^2\text{ ，}\qquad z_0=1/3\text{ ，}\qquad |z-1/3|=1\text{。}$$

最後一個公式由沿半徑爲 1 的圓積分得到，圓的中心是 z_0 。因爲 $F(z_0)=F(1/3)=(-5/3)^2=25/9$，你的任務是驗證定理 1 的證明中(2)的積分。用 $z_0=1/3$ 和 $r=1$(因爲積分的圓的半徑是 1)。積分的路徑是，

$$z=z_0+e^{i\alpha}=\frac{1}{3}+e^{i\alpha} 。$$

因此在積分路徑上，被積函數是

$$F(z_0+e^{i\alpha})=\left(\frac{1}{3}+e^{i\alpha}-2\right)^2=\left(-\frac{5}{3}+e^{i\alpha}\right)^2 。$$

把平方展開，

$$F(z_0+e^{i\alpha})=\frac{25}{9}-\frac{10}{3}e^{i\alpha}+e^{2i\alpha} 。$$

求關於 α 的不定積分，

$$\frac{25}{9}\alpha-\frac{10}{3i}e^{i\alpha}+\frac{1}{2i}e^{2i\alpha} 。$$

在極限點 2π 計算，並減去極限點 0 的值。第一項是 $(25/9)\cdot 2\pi$ 。下一項是，

$$-\frac{10}{3i}e^{2\pi i}+\frac{10}{3i}e^{0}=-\frac{10}{3i}+\frac{10}{3i}=0 。$$

類似的，最後一項是

$$\frac{1}{2i}e^{4\pi i}-\frac{1}{2i}e^{0}=\frac{1}{2i}-\frac{1}{2i}=0 。$$

(2)中的積分前面有因數 $1/(2\pi)$ ，所以你最後得到，

$$(25/9)\cdot 2\pi/(2\pi)=25/9=F(1/3) ，$$

正如我們期望的那樣。

5. **驗證定理 2** 試針對給定的 $\Phi(x,y)$ ，(x_0,y_0) 和半徑爲 1 的圓，驗證定理 2。

$$(x-2)(y-4) ，(4,-4) 。$$

調和函數的平均值(定理 2) 定理 2 的證明中的兩個公式給出了要計算的平均值。所給函數，點(x_0,y_0)和圓分別是，

$$\Phi(x,y)=(x-2)(y-2) ， \quad (x_0,y_0)=(4,-4) ， \quad z=4-4i+e^{i\alpha} 。 \tag{A}$$

Φ 是調和的；用微分來驗證。注意到 $z_0=x_0+iy_0=4-4i$ 是(A)中圓的中心。由 13.5 節

的尤拉方程式(5)，

$$x = 4 + \cos\alpha \text{，} \qquad y = -4 + \sin\alpha \text{。} \tag{B}$$

這就是你要的運算式，因爲 Φ 是實數函數，有兩個實數值 x 和 y 。你可得，

$$\Phi(x_0, y_0) = \Phi(4, -4) = (x_0 - 2)(y_0 - 2) = (4-2)(-4-2) = -12 \text{。}$$

因此你必須驗證這兩個平均值都是 -12 。(B)代入(A)，得到，

$$\Phi(4+\cos\alpha, -4+\sin\alpha) = (4+\cos\alpha - 2)(-4+\sin\alpha - 2) \tag{C}$$

$$= (2+\cos\alpha)(-6+\sin\alpha)$$

$$= -12 + 2\sin\alpha - 6\cos\alpha + \cos\alpha\sin\alpha \text{。}$$

考慮整個圓上的平均值。把最後一行的每一項都在 0 到 2π 積分。第一項是 -24π 。第二項是 0，第三項也是 0。第四項等於 $(1/2)\sin 2\alpha$ ，其積分是也是 0。乘上 $1/(2\pi)$ (定理 2 的證明中第一個積分前面的因數)得到 $-24\pi/(2\pi) = -12$ 。這就是所給調和函數在圓上的平均值，這就用我們給出的資料完成了定理的第一部分的證明。

現在計算半徑爲 1 的圓盤上的平均值，其中心是(4, −4)。二重積分(3)的積分函數與(C)類似，但在(C)中你有 $r=1$ ，現在你讓 r 變化，從 0 到 1 積分，極座標面積元素有一個因數 r ，即 $rdrd\theta$ 。因此代換(C)中的 $(2+\cos\alpha)(-6+\sin\alpha)$ 得到，

$$(2 + r\cos\alpha)(-6 + r\sin\alpha)r = -12r + 2r^2\sin\alpha - 6r^2\cos\alpha + r^3\cos\alpha\sin\alpha \text{。}$$

因數 r 對 α 在 0 到 2π 的積分沒有影響。相應的，這裡右邊的四項在了 α 上的積分值爲 $-12r\cdot 2\pi = -24r\pi$ ，0，0 和 0。r 從 0 到 1d 的積分是 $1/2$ ，所以二重積分是 -12π 。在二重積分之前有因數 $1/(\pi r_0^2) = 1/\pi$ ，因爲積分的圓的半徑是 1。因此你的第二個結果是 $-12\pi/\pi = -12$ 。這就完成了驗證。

15. **(共軛)**請問Φ和Φ在區域 R 內的一個調和共軛Ψ，是否在 R 中的相同位置具有極大值？

極大點位置 在此，找一個盡可能簡單的反例。$x = \operatorname{Re} z$ ，$y = \operatorname{Im} z$ 是在任意區域上的共軛調和的，即，在一個簡單情形，在正方形 $0 \le x \le 1$ ，$0 \le y \le 1$ 。於是你有 $\max x = 1$ ，在右邊界的所有點。$\max y = 1$ ，在上邊界的所有點。因此點 $(1,1)$ ，即，$z = 1 + i$ ，使得兩個函數都有極大值。但是必須指出：要從區域中除掉點(1,1)或者取一個三角形，一個正方形，頂點是 ±1 ，$\pm i$ 等等。

PART E

數值分析

E 部分有三章。第 19 章讓你熟悉基本的概念(浮點運算、捨入、穩定、演算法、誤差、等等)以及基本的方法(求解方程式組、插值、數值積分和微分)。第 20 章是關於代數的，特別的，是線性代數方程式組和矩陣的特徵值問題。最後，第 21 章處理微分方程式(ODEs 和 PDEs)。

第 19 章　一般之數值分析

本章有五節，第一節是數值分析的基本概念，後四節是關於如下三個基本的內容，即，方程式組的解(19.2 節)，插值(19.3 和 19.4 節)以及數值插值和微分(19.5 節)。

19.1 節　簡介

習題集　19.1

7. 以 4S 和 2S，重做習題 6。

二次方程式　求解的方程式是 $x^2-20x+1=0$ 。4S計算是

$$x_{1,2}=10.00\pm\sqrt{100.0-1.000}=10.00\pm\sqrt{99.00}=10.00\pm9.950\ ,$$

因此是19.95和0.05。

現在用(7)。則 x_1 還是跟以前一樣而 x_2 變成

$$x_2 = \frac{1}{x_1} = \frac{1}{19.95} = 0.05013 \text{ 。}$$

而2S計算得到，

$$x_{1,2} = 10 \pm \sqrt{100-1.0} = 10 \pm \sqrt{99} = 10 \pm 9.9 \text{ 。}$$

因此 $10+9.9=10+10=20$ (2S)以及 $10-9.9=10-10=0$。由(7)你得到 x_1 跟前面一樣，同時

$$x_2 = \frac{1}{x_1} = \frac{1}{20} = 0.050 \text{ 。}$$

13. **(捨入與相加)** 令數字 a_1，…，a_n 中，a_j 正確捨入至 D_j。計算總合 $a_1+\cdots+a_n$ 時，保留 $D=\min D_j$ 小數，先相加然後捨入或是先將每一個數捨入至 D 位小數後相加是否有決定性的影響？

捨入與相加 例如，在捨入時，即，1D，$a_1=1.03$，$a_2=0.24$ 你得到 $\tilde{a}_1=1.0$ 與 $\tilde{a}_2=0.2$，因此和是 1.2。但是如果你先相加，得到 1.27。捨入到 1D 得到 1.3，這是一個更精確的對眞值 1.27 近似，比前面的 1.2 精確。用一般公式你得到，

$$\tilde{a}_1 = a_1 - \varepsilon_1$$

$$\tilde{a}_2 = a_2 - \varepsilon_2 \text{ ，}$$

這裡的 ε_1 和 ε_2 是捨入誤差，因此它們小於等於1/2倍的絕對值。如果你先捨入後相加，則你把捨入數字 $\tilde{a}_1$ 和 $\tilde{a}_2$ 相加，即，

$$\tilde{a}_1 + \tilde{a}_2 = a_1 + a_2 - (\varepsilon_1 + \varepsilon_2) \text{ 。}$$

你發現在這種情形誤差 $\varepsilon_1+\varepsilon_2$ 是0到1之間的數。但是如果你先加，則和是 a_1+a_2，在捨入時，誤差在0到1/2之間。類似的對於 n，其和的捨入誤差在0到 $n/2$ 之間，所以先加再取捨入誤差跟前面一樣。

19.2 節　以疊代法求解方程式

習題集　19.2

3. **固定點疊代** 套用固定點疊代並回答題目中的相關問題(請列出詳細過程)。
爲什麼在例題 2 中我們得到的是單調數列，但在例題 3 中卻不是？

非單調性 (在例題 2，圖 424)如果 $g(x)$ 是單調遞減的，即

$$g(x_1) \le g(x_2)\text{，}\qquad \text{如果}\qquad x_1 > x_2 \tag{A}$$

(畫個草圖可以更好地理解)。同時

$$g(x) \ge g(s)\text{，}\qquad \text{當且僅當}\qquad x \le s \tag{B}$$

這裡 s 使得 $g(s)=s$ ($y=x$ 和 $y=g_1(x)$)

$$g(x) \le g(s)\text{，}\qquad \text{當且僅當}\qquad x \ge s \tag{C}$$

由(C) $g(x_1) \le g(s)$，如果 $g(x_1)=g(s)$ (這裡 $g(x)$ 是 s 和 x_1 之間常數)，於是 x_1 是 $f(x)=0$ 的解。如果 $g(x_1)<g(s)$，然後由 x_2 的定義(公式(3))，而由於 s 是一個固定點($s=g(s)$)，你有，

$$x_2 = g(x_1) < g(s) = s\text{，}\qquad \text{所以}\qquad x_2 < s\text{。}$$

因此由(B)，

$$g(x_2) \ge g(s)\text{。}$$

像前面一樣等式給出解。嚴格的不等式以及(3)給出

$$x_3 = g(x_2) > g(s) = s\text{，}\qquad \text{所以}\qquad x_3 > s\text{，}$$

這給出了一列值，或者比 s 大或者比 s 小，由圖 424 描述。

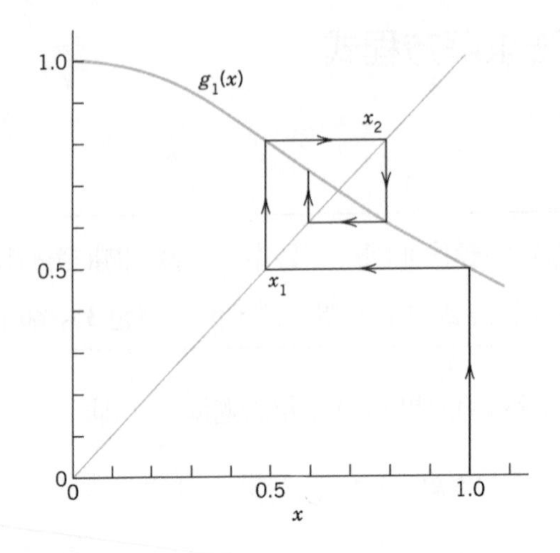

圖 424 例題 2 之疊代

17. **牛頓法** 套用牛頓法(6D 精確度)。先繪出函數進行觀察。
為立方根設計一牛頓疊代，並計算 $\sqrt[3]{7}$ (精確至 6D，$x_0 = 2$)。

牛頓方法 其推導和類似的公式是示意性的。記要計算的值是 x，即，

$$x = \sqrt[3]{7} \text{ 。}$$

然後要找 x 的方程式，在很多情形中，x 是被直接或者隱含定義的。在這個習題中，使用三次方根的定義，有

$$x^3 = 7 \text{ 。}$$

簡單地整理左邊的項，可以得到方程式 $f(x) = 0$。在這裡，$f(x) = x^3 - 7 = 0$。你還需要 $f'(x) = 3x^2$。由此，你現在可以得到牛頓方法的基本關係。這是方程式 19.2 節(5)中的演算法。

$$x_{n+1} = x_n - \frac{f(x_n)}{f'(x_n)} = x_n - \frac{x_n^3 - 7}{3x_n^2} = \frac{2}{3}x_n + \frac{7}{3x_n^2} \text{ 。}$$

提出因數 $1/3$ 可以得到，

$$x_{n+1} = \frac{1}{3}\left(2x_n + \frac{7}{x_n^2}\right) \text{ 。}$$

21. **正割法** 以各題中的 x_0 與 x_1 求解。習題 11： $x_0 = 0.5$ ， $x_1 = 2.0$ 。

正割法 方程式是 $x^3 - 5x + 3 = 0$ 。對於所給的值 $x_0 = 0.5$ 和 $x_1 = 2.0$ 你有下面的5S值：

n	x_n
2	−2.0000
3	3.0000
4	−4.5000
5	1.6047
	⋮
11	1.8342
12	1.8342,

所以後面的值是未定的。對於16S值，其在 $n = 15$ 取得，而31S值在 $n = 16$ 取得；等等。

對於這個習題，公式(10)是

$$x_{n+1} = x_n - (x_n^3 - 5x_n + 3)\frac{x_n - x_{n-1}}{x_n^3 - 5x_n - \left(x_{n-1}^3 - 5x_{n-1}\right)} ;$$

注意到分母中的 3 消掉了。進一步收斂不是單調的且比習題 11 中的牛頓方法慢，但是這些性質不是一般的，是由你處理的函數類型決定的。

19.3 節 内插法

我們得到的牛頓法是對各種函數都適用的，不考慮他們各自獨立的性質，而都可以被同樣一種函數近似，即，由多項式來做近似。其他的近似(由正弦和餘弦以及仿樣)在後面討論。

習題集 19.3

5. **(誤差函數)** 爲下列 5D 之誤差函數 $f(x) = \text{erf}x = (2/\sqrt{\pi})\int_0^x e^{-w^2}dw$ ，

$f(0.25) = 0.27633$ ， $f(0.5) = 0.52050$ ， $f(1) = 0.84270$ ，請求出拉格朗日多項式 $p_2(x)$ ，並由 p_2 求出 $f(0.75)(= 0.71116,\ 5D)$ 的近似值。

拉格朗日多項式求誤差函數　由(3a)，(3b)以及給定的資料你可以得到拉格朗日多項式

$$p_2(x)=\frac{(x-0.5)(x-1.0)}{-0.25(-0.75)}0.27633+\frac{(x-0.25)(x-1.0)}{0.25(-0.5)}0.52050+\frac{(x-0.25)(x-0.5)}{0.75\cdot 0.5}0.84270\text{ 。}$$

展開並化簡，你可以得到書後的答案。近似值 $p_2(0.75)=0.70929$ 不是很準確。精確的 5D 值是 $\operatorname{erf} 0.75=0.71116$ 。

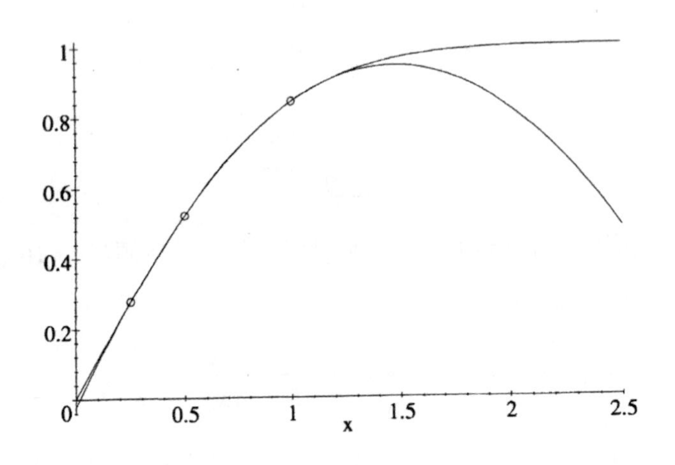

第 19.3 節 習題 5　erf x 和拉格朗日多項式 $p(x)$ (下方曲線)

> 11. **(外插)** 以習題 10 中的數據所繪出式(5)中 $x-x_j$ 乘積之圖形中，是否可看出外插所導致的誤差可能會比內插大？

外插　在外插的情形中各種因數都相對於內插的情形變大，後者的插值點在結點的「中間」。一般地，內插會給出比遠離結點的外插更好的結果。然而，我們簡單的畫畫就知道，我們不能說這總是正確的。在圖 A 中，內插給出比外插(在比 5 小得多的點或者比 15 大得多點)更好的結果。在圖 B 中，外插在 x=0 比內插更準確。當然，這些簡單的例子僅僅是讓你認識到在更複雜的情形中你是不能立刻看出來孰優孰劣的。

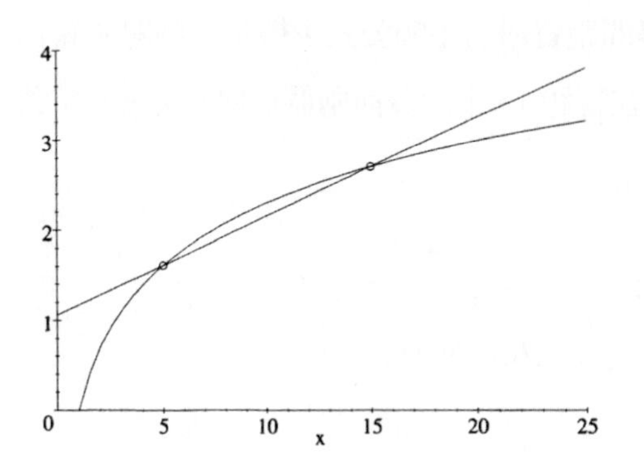

第 19.3 節 習題 11(A) 內插及外插(對數曲線)

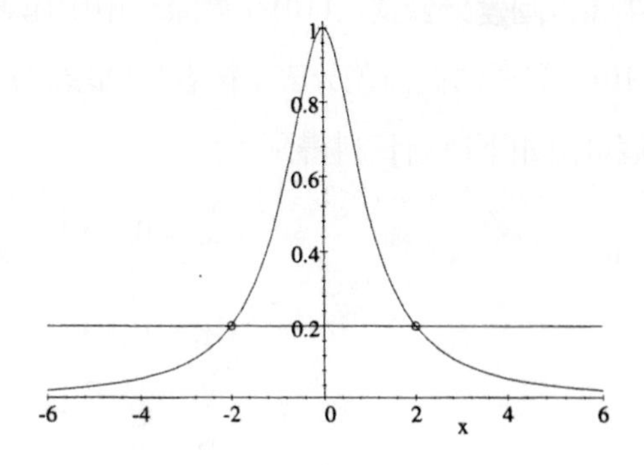

第 19.3 節 習題 11(A) 內插及外插($y=\dfrac{1}{(1+x^2)}$)

13. **(牛頓前向差分公式)** 以習題 7 中的數據建立式(14)，並由式(14)推導出 $p_2(x)$ 。

牛頓前向差分公式　應用(14)到給出的資料，$h=1$。像例題 5 一樣畫一個差分表，但少一列，因為你只有三個值 $x=0$，1，2。使用所給資料計算相應的差分表：

x	$\mathrm{Si}(x)$	Δf_0	$\Delta^2 f_0$
0	0		
		0.9461	
1	0.9461		-0.2868
		0.6593	
2	1.6054		

公式(14)，$r=(x-x_0)/h=(x-0)/1=x$ 是：

$$f(x)\approx p_2(x)=f_0+x\Delta f_0+\frac{x(x-1)}{2}\Delta^2 f_0$$

$$=0+0.9461x-0.2868\frac{x(x-1)}{2}$$

$$=1.0895x-0.1434x^2 \text{ 。}$$

15. **(牛頓後向差分公式)** 由 $f(0.5)=0.479$ ，$f(1.0)=0.841$ ，$f(2.0)=0.909$ ，以二次內插計算 $f(0.8)$ 及 $f(0.9)$ 。

牛頓後向差分公式 (10)在實際應用中比等間距資料的牛頓公式少得多。例題 4 給出了(10)中需要的後向差分表；後者是圓環的。在習題 15 中計算前兩個後向差分。其中第一個可由如下所給資料得到：

$$x_0 = 0.5 \text{，} \qquad f_0 = 0.479$$

$$x_1 = 1.0 \text{，} \qquad f_1 = 0.841$$

$$x_2 = 2.0 \text{，} \qquad f_2 = 0.909$$

如下：

$$f[x_0, x_1] = \frac{0.841 - 0.479}{0.5} = 0.724 \text{ 。}$$

下一個是，

$$f[x_1, x_2] = \frac{0.909 - 0.841}{1.0} = 0.068 \text{ 。}$$

由此得到第二個後向差分

$$f[x_0, x_1, x_2] = \frac{0.068 - 0.724}{2.0 - 0.5} = -0.43733 \text{ 。}$$

你現在可以寫出並化簡公式(10)，

$$\begin{aligned} f(x) \approx p_2(x) &= 0.4790 + (x - 0.5)\cdot 0.7240 + (x - 0.5)(x - 1.0)\cdot(-0.4373) \\ &= -0.1017 + 1.3800x - 0.4373x^2 \text{ 。} \end{aligned}$$

對於 $x = 0.8$ 和 $x = 0.9$ 可以得到函數值 $f(0.8) = 0.722$ 以及 $f(0.9) = 0.786$ 。

19.4 節　仿樣內插

I.J.Schoenberg 在 1946 年首次提出仿樣方法。在電腦出現 50 年前，Runge 首次指出高階插值多項式有相當大的振盪。

習題集　19.4

3. 請驗證由式(6)導出式(7)與式(8)的微分。

由(6)推導出(7)和(8) 本題的關鍵點是如何取合適的記號來使誤差最小。例如，對於包含 x 的運算式你可以令

$$X_j = x - x_j \text{，} \qquad X_{j+1} = x - x_{j+1} \text{，}$$

對於(6)中相應的常數量你可以取

$$A = f(x_j)c_j^2 \text{，} \quad B = 2c_j \text{，} \quad C = f(x_{j+1})c_j^2 \text{，} \quad D = k_j c_j^2 \text{，} \quad E = k_{j+1}c_j^2 \text{。}$$

而後公式(6)變成

$$q_j(x) = AX_{j+1}^2(1 + BX_j) + CX_j^2(1 - BX_{j+1}) + DX_j X_{j+1}^2 + EX_j^2 X_{j+1} \text{。}$$

兩次對 x 微分，應用乘積的二次微分公式，即，

$$(uv)'' = u''v + 2u'v' + uv'' \text{，}$$

同時注意到 X_j 的一次微分是 1，X_{j+1} 也是。(當然，如果你願意你可以用兩步來做微分)

$$q_j''(x) = A(2(1 + BX_j) + 4X_{j+1}B + 0) + C(2(1 - BX_{j+1}) + 4X_j(-B) + 0)$$

$$+D(0 + 4X_{j+1} + 2X_j) + E(2X_{j+1} + 4X_j + 0) \text{，} \qquad \text{(I)}$$

這裡 $4 = 2 \cdot 2$，其中一個 2 是由乘積公式得到，另一個是由平方的微分得到。0 是由那些二階導數是 0 的因數得到的。現在在 $x = x_j$ 計算 q_j''。因爲 $X_j = x - x_j$，你會發現在 $x = x_j$，$X_j = 0$。因此在每一行含有 X_j 的項都消去了。得到，

$$q_j''(x_j) = A(2 + 4BX_{j+1}) + C(2 - 2BX_{j+1}) + 4DX_{j+1} + 2EX_{j+1} \text{。}$$

同時，當 $x = x_j$，則 $X_{j+1} = x_j - x_{j+1} = -1/c_j$ (參照(4)，(5)之間沒有編號的公式，此式定義 c_j)。把它也代入運算式 A，B，…，E，你得到(7)。即，

$$q_j''(x_j) = f(x_j)c_j^2\left(2 + 2 \cdot \frac{4c_j}{-c_j}\right) + f(x_{j+1})c_j^2\left(2 - 2 \cdot \frac{2c_j}{-c_j}\right) + \frac{4k_j c_j^2}{-c_j} + \frac{2k_{j+1}c_j^2}{-c_j}$$

消去一些 c_j 因子得

$$q_j''(x_j) = -6f(x_j)c_j^2 + 6f(x_{j+1})c_j^2 - 4k_j c_j - 2k_{j+1}c_j \text{。}$$

(8)的推導是類似的。對於 $x = x_{j+1}$ 你有 $X_{j+1} = x_{j+1} - x_{j+1} = 0$，所以(I)化簡成，

$$q_j''(x_{j+1}) = A(2 + 2BX_j) + C(2 - 4BX_j) + 2DX_j + 4EX_j \text{ 。}$$

進一步，對於 $x = x_{j+1}$，你有 $X_j = x_{j+1} - x_j = 1/c_j$，把 A，…，E 代入最後一個方程式你可以得到，

$$q_j''(x_{j+1}) = f(x_j)c_j^2\left(2 + \frac{4c_j}{c_j}\right) + f(x_{j+1})c_j^2\left(2 - \frac{8c_j}{c_j}\right) + \frac{2k_j c_j^2}{c_j} + \frac{4k_{j+1}c_j^2}{c_j} \text{ 。}$$

整理所有含有因子 c_j 的項最後就得到(8)，即，

$$q_j''(x_{j+1}) = 6c_j^2 f(x_j) - 6c_j^2 f(x_{j+1}) + 2c_j k_j + 4c_j k_{j+1} \text{ 。}$$

13. **決定仿樣函數** 已知下列數據及所給定之 k_0 與 k_n，請求出三次仿樣函數 $g(x)$。
$f_0 = f(-1) = 0$，$f_1 = f(0) = 4$，$f_2 = f(1) = 0$，$k_0 = 0$，$k_2 = 0$。
$g(x)$ 是否爲偶函數？(請說明理由)

確定仿樣 類似於例題 1 的過程。把所給的資料列成表格可以簡化工作。

j	x_j	$f(x_j)$	k_j
0	−1	0	0
1	0	4	
2	1	0	0

因爲這裡有三個結點，仿樣將包含兩個多項式，$q_0(x)$ 和 $q_1(x)$。多項式 $q_0(x)$ 給出了對 x 從 -1 到 0 的仿樣，$q_1(x)$ 給出了對 x 從 0 到 1 的仿樣。

第 1 步： 因爲 $n = 2$，(14)只有一個方程式，由此你可以確定 k_1。方程式可取 $j = 1$ 得到，注意 $h = 1$；因此，

$$k_0 + 4k_1 = \frac{3}{1}(f_2 - f_0) = 0 \text{ 。}$$

因此 $k_1 = 0$。幾何上這表明在 $x = 0$ 仿樣有水平切線。

第 2 步 對於 $q_0(x)$： 由(13)來確定仿樣的係數。你會發現，$j = 0$，…，$n-1$，所以在這

道題中你有 $j=0$ (這將給出 -1 到 0 的仿樣)同時，$j=1$ (這將給出另一半的仿樣，從 0 到 1)。$j=0$。式(13)給出

$$a_{00}=q_0(p_0)=f_0=0$$

$$a_{01}=q_0'(x_0)=k_0=0$$

$$a_{02}=\frac{1}{2}q_0''(x_0)=\frac{3}{1^2}(f_1-f_0)-\frac{1}{1}(k_1-2k_0)=3\cdot 4-0=12$$

$$a_{03}=\frac{1}{6}q_0'''(x_0)=\frac{2}{1^3}(f_0-f_1)+\frac{1}{1^2}(k_1+k_0)=2\cdot(-4)+0=-8\text{。}$$

由這些泰勒係數你由(12)得到仿樣的前半部分，

$$q_0(x)=a_{00}+a_{01}(x-x_0)+a_{02}(x-x_0)^2+a_{03}(x-x_0)^3$$

$$=0+0+12(x-(-1))^2-8(x-(-1))^3$$

$$=12x^2+24x+12-8(x^3+3x^2+3x+1)=4-12x^2-8x^3\text{。}$$

第 2 步　對於 $q_1(x)$： 這是很簡單的因爲 $x_j=x_1=0$，所以(12)直接給出 x 的冪次。從所給數據和(13)，$j=1$ 得到泰勒係數

$$a_{10}=q_1(x_1)=f_1=4$$

$$a_{11}=q_1'(x_1)=k_1=0$$

$$a_{12}=\frac{1}{2}q_1''(x_1)=\frac{3}{1^2}(f_2-f_1)-\frac{1}{1}(k_2+2k_1)=3\cdot(-4)-0=-12$$

$$a_{13}=\frac{1}{6}q_1'''(x_1)=\frac{2}{1^3}(f_2-f_1)+\frac{1}{1^2}(k_2+k_1)=2\cdot 4+0=8\text{。}$$

由這些係數以及 $x_1=0$ 你由(12)以及 $j=1$ 得到多項式，

$$q_1(x)=4-12x^2+8x^3\text{，}$$

給出 0 到 1 區間上的仿樣。爲了檢驗答案，你要驗證仿樣給出了函數値 $f(x_j)$ 以及在開頭

表裡的 k_j 。同時還要保證仿樣在 0 點的一階和二階導數是連續的，

$$q_0'(0) = q_1'(0) = 0 \text{，} \qquad \text{以及} \qquad q_0''(0) = q_0''(0) = -24 \text{。}$$

三階導數不再連續，

$$q_0'''(0) = -48 \text{，} \qquad \text{但是} \qquad q_1'''(0) = 48 \text{。}$$

(否則仿樣將包含整個 x 區間上從 -1 到 1 的三次多項式)。

注意到在這個習題中只有三點你可以容易地使用單二次插值多項式；因此這個習題(以及其它有這樣小資料集的問題)僅僅是展示了本節公式的使用。

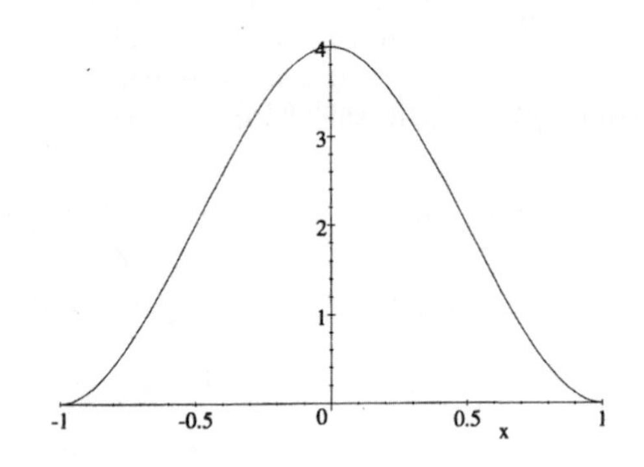

第 19.4 節 習題 13 仿樣

19.5 節　數值積分與微分

本節最重要的是辛普生公式(7)。

積分是一個「平滑化」的過程。相反，數值微分是「粗糙化」(會增大誤差)，所以要盡可能的避免由模型的改變，我們在 21 章會求解偏微分方程的數值解。

習題集　19.5

1. (**矩形法則**)利用矩形法則(1)計算例題 1 之積分，其中子區間長度爲 0.1。

矩形法則　這個法則在實際一般來說是不精確的。因爲在(1)中，點是 0.05 ，0.15 ，⋯，計算得，

x_j^*	$-x_j^{*2}$	$\exp(-x_j^{*2})$
0.05	−0.0025	0.997503
0.15	−0.0225	0.977751
⋮	⋮	⋮
0.95	−0.9025	0.405545
	和	7.471309

因爲$h=0.1$，這就得到答案0.747131。精確的6S值是0.746824。而你得到的值比較大。爲什麼？(答案：積分曲線是凹的)，如果你取每個子區間的左端點會得到什麼？(答案：積分的上界值)。如果取右端點呢？(答案：下界值)

> 9. **減半** 利用減半估計誤差。
>
> 習題 5 之誤差。

用減半估計(5)的誤差 精確的10S值是

$$\int_0^1 \frac{dx}{\cos^2 x} = \tan 1 = 1.557407725 \text{ 。}$$

習題 5 中的6S值是 1.56625；相應的10S值由梯形法則得到，取$n=10$，因此$h=0.1$，即

$$J_h = 1.566245443 \text{ 。}$$

現在由梯形法則計算$J_{h/2}$值，$h=0.05$，

$$J_{h/2} = 1.559627194 \text{ 。}$$

由此你得到誤差

$$\varepsilon_{h/2} = \frac{1}{3}(J_{h/2} - J_h) = -0.002206083$$

由此，改進值是

$$J_{h/2} + \varepsilon_{h/2} = 1.557421111 \text{ 。}$$

你會發現你現在有5S精確度。

15. 下列積分無法以微積分中的一般方法計算。請以所指定之方法計算。$\mathrm{Si}(x)=\int_0^x \frac{\sin x^*}{x^*}dx^*$， $\mathrm{S}(x)=\int_0^x \sin(x^{*2})dx^*$， $\mathrm{C}(x)=\int_0^x \cos(x^{*2})dx^*$ Si(x)爲**正弦積分(sine integral)**。S(x)與C(x)爲 **Fresnel 積分**(請見附錄 3.1)。

正弦積分的辛普生公式　令 $2m=2$。你需要如下的資料

x	$\frac{\sin x}{x}$
0	1.00000
0.5	0.95885
1.0	0.841471

計算得到，($h=0.5$)

$$\mathrm{Si}(1)=\frac{0.5}{3}(1+4\cdot 0.95885+0.841471)=0.946146$$

這是 4S 精確的。

23. **高斯積分** 利用式(11)以 $n=5$ 進行積分：e^{-x^2}，從 0 積分至 1。

誤差函數的高斯積分　要求 $n=5$，書後的答案中要做轉換 $x=\frac{1}{2}(t+1)$，因爲它把 x 區間 $0\le x\le 1$ 變成(11)中的 t 區間 $-1\le t\le 1$。因爲 $dx=\frac{1}{2}dt$，你的積分會有如下形式

$$\int_0^1 e^{-x^2}dx=\frac{1}{2}\int_{-1}^1 e^{-\frac{1}{4}(t+1)^2}dt\ 。$$

結點和係數在 19.7 的表中，$n=5$。用它們，可以計算得到，

$$J=\frac{1}{2}\sum_{j=1}^{5}A_j e^{-\frac{1}{4}(t_j+1)^2}=0.746824127$$

(0.746824133, 9S)。

這就通過適度地增加工作量得到了更高的精確度。

由此你可以通過把近似值(0.842700787)乘以 $2/\sqrt{\pi}$ 得到附錄 3.1 之(35)中的誤差函數 erf1：

$$\mathrm{erf}1=0.842700793 \qquad (9\mathrm{S})\ 。$$

第 20 章　線性代數之數值方法

本書曾指出這一章包括數值線性代數的三個主要部分，即線性方程式系統、曲線擬合，以及矩陣的特徵值問題。

20.1 節　線性系統：高斯消去法

在第 7 章曾獨立解釋過高斯消去法，本節我們將主要著眼於其數值方面，特別的，由小軸元產生的困難和數值操作的計數。後者是對一個數值方法質量的評價(這裡是指高斯消去和代回的質量)。

習題集　20.1

關於線性系統的應用，請見第 7.1 節與第 8.2 節。

3. **幾何意義** 以圖形求解並說明幾何意義

$$7.2x_1 - 3.5x_2 = 16.0$$
$$-21.6x_1 + 10.5x_2 = -48.5 \text{ 。}$$

系統沒有解　左邊第二個方程式等於左邊第一個方程式乘以 3。因此如果存在解，右邊應該也有相同的關係；例如，16 和－48(而不是－48.5)。當然，對於大多數超過兩個方程式的系統，我們不能立刻看出是否有解，但是高斯消去(部分軸元)也將在每一步起作用，給出解後者推出沒有解。

4-14　高斯消去法

請利用高斯消去法求解下列線性系統，必要時進行部份軸元交換(但不改變比例)。請列出中間步驟。以代入法檢查結果。若無解或多解同時存在，請說明理由。

7.
$$
\begin{aligned}
6x_2 + 13x_3 &= 137.86 \\
6x_1 \qquad - 8x_3 &= -85.88 \\
13x_1 - 8x_2 \qquad &= 178.54
\end{aligned}
$$
。

系統只有一個解。軸元 解出的例子見書上，它們給出了所有細節。首先複習一下，否則我們不能更好的理解，我們將集中考慮表 20.1 討論的內容，這包含高斯消去演算法，以及一些注解。考慮表 20.1。爲了下面的討論，準備紙和筆來求解習題 7。在每一種情形，寫出矩陣所有的三列，而不是一列或者兩列，那樣可以節省空間並且避免複製同樣的數位幾次。首先，$k=1$。因爲$a_{11}=0$，你必須進行轉軸。表 20.1 的第二行要求找到絕對值最大的a_{j1}。這是a_{31}。根據演算法，你需要交換方程式 1 和 3，即，增廣矩陣的第一列和第三列。於是，

$$
\left[\begin{array}{ccc|c} 13 & -8 & 0 & 178.54 \\ 6 & 0 & -8 & -85.88 \\ 0 & 6 & 13 & 137.86 \end{array}\right]。 \tag{A}
$$

不要忘記交換右邊的元素(即，增廣矩陣的最後一行)。在表 20.1 的第 2 行，符號「最小的」$j \ge k$是必須的因爲這裡可能有幾個元素的絕對值相同(或者有同樣的數量級)，電腦每一步都需要唯一的操作。爲了把第二列的第一個單元化爲 0，把第 2 列減去第 1 列的 6/13 倍。新的第 2 列是

$$
\left[\begin{array}{ccc|c} 0 & 3.692308 & -8 & -168.28308 \end{array}\right]。 \tag{B}
$$

這是$k=1$，$j=2$在表中的第 3 行和第 4 行。

現在來看第 3 行，$k=1$，$j=n=3$。於是，$m_{31}=a_{31}/a_{11}=0/13=0$。因此第 4 行的操作簡單而沒有作用，僅僅是重新產生(A)中的第 3 列。這時，$k=1$。

回到$k=2$。看表中的第 2 行。因爲$6>3.692308$，交換(B)的第 2 列和(A)中的第 3 列，得到矩陣

$$
\left[\begin{array}{ccc|c} 13 & -8 & 0 & 178.54 \\ 0 & 6 & 13 & 137.86 \\ 0 & 3.692308 & -8 & -168.28308 \end{array}\right]。 \tag{C}
$$

表中第 3 行 $k=2$ ，$j=k+1=3$ 計算得到，

$$m_{32}=a_{32}/a_{22}=3.692308/6=0.615385 \text{。}$$

對於 $p=3$，4，由表中第 4 行的操作，你得到新的第 3 列

$$\left[\begin{array}{ccc|c} 0 & 0 & -16 & -253.12 \end{array}\right] \text{。}$$

這個系統及其矩陣現在成了三角形，從表中第 6 行開始回代，

$$x_3=a_{34}/a_{33}=-253.12/(-16)=15.82 \text{。}$$

(記住在表的右邊，b_1，b_2，b_3 可以被分別記成 a_{14}，a_{24}，a_{34})

表中第 7 行，$i=2$，1，給出

$$x_2=\frac{1}{6}(137.86-13\cdot 15.82)=-11.3 \qquad (i=2)\text{。}$$

同時，

$$x_1=\frac{1}{13}(178.54-(-8\cdot(-11.3)))=6.78 \qquad (i=1)\text{。}$$

根據你計算中的有效數字位元數，結果被截斷顯著的影響。

9.
$$\begin{aligned} 4x_1 + 10x_2 - 2x_3 &= -20 \\ -x_1 - 15x_2 + 3x_3 &= 30 \\ 25x_2 - 5x_3 &= -50 \text{。} \end{aligned}$$

有多於一個解的系統　解存在當且僅當係數矩陣和增廣矩陣有同樣的秩(7.5 節)。如果這些矩陣有相同的秩 $r<n$ (n 是未知數個數)，則存在多於一個解，事實上，有無窮多解。在這種情況，一個或者更多的未知數可以被記爲任意值。在這道題中，$n=3$ 同時系統是非齊次的。對於這樣一個系統你有 $r=3$ (一個唯一解)，$r=2$ (一個任意的未知量)，$r=1$(兩個任意的未知量)。$r=0$ 是不可能的因爲這時矩陣是零矩陣。在多數情況下，你要選擇哪些變數是要留下來的未知變數；這裡就會看到這一點。爲了避免錯誤理解：你不需要確定哪些秩，高斯消去法將自動給出所有的結果。**你的 CAS 將給出一些解**(比如，

那些通過讓任意未知量等於 0 的解)；所以要小心點。

所給系統的增廣矩陣是

$$\left[\begin{array}{ccc|c} 4 & 10 & -2 & -20 \\ -1 & -15 & 3 & 30 \\ 0 & 25 & -5 & -50 \end{array}\right]。$$

把 $\frac{1}{4}$ 倍第 1 列加到第 2 列得到新的第 2 列

$$\left[\begin{array}{ccc|c} 0 & -\frac{25}{2} & \frac{5}{2} & 25 \end{array}\right]。$$

把 2 倍第 2 列加到第 3 列得到，

$$\left[\begin{array}{ccc|c} 0 & 0 & 0 & 0 \end{array}\right]。$$

因此你的「三角化」系統是，

$$4x_1 + 10x_2 - 2x_3 = -20$$

$$-\tfrac{25}{2}x_2 + \tfrac{5}{2}x_3 = 25$$

現在是回代，這兩個方程式中的第 2 個開始，得到

$$x_2 = -\frac{2}{25}\left(25 - \frac{5}{2}x_3\right) = -2 + 0.2x_3 \ ,$$

這裡 x_3 依然是任意的。由此以及第 1 個方程式，你有

$$x_1 = \frac{1}{4}(-20 - 10x_2 + 2x_3)$$

$$= \frac{1}{4}(-2x + 2x_3) = 0 \ 。$$

因此 $x_1 = 0$，$x_2 = -2 + 0.2x_3$，x_3 任意。如果你把 x_3 記作 t，就像通常對未知變數的處理，則，$x_1 = 0$，$x_2 = -2 + 0.2t$ 。

另一種選擇，你可以把 x_2 留作任意變數而由方程式 $x_2 = -2 + 0.2x_3$ 求解 x_3，得到，$x_3 = 5(x_2 + 2)$，給出書後的解。

20.2 節 線性系統：LU 分解、反矩陣

■**例題 1 Doolittle 方法** 對給定的 **A** 計算分解 **A**=**LU** 中 **L** 和 **U** 的元素(或者 Cholesky 方法中的 $\mathbf{L}^T$)你使用通常的矩陣乘法

列乘以行

在本節所有的 3 種方法中，關鍵點是計算可以依次進行，每次只求解一個方程式。這是可能的因爲你處理的是三角矩陣，所以和 $n=3$ 常常化簡爲 2 個甚至 1 個乘積，就像你將要看到的那樣。這將在由矩陣方程 **A**＝**LU** 展開討論，寫出

$$\mathbf{A}=\begin{bmatrix}3&5&2\\0&8&2\\6&2&8\end{bmatrix}=\mathbf{LU}=\begin{bmatrix}1&0&0\\m_{21}&1&0\\m_{31}&m_{32}&1\end{bmatrix}\begin{bmatrix}u_{11}&u_{12}&u_{13}\\0&u_{22}&u_{23}\\0&0&u_{33}\end{bmatrix}。$$

記住 Doolittle 方法的矩陣 **L** 的主對角線元素是1,1,1。同時 m_{jk} 是乘數，因爲在 Doolittle 方法中矩陣 **L** 是高斯消去法中的乘數。從 **A** 的第 1 行開始。元素 $a_{11}=3$ 是 **L** 的第 1 列和 **U** 的第 1 行的點積；因此，

$$3=\begin{bmatrix}1&0&0\end{bmatrix}\begin{bmatrix}u_{11}&0&0\end{bmatrix}^T=1\cdot u_{11}，$$

因此，$u_{11}=3$。類似的，$a_{12}=5=1\cdot u_{12}+0\cdot u_{22}+0\cdot 0=u_{12}$；因此 $u_{12}=5$。最後，$a_{13}=2=u_{13}$。這考慮到 **A** 的第 1 列。聯繫到 **A** 的第 2 列，你需要考慮 **L** 的第 2 列，它包含了 m_{21} 和 1。你得到，

$$a_{21}=0=m_{21}u_{12}+0+0=m_{21}\cdot 5，\qquad 因此\ m_{21}=0$$

$$a_{22}=8=m_{21}u_{12}+1\cdot u_{22}+0=u_{22}，\qquad 因此\ u_{22}=8$$

$$a_{23}=2=m_{21}u_{13}+1\cdot u_{23}+0=u_{23}，\qquad 因此\ u_{23}=2\ 。$$

聯繫到 **A** 的第 3 列你需要考慮 **L** 的第 3 列，包含 m_{31}，m_{32}，1。得到，

$$a_{31}=6=m_{31}u_{11}+0+0\qquad =m_{31}\cdot 3，\qquad 因此\ m_{31}=2，$$

$$a_{32}=2=m_{31}u_{12}+m_{32}u_{22}+0\qquad =2\cdot 5+m_{32}\cdot 8，\qquad 因此\ m_{32}=-1$$

$$a_{33}=8=m_{31}u_{13}=m_{32}u_{23}+1\cdot u_{33}\qquad =2\cdot 2-1\cdot 2+u_{33}，\qquad 因此\ u_{33}=6\ 。$$

在(4)中第 1 列與 **A** 的第 1 行有關，而第 2 行與 **A** 的第 1 行有關；因此這樣的計算順序與例題 1 中的顯然是不同的。

習題集 20.2

9. **Cholesky 法** 請寫出矩陣分解並求解。

$$\begin{aligned} 9x_1 + 6x_2 + 12x_3 &= 87 \\ 6x_1 + 13x_2 + 11x_3 &= 118 \\ 12x_1 + 11x_2 + 26x_3 &= 154 \end{aligned}$$ 。

Cholesky 方法 可以看出所給矩陣 **A** 是對稱的。它的 Cholesky 分解是

$$\begin{bmatrix} 9 & 6 & 12 \\ 6 & 13 & 11 \\ 12 & 11 & 26 \end{bmatrix} = \begin{bmatrix} l_{11} & 0 & 0 \\ l_{21} & l_{22} & 0 \\ l_{31} & l_{32} & l_{33} \end{bmatrix} \begin{bmatrix} l_{11} & l_{21} & l_{31} \\ 0 & l_{22} & l_{32} \\ 0 & 0 & l_{33} \end{bmatrix}$$ 。

這個矩陣 **A** 是正定的。對於更大的矩陣這樣的檢驗將是困難的，雖然在有些情況下它與某種物理的(或其它的)應用有關。然而，並不需要用定義來檢查因爲最可能的是得到一個複雜的三角矩陣 **L** 而仍需要用其他方法來求解。一列一列的檢查 **A** 同時應用矩陣乘法(列乘以行)可以得到如下的式子：

$a_{11} = 9 = l_{11}^2 + 0 + 0 \quad = l_{11}^2$， 因此 $l_{11} = 3$

$a_{12} = 6 = l_{11}l_{21} + 0 + 0 \quad = 3l_{21}$， 因此 $l_{21} = 2$

$a_{13} = 12 = l_{11}l_{31} + 0 + 0 \quad = 3l_{31}$， 因此 $l_{31} = 4$ 。

在 **A** 的第二列你有 $a_{21} = a_{12}$(對稱的！)只需要兩次計算，

$a_{22} = 13 = l_{21}^2 + l_{22}^2 + 0 \quad = 4 + l_{22}^2$， 因此， $l_{22} = 3$

$a_{23} = 11 = l_{21}l_{31} + l_{22}l_{32} + 0 \quad = 2 \cdot 4 + 3l_{22}$， 因此， $l_{32} = 1$ 。

在 **A** 的第 3 列有 $a_{31}=a_{13}$，同時 $a_{32}=a_{23}$，你只需要一次計算，

$$a_{33}=26=l_{31}^2+l_{32}^2+l_{33}^2=16+1+l_{33}^2\text{，}\qquad \text{因此}\qquad l_{33}=3\text{。}$$

現在來求解 $\mathbf{Ax}=\mathbf{b}$，這裡 $\mathbf{b}=[87\quad 118\quad 154]^T$。你首先用到 **L** 同時求解 $\mathbf{Ly}=\mathbf{b}$，這裡 $\mathbf{y}=[y_1\quad y_2\quad y_3]^T$。因為 **L** 是三角的，你可以像高斯消去法一樣回代。現在因為 **L** 是下三角的，而高斯消去法產生的是上三角矩陣，從第 1 個方程式開始得到 y_1。然後得到 y_2 最後是 y_3。這些簡單的計算寫在相應的方程式的右邊，

$$\begin{bmatrix}3&0&0\\2&3&0\\4&1&3\end{bmatrix}\begin{bmatrix}y_1\\y_2\\y_3\end{bmatrix}=\begin{bmatrix}87\\118\\154\end{bmatrix}\qquad \begin{aligned}y_1&=\tfrac{1}{3}\cdot 87=29\\ y_2&=\tfrac{1}{3}(118-2y_1)=20\\ y_3&=\tfrac{1}{3}(154-4y_1-y_2)=6\end{aligned}\quad\text{。}$$

在步驟的第二部分你要對 **x** 求解 $\mathbf{L}^T\mathbf{x}=\mathbf{y}$。這是另一個回代過程。因為 $\mathbf{L}^T$ 是上三角的，就像高斯消去法在消去完成以後那樣，這裡回代是精確的就像在高斯消去法中那樣，給出 x_3，用第二個方程式得到 x_2，最後由第 1 個方程式得到 x_1。這些計算再一次寫在相應的方程式右邊。

$$\begin{bmatrix}3&2&4\\0&3&1\\0&0&3\end{bmatrix}\begin{bmatrix}x_1\\x_2\\x_3\end{bmatrix}=\begin{bmatrix}29\\20\\6\end{bmatrix}\qquad \begin{aligned}x_1&=\tfrac{1}{3}(29-2x_2-4x_3)=3\\ x_2&=\tfrac{1}{3}(20-x_3)=6\\ x_3&=\tfrac{1}{3}\cdot 6=2\end{aligned}\quad\text{。}$$

把解代回所給線性系統可以驗證正確性。

17. **反矩陣** 利用高斯-喬登法求出反矩陣，請列出詳細過程。
習題 5。

反矩陣 本節涉及到的方法在 7.8 節的例題 1 中描述過，在那裡你可能是第一次看到。本題中的矩陣是，

$$\begin{bmatrix}6&4&3\\4&3&2\\3&4&2\end{bmatrix}\text{。}$$

為了找反矩陣，應用高斯-喬登法得到 3×6 矩陣

$$\mathbf{G}=\left[\begin{array}{ccc|ccc} 6 & 4 & 3 & 1 & 0 & 0 \\ 4 & 3 & 2 & 0 & 1 & 0 \\ 3 & 4 & 2 & 0 & 0 & 1 \end{array}\right]。$$

左邊的 3×3 子矩陣是所給的矩陣。右邊的 3×3 子矩陣是 3×3 的單位矩陣。在最後左邊的 3×3 矩陣將變成一個 3×3 單位矩陣，而右邊的 3×3 子矩陣將成爲所給矩陣的反矩陣。讓 **G** 的第 1 列不變，第 2 列換成第 2 列減去 $\frac{4}{6}$ 第 1 列。把第 3 列換成第 3 列減去 $\frac{1}{2}$

第 1 列。得到新的矩陣

$$\mathbf{H}=\left[\begin{array}{ccc|ccc} 6 & 4 & 3 & 1 & 0 & 0 \\ 0 & \frac{1}{3} & 0 & -\frac{2}{3} & 1 & 0 \\ 0 & 2 & \frac{1}{2} & -\frac{1}{2} & 0 & 1 \end{array}\right]。$$

現在讓 **H** 的第 1 列和第 2 列不變。把第 3 列換成第 3 列減去 6 第 2 列。新的矩陣是

$$\mathbf{J}=\left[\begin{array}{ccc|ccc} 6 & 4 & 3 & 1 & 0 & 0 \\ 0 & \frac{1}{3} & 0 & -\frac{2}{3} & 1 & 0 \\ 0 & 0 & \frac{1}{2} & \frac{7}{2} & -6 & 1 \end{array}\right]。$$

這是高斯過程。所給的矩陣變成三角的了。現在開始喬登消去使其對角化。第 1 列乘以 1/6，第 2 列乘以 3，第 3 列乘以 2。得到矩陣

$$\mathbf{K}=\left[\begin{array}{ccc|ccc} 1 & \frac{2}{3} & \frac{1}{2} & \frac{1}{6} & 0 & 0 \\ 0 & 1 & 0 & -2 & 3 & 0 \\ 0 & 0 & 1 & 7 & -12 & 2 \end{array}\right]。$$

現在來消去 **K** 中第 3 行的 $\frac{1}{2}$。把第 1 列換成第 1 列減去 $\frac{1}{2}$ 第 3 列。讓第 3 列不變。新矩陣是

$$\mathbf{M}=\left[\begin{array}{ccc|ccc} 1 & \frac{2}{3} & 0 & -\frac{10}{3} & 6 & -1 \\ 0 & 1 & 0 & -2 & 3 & 0 \\ 0 & 0 & 1 & 7 & -12 & 2 \end{array}\right]。$$

最後消去 **M** 的第 2 行的 $\frac{2}{3}$。把 **M** 的第 1 列換成第 1 列減去 $\frac{2}{3}$ 第 2 列。新的矩陣是，

$$\mathbf{N}=\left[\begin{array}{ccc|ccc} 1 & 0 & 0 & -2 & 4 & -1 \\ 0 & 1 & 0 & -2 & 3 & 0 \\ 0 & 0 & 1 & 7 & -12 & 2 \end{array}\right]。$$

最後三行就是所要求的反矩陣。

20.3 節　線性系統：利用疊代法求解

習題集　20.3

3. **高斯-塞德疊代法** 執行五個步驟，從 $\mathbf{x}_0 = [1 \quad 1 \quad 1]^T$ 開始並以 6D 計算。

提示：務必對每個方程式中細數最大的變數進行求解(爲何？)。請列出詳細過程。

$$x_1 + x_2 + 6x_3 = -61.3$$
$$x_1 + 9x_2 - 2x_3 = 49.1$$
$$8x_1 + 2x_2 - x_3 = 185.8 \text{。}$$

高斯－塞德疊代　這是一個重整方程式次序的過程，使得大的元素在主對角元上。然後你可以期望得到收斂的解。因此交換第 1 個方程式和第 3 個方程式。寫出如下的增廣矩陣：

$$\left[\begin{array}{ccc|c} 8 & 2 & -1 & 185.8 \\ 1 & 9 & -2 & 49.1 \\ 1 & 1 & 6 & -61.3 \end{array}\right] \text{。}$$

這些方程式同時處以某個數使得對角元素等於 1，並把這些項移到方程式的右邊，得到，

$$x_1 = \frac{185.8}{8} - \frac{1}{4}x_2 + \frac{1}{8}x_3$$

$$x_2 = \frac{49.1}{9} - \frac{1}{9}x_1 + \frac{2}{9}x_3$$

$$x_3 = \frac{-61.3}{6} - \frac{1}{6}x_1 - \frac{1}{6}x_2$$

從 $[1, \quad 1, \quad 1]$ 開始疊代得到

$m=1$	23.1000	3.1111	−14.5852
$m=2$	20.6241	−0.0772	−13.6412
⋮	⋮	⋮	⋮
$m=7$	21.5000	0.0000	−13.8000

精確解是 21.5，0，－13.8。

9. 請將高斯-塞德疊代法(三個步驟)套用至習題 7 中的系統，分別從 (a)0，0，0；(b)10，10，10 開始。比較並評論。

初始值的作用 本題的關鍵是不同的初始值得到的結果會有小到令人驚訝的差異，如書後的答案可以看出，雖然初始值相差很大，結果差別很小。因此不必要去找所謂的「好的」初始值。

15. **賈可必疊代法** 執行五個步驟，從 $\mathbf{x}_0 = [1 \quad 1 \quad 1]^T$。與高斯-塞德疊代法比較。請問那一種方法收斂較快？(請列出詳細過程)。
請藉由驗證 **I - A** 的特徵值為 –0.519589 以及 0.259795 ± 0.246603i，來證明習題 11 中的收斂性，其中 **A** 為習題 14 中的矩陣各列除以相對應的主對角元素所產生的矩陣。

賈可必疊代法的收斂性 系統的矩陣是

$$\begin{bmatrix} 4 & 0 & 5 \\ 1 & 6 & 2 \\ 8 & 2 & 1 \end{bmatrix}。$$

為了得到收斂解，重新排列行

$$\begin{bmatrix} 8 & 2 & 1 \\ 1 & 6 & 2 \\ 4 & 0 & 5 \end{bmatrix}。$$

然後這些行分別除以 8，6，5，如公式(13)中那樣(在公式的最後，$a_{jj} = 1$)。得到，

$$\begin{bmatrix} 1 & 1/4 & 1/8 \\ 1/6 & 1 & 1/3 \\ 4/5 & 0 & 1 \end{bmatrix}。$$

你現在要考慮

$$\mathbf{B} = \mathbf{I} - \mathbf{A} = \begin{bmatrix} 0 & -1/4 & -1/8 \\ -1/6 & 0 & -1/3 \\ -4/5 & 0 & 0 \end{bmatrix}。$$

通過求解特徵方程式可以得到特徵值

$$\det(\mathbf{B}-\lambda\mathbf{I}) = \begin{vmatrix} -\lambda & -1/4 & -1/8 \\ -1/6 & -\lambda & -1/3 \\ -4/5 & 0 & -\lambda \end{vmatrix}$$

$$= -\lambda^2 + \frac{17}{120}\lambda - \frac{1}{15} = 0 \text{ 。}$$

作草圖可以看出有一個實根在 -0.5 附近，但是沒有其它的實根了因爲對於大的 $|\lambda|$ 曲線與 $-\lambda^3$ 的曲線很接近。因此其它的特徵值是複數共軛的。求根法(見 19.2 節)給出更精確的值 -0.5196 。把特徵方程式除以 $\lambda + 0.5196$ 得到二次方程式

$$-\lambda^2 + 0.5196\lambda - 0.1283 = 0 \text{ 。}$$

根是 $0.2598 \pm 0.2466i$ 。因爲所有的根的絕對值都小於 1，由定義，頻譜半徑也小於 1。這是收斂的充要條件(見本節的最後)。

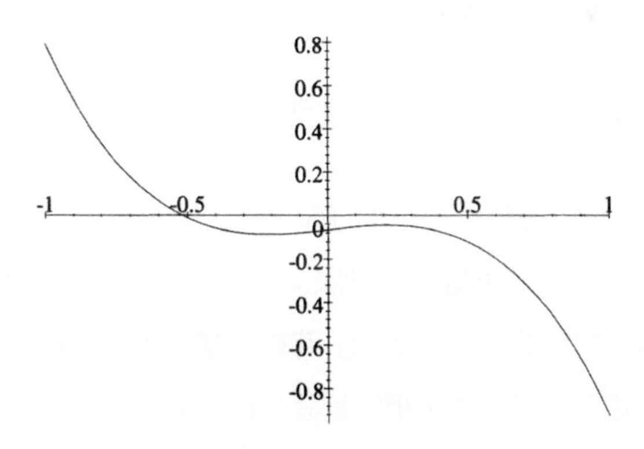

第 20.3 節 習題 15 特徵多項式的曲線

> 17. **範數** 請計算下列(方形)矩陣的範數(9)，(10)，(11)。並針對三個數字之間較大或較小的差異提出評論。習題 7 中的矩陣。

矩陣範數 這個簡單的問題給出了三種範數通常給出類似的規模的順序。對第 19 題也是如此。因此我們通常都是選擇在計算上最簡單的範數。然而，在下一節一個矩陣的範數通常是從向量範數的選擇而來，所以在那時，矩陣範數的選擇並不是完全自由的。

20.4 節　線性系統：惡劣條件、範數

本節最重要的是矩陣的條件數 $\kappa(\mathbf{A})$ 的定義(13)。$\kappa(\mathbf{A})$ 由範數的定義導出。這解釋了我們爲什麼首先要解釋範數那些在數值意義上最有用的基本概念。所以要小心點，多讀幾次知道你能完全理解相關內容的目的和推導爲止。

從式(15)可以看出 $\kappa(\mathbf{A})$ 的作用，即，小的條件數給出一個小的差異 $\mathbf{x}-\tilde{\mathbf{x}}$ (範數小)，這裡 $\mathbf{x}$ 是系統 $\mathbf{Ax}=\mathbf{b}$ 的精確值，而 $\tilde{\mathbf{x}}$ 是近似值。

習題集　20.4

11. **矩陣範數、條件數** 請計算矩陣範數以及對應於 l_1 向量範數的條件數。$\begin{bmatrix} 5 & 7 \\ 7 & 10 \end{bmatrix}$。

矩陣範數和條件數 你要考慮的矩陣是

$$\mathbf{A}=\begin{bmatrix} 5 & 7 \\ 7 & 10 \end{bmatrix} \quad \text{及其反矩陣} \quad \mathbf{A}^{-1}=\begin{bmatrix} 10 & -7 \\ -7 & 5 \end{bmatrix}。$$

從 l_1 範數開始。你要記住 l_1 向量給出矩陣的行「和」範數(「…」的意思是絕對值的和)。對矩陣 $\mathbf{A}$ 是 17，$\mathbf{A}^{-1}$(第 1 行)也是 17。因此 $\kappa(\mathbf{A})=17\cdot17=289$。現在考慮 l_∞ 範數。你需要記住向量範數給出的是矩陣的行「和」範數。這給出了同樣的值 289，因爲這個矩陣是對稱的。這個值是很大的，這個矩陣是惡劣條件的。

19. **惡劣條件系統** 求解 $\mathbf{Ax}=\mathbf{b}_1$，$\mathbf{Ax}=\mathbf{b}_2$，比較所得之解並評論。請計算 $\mathbf{A}$ 的條件數。

$$\mathbf{A}=\begin{bmatrix} 2 & 1.4 \\ 1.4 & 1 \end{bmatrix}，\mathbf{b}_1=\begin{bmatrix} 1.4 \\ 1 \end{bmatrix}，\mathbf{b}_2=\begin{bmatrix} 1.44 \\ 1 \end{bmatrix}。$$

惡劣條件 所給的系統是

$$2x_1+1.4x_2=1.4$$

$$1.4x_1+x_2=1.0。$$

它的係數矩陣是

$$\mathbf{A}=\begin{bmatrix}2.0 & 1.4\\1.4 & 1.0\end{bmatrix}$$

包含兩個幾乎成比例的列。確實，系統是惡劣條件的。它的行「和」範數是 $2.0+1.4=3.4$。它的列「和」範數是一樣的因爲 $\mathbf{A}$ 是對稱的。$\mathbf{A}$ 的反矩陣是

$$\mathbf{A}^{-1}=\begin{bmatrix}25 & -25\\-35 & 50\end{bmatrix}。$$

其行「和」範數是 $35+50=85$，等於列「和」範數，理由還是對稱性。其乘積是條件數

$$\kappa(\mathbf{A})=3.4\cdot 85=289，$$

這同前面的習題 11 一樣。它很大而使得它不穩定。從 $\mathbf{b}_1$ 到 $\mathbf{b}_2$ 小的變化 0.04 導致解從 $[0 \quad 1]^T$ 變成 $[1 \quad -0.4]^T$，那部分的變化超過 20 倍。

> 21. (**剩餘**)對於在習題 19 中的 $\mathbf{Ax}=\mathbf{b}_1$，試猜測 $\tilde{\mathbf{x}}=[113 \quad -160]^T$ 的剩餘可能爲何？(解爲 $\mathbf{x}=[0 \quad 1]^T$)然後計算並評論。

很差的條件下小的殘量 用(2)，定義「近似解」$[113 \quad -160]^T$ 相對於精確解 $[0 \quad 1]^T$ 的殘量，得到，

$$\mathbf{r}=\begin{bmatrix}1.4\\1.0\end{bmatrix}-\begin{bmatrix}2.0 & 1.4\\1.4 & 1.0\end{bmatrix}\begin{bmatrix}113\\-160\end{bmatrix}=\begin{bmatrix}1.4\\1.0\end{bmatrix}-\begin{bmatrix}2.0\\-1.8\end{bmatrix}=\begin{bmatrix}-0.6\\2.8\end{bmatrix}。$$

20.5 節　最小平方法

最小平方法在統計中的討論見 25.9 節。

習題集　20.5

> 1. **擬合直線** 對所給定之點 (x, y)，以最小平方擬合一直線。請列出詳細過程，並繪出點和直線來檢查結果。請判斷擬合優劣。(2, 0)，(3, 4)，(4, 10)，(5, 16)。

直線的擬合 像書上例題 1 那樣，用最小平方法做點的直線擬合 用到正則方程式(4)。用紙筆來做，最好事先製作一個有順序的表來包含那些給定的資料以及(4)所需要的附加資料。這將在下面看到。

	x_j	y_j	x_j^2	$x_j y_j$
	2	0	4	0
	3	4	9	12
	4	10	16	40
	5	16	25	80
和	14	30	54	132

因爲你有 $n=4$ 對值，聯繫到你的表以及(4)的增廣矩陣，有如下形式，

$$\begin{bmatrix} 4 & 14 & 30 \\ 14 & 54 & 132 \end{bmatrix} \text{。}$$

解是 $a=-11.4$，$b=5.4$。因此所求直線是，

$$y=-11.4+5.4x \text{ 。}$$

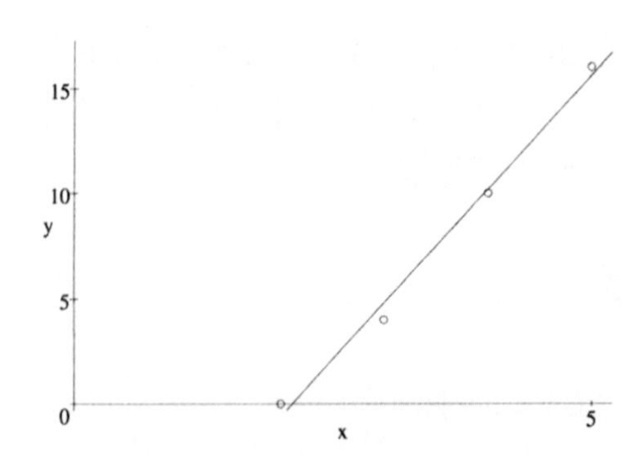

第 20.5 節 習題 1 給定的資料及其最小平方擬合所產生的直線

9. **擬合二次拋物線** 請利用最小平方法對所給定之點 (x, y) 擬合一拋物線(7)，並繪出圖形檢驗結果。 (0,4)，(2,2)，(4,−1)，(6,−5)。

二次拋物線擬合 一條二次拋物線可由 3 個點唯一確定。在這個習題中，給出了 4 個點。你可以和(8)中的正則方程式來擬合二次拋物線。重新排列(8)中的資料和附加值，

	x	y	x^2	x^3	x^4	xy	x^2y
	0	4	0	0	0	0	0
	2	2	4	8	16	4	8
	4	−1	16	64	256	−4	−16
	6	−5	36	216	1296	−30	−180
和	12	0	56	288	1568	−30	−188

由此你可以得到增廣矩陣

$$\begin{bmatrix} 4 & 12 & 56 & 0 \\ 12 & 56 & 288 & -30 \\ 56 & 288 & 1568 & -188 \end{bmatrix}$$

由此通過求解 $\mathbf{Ax} = \mathbf{b}$ ，$\mathbf{b} = [0 \quad -30 \quad -188]^T$ 得到

$$y = 4 - 0.75x - 0.125x^2 \text{ 。}$$

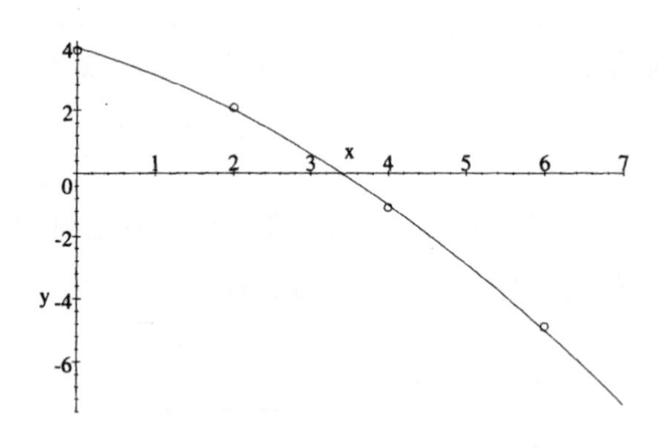

第 20.5 節 習題 9 給定的資料及其最小平方擬合所產生的拋物線

13. 利用最小平方法對 $(-2,-35)$，$(-1,-9)$，$(0,-1)$，$(1,-1)$，$(2,17)$，$(3,63)$ 擬合式(2)與式(7)，以及一立方拋物線。在共同座標軸上繪出三組曲線及各點，並評論擬合優劣。

線性、二次、立方擬合 立方曲線與線性和二次曲線差異很大，說明後者不是足夠準確。計算的細節見下表。

	x	x^2	x^3	x^4	x^5	x^6	y	xy	x^2y	x^3y
	-2	4	-8	16	-32	64	-35	70	-140	280
	-1	1	-1	1	-1	1	-9	9	-9	9
	0	0	0	0	0	0	-1	0	0	0
	1	1	1	1	1	1	-1	-1	-1	-1
	2	4	8	16	32	64	17	34	68	136
	3	9	27	81	243	729	63	189	567	1701
和	3	19	27	115	243	859	34	301	485	2125

使用這個表來寫出要求解的系統的增廣矩陣，其第 1 個元素 $n=6$ 是資料點數：

$$\begin{bmatrix} 6 & 3 & 19 & 27 & 34 \\ 3 & 19 & 27 & 115 & 301 \\ 19 & 27 & 115 & 243 & 485 \\ 27 & 115 & 243 & 859 & 2125 \end{bmatrix}$$

由此你得到立方擬合的最小平方法的係數，

$$y_3 = -2.270 + 1.466x - 1.778x^2 + 2.852x^3 \text{。}$$

去掉最後一行和第 4 列，你得到二次擬合的增廣矩陣，

$$y_2 = -9.114 + 13.73x + 2.500x^2 \text{。}$$

最後，去掉最後兩列以及第 3 第 4 行，得到增廣矩陣

$$\begin{bmatrix} 6 & 3 & 34 \\ 3 & 19 & 301 \end{bmatrix}$$

於是，

$$y_1 = -2.448 + 16.23x \text{。}$$

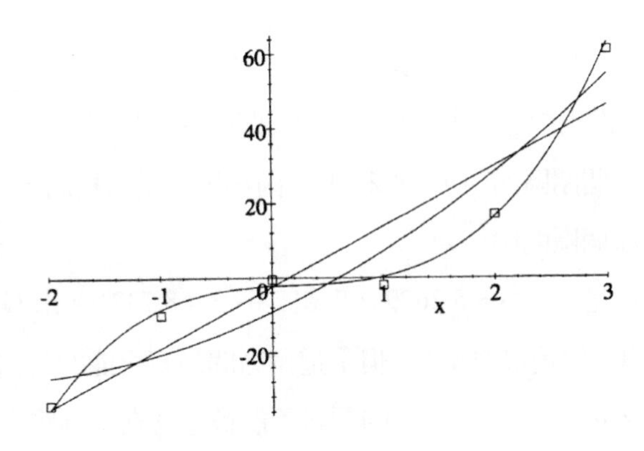

第 20.5 節 習題 13 最小平方曲線

20.6 節　矩陣特徵值問題：導論

本節給出的是特徵值問題的一般性內容，是那些我們將要討論的數值方法必須要理解

的，所以你不需要參考第 8 章的討論。定理 2 在類似的矩陣中特別重要。

20.7 節　矩陣特徵值之包含

包含定理是給出複數平面上包含所給矩陣特徵值的點集(最少一個)。這是個好用的術語。

注意到這個定理可以應用到實或複數(平方)的矩陣(例如，定理 1，2，4)或者僅僅是特殊的矩陣(例如定理 6)。

習題集　20.7

1-6　Gerschgorin **圓盤**

求出並繪出包含特徵值的圓盤或區間。如果你擁有 CAS，請求出頻譜並比較。

1. $\begin{bmatrix} 6 & -1 & 0 \\ -1 & 7 & 1 \\ 0 & 1 & 8 \end{bmatrix}$。

Gerschgorin 定理　畫出中心是 6，7 和 8 的三個圓盤，半徑分別是 1，2 和 1。這些圓盤交在實軸上，在一個閉區間中，$5 \le \lambda \le 9$。因爲矩陣是對稱的，它的特徵值必定是實的。因此它們都在那個區間中。

計算得到特徵值是 $7-\sqrt{3}=5.2679$，7 和 $7+\sqrt{3}=8.7321$。由 Gerschgorin 定理得到的包含區間更大一些；這是很典型的。但是這個區間最有可能的是你能找到一列圓盤(實或者複數的中心)，相應的矩陣使得它的頻譜不能被包含在一列跟小的閉圓盤中(以矩陣的主對角元爲中心)。

5. $\begin{bmatrix} 4i & 0.1i & 1+i \\ 0.1i & 0 & 0 \\ -1+i & 0 & 9i \end{bmatrix}$。

複數矩陣的 Gerschgorin 定理 中心是$4i$，0，$9i$。爲了找半徑，求非對角元的絕對值的和，在這裡分別是$|0.1i|+|1+i|=0.1+\sqrt{2}$，$|0.1i|=0.1$以及$|-1+i|=\sqrt{2}$。

7. **(相似性)** 試決定$\mathbf{T}^{-T}\mathbf{AT}$，使得問題 2 中圓心爲 5 之 Gerschgorin 圓的半徑能縮減至原有值的 1/100。

相似性 習題 2 的矩陣是一個典型的情形。它可能跟對角化方法有關，同時左邊的非對角元素有不同的大小但是在絕對值意義上不超過10^{-2}。Gerschgorin 定理給出圓半徑是2×10^{-2}。這些邊界是爲了從主對角元素導出特徵值。這描述了這道題開始的情形。現在在各應用中，人們常常關心的是絕對值最大或者最小的特徵值。在你的矩陣中，最小的特徵值大約是 5，Gerschgorin 定理給出的範圍是2×10^{-2}。你現在希望盡可能的縮小 Gerschgorin 圓盤。書上的例題 2 告訴了你怎麼做。元素 5 在第 1 列和第 1 行。因此你應該對 **A** 應用類似的轉換，對角矩陣 **T**，其主對角元是 a，1，1，這裡a要盡可能大。**T** 的反矩陣是主對角元爲$1/a$，1，1 的對角矩陣。讓a是任意的。首先來確定相似轉換(如例題 2 中那樣)。

$$\mathbf{B}=\mathbf{T}^{-1}\mathbf{AT}=\begin{bmatrix}1/a & 0 & 0\\ 0 & 1 & 0\\ 0 & 0 & 1\end{bmatrix}\begin{bmatrix}5 & 0.01 & 0.01\\ 0.01 & 8 & 0.01\\ 0.01 & 0.01 & 9\end{bmatrix}\begin{bmatrix}a & 0 & 0\\ 0 & 1 & 0\\ 0 & 0 & 1\end{bmatrix}$$

$$=\begin{bmatrix}5 & 0.01/a & 0.01/a\\ 0.01a & 8 & 0.01\\ 0.01a & 0.01 & 9\end{bmatrix}。$$

你可以看到轉換矩陣 **B** 的 Gerschgorin 圓盤是，

中心	半徑
5	$0.02/a$
8	$0.01(a+1)$
9	$0.01(a+1)$

最後兩個圓盤必須足夠小使得它們不能接觸或者超出第 1 個圓盤。因爲$8-5=3$，第 2

個圓盤的半徑在第 1 次轉換後必須比 $3-0.02/a$ 小，即，

$$0.01(a+1)<3-0.02/a \text{ 。}$$

乘上 $100a$ (>0) 給出 $a^2+a<300a-2$ 。如果你把不等號變成等號，你將得到二次方程式 $a^2-299a+2=0$。因此 a 必須比最大的根 298.9933 小，即，爲了方便起見假設，$a=298$。第二個圓盤的半徑是 $0.01(a+1)=2.99$，所以這個圓盤不會跟第一個圓盤接觸，也不會與第三個接觸，後者離第一個更遠。第一個圓盤被極大的縮小了，縮減因數大約是 300，縮減後圓盤的半徑是

$$0.02/298=0.000067114 \text{ 。}$$

令 $a=100$ 會使縮減因數變成100，這是本題中需要的。這樣系統的步驟讓你可以做的更好。

對於 $a=100$ 計算是，

$$\begin{bmatrix} 0.01 & 0 & 0 \\ 0 & 1 & 0 \\ 0 & 0 & 1 \end{bmatrix}\begin{bmatrix} 5.00 & 0.01 & 0.01 \\ 0.01 & 8.00 & 0.01 \\ 0.01 & 0.01 & 9.00 \end{bmatrix}\begin{bmatrix} 100 & 0 & 0 \\ 0 & 1 & 0 \\ 0 & 0 & 1 \end{bmatrix}=\begin{bmatrix} 5 & 0.0001 & 0.0001 \\ 1 & 8 & 0.01 \\ 1 & 0.01 & 9 \end{bmatrix} \text{ 。}$$

13. (**頻譜半徑 $\rho(\mathbf{A})$**)試證明 $\rho(\mathbf{A})$ 不會大於 **A** 之列和範數。

頻譜半徑 由定義，方陣 **A** 的頻譜半徑是 **A** 的絕對值最大的特徵值。因爲 **A** 的每個特徵值都在 Gerschgorin 圓盤上，對 **A** 的每個特徵值你有(畫個草圖)

$$|a_{jj}|+\sum|a_{jk}|\geq|\lambda_j|$$

這裡對所有 j 列的非對角元素求和(**A** 的特徵值的編號均適當)。取此作爲最大的特徵值 $|\lambda_j|$，你完成了兩件事。首先，你在右邊得到了頻譜半徑。其次，你在左邊得到了列「和」範數。這就證明了前面的論述。

19. **Collatz 定理** 請套用定理 6，來選擇所給定的向量做爲向量 $\mathbf{x}$：

$$\begin{bmatrix} 4 & 2 & 2 \\ 2 & 4 & 2 \\ 2 & 2 & 4 \end{bmatrix}, \begin{bmatrix} 1 \\ 2 \\ 1 \end{bmatrix}, \begin{bmatrix} 1 \\ 1 \\ 1 \end{bmatrix}。$$

Collatz 定理 你有

$$\begin{bmatrix} 4 & 2 & 2 \\ 2 & 4 & 2 \\ 2 & 2 & 4 \end{bmatrix}\begin{bmatrix} 1 \\ 2 \\ 1 \end{bmatrix} = \begin{bmatrix} 10 \\ 12 \\ 10 \end{bmatrix}。$$

計算相應部分的商得到，$10/1 = 10$，$12/2 = 6$，$10/1 = 10$。因此得到區間，$6 \le \lambda \le 10$。

對於 $[1 \quad 1 \quad 1]^T$ 你有 $[8 \quad 8 \quad 8]$；因此 8 是特徵值。

在這道題中特徵方程式可以由特徵矩陣的第 2 列減去第 1 列，第 3 列減去第 2 列得到，

$$\begin{bmatrix} 2-\lambda & -2+\lambda & 0 \\ 0 & 2-\lambda & -2+\lambda \\ 2 & 2 & 4-\lambda \end{bmatrix}。$$

把第 1 行加到第 2 行得到矩陣的行列式的值，因爲現在第 1 列有兩個零了；於是，

$$\begin{vmatrix} 2-\lambda & 0 & 0 \\ 0 & 2-\lambda & -2+\lambda \\ 2 & 4 & 4-\lambda \end{vmatrix} = (2-\lambda)[(2-\lambda)(4-\lambda)+4(2-\lambda)] = (2-\lambda)^2[4-\lambda+4]。$$

由此得到特徵值是 8 和 2，同時 2 的代數重數是 2。

20.8 節 以乘冪法求特徵值

■**例題 1** 列出了六個向量。第一個已經被調整了。其他的可以通過用 $\mathbf{A}$ 乘以前面的來調整。你可以用這裡任意的向量得到相應的 Rayleigh 商 q，作爲一個 $\mathbf{A}$ 的(未知的)特徵值的近似值，同時對於 q 相應的誤差界是 δ。因此你有六種選擇，來選取它們中的

一個(如果你想計算更多的特徵值可以計算更多的向量)。你不必使用兩個給定的向量，因爲它們都是通過調整得到的。所以只需要使用一個向量，比如，$\mathbf{x}_1$，以及乘積 $\mathbf{Ax}_1$。於是，

$$\mathbf{A}=\begin{bmatrix}0.49 & 0.02 & 0.22\\ 0.02 & 0.28 & 0.20\\ 0.22 & 0.20 & 0.40\end{bmatrix}，\mathbf{x}_1=\begin{bmatrix}0.890244\\ 0.609756\\ 1\end{bmatrix}，\mathbf{Ax_1}=\begin{bmatrix}0.668415\\ 0.388537\\ 0.717805\end{bmatrix}。$$

由這些資料你可以計算內積，

$$m_0=\mathbf{x}_1^T\mathbf{x_1} \qquad =2.164337$$

$$m_1=\mathbf{x}_1^T\mathbf{Ax_1} \qquad =1.549770$$

$$m_2=(\mathbf{Ax}_1)^T\mathbf{Ax_1} \qquad =1.112983。$$

這些資料就給出了 Rayleigh 商 q 和 q 的誤差邊界 δ，

$$q=m_1/m_0 \qquad =0716048$$

$$\delta=\sqrt{m_2/m_0-q^2}=0.038887。$$

q 是 $\mathbf{A}$ 的特徵值 0.72 的近似，所以 q 的誤差是，

$$\varepsilon=0.72-q=0.003952。$$

這些值與書中的表中的 $j=2$ 吻合。

習題集 20.8

1. **包含比例調整的乘幕法** 套用乘幕法及比例調整，請依題意利用 $\mathbf{x}_0=[1\quad 1]^{\mathrm{T}}$ 或 $[1\quad 1\quad 1]^{\mathrm{T}}$ 或 $[1\quad 1\quad 1\quad 1]^{\mathrm{T}}$。請求出 Rayleigh 商數及誤差界限。請列出詳細過程。

$$\begin{bmatrix}3.5 & 2.0\\ 2.0 & 0.5\end{bmatrix}。$$

包含比例調整的乘冪法 所給的矩陣是，

$$\mathbf{A}=\begin{bmatrix} 3.5 & 2.0 \\ 2.0 & 0.5 \end{bmatrix}。$$

使用書上例題 1 的記號。由 $\mathbf{x}_0=\begin{bmatrix}1 & 1\end{bmatrix}^T$ 計算 $\mathbf{A}\mathbf{x}_0$ 然後調整它，得到的向量記作 $\mathbf{x}_1$。這是第一步。第二步計算 $\mathbf{A}\mathbf{x}_1$ 然後調整它，得到的向量記作 $\mathbf{x}_2$，等等。數值結果如下。

$\mathbf{x}_0$	$\mathbf{y}_0=\mathbf{A}\mathbf{x}_0$	$\mathbf{x}_1$	$\mathbf{y}_1=\mathbf{A}\mathbf{x}_1$
$\begin{bmatrix}1\\1\end{bmatrix}$	$\begin{bmatrix}5.5\\2.5\end{bmatrix}$	$\begin{bmatrix}1\\0.454545\end{bmatrix}$	$\begin{bmatrix}4.409091\\2.227273\end{bmatrix}$

$\mathbf{x}_2$	$\mathbf{y}_2=\mathbf{A}\mathbf{x}_2$	$\mathbf{x}_3$
$\begin{bmatrix}1\\0.505154\end{bmatrix}$	$\begin{bmatrix}4.510309\\2.252577\end{bmatrix}$	$\begin{bmatrix}1\\0.499429\end{bmatrix}$

近似值 q (Rayleigh 商)的計算以及誤差限 δ 的計算與沒有調整步的方法類似。在第一步，使用，

$$\mathbf{x}=\mathbf{x}_0 \quad 同時 \quad \mathbf{y}=\mathbf{A}\mathbf{x}=\mathbf{A}\mathbf{x}_0 \quad (不是\ \mathbf{x}_1)。$$

第二步用，

$$\mathbf{x}=\mathbf{x}_1 \quad 同時 \quad \mathbf{y}=\mathbf{A}\mathbf{x}=\mathbf{A}\mathbf{x}_1 \quad (不是\ \mathbf{x}_2)。$$

第三步用，

$$\mathbf{x}=\mathbf{x}_2 \quad 同時 \quad \mathbf{y}=\mathbf{A}\mathbf{x}=\mathbf{A}\mathbf{x}_2 \quad (不是\ \mathbf{x}_3)。$$

這些計算值給出近似值 q (Rayleigh 商)誤差界如下。

m_0	$\mathbf{x}_0^T\mathbf{x}_0 = 2$	$\mathbf{x}_1^T\mathbf{x}_1 = 1.20661$	$\mathbf{x}_2^T\mathbf{x}_2 = 1.25518$
m_1	$\mathbf{x}_0^T\mathbf{y}_0 = 8$	$\mathbf{x}_1^T\mathbf{y}_1 = 5.42148$	$\mathbf{x}_2^T\mathbf{y}_2 = 5.64821$
m_2	$\mathbf{y}_0^T\mathbf{y}_0 = 36.50$	$\mathbf{y}_1^T\mathbf{y}_1 = 24.4008$	$\mathbf{y}_2^T\mathbf{y}_2 = 25.4170$
$q = m_1 / m_0$	$8/2 = 4$	4.49315	4.49992
$\delta = \sqrt{\frac{m_2}{m_0} - q^2}$	1.5	0.184932	0.020000
$q - \delta$	2.5	4.30822	4.47992
$q + \delta$	5.5	4.67808	4.51992

解這個 **A** 的二次特徵方程式，你可以得到 **A** 的特徵值是 −0.5 和 4.5 。你會發現閉區間 $[q-\delta,\ q+\delta]$ 包含了那兩個特徵值中較大的一個，4.5 。中點 q 是特徵值 4.5 的近似值。這是常常會發生的，至少在充分多步以後會。

> 11. **(頻譜位移、最小特徵值)** 在習題 5 中，令 $\mathbf{B} = \mathbf{A} - 3\mathbf{I}$ (可能是由對角元素來推想)並試試看是否能夠獲得一 q 數列，收斂至 **A** 的絕對值爲最小(而不是最大)之特徵值。利用 $\mathbf{x}_0 = [1\ \ 1\ \ 1]^T$ 。執行八個步驟。請驗證 **A** 之頻譜爲 {0, 3, 5} 。

頻譜位移，最小特徵值　在習題 5 中，

$$\mathbf{B} = \mathbf{A} - 3\mathbf{I} = \begin{bmatrix} -1 & -1 & 1 \\ -1 & 0 & 2 \\ 1 & 2 & 0 \end{bmatrix}。$$

現在乘冪法收斂到有最大絕對值的特徵值 $\lambda_{\max}$ 。(這裡我們假設 $-\lambda_{\max}$ 不是特徵值)。實際上，爲了收斂到最小特徵值，做平移 $\mathbf{A} + k\mathbf{I}$ ，k 是負的。通過嘗試和誤差來選擇 k ，其理由如下。所給的矩陣的 trace $\mathbf{A} = 2 + 3 + 3 = 8$ 。這是特徵值的和。由習題 5 你知道了絕對值最大的特徵值大概是 5。因此其他特徵值的和大概是 3。因此 $k = -3$ 在這道題中看起來像是可信的選擇。計算 Rayleigh 商和誤差界，第一步是 $\mathbf{x}_0 = [1\ \ 1\ \ 1]^T$ ，

$\mathbf{x}_1 = [-1 \quad 1 \quad 3]^T$，$m_0 = 3$，$m_1 = 3$，$m_2 = 11$，$q = 1$，$\delta = \sqrt{\frac{11}{3} - 1} = \sqrt{\frac{8}{3}}$ 等等，即，

q	1	0.636364	−0.288136	−1.27493	−2.05150	−2.52878	−2.77900	−2.89930	−2.95474
δ	1.63299	2.22681	2.49101	2.37686	1.96032	1.46084	1.02770	0.702396	0.473550

你會發現 Rayleigh 商看起來收斂到 −3，其對應所給矩陣的特徵值是 0。有意思的是 δ 的序列不是單調的；δ 先單調增加然後在 q 接近極限 −3 時開始減少。這是很經典的。同時，注意到誤差界比 q 的精確誤差大得多。這也是經典的。

20.9 節　三對角化及 QR 分解

■**例題 2**　要作三對角化的矩陣是

$$\mathbf{B} = \begin{bmatrix} 6 & -\sqrt{18} & 0 \\ -\sqrt{18} & 7 & \sqrt{2} \\ 0 & \sqrt{2} & 6 \end{bmatrix}。$$

我們用 c_2，s_2，和 t_2 來分別簡記 $\cos\theta_2$，$\sin\theta_2$ 和 $\tan\theta_2$。我們用下面的矩陣左乘 $\mathbf{B}$，

$$\mathbf{C}_2 = \begin{bmatrix} c_2 & s_2 & 0 \\ -s_2 & c_2 & 0 \\ 0 & 0 & 1 \end{bmatrix}。$$

這個乘法的目的是得到矩陣 $\mathbf{C}_2\mathbf{B} = [b_{jk}^{(2)}]$，其中非對角元素 $b_{21}^{(2)}$ 是 0。現在這個元素是第 2 列和 $\mathbf{C}_2$ 的內積乘上 $\mathbf{B}$ 的第 1 行，即，

$$-s_2 \cdot 6 + c_2(-\sqrt{18}) = 0 \text{，}\qquad \text{因此}\qquad t_2 = -\sqrt{18}/6 = -\sqrt{1/2}\text{。}$$

由此以及用 tan 來表示 sin 和 cos 的公式我們得到，

$$c_2 = 1/\sqrt{1+t_2^2} = \sqrt{2/3} = 0.816496581\text{，}$$

$$s_2 = t_2/\sqrt{1+t_2^2} = -\sqrt{1/3} = -0.577350269\text{。}$$

θ_3 可以類似的確定，得到在 $\mathbf{C}_3\mathbf{C}_2\mathbf{B} = [b_{jk}^{(3)}]$ 中 $b_{32}^{(3)} = 0$。

習題集 20.9

1. **Householder 三對角化** 三對角化並列出詳細過程：

$$\begin{bmatrix} 3.5 & 1.0 & 1.5 \\ 1.0 & 5.0 & 3.0 \\ 1.5 & 3.0 & 3.5 \end{bmatrix} 。$$

三對角化 所給矩陣

$$\mathbf{A} = \begin{bmatrix} 3.5 & 1.0 & 1.5 \\ 1.0 & 5.0 & 3.0 \\ 1.5 & 3.0 & 3.5 \end{bmatrix}$$

是對稱的。因此你可以應用 Householder 方法得到三對角矩陣(用兩個 0 而非那兩個 1.5)。就像書上的例題 1 那樣。因爲 **A** 的階是 $n = 3$，你需要處理 $n - 2 = 1$ 步。(在例題 1 中我們有 $n = 4$，所以需要 $n - 2 = 2$ 步。)由(4)得到的向量 $\mathbf{v}_1$ 。簡單記作 $\mathbf{v}$，而它的分量則記作 $v_1 (= 0)$ ，v_2 ，v_3 因爲你只用一步。類似的，把(4c)中的 S_1 記作 S 。計算得到，

$$S = \sqrt{a_{21}^2 + a_{31}^2} = \sqrt{1^2 + 1.5^2} = \sqrt{3.25} = 1.802775638 。$$

如果你計算時要使用 6 個數位，你可能會希望在三對角化了的矩陣中用10^{-6}來替換零或者更大的絕對値。你通常會令 $v_1 = 0$ 。由(4a)可得第二部分，

$$v_2 = \sqrt{\frac{1 + a_{21}/S}{2}} = \sqrt{\frac{1 + 1/S}{2}} = 0.8816745987 。$$

由(4b)令 $j = 3$ 同時 $\operatorname{sgn}\ a_{21} = +1$ (因爲 a_{21} 是正的)你得到第三部分，

$$v_3 = a_{31}/(2v_2 S) = 0.22/(2v_2 S) = 0.4718579254$$

用這些値你現在可以由(2)計算 $\mathbf{P}_r$ ，這裡，$r = 1$ ，⋯，$n - 2$ ，所以只有 $r = 1$ ，於是可以把 $\mathbf{P}_1$ 記爲 $\mathbf{P}$ 。注意到 $\mathbf{v}^T \mathbf{v}$ 是向量與自己的點積(因此等於它的長度的平方)，而 $\mathbf{v}\mathbf{v}^T$ 是一

個3×3的矩陣，這是由矩陣乘法得到的。因此你可以得到，由(2)

$$\begin{aligned}\mathbf{P} &= \mathbf{I}-2\mathbf{v}\mathbf{v}^T\\ &= \mathbf{I}-2\begin{bmatrix} v_1^2 & v_1v_2 & v_1v_3\\ v_2v_1 & v_2^2 & v_2v_3\\ v_3v_1 & v_3v_2 & v_3^2\end{bmatrix}\\ &= \begin{bmatrix} 1-2v_1^2 & -2v_1v_2 & -2v_1v_3\\ -2v_2v_1 & 1-2v_2^2 & -2v_2v_3\\ -2v_3v_1 & -2v_3v_2 & 1-2v_3^2\end{bmatrix}\\ &= \begin{bmatrix} 1 & 0 & 0\\ 0 & -0.554700196 & -0.8320502940\\ 0 & -0.8320502940 & 0.5547001964\end{bmatrix}\text{。}\end{aligned}$$

最後使用 $\mathbf{P}$ 和它的反矩陣 $\mathbf{P}^{-1}=\mathbf{P}$ 並由相似轉換得到的可以得到如下的三對角矩陣，

$$\begin{aligned}\mathbf{B}=\mathbf{PAP}=\mathbf{P}&\begin{bmatrix} 3.5 & -1.802775637 & 0\\ 1.0 & -5.269651862 & -2.496150881\\ 1.5 & -4.576276617 & -0.554700195\end{bmatrix}\\ &= \begin{bmatrix} 3.500000000 & -1.802775637 & 0\\ -1.802775637 & 6.730769226 & 1.846153843\\ 0 & 1.846153843 & 1.769230767\end{bmatrix}\text{。}\end{aligned}$$

對於相似轉換應該指出的是它沒有改變 $\mathbf{A}$ 的頻譜，譜中包含特徵值，

$$1\text{，}3\text{，}8\text{，}$$

再如，畫出 $\mathbf{A}$ 的特徵多項式，同時應用牛頓法從圖中能夠改進值。

5. **QR 分解** 執行三個 QR 分解步驟，來求出特徵值之近似值：

習題 1 答案中的矩陣。

QR 分解 這種分解的目的是確定給定矩陣的所有特徵值。為了減少工作，我們通常從三對角化矩陣開始，這當然是對稱的。所給矩陣

$$\mathbf{B}_0 = [b_{jk}] = \begin{bmatrix} 3.500000000 & -1.802775637 & 0 \\ -1.802775637 & 6.730769226 & 1.846153843 \\ 0 & 1.846153843 & 1.769230767 \end{bmatrix}$$

是三對角的。因此 QR 可以開始了。像書上的例題 2 那樣(本習題解答中前面也有)。用 c_2，s_2，t_2 分別表示 $\cos\theta_2$，$\sin\theta_2$，$\tan\theta_2$。考慮矩陣，

$$\mathbf{C}_2 = \begin{bmatrix} c_2 & s_2 & 0 \\ -s_2 & c_2 & 0 \\ 0 & 0 & 1 \end{bmatrix}$$

因為轉角 θ_2 是確定的所以在內積 $\mathbf{V} = \mathbf{C}_2\mathbf{B}_0 = [v_{jk}]$ 中，元素 v_{21} 是 0。由通常的矩陣乘法(列乘以行) w_{21} 是 $\mathbf{C}_2$ 的第 2 列乘以 $\mathbf{B}_0$ 的第 1 行，即，

$$-s_2 b_{11} + c_2 b_{21} = 0 \text{，} \qquad \text{因此} \qquad t_2 = s_2 / c_2 = b_{21} / b_{11} \text{。}$$

由此以及用 tan 來表示 sin 和 cos 的公式(微積分中常常用到的)得到，

$$c_2 = 1/\sqrt{1+(b_{21}/b_{11})^2} = 0.8890008888$$

$$s_2 = \tfrac{b_{21}}{b_{11}}/\sqrt{1+(b_{21}/b_{11})^2} = -0.4579054696 \text{。} \qquad (\text{I}/1)$$

現在來計算 $\mathbf{C}_2\mathbf{B}_0$，用 $\mathbf{W} = [w_{jk}]$ 來記這個矩陣。因此

$$\mathbf{W} = [w_{jk}] = \mathbf{C}_2\mathbf{B}_0 = \begin{bmatrix} 3.937003936 & -4.684725187 & -0.845369419 \\ 0 & 5.158158999 & 1.641232407 \\ 0 & 1.846153843 & 1.769230767 \end{bmatrix} \text{。}$$

$\mathbf{C}_2$ 的目的是把 $b_{21} = -1.802775637$ 換成現在的 $w_{21} = 0$ (在電腦中，不是 $w_{21} = 0$，而是 -10^{-10} 或者其他一個小的數)現在使用符號 c_3，s_3，t_3 表示 $\cos\theta_3$，$\sin\theta_3$，$\tan\theta_3$。考慮矩陣

$$\mathbf{C}_3 = \begin{bmatrix} 1 & 0 & 0 \\ 0 & c_3 & s_3 \\ 0 & -s_3 & c_3 \end{bmatrix}$$

轉角 θ_3 是確定的所以內積矩陣 $\mathbf{R}_0 = [r_{jk}] = \mathbf{C}_3\mathbf{W} = \mathbf{C}_3\mathbf{C}_2\mathbf{B}_0$，元素 r_{32} 是 0。這個元素是 $\mathbf{C}_3$ 的第 3 列與 $\mathbf{W}$ 的第 2 行的內積。因此，

$$-s_3 w_{22} + c_3 w_{32} = 0 \text{，} \qquad \text{所以} \qquad t_3 = s_3 / c_3 = w_{32} / w_{22} = 0.02893952340 \text{。}$$

對 c_3 和 s_3 有，

$$c_3 = 1/\sqrt{1+t_3^2} = 0.9415130839 \text{，} \qquad s_3 = t_3/\sqrt{1+t_3^2} = 0.3369764287 \text{。} \qquad \text{(II/1)}$$

用這些得到，

$$\mathbf{R}_0 = \mathbf{C}_3\mathbf{W} = \mathbf{C}_3\mathbf{C}_2\mathbf{B}_0 = \begin{bmatrix} 3.937003926 & -4.684725187 & -0.8453639419 \\ 0 & 5.47858515 & 2.141430850 \\ 0 & 0 & 1.112697281 \end{bmatrix} \text{。}$$

(把 0 換成 10^{-10} 或者其他小項。在後面的計算中類似)最後把 $\mathbf{R}_0$ 的右邊乘上 $\mathbf{C}_2^T\mathbf{C}_3^T$。給出

$$\mathbf{B}_1 = \mathbf{R}_0\mathbf{C}_2^T\mathbf{C}_3^T = \mathbf{C}_3\mathbf{C}_2\mathbf{B}_0\mathbf{C}_2^T\mathbf{C}_3^T = \begin{bmatrix} 5.645161285 & -2.508673815 & 0 \\ -2.508673815 & 5.307219657 & 0.374952756 \\ 0 & 0.374952756 & 1.047619048 \end{bmatrix} \text{。}$$

所給矩陣 $\mathbf{B}_0$(因此，還有 $\mathbf{B}_1$)有特徵值 8，3，1。你會發現 $\mathbf{B}_1$ 的主對角元素是不太精確的近似值，一種情況是你可能包含了 $\mathbf{B}_1$ 的那些相對較大的非對角元素。實際上，我們可以一直疊代到非對角元素的絕對值減小到一個給定的邊界。書後的答案給出另外的兩步，那可以由後面的計算得到。

第 2 步　和前面的計算類似，$\mathbf{B}_0 = [b_{jk}]$ 換成是 $\mathbf{B}_1 = [b_{jk}^{(1)}]$。因此，在(I /1)有

$$\begin{aligned} c_2 &= 1/\sqrt{1+(b_{21}^{(1)}/b_{11}^{(1)})^2} = 0.9138287757 \\ s_2 &= (b_{21}^{(1)}/b_{11}^{(1)})/\sqrt{1+(b_{21}^{(1)}/b_{11}^{(1)})^2} = -0.4060997029 \text{。} \end{aligned} \qquad \text{(I /2)}$$

現在來寫矩陣$\mathbf{C}_2$，它和前面的有同樣的形式，計算內積

$$\mathbf{W}_1 = [w_{jk}^{(1)}] = \mathbf{C}_2\mathbf{B}_1 = \begin{bmatrix} 6.177482517 & -4.447758647 & -0.1522682023 \\ 0 & 3.831118351 & 0.3426426182 \\ 0.5022035810 \cdot 10^{-9} & 0.3749527562 & 1.047619048 \end{bmatrix}。$$

現在由(II/1)計算$\mathbf{C}_3$的元素，把$t_3 = w_{32}/w_{22}$換成$t_3^{(1)} = w_{32}^{(1)}/w_{22}^{(1)}$，因此，

$$\begin{aligned} c_3 &= 1/\sqrt{1+(t_3^{(1)})^2} = 0.9952448346 \\ s_3 &= t_3^{(1)}/\sqrt{1+(t_3^{(1)})^2} = 0.09740492453。\end{aligned} \qquad (\text{II}/2)$$

你現在來求$\mathbf{C}_3$。這也跟前面的第 1 步類似，

$$\mathbf{R}_1 = \mathbf{C}_3\mathbf{W}_1 = \mathbf{C}_3\mathbf{C}_2\mathbf{B}_1 = \begin{bmatrix} 6.177482517 & -4.447758647 & -0.1522682023 \\ 0 & 3.849422995 & 0.4430565502 \\ 0 & 0 & 1.009262368 \end{bmatrix}。$$

這給出下一個結果

$$\mathbf{B}_2 = [b_{jk}^{(2)}] = \mathbf{R}_1\mathbf{C}_2^T\mathbf{C}_3^T = \mathbf{C}_3\mathbf{C}_2\mathbf{B}_1\mathbf{C}_2^T\mathbf{C}_3^T = \begin{bmatrix} 7.451394750 & -1.563249534 & 0 \\ -1.563249535 & 3.544142083 & 0.098307125 \\ 0 & 0.098307125 & 1.004463159 \end{bmatrix}。$$

近似的特徵值得到了改進。非對角元素比在$\mathbf{B}_1$中的小。然而，在實際中，精度還是不夠，所以我們還需要做幾步。再做一步，其結果如書後。

第 3 步　計算與第 2 步相同，$\mathbf{B}_1 = [b_{jk}^{(1)}]$被換成$\mathbf{B}_2 = [b_{jk}^{(2)}]$。因此計算$\mathbf{C}_2$，

$$\begin{aligned} c_2 &= 1/\sqrt{1+(b_{21}^{(2)}/b_{11}^{(2)})^2} = 0.9786942490 \\ s_2 &= (b_{21}^{(2)}/b_{11}^{(2)})\sqrt{1+(b_{21}^{(2)}/b_{11}^{(2)})^2} = -0.2053230812。\end{aligned} \qquad (\text{I}/3)$$

現在寫出$\mathbf{C}_2$並計算乘積，

$$\mathbf{W}_2 = [w_{jk}^{(2)}] = \mathbf{C}_2\mathbf{B}_2 = \begin{bmatrix} 7.613608400 & -2.257637502 & -0.02018472116 \\ 0 & 3.147660263 & 0.09621261770 \\ 0 & 0.09830712499 & 1.004463159 \end{bmatrix}。$$

現在計算由(II/2) $\mathbf{C}_3$ ，把 $t_2^{(1)}$ 換成 $t_3^{(2)} = w_{22}^{(2)} / w_{32}^{(2)}$ ，即，

$$\begin{aligned} c_3 &= 1/\sqrt{1+(t_3^{(2)})^2} = 0.9995126436 \\ s_3 &= t_3^{(2)}/\sqrt{1+(t_3^{(2)})^2} = 0.03121658825。 \end{aligned} \tag{II/3}$$

寫出 C_3 同時計算

$$\mathbf{R}_2 = \mathbf{C}_3\mathbf{W}_2 = \mathbf{C}_3\mathbf{C}_2\mathbf{B}_2 = \begin{bmatrix} 7.613608400 & -2.257637502 & -0.02018472116 \\ 0 & 3.149195044 & 0.1275216407 \\ 0 & 0 & 1.000970197 \end{bmatrix}$$

最後，

$$\mathbf{B}_3 = \mathbf{R}_2\mathbf{C}_2^T\mathbf{C}_3^T = \mathbf{C}_3\mathbf{C}_2\mathbf{B}_2\mathbf{C}_2^T\mathbf{C}_3^T = \begin{bmatrix} 7.914939843 & -0.646602430 & 0 \\ -0.646602430 & 3.084577789 & 0.031246874 \\ 0 & 0.031246875 & 1.000482368 \end{bmatrix}。$$

這是在第 2 步的基礎上改進得到的。

後面的步驟將會發現其收斂到 8，3，1，截斷誤差出現在最後幾位(在 Maple 中收斂到 8.000000030，3.000000019，1.000000001，對於 b_{12} 和 b_{21} 的誤差是 10^{-5} 階的，$\mathbf{B}_s$ 的 b_{23}，b_{32} 是 10^{-7} 階的)。

由於對稱性，截斷的效果在 $\mathbf{B}_2$ 和 $\mathbf{B}_3$ 的推導中也有體現。

第 21 章　ODE 與 PDE 之數值方法

21.1 節　一階 ODE 之數值方法

本節最重要的是經典的朗奇-庫塔法。本節包括兩個更簡單的方法(尤拉與改進的尤拉方程式)來更好的理解逐步求解方法的思想。

習題集　21.1

> 3. **尤拉法** 執行 10 個步驟。求出問題的精確解並計算誤差(請列出詳細過程)。
>
> $y' = (y-x)^2$ ， $y(0)=0$ ， $h=0.1$ 。

尤拉方法　這個方法在實際中幾乎用不到，因爲在大多數的情況下，這種方法是不夠準確的，並且有其它的方法(尤其是朗奇-庫塔法)不需要更多的步驟就能夠給出更加準確的值。然而，尤拉方程式以最簡潔的形式給出了本方法的原理，這就是該題目的目的所在。後一種方法具有的優勢在於它涉及一個精確求解的差分方程式，因此你可以觀察到計算一步步的過程中誤差的行爲。給出的初始值方程式爲

$$y' = (y-x)^2 \text{，} \qquad y(0)=0 \text{ 。}$$

因此得到

$$y' = f(x,y) = (y-x)^2 \text{ 。} \tag{A}$$

要求的步距爲 $h=0.1$，因此，當值從 0 到 1 的時候，經過 10 步就會得到近似的解。

因爲(A)公式(3)尤拉方程式遵循以下形式

$$y_{n+1} = y_n + 0.1(y_n - x_n)^2 \text{ 。} \tag{B}$$

因爲初始的狀態是 $y(0)=0$ ，我們的開始值爲

$$x = x_0 \text{，} \qquad y = y_0 = 0 \text{ 。}$$

爲了檢查一下準確性如何，通過設 $y-x=u$ 並且分離變數。通過微分得到 $y'-1=u'$ ，因此通過 ODE 並且通過分離變數和積分得到

$$u'+1=u^2\text{，}\quad u'=u^2-1\text{，}\quad \frac{du}{u^2-1}=dx\text{，}\quad -\operatorname{arctanh} u = x+c\text{。}$$

通過最後一個公式你可以得到，

$$u=-\tanh(x+c)=y-x\text{，}\quad y=-\tanh(x+c)+x\text{。}$$

通過初始條件，得到 c=0 因此，初始值問題的解爲

$$y=x-\tanh x\text{。}$$

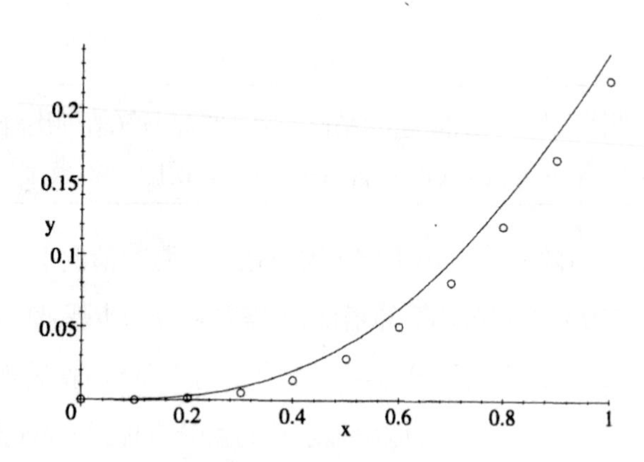

第 21.1 節 習題 3 習題 3 的解答曲線及其尤拉方程式近似

習題 3 的表格 通過尤拉方程式計算

n	x_n	y_n	誤差
0	0	0	0
1	0.1	0	0.0003320
2	0.2	0.0010000	0.0016247
3	0.3	0.0049601	0.0037273
4	0.4	0.0136650	0.0063860
5	0.5	0.0285904	0.0092924
6	0.6	0.0508131	0.0121373
7	0.7	0.0809738	0.0146584
8	0.8	0.1192931	0.0166701
9	0.9	0.1656293	0.0180728
10	1.0	0.2195593	0.0188465

11. **傳統四階朗奇-庫塔法** 執行 10 個步驟。依題意進行比較並評論(請列出詳細過程)。
$y' - xy^2 = 0$ ， $y(0) = 1$ ， $h = 0.1$ 。與習題 7 比較。將式(10)運用至 y_{10} 。

經典朗奇-庫塔法 給出的初始值問題是

$$y' - xy^2 = 0 \ , \qquad y(0) = 1$$

並且給出 $h=0.1$。通過分離變數可以得到本題的精確解

$$y' = xy^2 \ , \qquad \frac{dy}{y^2} = dx \ , \qquad -\frac{1}{y} = \frac{1}{2}x^2 + \tilde{c} \ , \qquad y = \frac{1}{c - \frac{1}{2}x^2} \ 。$$

通過以上方程式以及初始值，得到 $1=1/c$，因此 $c=1$。這個問題的解就是

$$y = \frac{1}{1 - \frac{1}{2}x^2} \ 。$$

在朗奇-庫塔表格(見書中表格 21.4)，你得到 $f(x_n, y_n) = x_n y_n^2$ 並且需要

$$k_1 = 0.1 x_n y_n^2$$

$$k_2 = 0.1\,(x_n + 0.05)\,(y_n + \tfrac{1}{2}k_1)^2$$

$$k_3 = 0.1\,(x_n + 0.05)\,(y_n + \tfrac{1}{2}k_2)^2$$

$$k_4 = 0.1\,(x_n + 0.1)\,(y_n + k_3)^2$$

和 $y_{n+1} = y_n + \frac{1}{6}(k_1 + 2k_2 + 2k_3 + k_4)$ 計算的過程請見表格所示

n	x_n	y_n	誤差
0	0	1	0
1	0.1	1.005025136	$-0.10 \cdot 10^{-7}$
2	0.2	1.020408206	$-0.43 \cdot 10^{-7}$
3	0.3	1.047120522	$-0.103 \cdot 10^{-6}$
4	0.4	1.086956729	$-0.207 \cdot 10^{-6}$

5	0.5	1.142857522	$-0.379\cdot10^{-6}$
6	0.6	1.219512846	$-0.651\cdot10^{-6}$
7	0.7	1.324504355	$-0.1044\cdot10^{-5}$
8	0.8	1.470589656	$-0.1421\cdot10^{-5}$
9	0.9	1.680672912	$-0.643\cdot10^{-6}$
10	1.0	1.999991204	$-0.8796\cdot10^{-5}$

21.2 節　多重步驟法

對於剛開始的三步，你需要另外的方法作爲開始。使用一個準確的方法作爲一個開始，例如朗奇-庫塔法，接下來的步驟使用(7a)作爲預測值和(7b)作爲修正值。

習題集　21.2

11. **亞當斯-莫爾頓法(7a)，(7b)** 利用亞當斯-莫爾頓法，進行 10 個步驟，每個步驟修正一次，求解下列的初始值問題。求出精確解並計算誤差(若未給定初始值，則利用 RK)。

$y'=x+y$， $y(0)=0$ ， $h=0.1\,(0.00517083，0.0214026，0.0498585)$。

亞當斯-莫爾頓法　需要求解的初始值問題是

$$y'=f(x,y)=x+y\ ,\qquad y(0)=0\ 。\tag{A}$$

這個 ODE 是線性的。因此你可以精確的求解，因此不需要任何數值的解法。事實上，把(A)中寫成標準的形式(1)，第 1.5 節

$$y'-y=x\ ，$$

利用第 1.5 節中的(4)求解，令 $p=-1$，因此 $h=-x$，得到

$$y(x) = e^x\left(\int e^{-x} x dx + c\right) = ce^x - x - 1 \text{ 。}$$

初始值給出 $y(0) = c - 0 - 1 = 0$ ，$c = 1$ 因此該初始值方程式(A)的解爲

$$y(x) = e^x - x - 1 \text{ 。} \tag{B}$$

然後你可以利用(B)來確定通過亞當斯－莫爾頓法得到的近似值的誤差。現在通過計算開始，從(A)你可以得到

$$f_n = f(x_n, y_n) = x_n + y_n \text{ ，} \qquad f_{n-1} = f(x_{n-1}, y_{n-1}) = x_{n-1} + y_{n-1}$$

與(7a)中的形式相似。因此(7a)遵循以下形式

$$y^*_{n+1} = y_n + \frac{0.1}{24}\left[55(x_n + y_n) - 59(x_{n-1} + y_{n-1}) + 37(x_{n-2} + y_{n-2}) - 9(x_{n-3} + y_{n-3})\right] \text{ 。}$$

以上公式給出了預測制。同樣的道理，修正值(7b)遵循以下形式

$$y_{n+1} = y_n + \frac{0.1}{24}\left[9(x_{n+1} + y^*_{n+1}) + 19(x_n + y_n) - 5(x_{n-1} + y_{n-1}) + (x_{n-2} + y_{n-2})\right] \text{ 。}$$

得到的數值解排成如表格 21.10 所示。

通過經典的朗奇-庫塔法得到起始值。

n x_n	Starting y_n	Predicted y^*_n	Corrected y_n	Exact Values	誤差 $\times 10^{-8}$
0	0				
0.1	0.00517083				
0.2	0.0214026				
0.3	0.0498585				
0.4		0.09182010	0.09182454	0.09182470	16
0.5		0.14871645	0.14872131	0.14872127	−4
0.6		0.22211367	0.22211908	0.22211880	−28
0.7		0.31374730	0.31375327	0.31375271	−56

0.8	0.42553524	0.42554183	0.42554093	−90
0.9	0.55959713	0.55960442	0.55960311	−131
1.0	0.71827557	0.71828362	0.71828183	−179

可以看出，預測值和修正值之間的差距在10^{-6}至10^{-5}量級。這些誤差單調增加，即以最後上表所示的最後三個小數點的形式增加

$$444，486，541，597，659，729，805。$$

修正值的誤差更小，在10^{-7}至10^{-6}量級。這表示修正預測值的過程是十分值得的。從$x=0.5$開始，誤差爲負值並且絕對值單調增加，在很多情形下單調性是很典型的，但是其它的行爲也會出現，例如，如果解的形式碰巧是周期性的。本題目的解是單調增加(見圖所示)是因爲它的導數是非負的。在圖中得到的近似值在途中實際所示，而誤差太小而沒有辦法在圖中示出。

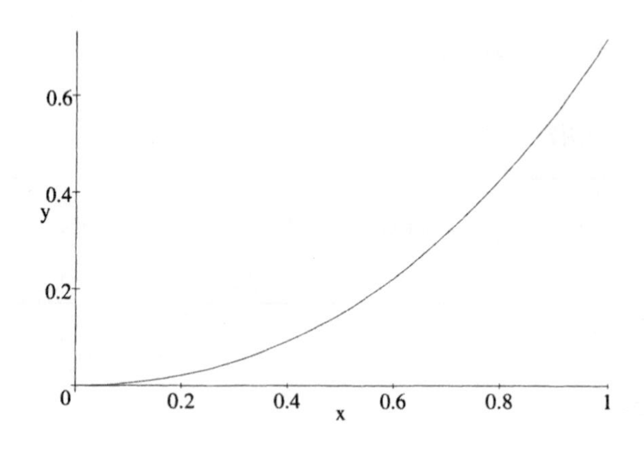

第 21.2 節 習題 11 解答曲線

21.3 節　系統與高階方程式之數值方法

習題集　21.3

7. **系統與二階 ODE 之尤拉法** 利用尤拉法求解：

$y_1' = -y_1 + y_2$，$y_2' = -y_1 - y_2$，$y_1(0) = 0$，$y_2(0) = 4$，$h = 0.1$，10 個步驟。

對於系統的尤拉方程式 給出的系統是

$$y_1' = -y_1 + y_2, \qquad y_2' = -y_1 - y_2 \text{。} \tag{A}$$

因此 $h=0.1$ 的 resursion 關係(5)遵循以下形式

$$\begin{aligned} y_{1,n+1} &= y_{1,n} + 0.1(-y_{1,n} + y_{2,n}) \\ y_{2,n+1} &= y_{2,n} + 0.1(-y_{1,n} - y_{2,n}) \end{aligned} \text{。} \tag{B}$$

可以看出，對於單一的方程式來說這並不比尤拉方程式要複雜，除了在每一步中你必須要求解包含在前一步中的 $y_{1,n}$ 和 $y_{2,n}$ 的兩個方程式。精確的求解這個系統，因此你可以計算出誤差並且判斷通過尤拉方程式得到的近似值的準確性。過程參見第 4.3 節。

這個系統的矩陣是

$$\mathbf{A} = \begin{bmatrix} -1 & 1 \\ -1 & -1 \end{bmatrix} \text{。}$$

因此它的特徵方程式是

$$(-1-\lambda)^2 + 1 = (\lambda+1)^2 + 1 = 0$$

以上方程式給出特徵值 $-1+i$ 和特徵向量 $\begin{bmatrix} 1 & i \end{bmatrix}^T$ 以及特徵值 $-1-i$ 和特徵向量 $\begin{bmatrix} 1 & -i \end{bmatrix}^T$，因此該系統具有通解

$$\mathbf{y} = \begin{bmatrix} y_1 \\ y_2 \end{bmatrix} = e^{-x}\left(c_1 \begin{bmatrix} 1 \\ i \end{bmatrix} e^{ix} + c_2 \begin{bmatrix} 1 \\ -i \end{bmatrix} e^{-ix} \right) \text{。}$$

從初始條件 $\mathbf{y}(0) = \begin{bmatrix} 0 & 4 \end{bmatrix}^T$ 可以得到

$$\mathbf{y}(0) = c_1 \begin{bmatrix} 1 \\ i \end{bmatrix} + c_2 \begin{bmatrix} 1 \\ -i \end{bmatrix} = \begin{bmatrix} 0 \\ 4 \end{bmatrix}, \qquad \begin{aligned} c_1 + c_2 &= 0 \\ i\,(c_1 - c_2) &= 4 \end{aligned} \text{。}$$

因此 $c_2 = -c_1$，$i(2c_1) = 4$，$c_1 = 2/i = -2i$，$c_2 = -c_1 = 2i$。利用 $e^{ix} + e^{-ix} = 2\cos x$ 和 $e^{ix} - e^{-ix} = 2i\sin x$，你可以得到該初始值方程式的精確解

$$\mathbf{y}=e^{-x}\left(-2i\begin{bmatrix}1\\ i\end{bmatrix}e^{ix}+2i\begin{bmatrix}1\\ -i\end{bmatrix}e^{-ix}\right)\text{。}$$

$$=e^{-x}\left(\begin{bmatrix}-2i\\ 2\end{bmatrix}e^{ix}+\begin{bmatrix}2i\\ 2\end{bmatrix}e^{-ix}\right)$$

$$=e^{-x}\begin{bmatrix}-2i(e^{ix}-e^{-ix})\\ 2(e^{ix}+e^{-ix})\end{bmatrix}$$

$$=e^{-x}\begin{bmatrix}4\sin x\\ 4\cos x\end{bmatrix}$$

這樣你可以計算尤拉方程式的得到的數值解的誤差$\varepsilon(y_1)$和$\varepsilon(y_2)$。對於後者，利用以上的(B)，解得以下的數值。

n	x	y_1	y_2	$\varepsilon(y_1)$	$\varepsilon(y_2)$
0	0	0	4	0	0
1	0.1	0.4	3.6	−0.038668	0.00126
2	0.2	0.72	3.20	−0.069376	0.00964
3	0.3	0.968	2.808	−0.092292	0.02292
4	0.4	1.1520	2.4304	−0.10786	0.03922
5	0.5	1.27984	2.07216	−0.11669	0.05696
6	0.6	1.35907	1.73696	−0.11954	0.07486
7	0.7	1.39686	1.42736	−0.11722	0.09188
8	0.8	1.39991	1.14494	−0.11059	0.10726
9	0.9	1.37441	0.89046	−0.10050	0.120455
10	1.0	1.32601	0.66397	−0.08777	0.131095

以下的圖形表示，近似值對於實際的應用來說是很不準確的。這與你利用尤拉方程式來解決單個的 ODE 的情形是一致的。

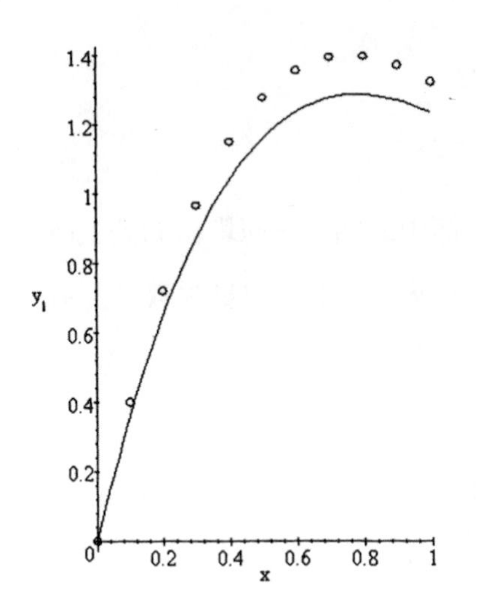

第 21.3 節 習題 7 精確解 $y_1(x)$ 與近似值(圓點)

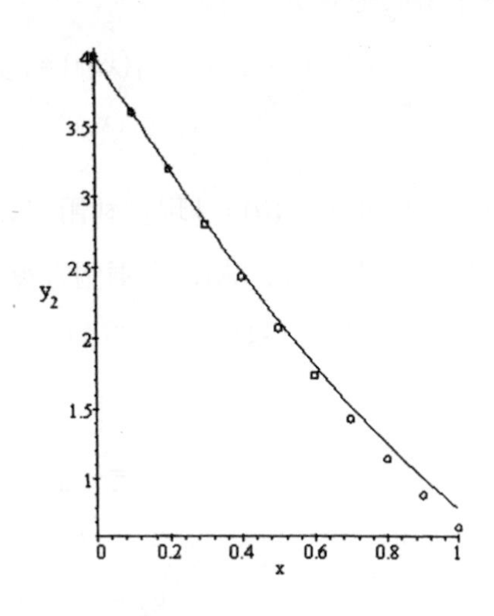

第 21.3 節 習題 7 精確解 $y_2(x)$ 與近似值(圓點)

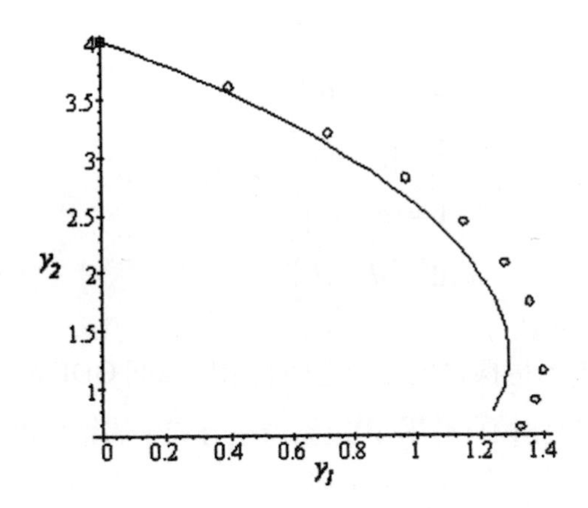

第 21.3 節 習題 7 在 y_1y_2 平面上之解曲線及其近似值

9. **系統之 RK 法** 請利用傳統 RK 法求解：
習題 7 之系統。誤差減少了多少？

對於系統的經典朗奇-庫塔法 以下需要求解的初始值問題與第 7 題相同。步距爲 0.1 的前提下，經過十步就可以得到近似值，你可以與第 7 題中通過尤拉方程式得到的值相比較。需要求解的系統是

$$\begin{aligned} y_1' &= f_1(x,y) = -y_1 + y_2, \\ y_2' &= f_2(x,y) = -y_1 - y_2 \end{aligned} \text{。} \tag{A}$$

初始值爲 $y_1(0)=0$ ， $y_2(0)=4$ 現在利用 21.3 節中的朗奇－庫塔法的公式(6)，公式(6b)包含四個向量公式。因爲(A)包含兩個方程式，每一個在(6)向量函數包含兩個分量，這樣就給出了 $4 \cdot 2 = 8$ 個分量公式，你應該如下寫出：

$$\begin{aligned} \mathbf{k}_1 &= \begin{bmatrix} \mathrm{k}_{11} & \mathrm{k}_{12} \end{bmatrix}^T \\ \mathbf{k}_2 &= \begin{bmatrix} k_{21} & k_{22} \end{bmatrix}^T \\ \mathbf{k}_3 &= \begin{bmatrix} k_{31} & k_{32} \end{bmatrix}^T \\ \mathbf{k}_4 &= \begin{bmatrix} k_{41} & k_{42} \end{bmatrix}^T \end{aligned} \text{。} \tag{B}$$

然而，較簡單的標示法是如本文的 21.3 節例 2 中，並非用 $\mathbf{k}_1$ ，⋯， $\mathbf{k}_4$ ，表示各個向量，而是如下表示：

$$\begin{aligned} \mathbf{a} &= \begin{bmatrix} a_1 & a_1 \end{bmatrix}^T \\ \mathbf{b} &= \begin{bmatrix} b_1 & b_2 \end{bmatrix}^T \\ \mathbf{c} &= \begin{bmatrix} c_1 & c_2 \end{bmatrix}^T \\ \mathbf{d} &= \begin{bmatrix} d_1 & d_2 \end{bmatrix}^T \end{aligned} \text{。} \tag{C}$$

(本書利用(B)的表達方式，這樣會更加顯著地表示出單個 ODE 的純量形式到 ODE 系統的向量形式的過渡。如果你較喜歡用(B)這種表達方式，儘管用就可以了)一種更加簡單的表達方式是：

$$y_1 = y \text{，} \qquad y_2 = z \tag{D}$$

因爲不需要像本書中一樣寫 $y_{1,n}$ ， $y_{2,n}$ 而只需要寫 $y_{1,n} = y_n$ ， $y_{2,n} = z_n$ (重申，如果你不喜歡(D)的表達方式，就使用 y_1 和 y_2)。從以(C)和(D)的形式表達的(6c)中，你可以得到以下的方程式來計算經典朗奇-庫塔法中的輔助量。

$$a_1 = hf_1(x_n, y_n, z_n)$$
$$a_2 = hf_2(x_n, y_n, z_n)$$

以此類推。

$$f_1 = -y_1 + y_2 = -y + z$$
$$f_2 = -y_1 - y_2 = -y - z$$

把(A)中的公式和 $h=0.1$ 插入，得到

$$a_1 = hf_1(x_n, y_n, z_n) = 0.1(-y_n + z_n)$$
$$a_2 = hf_2(x_n, y_n, z_n) = 0.1(-y_n - z_n)$$ 。

注意到在系統中，獨立變數 x 並不是明確地出現。這是一個優勢，因爲在每一步中你不需要在意變數 x 所處的位置(x_n ， $x_n + h/2$ ， $x_n + h$)

相似的，

$$b_1 = hf_1(x_n + h/2, y_n + a_1/2, z_n + a_2/2) = 0.1\left[-(y_n + a_1/2) + (z_n + a_2/2)\right]$$
$$b_2 = hf_2(x_n + h/2, y_n + a_1/2, z_n + a_2/2) = 0.1\left[-(y_n + a_1/2) - (z_n + a_2/2)\right]$$

注意到，在通解公式中 b_1 和 b_2 的不同僅僅取決於 f_1 和 f_2，所以通過 b_1 並且觀察給定的方程式組你可以立即得到 b_2 的形式。另外，

$$c_1 = hf_1(x_n + h/2, y_n + b_1/2, z_n + b_2/2) = 0.1\left[-(y_n + b_1/2) + (z_n + b_2/2)\right]$$
$$c_2 = hf_2(x_n + h/2, y_n + b_1/2, z_n + b_2/2) = 0.1\left[-(y_n + b_1/2) - (z_n + a_2/2)\right]$$

最後得到，

$$d_1 = hf_1(x_n + h, y_n + c_1, z_n + c_2) = 0.1\left[-(y_n + c_1) + (z_n + c_2)\right]$$
$$d_2 = hf_2(x_n + h, y_n + c_1, z_n + c_2) = 0.1\left[-(y_n + c_1) - (z_n + c_2)\right]$$

對於 x 的遞迴公式爲

$$x_{n+1} = x_n + h$$ 。

對於接下來 $y_1 = y$ ， $y_2 = z$ 的值由(6c)給出，爲

$$y_{n+1} = y_n + \frac{1}{6}(a_1 + 2b_1 + 2c_1 + d_1)$$

$$z_{n+1} = z_n + \frac{1}{6}(a_2 + 2b_2 + 2c_2 + d_2)$$

計算得出以下的值

n	x_n	y_1	y_2	$\varepsilon(y_1)$	$\varepsilon(y_2)$
0	0	0	4	0	0
1	0.1	0.36133333	3.60126666	$-0.129 \cdot 10^{-5}$	$0.133 \cdot 10^{-5}$
2	0.2	0.65062884	3.20963996	$-0.208 \cdot 10^{-5}$	$0.263 \cdot 10^{-5}$
3	0.3	0.87570947	2.83091888	$-0.245 \cdot 10^{-5}$	$0.384 \cdot 10^{-5}$
4	0.4	1.04414217	2.46961769	$-0.248 \cdot 10^{-5}$	$0.490 \cdot 10^{-5}$
5	0.5	1.16314739	2.12911712	$-0.224 \cdot 10^{-5}$	$0.580 \cdot 10^{-5}$
6	0.6	1.23953123	1.81180865	$-0.179 \cdot 10^{-5}$	$0.650 \cdot 10^{-5}$
7	0.7	1.27963734	1.51923054	$-0.120 \cdot 10^{-5}$	$0.702 \cdot 10^{-5}$
8	0.8	1.28931598	1.25219467	$-0.508 \cdot 10^{-6}$	$0.735 \cdot 10^{-5}$
9	0.9	1.27390759	1.01090352	$0.232 \cdot 10^{-6}$	$0.750 \cdot 10^{-5}$
10	1.0	1.23823852	0.79505697	$0.986 \cdot 10^{-6}$	$0.748 \cdot 10^{-5}$

你可以看出，比起尤拉方程式得到的結果誤差小10^4量級。

21.4 節　橢圓 PDE 之數值方法

習題集　21.4

1. 試推導(5b)，(6b)及(6c)。

對(6c)進行微分　對於這個微分，你需要知道兩個變數的泰勒公式

$$u(x+h, y+k) = u + hu_x + ku_y + \frac{1}{2}(h^2u_{xx} + 2hku_{xy} + k^2u_{yy}) + \cdots \tag{A}$$

其中，函數 u 和右邊的偏微分項是在 (x, y) 座標系中的，進一步的推導可以此類推。如果你在左邊用 $-h$ 代替 h，在右邊相應的符號就爲負號，也就是說在上式右邊的第二項和第五項變成負號

$$u(x-h, y+k) = u - hu_x + ku_y + \frac{1}{2}(h^2u_{xx} - 2hku_{xy} + k^2u_{yy}) + \cdots \tag{B}$$

(6c)的右邊告訴你進一步的表達應該怎樣展開，即

$$u(x+h, y-k) = u + hu_x - ku_y + \frac{1}{2}(h^2u_{xx} - 2hku_{xy} + k^2u_{yy}) + \cdots \tag{C}$$

與

$$u(x-h, y-k) = u - hu_x - ku_y + \frac{1}{2}(h^2u_{xx} + 2hku_{xy} + k^2u_{yy}) + \cdots \tag{D}$$

對於(6c)的證明的概念就是把(A)⋯(D)組合在一起，從而使得 u_{xy} 保存而其餘的微分項連同函數 u 一起被消掉。具體的步驟如下：用(A)減(B)，函數 u 和偏微分 u_y ，u_{xx} 和 u_{yy} 被消掉，剩餘

$$2hu_x + 2hku_{xy} \tag{E}$$

用(D)減(C)，函數 u 和偏微分 u_y ，u_{xx} 和 u_{yy} 被消掉，剩餘

$$-2hu_x + 2hku_{xy} 。 \tag{F}$$

用(E)加(F)，得到 $4hku_{xy}$ ，除掉 $4hk$ 得到 u_{xy} ，即(6c)的左邊。

現在，

$$(E) + (F) = (A) - (B) - (C) + (D)$$

這正是(6c)的右邊。這樣就完成了本題目的推導。

3. **高斯消去法、高斯-賽德疊代法**　請利用高斯法及 5 個高斯-塞德疊代步驟，計算圖 455 中之四個內部點的位勢，其中起始值爲 100，100，100，100，而邊界值爲：$u(1,0) = 60$ ，$u(2,0) = 300$ ，其它三個邊緣 $u = 100$ 。

勢。Liebmann 方法(高斯-賽德疊代法)

像例 1 一樣進行求解。把平方式和網格展開，

$$
\begin{array}{llllll}
(P_{11}) & -4u_{11} & +u_{21} & +u_{12} & & =-160 \\
(P_{21}) & u_{11} & -4u_{21} & & +u_{22} & =-400 \\
(P_{12}) & u_{11} & & -4u_{12} & +u_{22} & =-200 \\
(P_{22}) & & u_{21} & +u_{12} & -4u_{22} & =-200
\end{array}
$$
。

此系統之增廣矩陣爲

$$
\begin{bmatrix}
-4 & 1 & 1 & 0 & -160 \\
1 & -4 & 0 & 1 & -400 \\
1 & 0 & -4 & 1 & -200 \\
0 & 1 & 1 & -4 & -200
\end{bmatrix}
$$
。

使用高斯消去法，列 1 爲軸元列

$$
\begin{bmatrix}
-4 & 1 & 1 & 0 & -160 \\
0 & -3.75 & 0.25 & 1 & -440 \\
0 & 0.25 & -3.75 & 1 & -240 \\
0 & 1 & 1 & -4 & -200
\end{bmatrix}
\begin{array}{l}
\\
\text{列}2+0.25\cdot\text{列}1 \\
\text{列}3+0.25\cdot\text{列}1 \\
\text{列}4
\end{array}
$$
。

列 2 爲軸元列。下一個矩陣爲

$$
\begin{bmatrix}
-4 & 1 & 1 & 0 & -160 \\
0 & -3.75 & 0.25 & 1 & -440 \\
0 & 0 & -3.733333 & 1.066667 & -269.3333 \\
0 & 10 & 1.066667 & -3.733333 & -317.3333
\end{bmatrix}
\begin{array}{l}
\\
\\
\text{列}3+(1/15)\text{列}2 \\
\text{列}4+(4/15)\text{列}2
\end{array}
$$
。

列 3 爲下一個(亦爲最後一個)軸元列。下一個矩陣的第 4 列爲列 4 加上 2/7 乘上前一矩陣的列 3，即，

$$
\begin{bmatrix} 0 & 0 & 0 & -3.428571 & -394.2857 \end{bmatrix}
$$
。

反向代入後，

$$
u_{22}=115,\quad u_{12}=105,\quad u_{21}=155,\quad u_{11}=105
$$
。

再次強調在實際應用上此系統非常大，因其網格很細，此題只是用來說明原理。較細的網格其矩陣爲稀疏矩陣，所以里柏曼法較爲有利。此題其疊代使用下列型式的系統：

$$\begin{aligned} u_{11} &= \qquad\quad 0.25u_{21} + 0.25u_{12} \qquad\qquad + 40 \\ u_{21} &= 0.25u_{11} \qquad\qquad\qquad + 0.25u_{22} + 100 \\ u_{12} &= 0.25u_{11} \qquad\qquad\qquad + 0.25u_{22} + 50 \\ u_{22} &= \qquad\quad 0.25u_{21} + 0.25u_{12} \qquad\qquad + 50 \end{aligned}$$

。

疊代的起始值爲 100，100，100，100，所產生的值如下，其收斂是相當快速

n	u_{11}	u_{21}	u_{12}	u_{22}
0	100	100	100	100
1	90.00	147.50	97.500	111.25
2	101.25	153.12	103.12	114.06
3	104.06	154.53	104.53	114.76
4	104.76	154.88	104.88	114.94
5	104.94	154.97	104.97	114.98

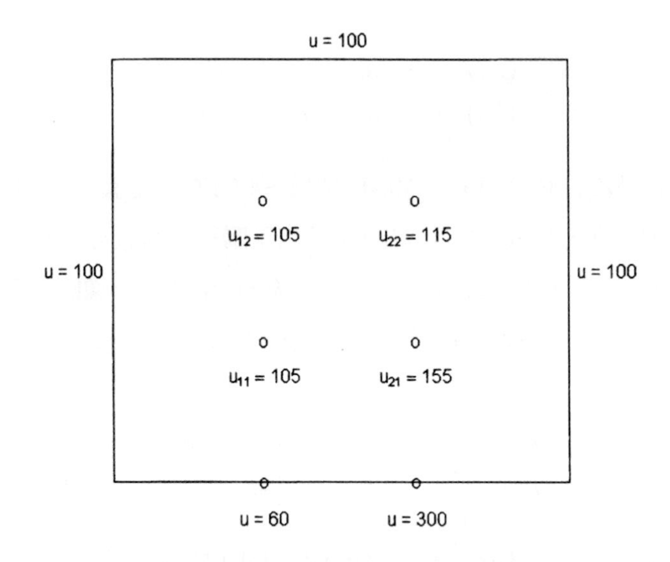

第 21.4 節 習題 3 區域、邊界值、網格點

21.5 節　紐曼及混合問題、不規則邊界

習題集　21.5

7. **混合邊界值問題** 若習題 6 中上邊界為 $u_n = 1$ 且其它邊界為 $u = 1$，請再求解一次。

拉普拉斯方程式的混合邊界條件　像例 1 一樣，利用圖 457。這個習題比較簡單，因為你是在處理拉普拉斯方程式，而例 1 處理的是 Poisson 方程式。例 1 中的方程式(1)是一系列不包括 0 的邊界值，在邊界上有 10 個網格點，對於第 7 題來說，10 個邊界值，從 0 開始以逆時針旋轉，為

$$1，1，1，1，1，1，\ u_n(P_{22}) = 1，\ u_n(P_{12}) = 1，1，1。\tag{A}$$

在這裡，如同例 1 一樣，$u_n(P_{22}) = u_y(P_{22})$ 和 $u_n(P_{12}) = u_y(P_{12})$，就是說在矩形框的上邊緣的外部法線方向為負的 y 方向。對於兩個內部的點來說，你得到兩個方程式，與例 1 中的(2a)相對應，你可以標記為 P_{11} 和 P_{21}，這些是內部的點，通過這兩個還有相鄰的點你可以得到兩個方程式，方程式的左邊部分和例 1 是一樣的，而右邊不一樣，為－2(從點 P_{10} 和得到－1，從點 P_{01} 也得到－1)和－2(從點 P_{20} 和得到－1，從點 P_{31}　也得到－1)。以此方程式是，

$$\begin{aligned} (P_{11}) \qquad & -4u_{11} + u_{21} + u_{12} = -2 \\ (P_{21}) \qquad & u_{11} - 4u_{21} + u_{22} = -2。\end{aligned}\tag{B}$$

(標記方程式其實是沒有必要的，以你為係數為－4 的項就表示了你在用什麼模版) u_{12} 和 u_{22} 是不知道的因為在方程式 (P_{12}) 和 (P_{22}) 中給出了歸一化的微分，並沒有給出函數 u 的值。就像在例 1 中一樣，你展開矩形方框和負 y 方向上的格點，像圖 457b 一樣引入點 P_{13} 和點 P_{23}，假定拉普拉斯方程式在展開的方框中保持不變，然後你就可以寫出另外的兩個方程式，即

$$\begin{aligned} (P_{12}) \qquad & u_{11} - 4u_{12} + u_{22} + u_{13} = -1 \\ (P_{22}) \qquad & u_{21} + u_{12} - 4u_{22} + u_{23} = -1。\end{aligned}\tag{C}$$

在 (P_{12}) 中，右邊的－1 來自於 (P_{02})，在 (P_{22}) 中 -1 來自於 P_{32}。現在增加了兩個方程式，

代價是兩個新的未知量u_{13}和u_{23}，所以看起來你好像什麼都沒做。但是，你沒有使用原始矩陣上邊界的值(這裡的法向導數爲 1)，這就是你下面要做的，就像例 1 那樣。這得到(因爲$h=0.5$)，

$$1=\frac{\partial}{\partial y}u_{21}\approx\frac{u_{13}-u_{11}}{2h}=u_{13}-u_{11}，$$

因此

$$u_{13}=u_{11}+1$$

同時

$$1=\frac{\partial}{\partial y}u_{22}\approx\frac{u_{23}-u_{21}}{2h}=u_{23}-u_{21}$$

因此

$$u_{23}=u_{21}+1。$$

現在把對於u_{13}和u_{23}的運算式代入到(C)並化簡。在第 1 個方程式中，$u_{11}+u_{13}=2u_{11}+1$。在第 2 個方程式中，$u_{21}+u_{21}=2u_{21}+1$。把 1 移到右邊，(C)中的方程式變成

$$\begin{aligned} 2u_{11} \qquad -4u_{12}+\ u_{22}&=-2 \\ 2u_{21}+\ u_{12}-4u_{22}&=-2 \end{aligned}。\tag{D}$$

要求解的系統包含 4 個方程式，從(B)到(D)。它的增廣矩陣如下(把未知數標在矩陣的上邊，這裡rs表示右端項)。

$$\begin{array}{ccccc} u_{11} & u_{21} & u_{12} & u_{22} & rs \end{array}$$
$$\begin{bmatrix} -4 & 1 & 1 & 0 & -2 \\ 1 & -4 & 0 & 1 & -2 \\ 2 & 0 & -4 & 1 & -2 \\ 0 & 2 & 1 & -4 & -2 \end{bmatrix}$$

你可以用高斯消去法來求解。爲了計算u_{11}，把第 1 列做軸元。計算得到新的矩陣

$$\begin{bmatrix} -4 & 1 & 1 & 0 & -2 \\ 0 & -3.75 & 0.25 & 1 & -2.5 \\ 0 & 0.5 & -3.5 & 1 & -3 \\ 0 & 2 & 1 & -4 & -2 \end{bmatrix}\begin{matrix} \\ 第2行+0.25第1行 \\ 第3行+0.5第1行 \\ 第4行 \end{matrix}。$$

第 2 列現在是新的軸元列，它不變。新的矩陣是

$$\begin{bmatrix} -4 & 1 & 1 & 0 & -2 \\ 0 & -3.75 & 0.25 & 1 & -2.5 \\ 0 & 0 & -3.466667 & 1.133333 & -3.333333 \\ 0 & 0 & 1.133333 & -3.466667 & -3.333333 \end{bmatrix} \begin{matrix} \\ \\ 第3行 + (0.5/3.75)第2行 \\ 第4行 + (2/3.75)第2行 \end{matrix} 。$$

最後，第 3 列是軸元列，第 4 列+(1.133333/3.466667)第 3 列作爲新的第 4 列，其形式是

$$\begin{bmatrix} 0 & 0 & 0 & -3.096154 & -4.423077 \end{bmatrix} 。$$

按反向代回得到，

$$u_{22} = 1.428571，u_{12} = 1.428571，u_{21} = 1.142857，u_{11} = 1.142857 。$$

結果表示你可以由對稱性節省大量的計算。實際上，這種情況不是常常出現的，因爲它要求區域是對稱的，同時，所給的邊界條件也是對稱的。而我們現在這個問題就滿足這些條件；所給的矩形區域和邊界值都是對稱的，相應的垂直線是 $x = 0.75$ 。

11. **不規則邊界** 請針對圖 462 所示之區域與邊界值，以網格求解拉普拉斯方程式。(斜線邊界爲 $y = 4.5 - x$)。

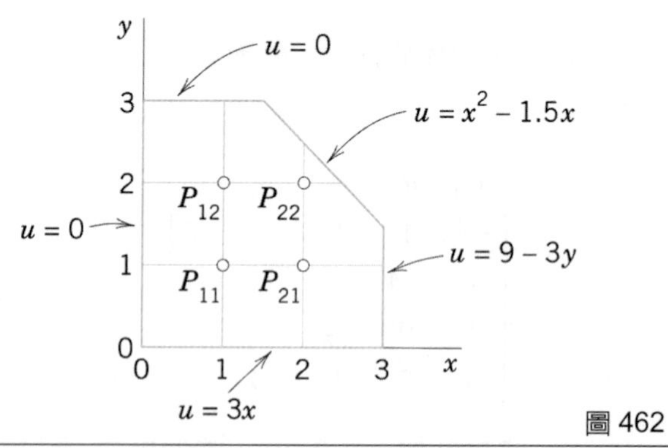

圖 462

不規則邊界 首先你自己畫一個草圖，要畫出所給區域、網格、以及邊界上的數值(後者用紅色筆，不要讓邊界上的記號混淆)。在 x 軸網格點上邊界值是 $u_{00} = 0$ (這是不需要的)，$u_{10} = 3$，$u_{20} = 6$，$u_{30} = 9$ (這個不需要)。在 y 軸你有 $u_{01} = u_{02} = u_{03} = 0$ 。進一步，在右邊的垂直邊界線有 $u = 9 - 3y$，$u_{31} = 9 - 3 \cdot 1 = 6$ 。在上水平線部分的位勢是 0，因此

$u_{13}=0$。斜線邊界部分是，

$$y=4.5-x\text{。}\qquad \text{因此}\qquad x=4.5-y\text{。}$$

其最低的點上有 $x=3$；因此 $y=4.5-3=1.5$。上面的下一個網格點是 $y=2$，因此 $4.5-2=2.5$。下一個相應於 $x=2$ 的網格點，正如你在圖中看到那樣；因此 $y=4.5-2=2.5$。對於最高點 $y=3$，因此，$x=4.5-3=1.5$。因此在斜線邊界上的 4 個點的座標和位勢是，$u(x,y)=x^2-1.5x=x(x-1.5)$，如下，

$$(3,1.5)\qquad \text{因此，}\qquad u=3(3-1.5)=4.5$$

$$(2.5,2)\qquad \text{因此，}\qquad u=2.5(2.5-1.5)=2.5$$

$$(2,2.5)\qquad \text{因此，}\qquad u=2(2-1.5)=1$$

$$(1.5,3)\qquad \text{因此，}\qquad u=1.5(1.5-1.5)=0\text{。}$$

你將只需要這些點和位勢中的第二個和第三個。現在來設置線性方程式組。你有 4 個內點 P_{11}，P_{21}，P_{12}，P_{22}。由它們中的前三個，你可以得到通常的方程式組形式，即(見所給的圖和邊界值，或者由所給的 x 軸邊界上相應的部分的公式)

$$\begin{aligned}
&(\mathrm{P}_{11}:) && -4u_{11}+u_{21}+u_{12} && =-u_{10}-u_{01}=-3-0=-3\\
&(\mathrm{P}_{21}:) && u_{11}-4u_{21}+u_{22} && =-u_{20}-u_{31}=-6-6=-12\\
&(\mathrm{P}_{12}:) && u_{11}-4u_{12}+u_{22} && =-u_{02}-u_{13}=-0-0=0
\end{aligned}$$

對 P_{22} 書上圖 458 給出的條件是 $a=1/2$ 和 $b=1/2$。這是(5)的特例。由此你可以發現靠近 P_{22} 的兩個點的距離比 1 大，即，4/3，而其他的兩點對(那些到中心 P_{22} 的距離爲 h 的點)現在其寬度減少到 $2/3$，而不是以前的 1；這是從物理上的理解。相應地，第 4 個方程式從通常形式，

$$u_{21}+u_{12}-4u_{22}=\cdots$$

變成形式，

$$(P_{22}:)\qquad \frac{2}{3}u_{21}+\frac{2}{3}u_{12}-4u_{22}=\frac{4}{3}(-2.5)+\frac{4}{3}(-1)=-4.666667\text{。}$$

如果你忘記了右邊的 $4/3$，你需要檢查把它們移到左邊後，所有項係數的和是否爲 0，

即，

$$\frac{2}{3}+\frac{2}{3}-4+\frac{4}{3}+\frac{4}{3}=0 \text{ 。}$$

方程式(P_{22}:)兩邊乘以 3 得到簡單形式

$$(P_{22}:) \qquad 2u_{21}+2u_{12}-12u_{22}=-14 \text{ 。}$$

線性方程式組的增廣矩陣是，

$$\begin{bmatrix} -4 & 1 & 1 & 0 & -3 \\ 1 & -4 & 0 & 1 & -12 \\ 1 & 0 & -4 & 1 & 0 \\ 0 & 2 & 2 & -12 & -14 \end{bmatrix} \text{ 。}$$

由高斯消去法得到解，

$$u_{11}=2 \text{ ，} \qquad u_{21}=4 \text{ ，} \qquad u_{12}=1 \text{ ，} \qquad u_{22}=2 \text{ 。}$$

看看這個解。把這 4 個值插入到你的圖中。雖然在這個區域中沒有多少變數(只有 4 個)，你仍然可以得到區域中的等勢線圖。最高的位勢(9)在右下角。現在來找 x 軸上的 $u=8$ 和垂直部分同時在區域中畫出 $u=8$ 這條線；這條曲線看起來像一個 $1/4$ 圓。對 u＝7，6，5，4，作類似的處理。對於 $u=4$ ，它必須通過 P_{21} ，即，$(x,y)=(2,1)$ 。還有，你可以標記斜線邊界的終點。下一步找 x 軸上的 u＝3，2，1 以及在邊界上的斜線部分。畫曲線 u＝3，2(過點 $(1,1)$ 和 $(2,2)$)，$u=1$(過點 $(1,2)$)。這給了你好的等勢圖同時告訴我們通過計算得到的值是那 4 個內點的可信近似值。

21.6 節　拋物線偏微分方程式之數值方法

習題集　21.6

1. **(無因次型)** 試證明若令 $x=\tilde{x}/L$ ，$t=c^2\tilde{t}/L^2$ ，$u=\tilde{u}/u_0$ ，其中 u_0 爲任意之定溫值，則熱方程式 $\tilde{u}_{\tilde{t}}=c^2\tilde{u}_{\tilde{x}\tilde{x}}$，$0\le x\le L$ 將可轉化成「無因次」標準形式 $u_t=u_{xx}$，$0\le x\le 1$。

熱傳導方程式的無因次形式　$\tilde{x}$ 的變化範圍是 0 到 L 。因此 $x=\tilde{x}/L$ 從 0 變到 1。現在應

用鏈式法則，得到，

$$\tilde{u}_{\tilde{t}} = u_t \frac{dt}{d\tilde{t}} = u_t \frac{c^2}{L^2}$$

以及

$$\tilde{u}_{\tilde{x}\tilde{x}} = u_{xx} \left(\frac{dx}{d\tilde{x}} \right)^2 = u_{xx} \cdot \frac{1}{L^2} \text{ 。}$$

把這個代到所給的熱傳導方程式，消掉兩邊的c^2 / L^2 。

5. 若$0 \le x \le \frac{1}{2}$， $f(x) = x$ ；若$\frac{1}{2} \le x \le 1$ ， $f(x) = 1 - x$ 。請利用寇連克-尼可爾森法，以 $h = 0.2$ ， $k = 0.04$ ，針對$0 \le t \le 0.20$求解熱問題(1)-(3)。請$t = 0.20$之結果與第 12.5 節級數(2 項)所獲得之精確值做比較。

寇連克-尼可爾森法 公式(9)可以通過取$r = k / h^2 = 1$得到，因爲要求 h=0，2，你必須取，

$$k = h^2 = 0.04 \text{ 。} \tag{A}$$

這個書上例 1 的值相同。因此你需要做 5 步來得到$t = 0.2$ 。初始溫度是「三角形」的，$f(x) = x$ ，如果$0 \le x \le 0.5$同時$f(x) = 1 - x$ ，如果$0.5 \le x \le 1$ 。因爲$h = 0.2$ ，你需要在x=0，0.2，0.4，0.6，0.8，1.0 的初始溫度。這些值是，

$i=0$	1	2	3	4	5
$x=0$	0.2	0.4	0.6	0.8	1.0
$u=0$	0.2	0.4	0.4	0.2	0

(B)

第 1 步：$(t = 0.04)$ 要求使用公式(9)。對於 $j = 0$ 這個公式是，

$$4u_{i,1} - u_{i+1,1} - u_{i-1,1} = u_{i+1,0} + u_{i-1,0} \text{ 。} \tag{C}$$

每一時間列都得到 6 個值。現在它們中的兩個對所有的t爲 0。你需要確定在剩下的 4 個內點 x=0.2，0.4，0.6，0.8 的溫度，對應於 i=1，2，3，4。對於這些i的值你從(C)得到方程式組，

$$\begin{array}{llr}
i=1 & 4u_{1,1}-u_{2,1}-u_{0,1} & =u_{2,0}+u_{0,0} \\
i=2 & 4u_{2,1}-u_{3,1}-u_{1,1} & =u_{3,0}+u_{1,0} \\
i=3 & 4u_{3,1}-u_{4,1}-u_{2,1} & =u_{4,0}+u_{2,0} \\
i=4 & 4u_{4,1}-u_{5,1}-u_{3,1} & =u_{5,0}+u_{3,0}
\end{array}$$

(可能你將發現我們在下標中保留逗號是有用的，雖然這不是絕對必需的，就像書上例 1 闡述的那樣)因爲初始溫度相對於 $x=0.5$ 是對稱的(在兩個終點溫度都是 0!)，對所有的 t 在 4 個內點的溫度也是這樣。公式，

$$u_{3,j}=u_{2,j}\text{，}\qquad \text{以及}\qquad u_{4,j}=u_{1,j} \tag{D}$$

如果你把(D)代入你的方程式組同時使用 $u_{5,j}=u_{0,j}=0$，你會發現第 3 個方程式變成跟第 2 個是等價的。第 4 個對應於第 1 個。因此你可以限制自己只考慮第 1 個和第 2 個。在這些方程式中，$u_{0,1}=0$，$u_{0,0}=0$，同時 $u_{3,0}=u_{2,0}$ (見(B)和(C)，$j=0$)，所以這些方程式的形式是，

$$\begin{array}{ll}
(i=1) & 4u_{1,1}-u_{2,1}=u_{2,0}=0.4 \\
(i=2) & -u_{1,1}+3u_{2,1}=u_{2,0}+u_{1,0}=0.4+0.2=0.6\text{，}
\end{array} \tag{E}$$

這裡 $3u_{2,1}$ 是 $4u_{2,1}-u_{3,1}=4u_{2,1}-u_{2,1}$ 的結果。系統的增廣矩陣是，

$$\begin{bmatrix} 4 & -1 & 0.4 \\ -1 & 3 & 0.6 \end{bmatrix}\text{。}$$

由高斯消去法得到解，

$$u_{1,1}=0.163636=u_{4,1}\text{，}\qquad u_{2,1}=0.254545=u_{3,1}\text{。} \tag{F}$$

第 2 步：$(t=0.08)$ 系統的矩陣依然是一樣的；只是右邊變化了。0.4 是 $u_{2,0}$。因此你現在必須考慮 $u_{2,1}$ 因爲你現在處理的是 $j=1$。0.6 是 $u_{2,0}$ 和 $u_{1,0}$ 的和。因此現在取 $u_{2,1}+u_{1,1}$ 作爲第 2 個方程式的右邊。這給出增廣矩陣

$$\begin{bmatrix} 4 & -1 & 0.254545 \\ -1 & 3 & 0.418182 \end{bmatrix}\text{。}$$

解是，

$$u_{1,2} = 0.107438 = u_{4,2}\text{，}\qquad u_{2,2} = 0.175207 = u_{3,2}\text{。}$$

第 3 步：$(t = 0.12)$ 增廣矩陣是

$$\begin{bmatrix} 4 & -1 & 0.175207 \\ -1 & 3 & 0.282645 \end{bmatrix}\text{。}$$

解是，

$$u_{1,3} = 0.0734786 = u_{4,3}\text{，}\qquad u_{2,3} = 0.118708 = u_{3,3}\text{。}$$

第 4 步：$(t = 0.16)$ 增廣矩陣是

$$\begin{bmatrix} 4 & -1 & 0.118708 \\ -1 & 3 & 0.192186 \end{bmatrix}\text{。}$$

解是，

$$u_{1,4} = 0.049846 = u_{4,4}\text{，}\qquad u_{2,4} = 0.080678 = u_{3,4}\text{。}$$

第 5 步：$(t = 0.20)$ 增廣矩陣是

$$\begin{bmatrix} 4 & -1 & 0.080678 \\ -1 & 3 & 0.130524 \end{bmatrix}\text{。}$$

解是，

$$u_{1,5} = 0.033869 = u_{4,5}\text{，}\qquad u_{2,5} = 0.054798 = u_{3,5}\text{。} \tag{G}$$

第 12.5 節中例 3 的級數中 $L = 1$，$c = 1$〔方程式假定是 $u_t = u_{xx}$，因此 $c = 1$；見 21.6 節的 (1)〕是

$$u(x,t) = \frac{4}{\pi^2}\left(\sin \pi x e^{-\pi^2 t} - \frac{1}{9}\sin 3\pi x e^{-9\pi^2 t} + - \cdots\right)\text{。}$$

因此對於 $t = 0.2$ 這變成

$$u(x,0.2) = \frac{4}{\pi^2}\left(\sin \pi x e^{-0.2\pi^2} - \frac{1}{9}\sin 3\pi x e^{-1.8\pi^2} + - \cdots\right) \tag{H}$$

第 2 項已經很小了因爲 π^2 大約是 10 而 e^{-18} 大約是 10^{-8}，下一項的指數函數將是 e^{-49}，這

大約是10^{-21}。因此(G)的前兩項的和很準確。計算得到，

	$x = 0.2$	$x = 0.4$
(G)中的u	0.033869	0.054798
(H)中的u	0.033091	0.053543
G中u的誤差	−0.000778	−0.001255

由你的計算可以看出，儘管我們的h相對較大，由寇連克-尼可爾森法得到的值也是相當精確的。進一步，你會發現在12.5節的例3中的級數在數值上也是相當有用的。

9. 在一長度為 1 之側邊絕緣棒中，令初始溫度為：若$0 \le x \le 0.2$，$f(x) = x$；若$0.2 \le x \le 1$，$f(x) = 0.25(1-x)$。且對於所有t，$u(0,t) = 0$，$u(1,t) = 0$。請以$h = 0.2$及$r = 0.01$套用顯性法。進行5個步驟。

顯性法 對給定的絕緣棒，計算需要的值是：

x	0	0.2	0.4	0.6	0.8	1.0
$u(x, 0)$	0	0.20	0.15	0.10	0.05	0

注意到初始絕緣棒是對稱的，這與例1中的不同。跟那個例題中第2步的計算類似，從$k = 0.01$，$h = 0.2$，$r = k/h^2 = 0.01/0.04 = 0.25$得到像那個例題中的公式。因此首先用到，

$$u_{i,j+1} = \frac{1}{4}(u_{i-1,j} + 2u_{i,j} + u_{i+1,j}),$$

這得到，

$$\frac{1}{4}(0 + 2 \cdot 0.2 + 0.15) = \frac{0.55}{4} = 0.1375$$

$$\frac{1}{4}(0.20 + 2 \cdot 0.15 + 0.10) = \frac{0.60}{4} = 0.15$$

等等。這些值如下，

j	$x=0$	$x=0.2$	$x=0.4$	$x=0.6$	$x=0.8$	$x=1.0$
0	0	0.20000	0.15000	0.10000	0.05000	0
1	0	0.13750	0.15000	0.10000	0.05000	0
2	0	0.10625	0.13438	0.10000	0.05000	0
3	0	0.08672	0.11875	0.09609	0.05000	0
4	0	0.07305	0.10508	0.09023	0.04902	0
5	0	0.06279	0.09336	0.08364	0.04707	0

21.7 節　雙曲線 PDE 之數值方法

習題集　21.7

1. **振動弦** 利用本節之數值方法，以 $h=k=0.2$ 在所給定 t 區間求解(1)-(4)，其中初始速度爲 0，初始偏量爲 $f(x)$。

$$f(x)=0.01x(1-x)\text{ ， }0\le t\le 2\text{ 。}$$

振動弦問題(1)-(4)　由(4)可以看出弦的終點是 $x=0$ 和 $x=1$。初始位移由如下雙曲線給出

$$f(x)=0.01x(1-x)\text{ 。}$$

(因數 0.01 是因數，假設弦有一個小的位移同時與 x 軸水平方向在所有的時刻都只有小的夾角則可以得到波動方程式(1))弦的初始速度假設爲 0。因爲 $h=0.2$，你在 0，0.2，0.4，0.6，0.8，1.0，需要 $f(x)$ 的值，即 ，

	$x=0$	0.2	0.4	0.6	0.8	1.0
$u(x,0)=$	$f(x)=0$	0.0016	0.0024	0.0024	0.0016	0

(A)

由此和式(8) ($g_i = 0$ ，初始速度爲 0!)以及 $k = 0.2$ ，得到[同時還要用到(4)]

$$u(x,0.2) \quad 0 \quad 0.0012 \quad 0.0020 \quad 0.0020 \quad 0.0012 \quad 0 \qquad \text{(B)}$$

剩下的計算需要用到(6)，其每一步的右邊都包含前兩個時間列的值。這些值如下[包括在(A)和(B)中的]。

$x=$	0	0.2	0.4	0.6	0.8	1.0
$t=0$	0	0.0016	0.0024	0.0024	0.0016	0
$t=0.2$	0	0.0012	0.0020	0.0020	0.0012	0
$t=0.4$	0	0.0004	0.0008	0.0008	0.0004	0
$t=0.6$	0	−0.0004	−0.0008	−0.0008	−0.0004	0
$t=0.8$	0	−0.0012	−0.0020	−0.0020	−0.0012	0
$t=1.0.$	0	−0.0016	−0.0024	−0.0024	−0.0016	0
$t=1.2.$	0	−0.0012	−0.0020	−0.0020	−0.0012	0
$t=1.4.$	0	−0.0004	−0.0008	−0.0008	−0.0004	0
$t=1.6.$	0	0.0004	0.0008	0.0008	0.0004	0
$t=1.8.$	0	0.0012	0.0020	0.0020	0.0012	0
$t=2.0.$	0	0.0016	0.0024	0.0024	0.0016	0

你會發現這些值構成了一個完整的周期，因爲最後一列等於第一列，所以對於連續的 t ，弦又開始了下一個周期。原因可以從 12.3 節的(11*)和(11)得到，因爲 $c=1$ ， $L=1$ 你有 $\lambda_n t = (cn\pi / L)t = n\pi t$ ，對於 $t = 2$ 這等於 $2n\pi$ ，這是(11)中正弦和餘弦的周期(書後的值要乘上 0.1)。

7. 說明本節方法在 f 和 g 不完全爲零的起始步驟，
例如 $f(x)=1-\cos 2\pi x$ ， $g(x)=x-x^2$ 。取 $h=k=0.1$ 並計算 2 個時間步驟。

非零初始位移和速度　初始位移是，

$$f(x)=1-\cos 2\pi x \text{ 。}$$

因爲 $h=0.1$，你需要在 $x=0$，0.1，…1.0 的值。現在 $f(x)$ 的曲線是關於 $x=1/2$ 對稱的，這是比較顯然的；通常這可以由如下的餘弦公式得到，

$$\cos(2\pi(1-x))=\cos(2\pi-2\pi x)=\cos 2\pi\cos 2\pi x+\sin 2\pi\sin 2\pi x$$

$$=1\cdot\cos 2\pi x+0 \text{ 。}$$

因此你需要計算 $f(0.1)$ ，…， $f(0.5)$ 。然後使用 $f(0.6)=f(0.4)$ ，等等。這些值是(6D)

$x=$	0	0.1	0.2	0.3	0.4	0.5
$f(x)$	0	0.190983	0.690983	1.309017	1.809017	2.000000。

初始速度是，

$$g(x)=x-x^2=x(1-x) \text{ 。}$$

它的對於同樣的 x 的值在(8)中也是需要的。 $g(x)$ 也是關於 $x=1/2$ 對稱的，所以足夠來計算 $kg(x)=0.1g(x)$，對於 $x=0$，0.1，…，0.5。我們還計算了 $f(x)$ ，這樣是爲了方便。$u(x,0.1)$ 可以從(8)計算得到，$u(x,0.2)$ 可以由(6)計算得到，先是10S ，然後是 6D ，計算 $u(x,0.1)$ 和 $u(x,0.2)$ 得到下表。

x	0	0.1	0.2	0.3	0.4	0.5
$f(x)$	0	0.190983	0.690983	1.309017	1.809017	2.000000
$0.1g(x)$	0	0.009	0.016	0.021	0.024	0.025
$u(x,0.1)$	0	0.354492	0.766000	1.271000	1.678508	1.834017
$u(x,0.2)$	0	0.575017	0.934509	1.135491	1.296000	1.357017

對於 $u(x,0.1)$ ，公式(8)中 $i=1$，2，…得到(我們再一次在兩個下標之間添上逗號)

$$u_{1,1}=\frac{1}{2}(u_{0,0}+u_{2,0})+0.1g_1=\frac{1}{2}(0+0.690983)+0.009=0.354492$$

$$u_{2,1}=\frac{1}{2}(u_{1,0}+u_{3,0})+0.1g_2=\frac{1}{2}(0.190983+1.309017)+0.016=0.766000$$

$$u_{3,1}=\frac{1}{2}(u_{2,0}+u_{4,0})+0.1g_3=\frac{1}{2}(0.690983+1.809017)+0.021=1.271000$$

$$u_{4,1}=\frac{1}{2}(u_{3,0}+u_{5,0})+0.1g_4=\frac{1}{2}(1.309017+2.000000)+0.024=1.678508$$

$$u_{5,1}=\frac{1}{2}(u_{4,0}+u_{6,0})+0.1g_5=\frac{1}{2}(1.809017+1.809017)+0.025=1.834017$$ 。

下一個時間行 $(t=0.2)$ 你需要使用(6)，得到，

$$u_{1,2}=u_{0,1}+u_{2,1}-u_{1,0}=0+0.766000-0.190983=0.575017$$

$$u_{2,2}=u_{1,1}+u_{3,1}-u_{2,0}=0.354492+1.271000-0.690983=0.934509$$

$$u_{3,2}=u_{2,1}+u_{4,1}-u_{3,0}=0.766000+1.678508-1.309017=1.135491$$

$$u_{4,2}=u_{3,1}+u_{5,1}-u_{4,0}=1.271000+1.834017-1.809017=1.296000$$

$$u_{5,2}=u_{4,1}+u_{6,1}-u_{5,0}=1.678508+1.678508-2.000000=1.357016$$ 。

PART F

最佳化、圖形

第 22 章　未受限制的最佳化、線性規劃

22.1 節　基本觀念與未受限制的最佳化

習題集　22.1

3. **最陡下降** 請運用三次最陡下降步驟到：
$$f(x)=3x_1^{\ 2}+2x_2^{\ 2}-12x_1+16x_2\text{，}\mathbf{x_0}=[1\ \ 1]^T\text{。}$$

最陡下降法　所給函數是

$$f(\mathbf{x})=3x_1^{\ 2}+2x_2^{\ 2}-12x_1+16x_2\text{。}\qquad\text{(A)}$$

所給的起始點是 $\mathbf{x_0}=[1\quad 1]^T$。像例 1 一樣，先用一般公式然後使用初始值。為了簡化記號，用 f_1 和 f_2 記 f 的導數的分量。f 的導數是

$$\nabla f(\mathbf{x})=[f_1\quad f_2]^T=[6x_1-12\quad 4x_2+16]^T\text{。}$$

分開寫為，

$$f_1=6x_1-12\text{，}\qquad f_2=4x_2+16\text{。}\qquad\text{(B)}$$

進一步，

$$\mathbf{z}(t)=[z_1\quad z_2]^T=\mathbf{x}-t\nabla f(\mathbf{x})=[x_1-tf_1\quad x_2-tf_2]^T\text{。}$$

分開寫為，

$$z_1(t) = x_1 - tf_1 \text{，} \qquad z_2(t) = x_2 - tf_2 \tag{C}$$

現在把(A)中 $f(\mathbf{x})$ 的 x_1 換成 z_1，x_2 換成 z_2 得到 $g(t) = f(\mathbf{z}(t))$。於是

$$g(t) = 3z_1^{\,2} + 2z_2^{\,2} - 12z_1 + 16z_2 \text{。}$$

計算 $g(t)$ 關於 t 的導數，得到，

$$g'(t) = 6z_1z_1' + 4z_2z_2' - 12z_1' + 16z_2' \text{。}$$

由(C)你會發現 $z_1' = -f_1$ 同時 $z_2' = -f_2$。把這個和 z_1，z_2 代入由(C)到 $g'(t)$，得到

$$g'(t) = 6(x_1 - tf_1)(-f_1) + 4(x_2 - tf_2)(-f_2) + 12f_1 - 16f_2 \text{。}$$

整理這些項。把含 t 的項放在一起並記他們的和為 D (後面的分母)。於是，

$$tD = t(6f_1^2 + 4f_2^{\,2}) \text{。} \tag{D}$$

記其他項的和為 N (分子)，得到，

$$N = -6x_1f_1 - 4x_2f_2 + 12f_1 - 16f_2 \text{。} \tag{E}$$

由這些記號你有 $g'(t) = tD + N$。對 t 求解 $g'(t) = 0$ 有

$$t = -\frac{N}{D} \text{。}$$

第 1 步： 對於 $\mathbf{x} = \mathbf{x}_0 = [1 \quad 1]^T$ 你有 $x_1 = 1$，$x_2 = 1$ 同時由(B)

$$f_1 = -6 \text{，} \qquad f_2 = 20 \text{，} \qquad tD = 1816t \text{，} \qquad N = -436 \text{，}$$

所以

$$t = t_0 = -N/D = 0.240088 \text{。}$$

由此以及(B)和(C)你得到下一步近似 $\mathbf{x}_1$，

$$\mathbf{x}_1 = \mathbf{z}(t_0) = [1 - t_0(-6) \quad 1 - t_0 \cdot 20]^T = [1 + 6t_0 \quad 1 - 20t_0]^T = [2.44053 \quad -3.80176]^T \text{。}$$

這就完成了第 1 步。

第 2 步： 用 $\mathbf{x}_1$ 代替 $\mathbf{x}_0$，寫成分部形式，

$$x_1 = 2.44053 \text{，} \qquad x_2 = -3.80176 \text{，}$$

用這些資料做第 2 步的計算。等等。

前 6 步的結果如下。

n	$\mathbf{x}$		f
0	1.00000	1.00000	9.0000
1	2.44053	−3.80176	−43.3392
2	1.98753	−3.93766	−43.9918
3	2.00549	−3.99753	−44.0000
4	1.99985	−3.99922	−43.9999
5	2.00006	−3.99994	−44.0000
6	2.00006	−3.99994	−44.0000

你會發現收斂是很快的，同時你也要注意到最後幾位捨入的效應。完全平方後你會發現 f 可被寫成

$$f(\mathbf{x}) = 3(x_1 - 2)^2 + 2(x_2 + 4)^2 - 44 \text{。}$$

這是數值結果的解釋。它同時也說明曲線 f = 常數 是基軸在座標軸方向的雙曲線(函數沒有 x_1x_2 項)，半軸長正比於 $\sqrt{2}$ 和 $\sqrt{3}$ 。

22.2 節　線性規劃

習題集　22.2

5. **區域和約束** 描述並且畫出由下列不等式，在 x_1x_2 平面之第一象限所決定的區域：

$$x_1 + 2x_2 \le 10$$
$$x_1 - \quad x_2 \le 0$$
$$x_2 \ge 2 \text{。}$$

區域與約束　所給的不等式是，

$$x_1 + 2x_2 \le 10 \qquad \text{(A)}$$
$$x_1 - x_2 \le 0 \qquad \text{(B)}$$
$$x_2 \ge 2 \qquad \text{(C)}$$

考慮(A)。方程式 $x_1 + 2x_2 = 10$ 是直線。令 $x_2 = 0$ 得到 $x_1 = 10$ 是對應於 x_1 軸的交點。令 $x_1 = 0$ 得到 $x_2 = 5$ 是與 x_2 軸的交點。令不等式中的 $x_1 = x_2 = 0$ 得到 $0 + 0 \le 10$ ，這是正確的。因此要確定的區域是直線及以下部分。對於(B)中的直線 $x_1 - x_2 = 0$ 是一樣的。令 $x_2 = 0$ (x_1 軸)你有 $x_1 \le 0$ ，這是 x_1 軸的負半軸。於是由(B)所確定的區域是線 $x_2 = x_1$ 以上

的部分，不是以下的。最後(C)是水平線 $x_2 = 2$ 以上的區域。注意到由(A)，(B)，(C)所確定的區域是在第一象限的，如下圖所示。

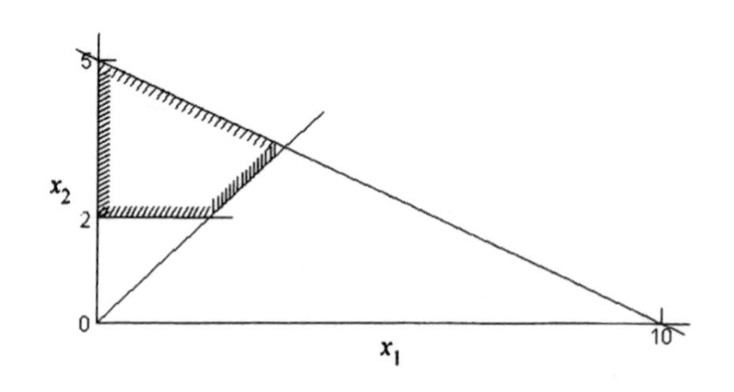

第 22.5 節 習題 5 (A)(B)(C)式在第一象限的區域

17. **(最大利潤)**某電子公司製造並且販賣兩種型式的燈具，L_1 和 L_2，利潤分別爲 150 元和 100 元。製造過程和兩名工人 W_1 與 W_2 有關，針對該項作業他們每月最多可得的工時分別爲 100 和 80 個小時。W_1 組裝 L_1 耗時 20 分鐘、組裝 L_2 則耗時 30 分鐘；W_2 對 L_1 上漆需 20 分鐘、L_2 需 10 分鐘。假設所有的燈具皆可順利地銷售出，決定可使利潤最大化的生產圖。

最大利潤　每個燈具 L_1 的利潤是 150 元而每個燈具 L_2 的利潤是 100 元。因此如果你生產 x_1 件 L_1，x_2 件 L_2，總利潤是

$$f(x_1, x_2) = 150x_1 + 100x_2 \text{。}$$

你需要確定 x_1 和 x_2 使得利潤 $f(x_1, x_2)$ 盡可能大。由可獲得的工作量來限制。爲了使問題簡單化，只有兩個工人 W_1 和 W_2，但是如果有更多的工人或者其它的限制條件，則怎麼修改相應的限制條件是很明顯的。假設是做最多數量的工作，W_1 每月工作100小時，他/她每小時組裝叁件 L_1 或者兩件 L_2。因此 W_1 需要1/3小時組裝一件 L_1 或者1/2小時組裝一件 L_2。於是，

$$\frac{1}{3}x_1 + \frac{1}{2}x_2 \leq 100 \tag{A}$$

(重要的是，測量時間或者其它物理量使用同樣的單位)(A)的等號給出一條直線，其與 x_1 軸的交點在 300 (令 $x_2 = 0$)與 x_2 的交點在 200 (令 $x_1 = 0$)；看圖。如果你同時令 $x_1 = 0$，$x_2 = 0$，不等式變成 $0 + 0 \leq 100$，這是對的。這意味著要確定的區域在直線的下面。工

人 W_2，每小時 3 件 L_1 或者 6 件 L_2。因此組裝一件 L_1 需要$1/3$小時，而一件 L_2 需要$1/6$小時。W_2 一個月工作 80 小時。因此如果是 x_1 件 L_1 ，x_2 件 L_2 每月，則

$$\frac{1}{3}x_1 + \frac{1}{6}x_2 \leq 80 \text{ 。} \tag{B}$$

(B)取等號給出一條直線，其與 x_1 軸的交點在 240 (令 $x_2 = 0$)，與 x_2 軸的交點在 480($x_1 = 0$)；見圖。如果你令 $x_1 = 0$ ，$x_2 = 0$ 則不等式(B)變成 $0 + 0 \leq 80$，這是對的。因此所要確定的區域在直線下面。同時這個區域必須在第一象限因爲你必須使得 $x_1 \geq 0$ ，$x_2 \geq 2$ 。這兩條線的交點在(210,60)。這就給出了最大利潤 $f = 210 \cdot 150 + 60 \cdot 100$ 等於 37500 元。直線 $f = 37500$ (圖中正中的三條線)給出 $x_2 = 375 - 1.5x_1$ 。通過變化直線 $f =$ 常數 的 c ，即，$x_2 = c - 1.5x_1$ ，這相當於向上或者向下移動直線，很明顯(210,60)確實給出了最大利潤。

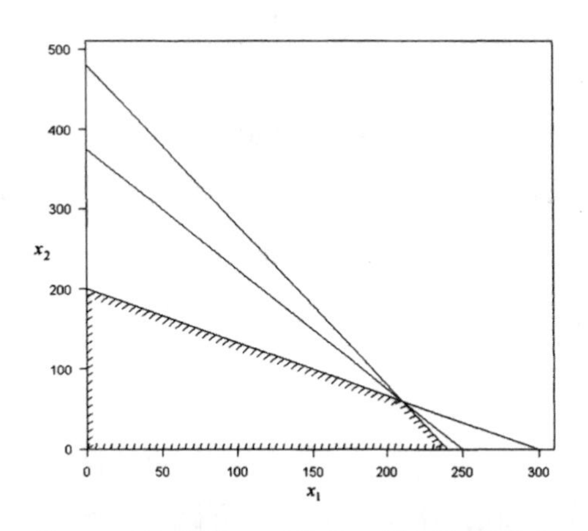

第 22.2 節 習題 17 限制(A)(較低的線)和(B)

22.3 節　單純法

習題集　22.3

1-9　單純法

以標準形式寫出並且以單純法求解，假設所有的 x_j 都是非負值。

1. 最大化 $f = 3x_1 + 2x_2$，限制條件爲 $3x_1 + 4x_2 \leq 60$，$4x_1 + 3x_2 \leq 60$，$10x_1 + 2x_2 \leq 120$ 。

用單純法作最大化　目標函數是最大化

$$z = f(x_1, x_2) = 3x_1 + 2x_2 \text{ 。} \tag{A}$$

限制條件是

$$\begin{aligned} &3x_1 + 4x_2 \le 60 \\ &4x_1 + 3x_2 \le 60 \\ &10x_1 + 2x_2 \le 120 \text{ 。} \end{aligned} \tag{B}$$

一開始把它寫成是標準形式(見 22.3 節的(1)和(2))。通過鬆弛變數可以把不等式變成是等式，每個不等式一個鬆弛變數。在(A)和(B)中你又變數 x_1 和 x_2 。因此記鬆弛變數是 x_3 ((B)中第一個不等式)， x_4 ((B)中第二個不等式)， x_5 ((B)中第三個不等式)。這就給出了標準形式(把目標函數寫成等式)

$$\begin{aligned} &z - 3x_1 - 2x_2 = 0 \\ &3x_1 + 4x_2 + x_3 = 60 \\ &4x_1 + 3x_2 + x_4 = 60 \\ &10x_1 + 2x_2 + x_5 = 120 \end{aligned} \tag{C}$$

這是線性方程式組。相應的增廣矩陣(7.3 節的概念)叫做前次單純表，記爲 $\mathbf{T}_0$.顯然它是

$$\mathbf{T}_0 = \begin{bmatrix} 1 & -3 & -2 & 0 & 0 & 0 & 0 \\ 0 & 3 & 4 & 1 & 0 & 0 & 60 \\ 0 & 4 & 3 & 0 & 1 & 0 & 60 \\ 0 & 10 & 2 & 0 & 0 & 1 & 120 \end{bmatrix} \tag{D}$$

看看式(4)，在頂上還有一條線給出 z ，變數， b ((C)的右端項)。可能你在(D)中增加這樣一條線同時畫出虛線，把 $\mathbf{T}_0$ 的第一行和其他行以及關於 z 的列，所給的變數，鬆弛變數，右端項分開。

只用運算 O_1 。第一個有負號的行是第 2 行中的第 1 列，元素是 -3 。這是第一個軸元。再用運算 O_2 。把右邊除以選出來的相應的元素。這給出 $60/3 = 20$ ， $60/4 = 15$ ， $120/10 = 12$ 。最小的商是 12。對應的是第 4 列。因此選擇第 4 列作爲軸元的行。運算 O_3 ，即，在第 2 行得到零元素(通過行變換)

$$\begin{aligned} &\text{列 } 1 + \frac{3}{10}\text{列 } 4 \\ &\text{列 } 2 - \frac{3}{10}\text{列 } 4 \\ &\text{列 } 3 - \frac{4}{10}\text{列 } 4 \text{ 。} \end{aligned}$$

這就給出了新的單純表(第 4 列沒變)

$$\mathbf{T}_1 = \begin{bmatrix} 1 & 0 & -\frac{7}{5} & 0 & 0 & \frac{3}{10} & 36 \\ 0 & 0 & \frac{17}{5} & 1 & 0 & -\frac{3}{10} & 24 \\ 0 & 0 & \frac{11}{5} & 0 & 1 & -\frac{2}{5} & 12 \\ 0 & 10 & 2 & 0 & 0 & 1 & 120 \end{bmatrix}。$$

這是第一步，下面是第二步，這是必須的，因爲 $\mathbf{T}_1$ 表中的負值元素 $-7/5$ 在第一列。因此 $\mathbf{T}_1$ 的軸元的列是第 3 行。計算 $24/(17/5)$，$12/(11/5)$，$120/2$ 。第二個是最小值。因此軸元列是第 3 行。爲了在第 3 行得到零元素。你必須做如下的運算

$$列\ 1+\frac{7/5}{11/5}列\ 3$$

$$列\ 2-\frac{17/5}{11/5}列\ 3$$

$$列\ 4-\frac{2}{11/5}列\ 3$$

剩下第 3 列不變。這給出單純表

$$\mathbf{T}_2 = \begin{bmatrix} 1 & 0 & 0 & 0 & \frac{7}{11} & \frac{1}{22} & \frac{480}{11} \\ 0 & 0 & 0 & 1 & -\frac{17}{11} & \frac{7}{22} & \frac{60}{11} \\ 0 & 0 & \frac{11}{5} & 0 & 1 & -\frac{2}{5} & 12 \\ 0 & 10 & 0 & 0 & -\frac{10}{11} & \frac{15}{11} & \frac{1200}{11} \end{bmatrix}$$

因爲第一列中再沒有負元素了，所以運算過程結束了。由第 1 列你可以得到 $f_{max} = 480/11 = 43.64$。第 4 列給出相應的 x_1 值(1200/11)/10＝120/11。第 3 列給出相應的 x_2 的值 $12/(11/5) = 60/11$。你要記住，最大值在多邊形區域的一個頂點處取得。這個頂點在圖中用一個小圓標記。

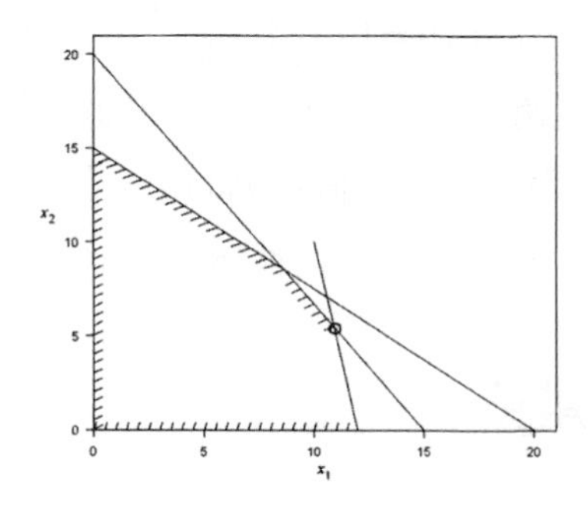

第 22.3 節 習題 1 由限制所定的區域

7. 最大化 $f = 5x_1 - 20x_2$，限制條件爲 $-2x_1 + 10x_2 \le 5$，$2x_1 + 5x_2 \le 10$。

用單純法做最小化　所給問題的標準形式是($z = f(x_1, x_2)$)

$$
\begin{aligned}
z - 5x_1 + 20x_2 \quad &= 0 \\
-2x_1 + 10x_2 + x_3 &= 5 \\
2x_1 + 5x_2 + x_4 &= 10 \text{。}
\end{aligned}
$$

由此你可以得到初始單純表

$$
\mathbf{T}_0 = \begin{bmatrix} 1 & -5 & 20 & 0 & 0 & 0 \\ 0 & -2 & 10 & 1 & 0 & 5 \\ 0 & 2 & 5 & 0 & 1 & 10 \end{bmatrix} \text{。}
$$

因爲是做最小化而不是最大化，考慮那些第一個元素是正(不是負的)的行。只有一個這樣的行，即第 3 行。商是 $5/10 = 1/2$ (第二列)和 $10/5 = 2$ (第三列)。最小的是 $1/2$。因此要選擇第 2 列作爲軸元列，軸元是 10。用列運算構造衡 0，列 1－2列 2 (得到新的列 1)和列 3－(1/2)列 2 (得到新的列 3)，剩下列 2 不變。結果是，

$$
\mathbf{T}_1 = \begin{bmatrix} 1 & -1 & 0 & -2 & 0 & -10 \\ 0 & -2 & 10 & 1 & 0 & 5 \\ 0 & 3 & 0 & -1/2 & 1 & 15/2 \end{bmatrix} \text{。}
$$

因此在第一列沒有其他的正元素了。由 $\mathbf{T}_1$ 的列 1 你會發現 $f_{\min} = -10$。由列 2 (第 3 行和第 6 行)得到 $x_2 = 5/10 = 1/2$。由列 3 (第 5 行和第 6 行)得到 $x_4 = (15/2)/1 = 15/2$。現在 x_4 出現在第 2 個限制中，寫成方程式，即，

$$
2x_1 + 5x_2 + x_4 = 10 \text{。}
$$

帶入 $x_2 = 1/2$ 和 $x_4 = 15/2$ 得到 $2x_1 + 10 = 10$，因此 $x_1 = 0$。因此 $z = f(x_1, x_2)$ 的最小值 -10 出現在點 $(0, 1/2)$。因爲這個問題包含兩個變數(不計鬆弛變數)，爲了控制和更好的理解這個問題，你可以畫出這些限制，計算四個頂點的 f 的值。得到 $(0,0)$ 點是 0，$(5,0)$ 點是 25，$(2.5,1)$ 點是 -7.5，$(0,0.5)$ 是 -10。這就驗證了你的結果。

24.4 節　單純法：困難點

習題集　24.4

3. 如果在一個步驟中你有不同的軸元可以選擇，則請選取在行中的第一個。
某個工廠以製程 P_1 生產 x_1 個玻璃盤、製程 P_2 生產 x_2 個玻璃盤，試最大化每日的產量，其中限制條件(人工工時、機器工時、原料供應)爲:

$$2x_1 + 3x_2 \le 130 \text{，} 3x_1 + 8x_2 \le 300 \text{，} 4x_1 + 2x_2 \le 140 \text{。}$$

退化 所給問題是

$$\begin{aligned} z &= x_1 + x_2 \\ 2x_1 + 3x_2 &\le 130 \\ 3x_1 + 8x_2 &\le 300 \\ 4x_1 + 3x_2 &\le 140 \text{。} \end{aligned}$$

其標準形式(將 $z = f(x_1, x_2)$ 寫成一方程式)是

$$\begin{aligned} z - x_1 - x_2 &= 0 \\ 2x_1 + 3x_2 + x_3 &= 130 \\ 3x_1 + 8x_2 + x_4 &= 300 \\ 4x_1 + 2x_2 + x_5 &= 140 \text{。} \end{aligned}$$

由此你得到初始單純表：

$$\mathbf{T}_0 = \begin{bmatrix} 1 & -1 & -1 & 0 & 0 & 0 & 0 \\ 0 & 2 & 3 & 1 & 0 & 0 & 130 \\ 0 & 3 & 8 & 0 & 1 & 0 & 300 \\ 0 & 4 & 2 & 0 & 0 & 1 & 140 \end{bmatrix} \text{。}$$

第一個軸元是第 2 行因爲這一行中有元素 -1。確定第 1 個軸元的列需要如下計算

$$\begin{aligned} 130/2 &= 65 \qquad (\text{列 } 2) \\ 300/3 &= 100 \qquad (\text{列 } 3) \\ 140/4 &= 35 \qquad (\text{列 } 4) \end{aligned}$$

因爲 35 是最小值，列 4 是軸元列，4 是軸元。下一個單純表

$$\mathbf{T}_1 = \begin{bmatrix} 1 & 0 & -0.5 & 0 & 0 & 0.25 & 35 \\ 0 & 0 & 2 & 1 & 0 & -0.5 & 60 \\ 0 & 0 & 6.5 & 0 & 1 & -0.75 & 195 \\ 0 & 4 & 2 & 0 & 0 & 1 & 140 \end{bmatrix} \quad \begin{matrix} \text{列 } 1 + 0.25\text{列 } 4 \\ \text{列 } 2 - 0.5\text{列 } 4 \\ \text{列 } 3 - 0.75\text{列 } 4 \\ \text{列 } 4 \end{matrix}$$

於是達到一個點其值爲 $z=35$。爲了找到那個點，可計算，

$$x_1 = 140/4 = 35 \qquad (\text{由列 4 和行 2})$$
$$x_3 = 60/1 = 60 \qquad (\text{由列 2 和行 4})。$$

由此和第一個限制得到，

$$2x_1 + 3x_2 + x_3 = 70 + 3x_2 + 60 = 130，\qquad 因此，\qquad x_2 = 0。$$

(更簡單的：x_1，x_3，x_4 是基本的，而 x_2，x_5 是非基本。令後者等於 0 得到 $x_2 = 0$，$x_5 = 0$)因此 $z=35$ 在點 (35,0) (x 軸上)。

$\mathbf{T}_1$ 的第 3 行包含負元素 -0.5。因此這一行就是下一個軸元列行。爲了得到軸元，計算

$$60/2 = 30 \qquad (\text{由列 2 和行 3})$$
$$195/6.5 = 30 \qquad (\text{由列 3 和行 3})$$
$$140/2 = 70 \qquad (\text{由列 4 和行 3})$$

因此你可以取 2 或者 6.5，取前者，則列 2 是軸元列。由此計算下一個單純表

$$\mathbf{T}_2 = \begin{bmatrix} 1 & 0 & 0 & 0.25 & 0 & 0.125 & 50 \\ 0 & 0 & 2 & 1 & 0 & -0.5 & 60 \\ 0 & 0 & 0 & -3.25 & 1 & -0.875 & 0 \\ 0 & 4 & 0 & -1 & 0 & 1.5 & 80 \end{bmatrix} \begin{matrix} \text{列 } 1 + 0.25\text{列 } 2 \\ \text{列 } 2 \\ \text{列 } 3 - 3.25\text{列 } 2 \\ \text{列 } 4 - \text{列 } 2 \end{matrix}$$

在第一列中沒有其他的負元素了。因此你得到最大值 $z_{max} = 50$。

可看出 x_1，x_2，x_4 爲基本的，而 x_3，x_5 爲非基本，z_{max} 發生在(20,0)因爲 $x_1 = 80/4 = 20$ (由列 4 和行 2)及 $x_2 = 60/2 = 30$ (由列 2 和行 3)。點(20,30)對應到一個退化解，因爲 $x_4 = 0/1 = 0$ 由列 3 和行 5，另外就是 $x_3 = 0$ 和 $x_5 = 0$。幾和圖形上，其意爲由第二個限制所形成的直線 $3x_1 + 8x_2 = 300$，也通過點(20,30)因爲 $30 \cdot 20 + 8 \cdot 30 = 300$。22.4 節之例 1 中，在達到最大(最佳解)之前，先達到退化解，因此我們需多加一步驟(step 2)相反的，在此我們達到退化解時也達到最大。所以不需多作任何事。

第 23 章　圖形、組合最佳化

23.1 節　圖與有向圖

習題集　23.1

13．**相鄰矩陣** 找出圖或有向圖的相鄰矩陣：

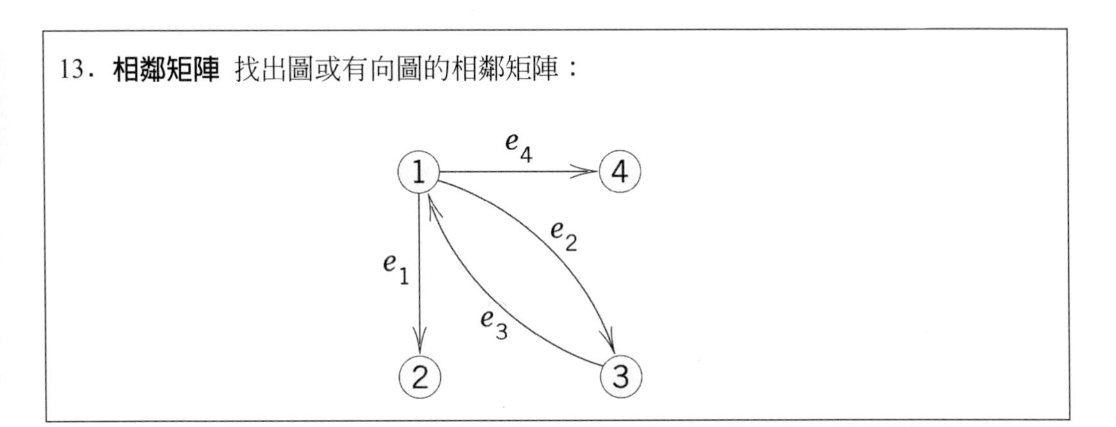

圖的相鄰矩陣　題目所給的圖有 4 個頂點，記作 1，2，3，4，和 4 條邊 e_1，e_2，e_3，e_4 這是一個有向圖，而不僅僅是個圖，因爲每一條邊都有一個方向，由一個箭頭表示。因此，邊 e_1 經過頂點 1 和頂點 2，等等。有兩條邊連接頂點 1 和頂點 3。它們有相反的方向(e_2 從頂點 1 到頂點 3，e_3 從頂點 3 到頂點 1)。在圖中不能有兩條邊連接同一對頂點因爲我們要除去這種情形(還包括從同一個頂點出發的邊又回到該頂點，以及孤立頂點；見圖 477)。圖或有向圖的相鄰矩陣 A 總是方陣，$n \times n$，這裡 n 是頂點數。在這道題中，不用考慮邊的數目。因此本題中，A 是 4×4 的。書中的定義就是這種情況，$a_{12}=1$因爲有一條邊(記作 e_1)從頂點 1 到頂點 2。現在仔細考慮一下。a_{12} 是第 1 列第 2 行的元素。因爲 e_{12} 從 1 到 2 爲定義，列標是邊的起始頂點號，行號是邊的終止頂點號。仔細考慮一下，在看例 2 的矩陣。因爲這裡的三條邊開始在 1 號頂點而終止在第 2，3，4 號頂點，於是沒有邊是開始於 1 號頂點而終止於 1 號頂點(環狀)，A 的第一行是

0　1　1　1。

因此有向圖有 4 條邊，矩陣 A 有 4 個 1，我們列出了三個，第 4 個是從 3 到 1。顯然，這給出 $a_{31}=1$。這樣你就得到了書後答案中的矩陣。

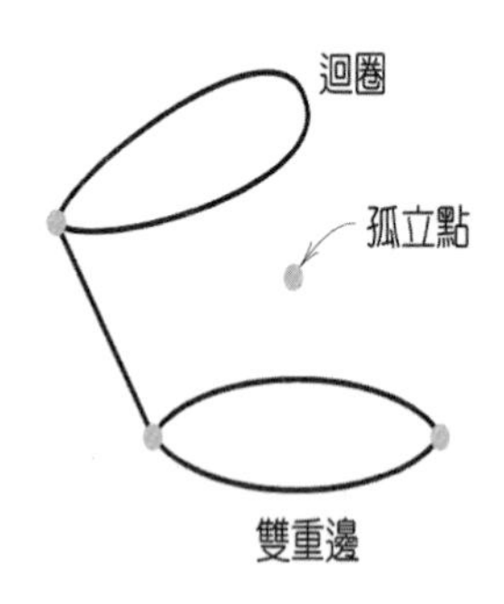

圖 477 孤立點、迴圈、雙重邊 (由定義所排除的)

15. **試描繪出相鄰矩陣的圖形：** $\begin{bmatrix} 0 & 1 & 0 & 0 \\ 1 & 0 & 0 & 0 \\ 0 & 0 & 0 & 1 \\ 0 & 0 & 1 & 0 \end{bmatrix}$。

給定相鄰矩陣的圖　因爲矩陣是 4×4 的，相應的圖 G 有 4 個頂點。因爲矩陣有 4 個 1，每條邊有兩個 1，圖 G 有兩條邊。因此 $a_{12}=1$，圖有邊(1,2)；這裡你有 4 個頂點編號 1，2，3，4；1 和 2 是這條邊的終止點。類似的，$a_{34}=1$ 意味著 G 有邊(3,4)終止點是 3 和 4。圖的相鄰矩陣總是對稱的。因此你必須使 $a_{21}=1$ 因爲 $a_{12}=1$。類似的，$a_{43}=1$ 因爲 $a_{34}=1$。另一種形式，頂點 1 和 2 是相鄰的，它們由 G 中的一條邊相連接，即邊(1,2)。於是 $a_{12}=1$，同時 $a_{21}=1$。類似的，對於 $(3,4)$。

23. **找出下列的相棲矩陣**

在習題 11 中的有向圖。

有向圖的相接矩陣 $\tilde{\mathbf{B}}$　圖或者有向圖的相接矩陣是一個 $n\times m$ 矩陣。這裡 n 是頂點數而 m 是邊數。因此每一行有 2 個 1(圖的情況)，或者一個 1 和一個－1(有向圖的情況)。在習題 23 中有 3 個頂點和 5 條邊，因此 $\tilde{\mathbf{B}}$ 是 3×5 的矩陣。第一行對應著邊 e_1，從頂點 1

到頂點 2。因此，由定義，$\tilde{b}_{11}=-1$，$\tilde{b}_{21}=1$，而$\tilde{b}_{31}=0$因爲頂點 3 與邊 1 不相鄰。類似的對於$\tilde{\mathbf{B}}$的其它行。

23.2 節　最短路徑問題、複雜度

習題集　23.2

3. **最短路徑** 以莫爾的 BSF 演算法，找出最短路徑$P: s \to t$以及它的長度；畫出具有標籤的圖形，並且以較粗的線(如圖 481)來指出P：

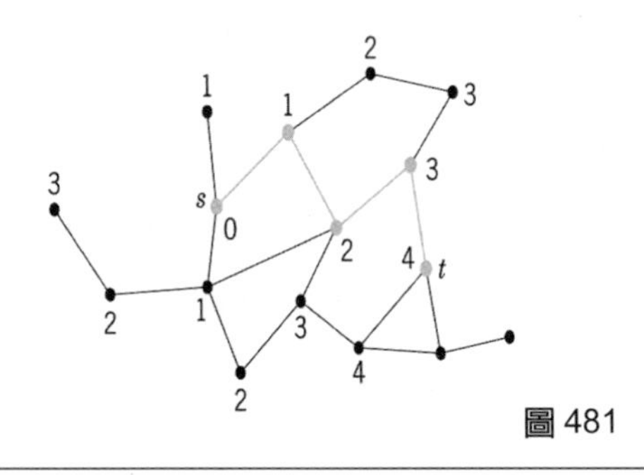

圖 481

最短路徑　s是一個屬於六角形的頂點。s有兩個相鄰頂點，記爲 1。後面的每一個都有一個相鄰頂點，記爲 2。這兩個記爲 2 的頂點還和六邊形的未標記頂點相連，這些未標記的記爲 3。剩下有 5 個頂點與記爲 3 的頂點相連，因此都記爲 4。還剩下一個記爲 4 的頂點與頂點t相連，於是把它記作 5，沒有更短的路到t了。你可以從t的右邊達到。但是在t的右邊與之相連的頂點的標號是 4 因爲在它之下的頂點的標號是 3，而這又與六邊形的標號爲 2 的頂點相連。這樣也給出了t的標號 5，如前。

11. **(漢米爾頓循環)** 找出並且繪出習題 3 中的圖形中的一個漢米爾頓循環。

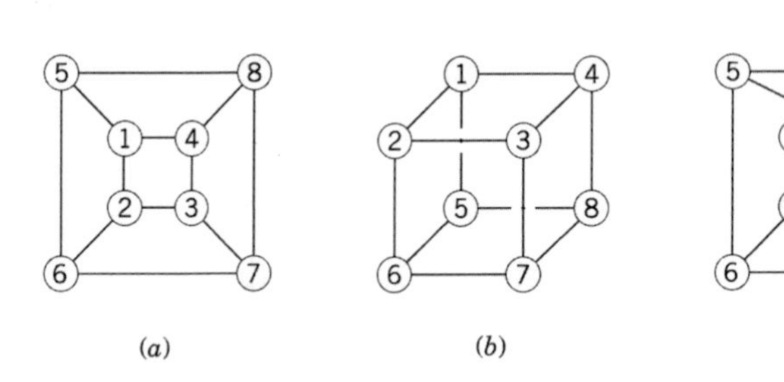

圖 479 同樣圖形的不同畫法

漢米爾頓循環 例如，從 s 開始向下經過後面的六邊形上的 3 個頂點，到達 H 外的一個頂點，標記爲 4，然後是六邊形內的頂點，然後是 t，然後是 t 右邊的頂點，然後是其下面的頂點。再後有返回到 H，經過剩下的兩個頂點最後回到 s 。

17. **郵差問題** 是找出在具有長度 $l_{ij} > 0$ 的邊 (i, j) 的一個圖形 G 中的一個封閉路程 W：s→s (s 是指郵局)的問題，使得 G 的每一個邊最少被走訪一次而且 W 的長度爲最小。以觀察法找出在圖 483 中圖形的一個解。(這個問題也被稱爲中國郵差問題，因爲它是被發表在期刊 Chinese Mathematics 1 (1962)，273-277)。

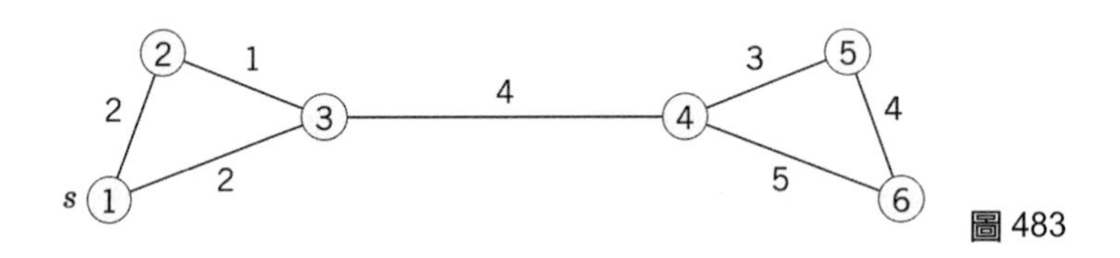

圖 483

郵差問題 這個習題的意思是郵差經過所有的街道(邊)又回到初始頂點(郵局)。在這個習題中有點顯然。他可以先去頂點 1，2，3，然後去 4，5，6 或者反過來。另一種情況是他必須經過 3-4 兩次才能返回初始點。任意一點都可以作爲初始點，同時將得到相同長度的最短路徑(見習題 18)。

21. 如果我們從一部電腦切換到另一部快 100 倍的電腦，則當所使用的演算法爲 $O(m)$，$O(m^2)$，$O(m^5)$，$O(e^m)$ 的狀況下，我們每小時在問題大小上的提升爲何？

記號 O 由定義，一個演算法是 $O(m)$ 的則包含 $am+b$ 次操作。記號 O 可以很方便的用來表示 m 很大的演算法之特性。因此你可以去掉 b ，因爲它比 am 小。令 k 是舊電腦每小時的運算元。則 $am=k$ 或者 $m=m_1=k/a$ 。新的電腦每小時做 $100k$ 次操作。因此，$am=100k$ 或者 $m=m_2=100k/a=100m_1$ 。對於一個 $O(m^2)$ 的演算法你可以看作是 cm^2 的，減小 m 項可能會出現常熟項。然後你會發現對舊電腦有 $cm^2=k$ ，因此 $m=m_1=\sqrt{k/c}$ 。對新電腦你有 $cm^2=100k$ ，因此

$$m=m_2=\sqrt{100k/c}=10\sqrt{k/c}=10m_1 \text{ 。}$$

在其它情形中類似。

23.3 節　貝爾曼原理、狄克斯特拉斯演算法

習題集　23.3

1. 在圖 487 中的路網連接了四個城鎮，想要在縮短到它的最短長度的情形下仍然可以從任何一個城鎮到其中的任何另一個城鎮。哪些道路應該被保留？以(a)觀察法，(b)狄克斯特拉演算法求解。

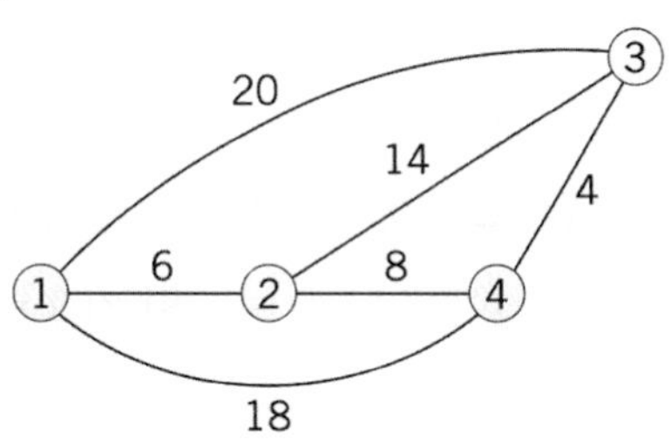

圖 487 習題 1

最短路徑 由觀察知道：

去掉 20 因爲 $6+14$ 是同樣的。

去掉 18 因爲 $6+8$ 更短。

去掉 14 因爲 $8+4$ 更短。

狄克斯特拉斯演算法如下：(畫一畫草圖)

第 1 步：

1. $L_1 = 0$，$\tilde{L}_2 = 6$，$\tilde{L}_3 = 20$，$\tilde{L}_4 = 18$。因此 $PL = \{1\}$，$TL = \{2,3,4\}$。不出現 ∞ 是因爲每個頂點 2，3，4 都與 1 相連，即與頂點 1 有一條單邊相連。

2. $L_2 = \min(\tilde{L}_2, \tilde{L}_3, \tilde{L}_4) = \min(6,20,18) = 6$。因此 $k = 2$，$PL = \{1,2\}$，$LP = \{3,4\}$。因此總是由頂點 1 開始，把離 1 最近的頂點增加到集合 PL，即頂點 2。3 和 4 是臨時記號。現在要更新。這是演算法的操作 3(表 23.2)。

3. 更新頂點 3 的臨時記號 $\tilde{L}_3$，

   $$\tilde{L}_3 = \min(20, 6 + l_{23}) = \min(20, 6 + 14) = 20 \text{。}$$

   20 是頂點 3 的舊記號，14 是從頂點 2 到頂點 3 的距離，你還好加上從頂點 1 到頂點 2 的距離 6，這是頂點 2 的記號。更新頂點 4 的臨時記號 $\tilde{L}_4$，

   $$\tilde{L}_4 = \min(18, 6 + l_{24}) = \min(18, 6 + 8) = 14 \text{。}$$

   18 是頂點 4 的舊的臨時記號，8 是頂點 2 到頂點 4 的距離。頂點 2 屬於永久標記集合的頂點，由 14 知定點 4 現在比前面更靠近 PL。第一步完成。

第 2 步：

1. 加入 TL 中最近的頂點到 PL，即，把有最小臨時標記的頂點加入 PL。現在頂點 3 的標記是 20，定點 4 的臨時標記是 14。相應的，把頂點 4 加入到 PL。其永久標記是

   $$L_4 = \min(\tilde{L}_3, \tilde{L}_4) = \min(20,14) = 14 \text{。}$$

   因此你現在有 $k = 4$，所以 $PL = \{1,2,4\}$ 同時 $TL = \{3\}$。

2. 更新頂點 3 的臨時標記 $\tilde{L}_3$，

   $$\tilde{L}_3 = \min(20, 14 + l_{43}) = \min(20, 14 + 4) = 18 \text{。}$$

20 是頂點 3 的舊的臨時標記，4 是頂點 4(已經屬於 *PL*)到頂點 3 的距離。

第 3 步：

因爲只有頂點 3 還在 *TL* 中，你最後把 18 作爲頂點 3 的永久標記。

因此最後剩下的路是，

從頂點 1 到頂點 2　長爲 6

從頂點 2 到頂點 4　長爲 8

從頂點 4 到頂點 3　長爲 4。

總長度爲 18，同時這些路滿足它們連接了所有 4 個成員的條件。

因爲狄克斯特拉斯演算法給出了從頂點 1 到其他頂點的最短路徑，它同時也給出了任意其它頂點到剩下的每個頂點的最短路徑，在這個習題中，解與觀察得到的一樣。

23.4 節　最短擴張樹：貪婪演算法

■ **例題 1 克魯斯卡演算法的應用** 使用克魯斯卡演算法的應用，求出圖 489 中的最短擴張樹。

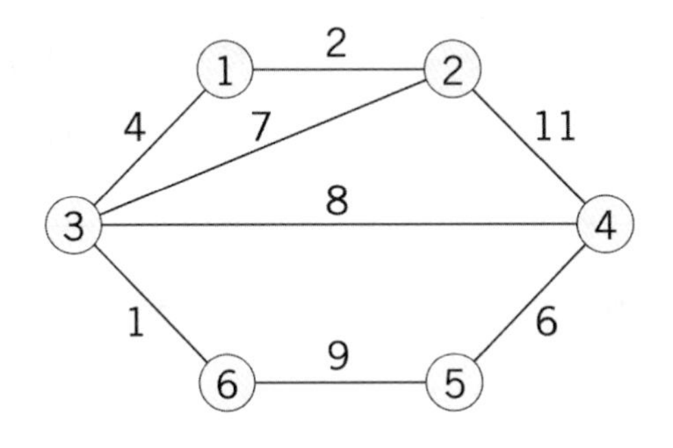

圖 489 在例題 1 中的圖形

表 23.4 例題 1 中的解

邊	長度	選擇
(3,6)	1	第一
(1,2)	5	第二
(1,3)	4	第三
(4,5)	6	第四
(2,3)	7	(捨棄)
(3,4)	8	第五
(5,6)	9	
(2,4)	11	

表 23.5 例題 1 中雙標注的列表

	選法一 (3,6)	選法二 (1,2)	選法三 (1,3)	選法四 (4,5)	選法五 (3,4)
1		(1,0)			
2		(1,1)			
3	(3,0)		(1,1)		
4				(4,0)	(1,3)
4				(4,4)	(1,4)
5	(3,3)		(1,3)		

應用克魯斯卡演算法　我們重新來得到雙標注列表(表 23.5，由相對簡單的表 23.4 得到)同時再給出進一步的解釋。

頂點	選法一	選法二	選法三	選法四	選法五
	(3,6)	(1,2)	(1,3)	(4,5)	(3,4)
1		(1,0)			
2		(1,1)			
3	(3,0)		(1,1)		
4				(4,0)	(1,3)
4				(4,4)	(1,4)
5	(3,3)		(1,3)		

從表中一條線，一條線的就可以看出最短擴張樹，在腦子中類比一下。

<u>第一條線</u>：(1,0) 表示 1 是一個根。

<u>第二條線</u>：(1,1) 表示 2 是根點 1 的子樹並由 1 生出(這棵樹包含單邊 (1,2))。

<u>第三條線</u>：(3,0) 表示 3 是一個根點，同時(1,1)表示是根爲 1 的子樹，由邊 (1,3) 與根 1 相連。

<u>第四條線</u>：(4,0) 表示 4 是一個根點，同時 (1,3) 表示是一個根點 1 的子樹。

<u>第五條線</u>：(4,4) 表示 5 屬於根點 4 的子樹，(1,4) 表示後面的 5 是一個 1 爲根點的更大的子樹，也是由 4 生出的。這個子樹實際上就是要找的樹因爲我們現在處理了 5 號點。

<u>第六條線</u>：(3,3) 表示 6 時以 3 爲根點的第一個後繼，後面是根 1 的子樹。

習題集 23.4

1. **克魯斯卡演算法** 以克魯斯卡演算法找出下列圖形的最短擴張樹。

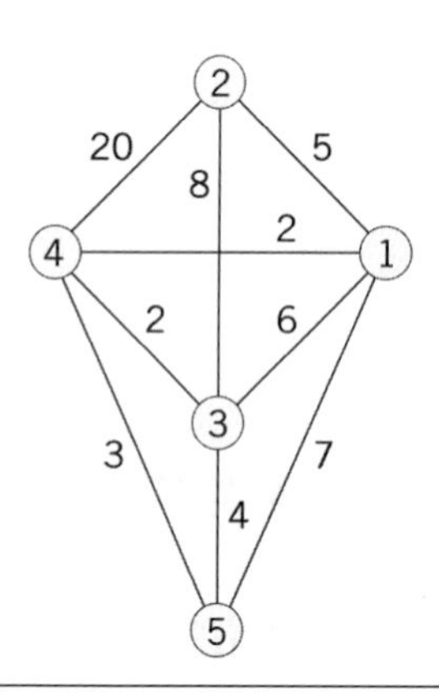

克魯斯卡演算法 樹是一種很重要的圖。克魯斯卡演算法是非常直接的。首先是把所給圖 G 的所有邊按長度遞減排好。邊 (i, j) 的長度記爲 l_{ij}。把結果畫成表，如表 23.4。所給圖 G 偶有 $n=5$ 個頂點。因此 G 的擴張樹有 $n-1=4$ 條邊，所以你在所有的四條邊都被選擇後可以終止畫表。按長度次序取擴張樹的邊，會形成一個環。這給出下面的表(看看所給的圖)。

邊	長度	選擇
(1,4)	2	第一
(3,4)	2	第二
(4,5)	3	第三
(3,5)	4	(捨棄)
(1,2)	5	第四

你可以看到書後的答案中的擴張樹，長度 $L=12$。

在這道題中你用雙標記不能得到答案。只是爲了更好的理解這樣的過程，以及表

23.5。如書中那樣畫圖。把頂點雙標記，得到一個標記僅當它是新的或者在某步中改變了。

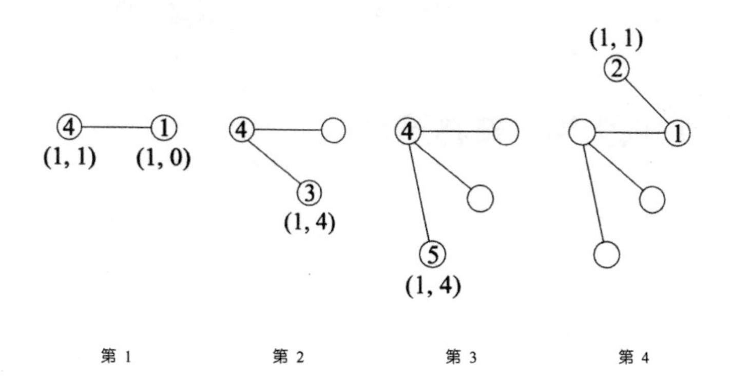

由這些圖你可以看到相應的表是什麼樣的。這個表比書上的簡單因爲生成樹的根沒有改變，仍然是頂點 1。

頂點	選法 1 (1,4)	選法 2 (3,4)	選法 3 (4,5)	選法 4 (1,2)
1	(1,0)			
2				(1,1)
3		(1,4)		
4	(1,1)			
5			(1,4)	

你會看到定點 1 是圖中每棵樹的根點。頂點 2 的標記是 (1,1) 因爲頂點 1 是它的根點。頂點 3 的標記 (1,4) 中的 1 是根點而 4 是後繼。頂點 4 的標記 (1,1) 表示根點依然是 1，而後繼也是 1。最後，定點 5 的根點是 1，後繼是 4。

17. **樹的一般性質** 證明：恰有兩個邊度爲 1 的頂點的一棵樹必須是一條路徑。

是路徑的樹　令 T 是兩個度爲 1 的頂點。假設 T 不是一條路徑。則它必須至少有一個頂點 v 的度 $d \geq 3$。這 d 與 v 相連的頂點最後導致度爲 1 的頂點因爲 T 是一顆樹，所以不能是環(23.2 節的定義)。這就與 T 有兩個頂點的度爲 1 的假設矛盾。

23.5 節　最短擴張樹：普林演算法

習題集　23.5

5. **普林演算法** 以普林演算法找出下列圖形的最短擴張樹。將它畫出。

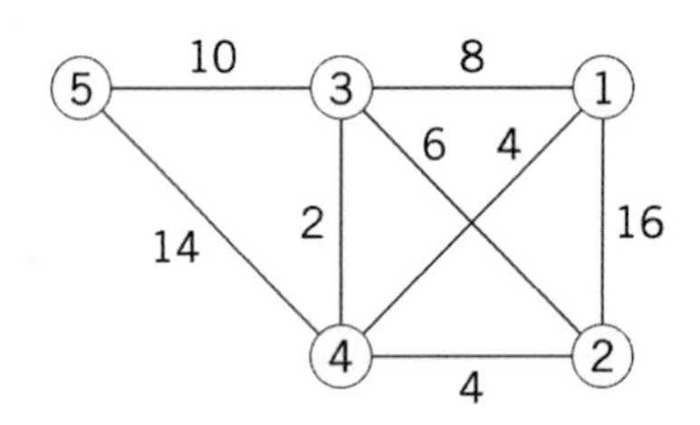

普林演算法生成的最短擴張樹　在每一步，U 是一個要求的樹 T 的頂點集，S 是 T 的邊集。總是由頂點 1 開始。這個表比例 1 小。它包含初始標記以及更新效果。下面的表後是對應的解釋。

頂點	初始標記	重新標記		
		(I)	(II)	(III)
2	$l_{12} = 16$	$l_{24} = 4$	$l_{24} = 4$	-
3	$l_{13} = 8$	$l_{34} = 2$		-
4	$l_{14} = 4$	-		-
5	$l_{15} = \infty$	$l_{45} = 14$	$l_{35} = 10$	$l_{35} = 10$

1．$i(k)=1$，$U=\{1\}$，$S=\phi$。頂點 2，3，4 與頂點 1 相連。它們的初始標記等於它們連到頂點 1 的長度(見表)。頂點 5 的標記是 ∞ 因為圖中沒有邊 $(1,5)$；即頂點 5 不與 1 相連。

2．$\lambda_4=l_{14}=4$ 是初始標記中最小的。因此 U 包含頂點 4 同時邊 $(1,4)$ 是生成樹 T 的第一條邊。因此，$U=\{1,4\}$，$S=\{(1,4)\}$。

3．每一次你在 U 中增加點都要更新標記。這給出第(I)列的三個數因為頂點 2 與頂點 4 相連，$L_{24}=4$ (邊(2，4)的長度)，以及頂點 3，$l_{34}=2$ (邊 $(3,4)$ 的長度)。頂點 5 也與頂點 4 相連，所以去掉 ∞ 了，現在是 $l_{45}=14$ (邊 $(4,5)$ 的長度)。

2．$\lambda_3=l_{34}=2$ 是(I)中標記的最小值。因此 U 中要增加頂點 3，S 中要增加邊 $(3,4)$。你現在有 $U=\{1,3,4\}$ 以及 $S=\{(1,4),(3,4)\}$。

3．列(II)表示下面要更新的。$l_{24}=4$ 因為頂點 2 不是到新頂點 3 的最近的點，而是頂點 4。頂點 5 比頂點 4 更靠近頂點 3，因此更新是 $l_{35}=10$，換掉 14。

2．過程的終止很簡單。l_{24} 比 l_{35} 小，所以令 $\lambda_2=l_{24}=4$ 則 U 包含頂點 2，S 包含邊 $(2,4)$。你因此有 $U=\{1,2,3,4\}$，以及 $S=\{(1,4),(3,4),(2,4)\}$。

3．更新沒有變化因為頂點 5 更靠近定點 3，而它與頂點 2 不相連。

2．$\lambda_5=l_{35}=10$。$U=\{1,2,3,4,5\}$，所以你的擴張樹 T 包含邊 $S=\{(1,4),(3,4),(2,4),(3,5)\}$。

23.6 節　網路中的流量

習題集　23.6

1. **流量增大路徑** 找出流量增大路徑：

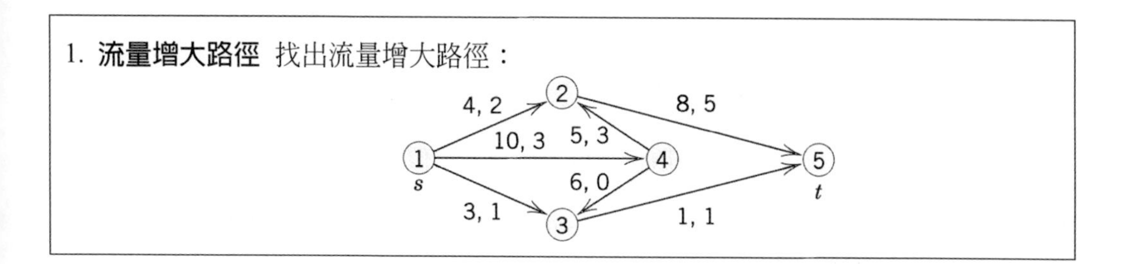

流量擴大的路徑 所給的答案是

$$1-2-5, \qquad \Delta f = 2$$

$$1-4-2-5, \qquad \Delta f = 2,$$

及其它。

由此你看到路徑$1-2-5$的流量擴大了，同時增加的流量是

$$\Delta = \min(4-2, 8-5) = \min(2,3) = 2 \text{。}$$

這裡$2=4-2$由邊$(1,2)$知道，而$3=8-5$由邊$(2,5)$知道。

進一步，你發現另一條流量增大的路徑是$1-4-2-5$增加的流量是

$$\Delta = \min(10-3, 5-3, 8-5) = \min(7,2,3) = 2 \text{。}$$

等等。當然，如果你把路徑$1-2-5$的流量增加 2，則你需要把邊$(2,5)$換成$(8,5)$，新的值是 8，7。現在增加$1-4-2-5$的流量僅由$8-7=1$，邊$(2,5)$現在變成了底邊。

對於這樣一個網路你通過嘗試可以找到流量增大的路徑。對於一個更大的網路你需要一個演算法，這就是下一節的福特-福克森演算法。

5. **最大流量** 由觀察法找出最大流量：
   習題 1 中的圖形。

最大流量 $\Delta_{12}=4-2=2$，$\Delta_{25}=8-5=3$。這裡的$\Delta=2$是一個增加量，就像習題 1 中那樣。

$\Delta_{13}=3-l=2$，但是由頂點 3 你不能連到頂點 5。

$\Delta_{14}=10-3=7$。由頂點 4 到頂點 2 可以增加一單位流量再到頂點 5。

因此你現在把總的流量從$5+1=6$(=頂點 5 的入流)增加到$8+1=9$。顯然，這就是最大值。

$f_{12}=4$ (換掉 2)

$f_{13}=1$ (跟前面一樣)

$f_{14}=4$ (換掉 3)

$f_{42}=4$ (換掉 3)

$f_{43}=0$ (跟前面一樣)

$f_{25}=8$ (換掉 5)

$f_{35}=1$ (跟前面一樣)。

這就是書後的答案。

9-11 容量

在圖 495 中找出 T 以及 cap(S,T)，如果 S 相等於

9. {1,2,3}。

切割集的容量 因爲 $S=\{1,2,3\}$，你有 $T=\{4,5,6\}$。由圖發現需要切割(從左到右)

$$(1,4),\quad (5,2),\quad (3,5),\quad (3,6)。$$

對容量的貢獻是，

$$10,\quad 0,\quad 5,\quad 13。$$

和是 28。邊 $(5,2)$ 沒有貢獻因爲它是從 T 到 S。

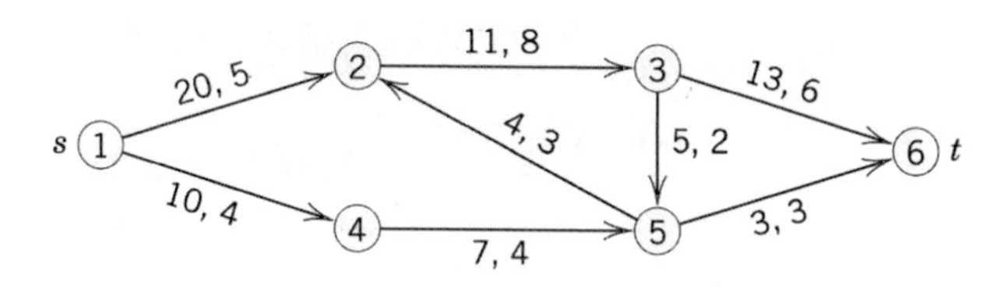

圖 495 例題 1 中的網路。第一個數字 = 容量，第二個數字 = 給定流量

11. $\{1,3,5\}$。

切割集的容量 $\{2,4,6\}$ 在答案中是 T，50 是由和 $20+10+4+3+13$ 得到。

23.7 節 最大流量：福特-福克森演算法

習題集 23.7

5. **最大流量** 以福特-福克森來找出最大流量：
在 23.6 節中的習題 1。

最大流量 書上的例 1 給出了你如何運用福特-福克森演算法得到流量變大的路徑。在我們的習題集中沒有合適的演算法對這些問題有用。因此本章主要是要得到類似的重要演算法，它們可以用來求解更大規模的問題。請記住，爲了避免誤解。請反覆的研究書上的例 1，這對你理解下一步要做的很有用。

1．所給的初始流量是 $f=6$。這可以從下面的條件看出，邊 (1,2) 的流量是 2，邊 (1,3) 的流量是 1，邊 (1,4) 的流量是 3，這從 s 開始其和是 6，或者，更簡單的，通過邊 (2,5) 和 (3,5) 的流量是 5 和 1 得到，這在頂點 5 結束(物件 t)。

2．標記 $s(=1)$ 爲 ϕ。把其他邊 2，3，4，5 記爲「未標記」。

3．檢查 1。這意味著標記定點 2，3，和 4 連到 1 就像表 23.8(福特-福克森演算法)的第 3 步解釋的那樣，這在這個例子中如下。$j=2$ 是第一個未標記的頂點，這與表 23.8 的第 3 步的第一部分對應。你有 $c_{12}>f_{12}$ 同時計算得到，

$$\Delta_{12}=c_{12}-f_{12}=4-2=2\text{，}\qquad \Delta_2=\Delta_{12}=2\text{。}$$

用前標記 $(1^+,\Delta_3)=(1^+,2)$ 來標記 2。

$j=3$是第 2 個與 1 相連的未標記的頂點，同時，

$$\Delta_{13}=c_{13}-f_{13}=3-1=2\text{，}\quad \Delta_3=\Delta_{13}=2\text{。}$$

用前標記$(1^+,\Delta_3)=(1^+,2)$標記 3。

$j=4$是第 3 個與 1 相連的未標記的頂點，同時

$$\Delta_{14}=c_{14}-f_{14}=10-3=7\quad \Delta_4=\Delta_{14}=7\text{。}$$

用前標記$(1^+,\Delta_4=(1^+,7)$標記 4。

4．檢查 2。這是有必要的因爲你還沒有到達t(頂點 5)，即，你還沒有得到流量增大的路徑。與頂點 2 相連的是頂點 1，4，5。頂點 1 和 4 是被標記的。因此唯一要考慮的頂點是 5。計算得到，

$$\Delta_{25}=c_{25}-f_{25}=8-5=3\text{ 。}$$

對Δ_5的計算不同於前面相應的問題。由表你可以看到，

$$\Delta_5=\min(\Delta_2,\Delta_{25})=\min(2,3)=2\text{ 。}$$

這裡$\Delta_{25}=3$是沒有用的因爲在前一條邊$(1,2)$你只能讓流量增大 2。用前標記$(2^+,\Delta_5)=(2^+,2)$來標記 5。

5．得到了第一條流量增大的路徑$P:1-2-5$。

6．流量增大$\Delta_5=2$，令$f=6+2=8$。

7．去掉標記 2，3，4，5 同時回到第 3 步。畫出給定的網路，新的流量$f_{12}=4$，$f_{25}=7$。其它的流量依然與前面一樣。你將得到第 2 條流量增大的路徑。

3．檢查 1。連接到頂點 2，3，4。你有$c_{12}=f_{12}$；邊$(1,2)$儲存而不再被考慮。對於頂點 3 可計算得到，

$$\Delta_{13}=c_{13}-f_{13}=3-1=2\text{，}\quad \Delta_3=\Delta_{13}=2\text{。}$$

用前標記 $(1^+,2)$ 標記 3。對於頂點 4 計算得到

$$\Delta_{14}=c_{14}-f_{14}=10-3=7\text{，}\qquad \Delta_4=\Delta_{14}=7\text{。}$$

用前標記 $(1^+,7)$ 標記 4。

3．你不需要檢查 2 了因爲你現在有 $f_{12}=4$ 所以 $c_{12}-f_{12}=0$；$(1,2)$ 被用於存儲；演算法中的條件 $c_{12}>f_{12}$ 不滿足。檢查 3。連到 3 的頂點是頂點 4 和 5。對於頂點 4 你有 $c_{43}=6$ 但是 $f_{43}=0$，所以條件 $f_{43}>0$ 被破壞了。類似的，對於頂點 5 你有 $c_{35}=f_{35}=1$，所以條件 $c_{35}>f_{35}$ 被破壞了同時你必須回到頂點 4。檢查 4。唯一與 4 相連而沒被標記的是 2，對它計算得到

$$\Delta_{42}=c_{42}-f_{42}=5-3=2$$

同時

$$\Delta_2=\min(\Delta_4,\Delta_{42})=\min(7,2)=2\text{。}$$

用前標記 $(4^+,2)$ 標記 2。

4．檢查 2。與 2 相連而沒被標記的是頂點 5。計算得到，

$$\Delta_{25}=c_{25}-f_{25}=8-7=1$$

同時

$$\Delta_5=\min(\Delta_2,\Delta_{25})=\min(2,1)=1\text{。}$$

用前標記 $(2^+,1)$ 標記 5。

5．得到第 2 條流量增大的路徑 $P:1-4-2-5$。

6．用 $\Delta_5=1$ 增大存在的流量 8 同時令 $f=8+1=9$。

7．去掉標記 2，3，4，5 同時回到第 3 步。用新的流量畫出網路，得到邊 $(1,2):(4,4)$，邊 $(1,3):(3,1)$，邊 $(1,4):(10,4)$，邊 $(2,5):(8,8)$，邊 $(3,5):(1,1)$，邊 $(4,2):(5,4)$，以及邊 $(4,3):(6,0)$。你會發現兩條到頂點 5 的邊被用於儲存，因爲流量 $f=9$ 是最大值。確實，這個演算法表示頂點 5 不再被到達。

23.8 節　雙邊圖形、分配問題

習題集　23.8

1-6　是否為雙邊？

下列圖形是否爲雙邊？如果你的答案是肯定的；找出 S 和 T。

不是雙邊的圖形　把頂點編上號。把頂點 1 放到 S 中，與其相連的頂點 2，3，4 放到 T。然後考慮 2，它現在在 T 中。因此對於雙邊圖形，它的相連頂點 1 和 4 必須在 S 中。但是頂點 4 已經被放入 T。這個矛盾表示這個圖不是雙邊圖。

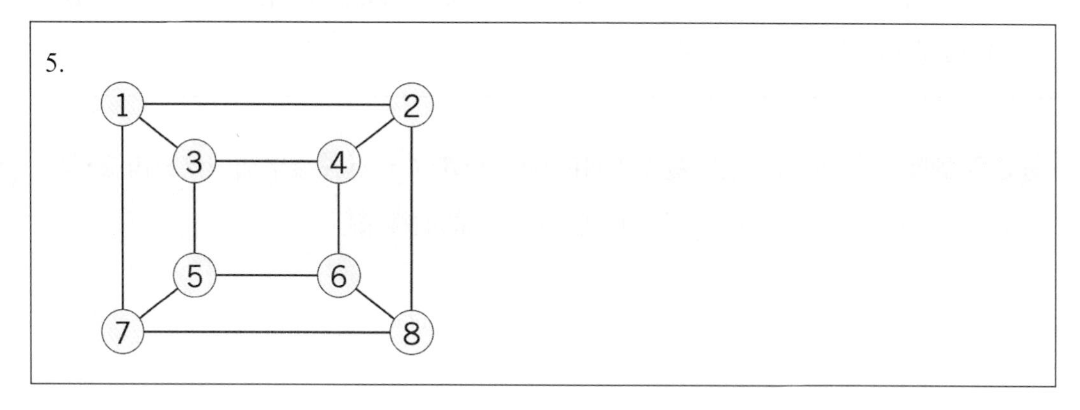

雙邊圖　因爲圖可以被畫成不同樣子，我們不能立刻看出下面怎麼做。因此在這道題中你必須系統地處理。

把 1 放入 S ，其所有相連的頂點 2，3，7 放入 T 。

因爲 2 現在不在 T 中，把它相連的頂點 4 和 8 放入 S ，這裡還有 1。

因爲 3 在 T 中，把 5 放入 S ，這裡已有 1，4。

因爲 4 在 S 中，把 6 放入 T ，所以與 4 相連的頂點 2，3，6 都在 T 中。

因爲 5 在 S 中，其相連的頂點 3，6，7 應該在 T 。

因爲 6 在 T 中，其相連的頂點 4，5，8 應該在 S 中。

同時 7 是在 T 中，其相連的頂點 1，5，8 也在 S 中。

最後，8 在 S 中，其相連的頂點 2，6，7 在 T 中。

結論：沒有矛盾，所給的圖是雙邊圖。由圖形中會發現現在的問題不是完全沒有意義的，雖然頂點數和邊數是小的。

嘗試把這個方法推廣成演算法應用到這道題中。

21. **(平面圖)** 一個平面圖是可以畫在一張紙上並且任兩個邊都不會相交的圖形。證明具有四個頂點的完全圖形 K_4 是平面的；具有五個頂點的完全圖 K_5 不是平面的。經由嘗試以沒有邊會被相交的方式繪製 K_5 來使這項陳述合理化。以一個介於五座城市間的道路網來解釋這項結果。

K_4 是平面的 因爲你可以把它畫成 4 個正方形 A，B，C，D，然後增加一條對角線，即，A，C，然後連接 B，D (不在內部)，用正方形外面的曲線來連。

PART G

機率與統計

第 24 章　資料分析、機率理論

24.1 節　資料表示方法、平均值、分散程度

習題集　24.1

3. **資料表示法** 以莖葉圖、直方圖及盒鬚圖表示下列資料：
56，58，54，33，41，30，44，37，51，46，56，38，38，49，39。

資料表示法　在這道題中先把資料排序

56，58，54，33，41，30，44，37，51，46，56，38，38，49，39。

得到，

30，33，37，38，38，39，41，44，46，49，51，54，56，56，58。

爲了得到莖葉圖，把這些資料分成幾組。如果你使用 3 個組，則，

範圍	累積絕對頻率	莖葉圖						
30-39	6	3	0	3	7	8	8	9
40-49	10	4	1	4	6	9		
50-59	15	5	1	4	6	6	8	

(A)

如果你使用 6 個組，則

範圍	累積絕對頻率	莖葉圖				
30-34	2	3	0	3		
35-39	6	3	7	8	8	9
40-44	8	4	1	4		
45-49	10	4	6	9		
50-54	12	5	1	4		
55-59	15	5	6	6	8	

(B)

38 和 56 的絕對頻率是 2，所有其它的值的絕對頻率是 1。這樣分組後相對頻率分別是 2/15 和 1/15。你可以通過用除以絕對頻率 15 得到累積相對頻率。對第二種分類，分成 6 組這些值是，

$$0.1333 \quad 0.4000 \quad 0.5333 \quad 0.6667 \quad 0.8000 \quad 1.000\text{。}$$

直方圖可參見書中的例子。在前面的習題中畫直方圖需要表中的相對頻率。圖形給出了結果。爲了畫盒鬚圖，需要下四分位元數 q_L ，q_M (第二四分位數)，q_U (上四分位數)。如果資料的個數是奇數，則中位數是它們中的一個。在這道題中是 $q_M = 44$ (第八個值)。有 7 個值在中位數下面；因此它們中的第 4 個，$q_L = 38$ ，是下四分位數。類似的，有 7 個值在中位數上面，它們中的第 4 個，$q_U = 54$ ，是上四分位數；見書後的答案。

你需要 q_L ，q_M ，q_U 來畫盒鬚圖。盒鬚圖表示資料幾乎是對稱的當 q_M 是 q_L 和 q_U 的中點時。爲了畫盒鬚圖你還需要最小值和最大值。

比較兩個直方圖可以看出第一個與第二個相比資訊缺損了。進一步觀察座標軸的尺度會發現每一個直方圖的面積等於 1。

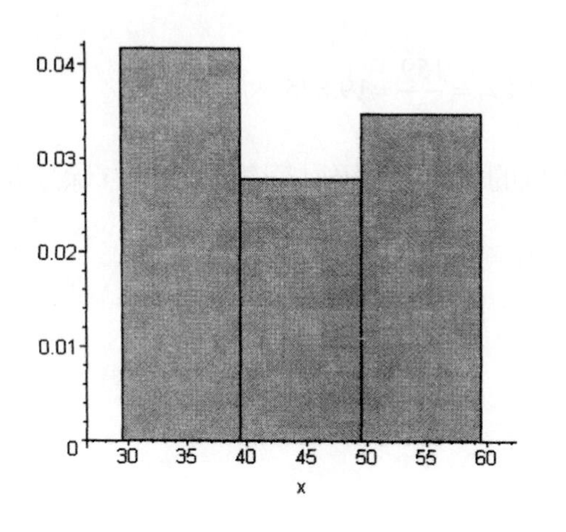

第 24.1 節 習題 3 表(A)所對應的直方圖

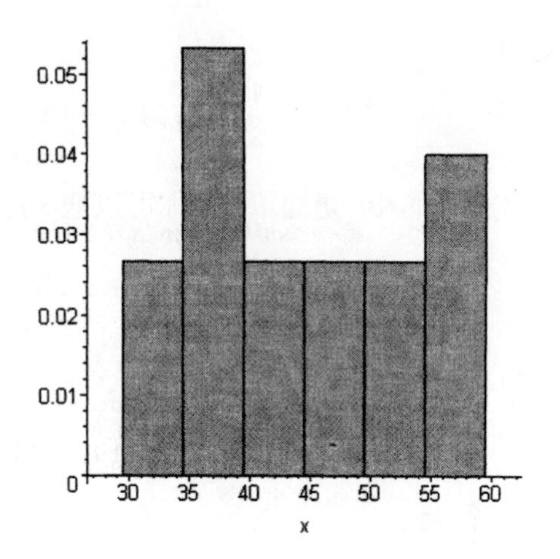

第 24.1 節 習題 3 表(B)所對應的直方圖

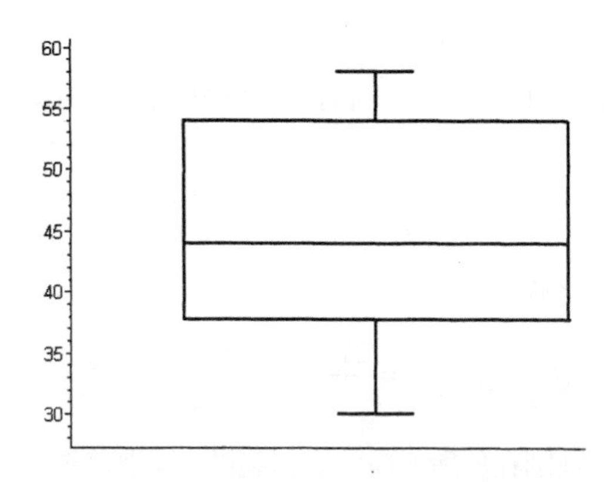

第 24.1 節 習題 3 所給定數據的盒鬚圖

11. **平均值與分散程度** 計算下列資料的平均值，並與中位數比較。求出標準差，並與內四分位數全距比較。習題 1 中的資料。

中值和分散程度 這兩個值(還有標準差，即變異數的平方根)在我們後面的習題中比分位數更重要。中值表示了資料值的平均大小。它是算術上的平均，其定義見(5)。在這道題中有 $n=8$ 個值

20 21 20 19 20 19 21 19

於是得到

$$\bar{x} = \frac{1}{8}(20 + 21 + \cdots + 19 + 21 + 19) = \frac{159}{8} = 19.875 \text{ 。}$$

這是 8 個值的和。更簡單的，你可以把 3 個不同的值乘上其絕對頻率，再求和，除以 8：

$$\bar{x} = \frac{1}{8}(3 \cdot 19 + 3 \cdot 20 + 2 \cdot 21) = \frac{159}{8} = 19.875 \text{ 。}$$

爲了得到中位元值，把資料排序，

19 19 19 20 20 20 21 21

同時計算得到

$$q_M = \frac{20 + 20}{2} = 20 \text{ 。}$$

這與 $\bar{x}$ 很接近因爲這裡的資料幾乎是對稱的。

計算變異數

$$s^2 = \frac{1}{7}[(20 - 19.875)^2 + \cdots + (19 - 19.875)^2] = 0.696424 \text{ ，}$$

它的平方根，標準差是

$$s = 0.834523 \text{ 。}$$

把它與內四分位數全距作比較

$$IQR = q_U - q_L = \frac{21 + 20}{2} - \frac{19 + 19}{2} = 1.5$$

這兩種不同的測量方法的區別在於所考慮的資料範圍。標準差更可信一些是因爲它用到了所有的資料。

19. **(離群值，縮減後的資料)**計算資料 4 1 3 10 2 的標準差 s，然後將離群值刪除，使資料縮減，並計算 s。試評論之。

離群值、縮減後的資料 如下的資料：

4， 1， 3， 10， 2

10 與其他值差的很遠，所以你可以認爲它是一個錯誤的資料。如果你確信有誤差產生，由人爲或者機器使用的原因，你可以去掉這個資料，這就叫做資料的縮減。這會改變平均值和標準差。

假設這些資料又由同一個問題產生因此你可以假定 10 就是離群值。它將使均值減小：

$$\bar{x} = \frac{1}{5}(4+1+3+10+2) = 4$$

變成,

$$\bar{x}_{red} = \frac{1}{4}(4+1+3+2) = 2.5 \text{ 。}$$

類似的，變異數是

$$s^2 = \frac{1}{4}[(4-4)^2 + (1-4)^2 + (3-4)^2 + (10-4)^2 + (2-4)^2] = 12.5$$

變成，

$$s_{red}^2 = \frac{1}{3}[(4-2.5)^2 + (1-2.5)^2 + (3-2.5)^2 + (2-2.5)^2] = 1.666667$$

標準差：

$$s = \sqrt{12.5} = 3.535534 \quad \text{變成} \quad s_{red} = \sqrt{1.666667} = 1.290995 \text{ 。}$$

24.2 節　實驗、結果、事件

習題集　24.2

3. **樣本空間、事件** 畫出下列實驗的樣本空間：擲兩顆骰子。

樣本空間　由實驗得到的樣本空間包括 36 個結果或者樣本點

$$\begin{matrix} (1,1) & (1,2) & \cdots & (1,6) \\ (2,1) & (2,2) & \cdots & (2,6) \\ \vdots & \vdots & \vdots & \vdots \\ (6,1) & (6,2) & \cdots & (6,6) \end{matrix}$$

這 36 個數對(整數)，其中第一個表示第一個骰子的點數，後邊的表示第二個骰子的點數。這是書上例 2 的推廣。樣本空間是有限的(包括有限多的結果)，與習題 5 中的無限樣本空間不同，其答案見書後。

11. 投擲兩顆骰子時，事件 A：「總和可被 3 整除」與事件 B：「總和可被 5 整除」是否互斥？

互斥事件　這是所謂的互斥事件，見書上的定義。這是一個很重要的概念。這是嚴格的集合論概念。在這道題中， 因爲和最少是 2 最多是 12，因此最小的正整數是 15，可以分成 3 和 5，因此 A 和 B 是互斥的。

注意到你不必要寫出 A 和 B 發生的情形，你可以直接得到答案。你能看出習題 12 的答案嗎?

17. (**笛摩根定律**) 利用文氏圖繪出並檢驗笛摩根定律：

$$(A \cup B)^C = A^C \cap B^C$$
$$(A \cap B)^C = A^C \cup B^C$$
。

笛摩根定律　不需要任何的圖表，只需要使用定義你就可以得到第一條定律：左邊是

$A \cup B$ 是所有在 A 或者 B(或者既在 A 中又在 B 中)中的點的集合。

因此其補集是

$(A \cup B)^c$ 是那些既不在 A 中也不在 B 中的點的集合。

對於右邊，

A^c 是不在 A 中的點的集合，

B^c 是不在 B 中的點的集合。

因此其交集

$A^c \cap B^c$ 是那些同時不在 A 中也不在 B 中的點的集合。

這就證明了第一條笛摩根定律。

對於第二條定律，其左邊，

$A \cap B$ 是那些同時在 A 中也在 B 中的點的集合。

叫做交集 C。因此其補集

$(A \cap B)^c$ 是那些不在 C 中的點的集合。

其右邊，

A^c 是不在 A 中的點的集合。

B^c 是不在 B 中的點的集合。

因此其聯集

$D = A^c \cup B^c$ 是那些不在 A 中或者不在 B 中的點的集合。

現在如果一個點在 A 中而不在 B 中，即在 B^c 中，因此在 D 中。類似的，如果一個點在 B 中而不在 A 中，它也在 D 中。這表明 D 包含了那些不同時在 A 和 B 中點，即，D 包含了那些不在交集 $C = A \cap B$ 中的點。這就證明了笛摩根定律的第二條。

24.3 節　機率

機率的定義 2 包含了定義 1，定義 1 是它的一種特殊情況。

定義 1 不能涵蓋所有的實際應用，雖然它除了彩票或者骰子那樣的賭博遊戲還有各種各樣的應用。

習題集　24.3

1. 從一批 100 個螺絲(其中有 10 個損壞)中隨機抽出三個，如果抽樣時(a)放回(b)不放回所選的樣本，計算抽出的螺絲都沒有損壞的機率。

放回和不放回抽樣　這是一個有放回和不放回抽樣的典型例子。

在 100 個螺絲中，你有 90 個沒有問題的螺絲，因此得到 $90/100 = 0.9 = 90\%$ 是第一次抽到沒有問題螺絲的機率。

(a)如果是有放回的抽樣，則第二次和第三次抽樣抽到沒有問題的螺絲的機率也是 0.9，所以，

$$P = 0.9^3 = 0.729 = 72.9\%。$$

(b)如果是不放回的抽樣，第一次的機率也是 90/100。一個沒有問題的螺絲現在已經被抽

出去了，剩下 89 個沒有問題的螺絲在還有的 99 個螺絲中。於是機率變成 89/99。類似的，在第三次你抽出了另外一個沒有問題的螺絲，所以機率變成 88/98。於是，

$$P = \frac{90}{100}\frac{89}{99}\frac{88}{98} = 0.7265 = 72.65\% \text{ 。}$$

這比前面的小。你知道為什麼嗎？(答案：被抽出的沒有問題的螺絲在第二次和第三次抽樣中沒被考慮)

由定理 4 你可以寫出

$$P(A \cap B \cap C) = P(A)P(B \mid A)P(C \mid A \cap B)$$

這裡 A，B，C 是事件「分別在第一次、第二次和第三次抽樣中抽出沒有問題的螺絲」。

如果你是有放回的抽樣，這三個事件變成獨立事件，由(14)，得到，

$$P(A \cap B \cap C) = P(A)P(B)P(C) \text{ ,}$$

正如你在這道題中用的那樣。

> 7. 下列何者至少擊中目標一次的機率比較大：
> (a)只開一槍，命中機率為 1/2，或
> (b)開兩槍，命中機率均為 1/4？先猜一猜，然後計算看看。

射擊 這裡假設在(b)中是獨立事件，這是或多或少是可信的。「至少一次」暗示我們要用互補規則得到書後的答案：$1-(3/4)^2 = 0.4375$，這比(a)的機率小。你可以通過計算三個可能情形的機率並求和($H = hit$，$M = miss$)

$$HH \quad HM \quad MH \text{。}$$

因為獨立性，所以你可以得到

$$\frac{1}{4}\cdot\frac{1}{4}+\frac{1}{4}\cdot\frac{3}{4}+\frac{3}{4}\cdot\frac{1}{4}=\frac{7}{16}=0.4375 \text{ 。}$$

在這裡和類似的問題中你也可以通過計算相反情形的機率來檢查，所以你需要得到所有的機率同時你要看看它們的和是不是 1。在這道題中這是很簡單的。(b)中 MM 的機率是 $(3/4)^2 = 9/16$，它與 7/16 的和是 1。

11. 投擲兩顆公正骰子，得到相同點數，或點數乘積爲偶數的機率爲何？

投擲兩顆公正骰子 這樣的問題就是計算可能的情形。這個樣本空間包含 36 個可能的結果(見前一節)，這些可以列成一個矩陣的形式：

(1,1)	(1,2)	(1,3)	(1,4)	(1,5)	(1,6)
(2,1)	(2,2)	(2,3)	(2,4)	(2,5)	(2,6)
(3,1)	(3,2)	(3,3)	(3,4)	(3,5)	(36)
(4,1)	(4,2)	(4,3)	(4,4)	(4,5)	(4,6)
(5,1)	(5,2)	(5,3)	(5,4)	(5,5)	(5,6)
(6,1)	(6,2)	(6,3)	(6,4)	(6,5)	(6,6)

乘積是偶數在所有的第 2，4，6 行的情形中，在第 1，3，5 行中有 3 個情形。總共有 27 種情形。再加上 6 個對角線元素中的其他 3 個奇數積的情形。得到答案是 30。在書後的答案中，首先列出了 6 個對角情形，然後我們這裡 18+9＝27 種情形還要減去 3 種對角線元素情形，因爲後者給出的是偶數乘積而已經被考慮在前面的 27 種情形中了。

因爲所要求的機率很大，你可以猜測也許找其補集更容易：

「不同的數且乘積是奇數」。

爲下列事件的補集

「相同的數或乘積是偶數」。

補集只有如下 6 種情形：

(1,3)， (3,1)， (1,5)， (5,1)， (3,5)， (5,3)

得到機率爲 6/36，而$1-6/36=30/36$，跟前面一樣。

19. 延伸定理 4，證明：

$$P(A\cap B\cap C)=P(A)\,P(B|A)\,P(C|A\cap B)。$$

定理 4 延伸至三種事件 定理 4 表明在所給條件下，

$$P(A\cap B)=P(A)P(B\mid A)\ 。\tag{13}$$

(對於式 13 你不需要用到其他公式)證明的思路是找到合適的符號把這種情況簡化成定理中的形式。用 D 和 E 代替(13)中的 A 和 B。則你有

$$P(D \cap E) = P(D)P(E|D) \text{，} \tag{13*}$$

現在來使用這種技巧，令

$$D = A \cap B \text{。}$$

因爲交集滿足結合律

$$D \cap E = (A \cap B) \cap E = A \cap B \cap E \text{，}$$

公式(13*)的形式是，

$$P(A \cap B \cap E) = P(A \cap B)P(E \mid (A \cap B)) \text{。} \tag{13**}$$

差不多做完了。在(13**)的兩邊令 $E=C$。(這裡你玩了點小花招，用 C 代替 E；這是很多證明中常用的技巧)進一步，在(13**)的右邊代入(13)中的 $P(A \cap B)$。最後你就得到了要證明的公式。

24.4 節　排列與組合

注意到隨著 n 的增大情形的數目增加得很快，所以你就需要本節中討論的定理和公式。

習題集　24.4

5. 從 20 個人中選出 3 位組成委員會，有多少種不同的方式？

不同委員會和樣本的數目　人或者是委員可以考慮成從所給的 20 個螺絲中抽出 3 個。

你抽出的 3 個物件(人或者螺絲)的順序是沒有關係的。因此你考慮的是組合而不是排列。一個特別的物件只可能出現在樣本一次，不是兩次或者更多次。因此你又是在處理不可重複的組合。定理 3 給出了答案：

$$\binom{20}{3} = \frac{20 \cdot 19 \cdot 16}{1 \cdot 2 \cdot 3} = 1140 \text{。}$$

這可能比你想像的大得多。用 50 或者 100 代替 20，可以看到樣本數目迅速的增大，這使得考慮所有的情形變得不可想像。

你可以如下檢查結果。你對第 1 個物件有 20 種可能的選擇。然後是 19 種，最後是 18 種。於是，

$$20 \cdot 19 \cdot 18 = 6840$$

種可能性，從 20 個物件中取出 3 個，按照所給的次序。現在不考慮這種次序了。因此你要把 6840 除以 3 個物件的排列，即 $3! = 6$。這就是用 3 個物件作排列的數目。這給出與前面同樣的答案，即，1140。

7. 在一堆 10 件物品中，有 2 件損壞。
   (a)計算取出 4 件不同樣本的可能數目。
   (b)計算由 4 件物品組成的樣本中(a)沒有損壞(b)有 1 件損壞(c)有 2 件損壞的樣本有多少種。

損壞　(a)總共有 8 件沒有損壞的和 2 件損壞的。從中取出 4 件的情形有：

$$\binom{10}{4} = \frac{10 \cdot 9 \cdot 8 \cdot 7}{1 \cdot 2 \cdot 3 \cdot 4} = 210 \text{ 。}$$

這與習題 5 一樣。

(b)如果你想要計算沒有損壞的數目，把損壞的排除，考慮剩下的 8 個物件。即，

$$\binom{8}{4} = \frac{8 \cdot 7 \cdot 6 \cdot 5}{1 \cdot 2 \cdot 3 \cdot 4} = 70$$

種不同的採樣。

(c) 1 件有損壞的，從所有的 2 件有損壞的中抽取有兩種方式。而從剩下 8 件無損壞的中抽取 3 件爲

$$\binom{8}{3} = \frac{8 \cdot 7 \cdot 6 \cdot 5}{1 \cdot 2 \cdot 3 \cdot 4} = 56$$

種方式。因此總數是 $2 \cdot 56 = 112$ 種(前面的兩種組合乘以後面的 56 種可能性)。

(d) 2 件有損壞的以及兩件無損壞的共 4 件抽樣，即，

$$\binom{8}{2}=\frac{8\cdot 7}{1\cdot 2}=28$$

種選擇。

現在你可以檢查你的結果。(b)，(c)，(d)覆蓋了所有的可能性；因此三種情形選擇的和應給等於總的可能性數目，即 210。

$$70+112+28=210\ 。$$

記住這種檢查方式；在其他的實際應用中它很有用。

18．**團隊專題：排列、組合**(e)利用二項式定理證明式(14)。

二項式係數 給出了這些大數位之間的關係，24 章中只涉及一小部分，見附錄 1 的 ref.[GR1]。式(14)是它們中最有用的一個。爲了證明它，由下式：

$$(1+x)^p(1+x)^q=(1+x)^{p+q}$$

用二項式把 $(1+x)^p$，$(1+x)^q$ 以及右端的 $(1+x)^{p+q}$ 按 x 的冪次展開。使兩邊的 x^r 項的係數相等。在右邊只有一項，即，

$$\binom{p+q}{r}x^r\ 。$$

在左邊你有

$$\left[\binom{p}{0}1+\binom{p}{1}x+\binom{p}{2}x^2+\cdots+\binom{p}{p}x^p\right]\left[\binom{q}{0}1+\binom{q}{1}x+\binom{q}{2}x^2+\cdots+\binom{q}{q}x^q\right]\ 。$$

於是你得到 x^r 通過 $x^0\cdot x^r$，然後是 $x\cdot x^{r-1}$，然後是 $x^2\cdot x^{r-2}$，…，最後，$x^r\cdot x^0$。這是 $r+1$ 個乘積。相應的係數是

$$\binom{p}{0}\binom{q}{r},\ \binom{p}{1}\binom{q}{r-1},\ \binom{p}{2}\binom{q}{r-2},\ \binom{p}{3}\binom{q}{r-3},\ \ldots,\ \binom{p}{r-1}\binom{q}{1},\ \binom{p}{r}\binom{q}{0}\ 。$$

這些項的和精確的等於式(14)右邊。

24.5 節 隨機變數、機率分佈

習題集 24.5

1. 畫出機率函數 $f(x)=kx2$ ($x=1$，2，3，4，5；k 爲適當的值)及分佈函數的圖形。

離散分佈 這個分佈是離散的。它的可能值是 1，2，3，4，5。其機率函數 $f(x)$的值是，

$$f(1)=1/55\ ,\ f(2)=4/55\ ,\ f(3)=9/55\ ,\ f(4)=16/55\ ,\ f(5)=25/55;$$

見圖。這就是值 1，2，3，4，5 對應得機率。$f(x)$滿足(6)；否則它不能被當作是機率函數。條件(6)給出：

$$k=\frac{1}{55}\ 。$$

由 $f(x)$你可以得到分佈函數 $F(x)$，就是累加 $f(x)$，見式(4)，那是分佈函數的定義式。因爲 $x=1$ 是最小的可能值，你可以得到 $F(x)=0$ 對於 $x<1$ 。在 $x=1$ ，函數值跳變爲 $1/55=f(1)$ ；即，$F(1)=1/55$ 。然後它一直是常數 1/55 直到 $x=2$ ，這是第二次跳變，這次的高度是 $4/55=f(2)$ 。由公式，

$$F(x)=f(1)=1/55\ ,\qquad 如果 1\le x<2$$

以及

$$F(2)=f(1)+f(2)=1/55+4/55=5/55\ 。$$

函數值將在 $x=3$ 再一次跳變，這次的高度是 $f(3)=9/55$ 。因此，

$$F(x)=5/55\ ,\qquad 如果\qquad 2\le x\le 3$$

同時

$$F(3)=f(1)+f(2)+f(3)=1/55+4/55+9/55=14/55\ 。$$

在 $x=4$ 跳變高度 $f(4)=16/55$ 同時 $F(x)$ 變成

$$F(4)=30/55$$

最後一次跳變在 $x=5$ ，高度是 $f(5)=25/55$ ，所以 $F(x)$ 變成

$$F(5) = 55/55 = 1\text{。}$$

這裡的 1 是典型的，證明只有有限多次跳變(只有有限多非零的 $f(x)$ 的值)。值 1 總是在最後一次跳變時達到，並且對於更大的 x 不再變化；於是

$$F(x) = 1\text{，}\qquad \text{如果 } x \geq 5\text{。}$$

在一個有無限多值的分佈中，$F(x) = 1$ 有可能是達不到的，但是可以表示爲無窮級數的和的形式。例 4 中給出了這樣的描述。等待時間問題與櫃檯售票，電話服務等有關。

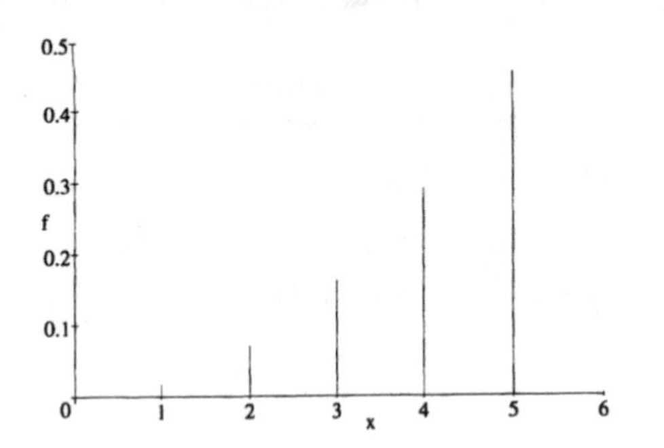

第 24.5 節　習題 1　機率函數

第 24.5 節　習題 1　分佈函數

> 3. (**均勻分佈(uniform distribution)**)　$-4 \leq x \leq 4$ 時，若密度函數爲 $f(x) = k =$ 常數，其它情況則爲 0，畫出 f 和 F 的圖形。

均勻分佈　密度函數是一個常數，同時 $k = 1/8$ 使得曲線下的區域的密度等於 1。就算分佈函數得到，

$$F(x) = \begin{cases} 0 & \text{if} \quad x < -4 \\ \int_{-4}^{x} \frac{1}{8}\,dx = \frac{1}{8}(x+4) & \text{if} \quad -4 < x \leq 4 \\ 1 & \text{if} \quad x > 4 \end{cases}\text{。}$$

在區間 $-4 < x \leq 4$ 的分佈叫做均勻分佈。

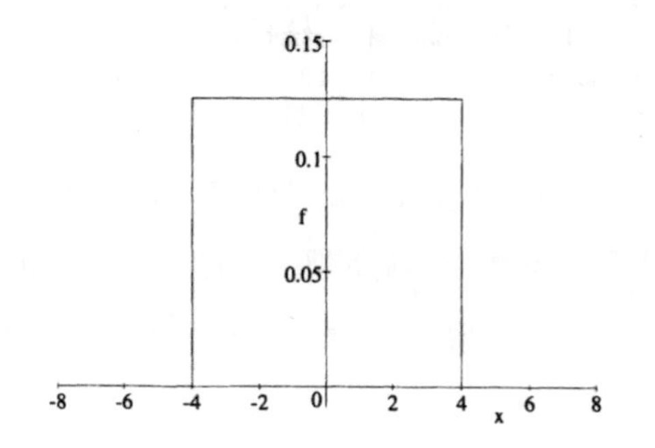

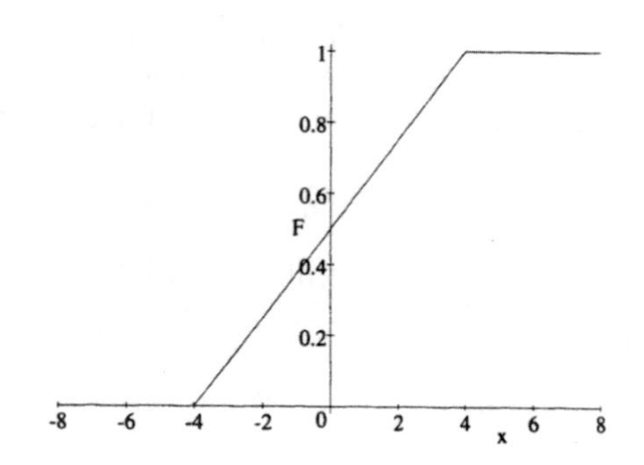

第 24.5 節 習題 3 均勻分佈

> 11. 令 X[單位為公厘] 代表一機器製成的墊圈的厚度。假設 X 的密度為：$1.9 < x < 2.1$ 時，$f(x) = kx$，其他情況則為 0，求出 k 的值。墊圈的厚度介於 1.95 公厘與 2.05 公厘之間的機率為何？

連續分佈 在曲線下的區域的密度等於 1；因此

$$\int_{1.9}^{2.1} kx\,dx = \left.\frac{kx^2}{2}\right|_{1.9}^{2.1} = \frac{k}{2}(2.1^2 - 1.9^2) = 0.4k = 1 \text{，} \qquad k = 2.5 \text{。}$$

為了回答第二個問題，計算

$$P(1.95 < X \le 2.05) = \int_{1.95}^{2.05} 2.5x\,dx = 1.25x^2\Big|_{1.95}^{2.05} = 0.5 = 50\% \text{。}$$

你能通過粗略的作圖而不是計算看出來嗎？

> 17. 令 X 為一可具有任何實數值的隨機變數，則事件 $X \le b$，$X < b$，$X \ge c$，$X > c$，$b \le X \le c$，$b < X \le c$ 的補集為何？

事件的補集 這個習題中的內容在很多實際應用中出現。現在集合 S 的補集是所有不在 S 中的點的集合；見 24.2 節。由此你可以得到下面的答案。

$X \le b$ 的補集是 $X > b$。注意到 $X = b$ 包含在所給的事件中，因此它不必出現在補集中。

$X<b$的補集是$X\geq b$。這裡，b屬於補集。類似的出現在第二種情形中。

$X\geq c$的補集是$X<c$，$X>c$的補集是$X\leq c$。

如果有一個區間，比如$b\leq X\leq c$，補集包含所有在區間外的數，所以它們或者比b小或者比c大。所給的區間是閉合的；這意味著點b和點c是區間點；因此它們不屬於補集，因此是開集。補集包含兩個開的無窮區間$X<b$，到，$-\infty$，$X>c$，到∞。這些叫無窮區間因爲它們分別擴展到$-\infty$和∞。

這個問題一個需要指出的重要點是要仔細區別嚴格不等式，比如$X<b$，和那些包含不等式，比如$X\leq b$。在連續分佈的情形中這不是個問題，由公式(10)給出了解釋，但是在離散分佈的情形它變得很重要。

24.6 節　分佈的平均值和變異數

平均值和變異數是兩個重要的數量(參數)，分別用來表徵一個分佈的中心位置和分散情況。

變換律(定理 2)是有用的，比如，當你想改變測量單位(從英里到千米，等等)或者你想把亂數值變成它們的標準形式，用(6)。

習題集　24.6

1. **平均值、變異數** 求出下列隨機變數X的平均值和變異數，其機率函數或密度$f(x)$如下。$f(x)=2x \quad (0\leq x\leq 1)$。

連續分佈　密度是

$$f(x)=2x\text{，}\qquad \text{如果}\qquad 0\leq x\leq 1$$

否則是 0。(這不可能是離散分佈的機率函數因爲後者的機率值是離散的)平均值μ由(1b)得到，這裡你從 0 到 1 積分，因爲對於其他值$f(x)=0$。而$f(x)$曲線下的面積爲 1。這很容易得到。$2x$的積分是x^2，在積分的極限處取 1。因此 24.5 節的式(10)滿足。有積分你現在得到(由(1b))。

$$\mu = \int_0^1 x2xdx = \frac{2}{3}x^3\Big|_0^1 = \frac{2}{3}$$ 。

你現在可以再一次通過積分從(2b)得到變異數，積分限是 0 到 1，和前面同樣的原因。

$$\sigma^2 = \int_0^1 \left(x - \frac{2}{3}\right)^2 (2x)\,dx = \int_0^1 \left(2x^3 - \frac{8x^2}{3} + \frac{8x}{9}\right)dx = \frac{1}{18}$$ 。

> 7. 一家商店每天賣出 X 台冷氣機的機率爲 $f(10)=0.1$，$f(11)=0.3$，$f(12)=0.4$，$f(13)=0.2$，每台冷氣機的獲利是 55 美元，則每日營收的期望值爲何？

期望值　期望值(遊戲中的期望獲得，商業中的期望利潤)是相應的隨機變數的平均值。實際上，在這道題中隨機變數是

$$X=\text{所售出的冷氣機}，$$

而不是直接的利潤。注意到 10，11，12，13 是可能數。他們相應的機率和爲 1。因此，10，11，12，13 都是 X 中的可能數。方程式(1a)因此給出了任意一天期望賣出的冷氣機數，即，

$$\mu = 10\cdot 0.1 + 11\cdot 0.3 + 12\cdot 0.4 + 13\cdot 0.2 = 11.7$$ 。

因此每天期望賣出的是 11 到 12 台冷氣機。乘上 55 就得到了期望利潤 $11.7\cdot \$55 = 643.50$。

> 15. 在習題 13 中，如果我們想要讓瑕疵品的比例等於 3%，那麼可以選擇與 1.00 公分相差的最大值 c 爲何？

百分比值　你現在要找 c 使得得到任意 X 在區間 $1-c \le X \le 1+c$ 外機率值等於 3%。因此在這個區間中得到 X 的機率是 97%。X 密度曲線下在 $1-c$ 到 $1+c$ 之間的面積是：

$$P(1-c \le X \le 1+c) = 750\int_{1-c}^{1+c} (x-0.9)(1.1-x)\,dx = 0.97$$

這裡 $k = 750$，由習題 13 得到，是個常數，並使得密度曲線下由 $-\infty$ 到 ∞ 的面積是 1。

令 $x-1=t$。則 $x=t+1$。得到新的積分限 $-c$ 和 c：

$$750\int_{-c}^{c}(0.1+t)(0.1-t)dt = 750\int_{-c}^{c}(0.01-t^2)dt$$

$$= 750\left[0.01t - \frac{1}{3}t^3\right]\Big|_{-c}^{c}$$

$$= 750\left(0.02c - \frac{2}{3}c^3\right)$$

$$= 15c - 500c^3 = 0.97 \text{ 。}$$

現在找一個正值的解通過作圖或者找根法，得到 c=0.0855 。因此 $1+c=1.0855$ 標記爲 98.5% 。見圖。

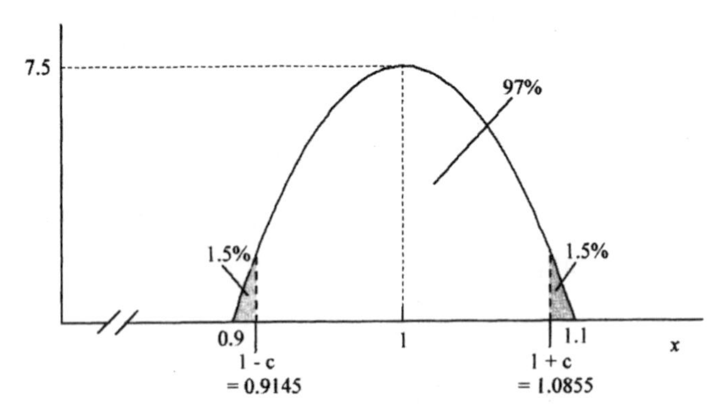

第 24.6 節 習題 15 密度與百分比數值

24.7 節　二項式、卜瓦松及超幾何分佈

習題集　24.7

1. 同時丟 4 枚硬幣，求出隨機變數 X=「正面的次數」的機率函數，並計算沒有出現正面、恰好 1 次正面、至少 1 次正面，以及不超過 3 次正面的機率。

投擲硬幣，二項式分佈 $p=1/2$　這是一個二項式分佈的典型應用，成功和失敗的機率相等(正面和背面的機率相等)，即， $p=q=1/2$ ，投擲是按一定的次序的，所以每次試

驗都是獨立的。二項式分佈的機率函數由(2)給出，如果 $p=q=1/2$ ，由(2)有

$$p^x q^{n-x}=\left(\frac{1}{2}\right)^{x+n-x}=\left(\frac{1}{2}\right)^n \text{。}$$

因此在這種情形中，(2)由(2*)簡化得到。

在這個問題中，你丟 4 枚硬幣。因此 $n=4$ ，(2*)變成

$$f(x)=\binom{4}{x}\left(\frac{1}{2}\right)^4, \qquad x=0, 1, \cdots, 4 \text{。} \tag{A}$$

這就是得到的 x 的試驗結果，包括類比 4 枚硬幣的投擲。

因爲你假設要計算幾個機率，由(A)計算全部的 5 個機率是很明智的。由二項式係數得到，

$$1, \quad 4, \quad 6, \quad 4, \quad 1 \text{。} \tag{B}$$

乘以 $(1/2)^4=1/16$ 得到相應的機率。(B)的和值等於 16。因此所有機率的和等於 1，的確如此。你得到下列事件：

- 「沒有正面」機率是 $f(0)=1/16$ 。
- 「只有 1 個正面」機率是 $f(1)=4/16$ 。
- 「至少 1 個正面」是「沒有正面」的補集，由補集率(24.3 節)機率是 $1-1/16=15/16$ 。
- 「4 個正面」(或者沒有反面)機率是 $f(4)=1/16$ 。
- 「不多於 3 個正面」是「4 個正面」的補集，其機率是 $1-1/16=15/16$ 。

9. 假設在製造 50 歐姆電阻器時，非瑕疵品是指電阻值介於 45 Ω到 55 Ω之間的電阻器，且電阻器爲瑕疵品的機率是 0.2%。此電阻器以一批 100 個爲單位銷售，並保證所有的電阻器都是良好的。那麼某一批電阻器與保證不合的機率有多少？(使用卜瓦松分佈)

卜瓦松分佈 50 歐姆的電阻器重要的是有瑕疵的機率，0.2% 或者 $p = 0.002$，以及總數 $n = 100$。因爲 p 很小 n 很大，你可以由卜瓦松分佈得到好的近似。例 2 將對你做這個題目有用，這道題甚至比例 2 更簡單。

顯然，如果總數中包含 1 個或者幾個有瑕疵的，假設將被打破。這要考慮如下的事件

$$\text{「至少有一個有瑕疵的」。} \tag{C}$$

「至少一個」通常是考慮補集事件的信號

$$\text{「沒有有瑕疵的」。} \tag{D}$$

使用補集律(24.3 節)。因爲 $p = 0.002$，$n = 100$，你將對機率函數(5)用平均值 $\mu = np = 0.2$，即，

$$f(x) = \frac{0.2^x}{x!} e^{-0.2} = 0.818731 \frac{0.2^x}{x!} \tag{E}$$

因此得到沒有瑕疵的機率是 $f(0) = 0.818731$。你因此得到至少有 1 個有瑕疵的機率是 $1 - f(0) = 0.181269$；實際中取，18%。這是破壞了保證的機率。

在實際中被考慮的很多的是。如何使得有瑕疵的機率減少到最多一個。即從18%減少到大約1.8% (你能計算這個？)

在這道題中精確的分佈是二項式分佈 $p = 0.002$，$n = 100$，因此 $\mu = 0.2$，即，

$$f(x) = \binom{100}{x} 0.002^x (1 - 0.002)^{100-x} \text{ 。}$$

於是得到無瑕疵的機率是

$$f(0) = (1 - 0.002)^{100} = 0.818567 \text{ 。}$$

因此由卜瓦松分佈得到的近似值是很精確的。

15.（**多項式分佈**）假設某一嘗試可以產生 k 種互斥事件 A_1，⋯，A_k 之中恰好一種，其機率分別爲 p_1，⋯，p_k，且 $p_1+\cdots+p_k=1$。假設我們執行 n 次獨立嘗試，證明得到 x_1 次 A_1，⋯，x_k 次 A_k 的機率爲

$$f(x_1,\cdots,x_k)=\frac{n!}{x_1!\cdots x_k!}p_1^{x_1}\ldots\ p_k^{x_k}$$

其中 $0\le x_j\le n$，$j=1$，⋯，k，且 $x_1+\cdots+x_k=n$。具有此一機率函數的分佈稱爲多項式分佈。

多項式分佈　首先對 $k=2$ 多項式分佈退化成二項式分佈。確實，你首先得到，$x_1=x$，$x_2=n-x$(由 $x_1+\cdots+x_k=n$，$n=2$ 可得)，$p_1=p$，$p_2=q=1-p$(由 $p_1+\cdots+p_k=1$，$k=2$ 可得)

$$f(x_1,x_2)=\frac{n!}{x_1!x_2!}p_1^{x_1}p_2^{x_2}=\frac{n!}{x!(n-x)!}p^xq^{n-x}=\binom{n}{x}p^xq^{n-x}\text{。}$$

由此你會發現這個公式的推導與書上的二項式分佈的推導思想一樣。也就是說，指數 $p_1,\cdots,p_k$ 的乘積就是 n 次試驗的結果：

x_1 次事件 A_1，

x_2 次事件 A_2，

等等，有一個特殊的序列，例如，在前 x_1 次試驗中得到 A_1，然後在下面的 x_2 次試驗中得到 A_2，⋯，最後，在最後 x_k 次試驗中得到 A_k。這是一種得到那些事件的順序。這個機率值還必須乘上 n 分成 k 類的排列數，由 24.4 節的定理 1(b)(二項式分佈中也用到這一點)這就得到習題的解。

24.8節　常態分佈

習題集　24.8

有這些習題你要意識到隨機變數 X 的常態分佈(還有 25 章中的其它分佈)要處理兩類重要任務：

(1.) 給定 $x = x_0$ 找機率 P 。假定 X 不超過 x_0 。求解：

$$P = \int_{-\infty}^{x_0} f(x)dx \qquad (f \text{ 是 } X \text{ 的密度})。$$

(2.) 給定能夠一個值 c ，找 x_0 使得 X 假設任意值不超過 x_0 的機率是 c 。解：

$$\int_{-\infty}^{x_0} f(x)dx = c \text{ 。}$$

所以在**(1.)**中 x_0 是給定的， P 是要求的，在**(2.)**中 $P = c$ 是給定的， x_0 是要求的。

1-13 常態分佈

1. 令 X 的平均值爲 80，變異數等於 9 的常態隨機變數。求出
$P(X > 83)$，$P(X < 81)$，$P(X < 80)$和 $P(78 < X < 82)$。

使用常態分佈表 如果給定 x 的值，要求機率值，使用附錄 5 的表 A7。如果機率是給定的，要求 x 的值，使用表 A8。首先要搞清楚你確實理解這兩個任務的區別。進一步，這些表給出的是平均值是 0，變異值是 1 的標準常態分佈。你在大部分情形中的任務是運用公式(4)，它給出了依靠標準常態分佈函數 ϕ 得到所給常態分佈函數 F 的方法。

在你做這個問題前，再看一看例 2，它有相同的形式。在這個問題中，所給的均值是 $\mu = 80$ ，變異數是 $\sigma^2 = 9$ ，因此標準差是 $\sigma = 3$ 。你能畫出這個分佈嗎？它的密度函數在圖 518 中，但是向右移動了 80 個單位(爲什麼？)而它的形狀甚至比圖中最平坦的還要平坦(爲什麼？)。由 μ 和 σ 的值，公式(4)的形式是，

$$F(x) = \phi\left(\frac{x-80}{3}\right) \text{ 。}$$

對 x 你現在必須插入給定的值 83，同時注意到 $P(X > 83)$，而不是 $P(X \le 83)$ 。這就需要使用到補集律。由表 7 得到，

$$P(X > 83) = 1 - P(X \le 83) = 1 - F(83) = 1 - \Phi\left(\frac{83-80}{3}\right) = 1 - \Phi(1) = 1 - 0.8413 = 0.1587$$

這大概是16% 。

16% 與圖 520 有沒有什麼關係呢？有的。你有 $\mu + \sigma = 80 + 3 = 83$ 。因此你需要圖

520 右邊「尾巴」上的機率。

下一步，由定理 1 的(4)得到 $P(X<81)$，

$$P(X<81)=\Phi\left(\frac{81-80}{3}\right)=\Phi\left(\frac{1}{3}\right)=0.63056 \text{ 。}$$

A98 的表 7 給出的值是 0.33 和 0.34，你可以用線性插值得到，

$$0.6293+0.0038/3=0.6306 \text{ 。}$$

$P(X<80)$ 需要 $-\infty$ 到均值之間的所有常態隨機變數的機率。這個機率總是等於 50%，不需要考慮均值和變異數的大小，這是由常態密度函數的曲線是相對於均值的鈴鐺形對稱曲線直接得到。

最後一種情況是類似的，這裡你也需要找到區間的機率，並把 F 轉化成 Φ 的形式。區間經常出現。因此課本上給出了公式(5)。給定的 $a=78$，$b=82$，μ 和 σ 跟前面一樣，於是

$$F(82)-F(78)=\Phi(\frac{2}{3})-\Phi(-\frac{2}{3}) \text{ 。}$$

表 A7 對於負的 z 沒有給出值，由常態密度函數的對稱性得到，

$$\Phi(-z)=1-\Phi(z) \text{ 。}$$

因此你有

$$\begin{aligned}\Phi(\frac{2}{3})-\Phi(-\frac{2}{3})=\Phi(\frac{2}{3})-(1-\Phi(\frac{2}{3}))&=2\Phi(\frac{2}{3})-1\\&=2\cdot 0.7475-1\\&=0.4950 \text{ 。}\end{aligned}$$

13. 某家公司的員工在一個月內使用的病假時數 X (大約)呈常態分佈，平均值為 1000 小時，標準差為 100 小時，如果我們希望下個月的病假額度 t 用完的機率只有 20%，則 t 應該設定為多少？

給定機率值求未知的 x　這是第 2 類問題，這裡你需要表 A8。首先讀讀習題 1 開頭的部分，那裡再一次解釋了分佈的概念。你將聯繫到均值為 1000，標準差為 100 的常態分佈。

因此它的分佈函數 $F(x)$ 由(4)中的標準常態分佈得到，

$$F(x) = \Phi\left(\frac{x-1000}{100}\right) \text{。} \tag{A}$$

現在問題需要求 x，使得觀察到 X 大於 x 機率是 $20\% = 0.2$。同時，因爲分佈函數 $F(x)$ 給出的機率是 $P(X \le x)$，而不是 $P(X > x)$，你需要尋找不超過「臨界」x 的事件的機率。因此用來確定 x 的方程式是

$$P(X \le x) = F(x) = 80\% = 0.8 \text{。}$$

由此以及(A)你得到，

$$\Phi\left(\frac{x-1000}{100}\right) = 0.8 \text{。} \tag{B}$$

由此和附錄 5 的表 A8 你可以找到，相應於 80%，

$$z(\Phi) = 0.842 \text{。}$$

由 (B) 均值是 $(x-1000)/100 = 0.842$。代數上求解 x，你最後得到答案 $x = 1000 + 0.842 \cdot 100 = 1084$。這意味著公司每月需要空出 1084 小時作爲病假時間(實際上是 1100 小時)。注意到圖 520 中的點 $x = \mu + \sigma$，在其右邊的常態機率是16%。這讓你有機會檢驗你的結果是否正確。

24.9 節　多隨機變數的分佈

你在下一步學習中最重要的概念是獨立隨機變數和平均值的加法(定理 1)以及變異數的加法(定理 3)。

習題集　24.9

1. 假設 $8 \le x \le 12$，$0 \le y \le 2$ 時，$f(x,y) = k$，其它位置則爲 0，試求出 k 的值。求出 $P(X \le 11, 1 \le Y \le 1.5)$ 和 $P(9 \le X \le 13, Y \le 1)$。

二維隨機變數的機率 這是一個連續隨機變數和分佈。通常你要使用積分來做因爲一般的情形在(7)中給出，其它的公式包括二重積分。在這道題中，然而，密度 $f(x,y)$ 在 $8 \le x \le 12$，$0 \le y \le 2$ 上是常數，它的邊長分別是 4 和 2。在 $f(x,y)$ 曲面下的體積等於矩形面積 $4 \cdot 2 = 8$ 誠意高度 k。體積要等於 1；這是 24.5 節式(10)的二維形式。因此 $k = 1/8$。這兩個機率可以通過矩形得到，$X \le 11$，$1 \le Y \le 1.5$ 相應與矩形 $8 \le X \le 11$ 和 $1 \le Y \le 1.5$，寬度是 3 高度是 0.5，因此面積是 1.5，所以第一個答案是，

$$P(X \le 11,\ 1 \le Y \le 1.5) = \frac{1}{8} \cdot 3 \cdot \frac{1}{2} = \frac{3}{16} = 0.1875 = 18\tfrac{3}{4}\%\ 。$$

類似的，密度 $f(x,y)$ 不是 0 的大矩形中 $9 \le X \le 13$ 和 $0 \le Y \le 1$ 的一部份 $9 \le X \le 12$ 和 $0 \le Y \le 1$ 的面積是 3。這給出機率，

$$P(9 \le X \le 13,\ Y \le 1) = \frac{1}{8} \cdot 3 = 0.375 = 37.5\%\ 。$$

5. 求出圖 523 中 Y 的邊際分佈的密度。

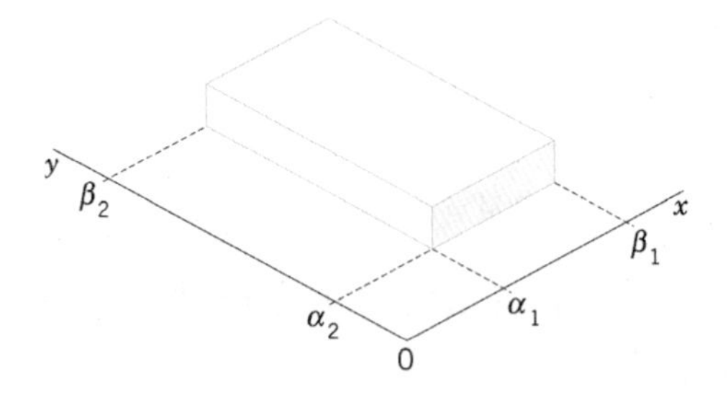

邊際密度 所給的二維分佈(矩形中的一致分佈)的密度是，

$$f(x,y) = \frac{1}{(\beta_1 - \alpha_1)(\beta_2 - \alpha_2)} \tag{A}$$

對應於矩形中的 (x,y)，而在矩形外面 $f(x,y) = 0$。連續分佈的邊際分佈也是連續的。因此它們有密度。Y 的邊際分佈的密度 $f_2(y)$ 由(16)沿 x 積分得到。因爲 $f(x,y)$ 不等於零的部分在 $x = \alpha_1$ 和 $x = \beta_1$ 之間(見圖 523)，你在其之間的積分是常數積分。這給出(A)中 $\beta_1 - \alpha_1$ 乘以 $f(x,y)$。但是因數 $\beta_1 - \alpha_1$ 消去了 $f(x,y)$ 的分母中的 $\beta_1 - \alpha_1$，於是你得到

$$f_2(y) = \frac{1}{\beta_2 - \alpha_2}\text{，}\qquad \text{因爲 } \alpha_2 < y < \beta_2$$

在 y 區間外 $f_2(y) = 0$。因此二維一致分佈的關於 y 的一維邊際分佈也是一致分佈(見 24.6 節的例 2，除去符號)。相應於另一個隨機變數 X 也有類似的邊際分佈。

7. 變壓器鐵芯含有 50 層金屬板和 49 層絕緣紙，如果金屬板的平均厚度爲 0.5 公厘，標準差爲 0.05 公厘，絕緣紙的平均厚度爲 0.05 公厘，標準差爲 0.02 公厘，則鐵芯的平均厚度及標準差爲何？

均值和變異數的和 均值的加法見定理 1，不論隨機變數是否是獨立的，它總是成立的。因此得到鐵芯厚度的均值是，

$$50 \cdot 0.5 + 49 \cdot 0.05 = 27.45 \quad [\mathrm{mm}]\text{，}$$

這比一英寸大一點點。第一項是金屬層的厚度而第二項是絕緣紙的厚度。爲了得到鐵芯的標準差你需要使用變異數的加法定理(定理 3)。因此由所給的標準差首先要找一層金屬層的變異數，即 $0.05^2 = 0.0025 \quad [\mathrm{mm}^2]$，單層絕緣紙的是，$0.02^2 = 0.0004 \quad [\mathrm{mm}^2]$，定理 3 要求所考慮的隨機變數是獨立的。在這道題中這看起來是滿足的。因此你得到了鐵芯的變異數 $50 \cdot 0.0025 + 49 \cdot 0.0004 = 0.1446 \quad [\mathrm{mm}^2]$。注意到絕緣紙層對這個值的貢獻比金屬層的貢獻小得多。求這個值的平方根就得到了鐵芯厚度的標準差，$\sqrt{0.1446} = 0.3803 \quad [\mathrm{mm}]$。

第 25 章　數理統計

25.1 節　簡介、隨機抽樣

25.2 節　參數的點估計值

習題集　25.2

1. 一常態分佈之變異數為已知為 $\sigma^2 = \sigma_0{}^2$，試求參數 μ 的最大近似估計值。

常態分佈　這個問題與第 25.2 節的例 1 類似，但是更簡單因為 $\sigma^2 = \sigma_0{}^2$。近似函數也是這樣，在輔助函數中 $\sigma^2 = \sigma_0{}^2$。類似地，它的對數依然是，

$$\ln l = -n\ln(\sqrt{2\pi}) - n\ln\sigma - h \text{，} \qquad h = \frac{1}{2\sigma_0{}^2}\sum(x_j - \mu)^2 \text{。}$$

在例 1 中你有兩個參數 μ 和 σ 以及兩個方程式來估計參數。你現在只有一個參數需要估計，即，μ，你只使用第一個方程式。這個方程式看起來跟前面的一樣，$\sigma^2 = \sigma_0{}^2$。像例子中一樣，你有

$$\frac{\partial \ln l}{\partial \mu} = -\frac{\partial h}{\partial \mu} = \frac{1}{\sigma_0{}^2}\sum(x_j - \mu) = 0 \text{。}$$

因此

$$\sum_{j=1}^{n}(x_j - \mu) = \sum_{j=1}^{n} x_j - n\mu = 0 \text{。}$$

其解就是所要的估計：

$$\hat{\mu} = \frac{1}{n}\sum_{j=1}^{n} x_j = \bar{x}$$

跟前面一樣。

3. (二項式分佈)導出 p 的最大近似估計值。

二項式分佈　估計參數 p。

令 X＝單次試驗中成功次數。

這個隨機變數有概率函數 $f(x)$，其值是，

$$f(0) = P(X = 0) = 1 - p \qquad \text{(失敗的機率)}$$
$$f(1) = P(X = 1) = p \qquad \text{(成功的機率)。}$$

令 k 是 n 次試驗中成功的次數。則近似函數 p 的 k 次冪乘以 $1-p$ 的 $n-k$ 次冪：

$$l = p^k(1-p)^{n-k} \text{ 。}$$

其對數是

$$\ln l = k \ln p + (n-k)\ln(1-p) \text{ 。}$$

求微分並令結果爲 0：

$$\frac{\partial \ln l}{\partial p} = \frac{k}{p} - \frac{n-k}{1-p} = 0$$

減號是由鏈式法則得到的。對 p 解這個方程式得到，

$$k(1-p) = (n-k)p \text{ ，} \qquad k = np \text{ ，} \qquad \hat{p} = \frac{k}{n} \text{ 。}$$

聯想到二項式分佈的均值爲 $\mu = np$ 。因此你的結果是 $k = n\hat{p} = \hat{\mu}$ 。

25.3 節　信賴區間

本節中(信賴區間)關於參數爲 μ 和 σ^2 的分佈估計是常態分佈，但是你需要的估計，除去常態分佈，還包括 Student's 氏 t 分佈。以及卡方分佈。

習題集　25.3

1. **平均值(變異數未知)** 利用樣本 30，42，40，34，48，50；求出具有標準差爲 4.00 之常態母體平均值 μ 的 95%信賴區間。

變異數已知時的平均值的信賴區間　你必須清楚地分辨已知 σ 和未知 σ 這兩種情況。

情形一： 當 σ 是已知的，你的計算將只包含常態分佈本身。

情形二： 當 σ 是未知的，你需要另一種分佈，即，附錄 5 表 A9 中的 t 分佈。

這個習題是關於情形一的，因爲 σ 是已知的， $\sigma = 4.0$ 。因此你不需要除了常態分佈的其它分佈。理由是簡單的。你可以把樣本均值

$$\bar{x}=\frac{1}{n}(x_1+\cdots+x_n)$$

看作是如下隨機函數的觀測值：

$$\bar{X}=\frac{1}{n}(X_1+\cdots+X_n)\text{，}$$

$\bar{X}$ 是常態的，參數是平均值 μ 和變異數 σ^2/n 。這裡 X_1，…， X_n 是有同樣分佈的獨立隨機變數，即，被採樣母體的常態分佈，均值是 μ，變異數是 σ^2。這是定理 1(b)的內容。由公式(7)，即，

$$P(\bar{X}-k\le\mu\le\bar{X}+k)=\gamma\text{ 。}\tag{A}$$

這裡信賴水準 γ 必須是選定的。在這個習題中要求 $\gamma=0.95$。(A)中的字母 k 是 $c\sigma/\sqrt{n}$ 的簡寫。在這個習題中，$k=c\cdot 4.0/\sqrt{6}$。這裡 c 由 γ 的選擇而定，同時可以由(6)計算得到。爲了使問題簡化，你要在表 25.1 中找 c (在所有的步驟中都是這樣)，它可以由(6)和(7)得到。這裡你發現 $\gamma=0.95$ ，臨界值 $c=1.960$ 。由此你得到 $k=1.960\cdot 4.0/\sqrt{6}=3.20$ 。

下面是第 3 步，你需要樣本的平均值

$$\bar{x}=\frac{1}{6}(30+42+40+34+48+50)=40.67\text{ 。}$$

現在由(3)得到信賴區間的形式如下，

$$\text{CONF}_{0.95}(40.67-3.20\le\mu\le 40.67+3.20)\text{，}\tag{B}$$

即，

$$\text{CONF}_{0.95}(37.47\le\mu\le 43.87)\text{ 。}\tag{C}$$

你會發現樣本的平均值 $\bar{x}$ 是區間的中點，其長度是 $2k$ 。這相當長，但是這也是合理的因爲樣本的長度 6 是小的。如果你想找一個更短的區間，你需要使用更大的樣本(如果可以的話)；見例 2 和圖 525。或者你可以用一個更小的 γ ，例如 0.9〔如果你可以允許錯誤的機率變大，即，得到一個不包含未知人口平均值 μ 的區間($\gamma=0.9$ 會有 $1/10$ 的可能性)〕。

9. **平均值(變異數未知)** 20 根螺絲釘的長度，樣本平均值爲 20.2 cm，樣本變異數爲 0.04 cm^2。

變異數未知是的均值信賴區間 這是情形二(見前一個習題的開頭)，在這裡常態分佈不夠用了，還要涉及到 t 分佈。由此需要的資料見附錄 5 的表 A9。

這與情形一有什麼不同呢？我們有 $k=\sigma c/\sqrt{n}$ 。但這不會再被用到了，因爲 σ 是未

知的。你要用的是 $k = sc/\sqrt{n}$ ，見表 25.2(25.3 節)，c 由方程式(9)確定，即，因爲要求 $\gamma = 0.99$ ，

$$F(c) = (1/2)(1+\gamma) = (1/2)(1+0.99) = 0.995 \text{ 。}$$

所給的樣本的數量是 $n = 20$ 。因此 t 分佈使用到的自由度數是 $n-1=19$ 。對於 $F(z) = 0.995$ 你可以發現在這 19 個自由度對應的列中 $c = 2.86$ 。這是表 25.2 中第 4 步的 c 的值。這 $n = 20$ 個樣本的變異數是 $s^2 = 0.04\text{cm}^2$ 。因此樣本的標準差是 $s = 0.2$ 。由這些值你現在可以計算表 25.2 中的第 4 步，

$$k = sc/\sqrt{n} = 0.2 \cdot 2.86/\sqrt{20} = 0.128 \text{ 。}$$

所給樣本的平均值是 $\bar{x} = 20.20$ ，這是信賴區間的中點，其端點是 $\bar{x} - k$ 和 $\bar{x} + k$ 。見表 25.2 的(10)。數值上，由 $\bar{x}$ 和 k ，

$$\text{CONF}_{0.99}(20.07 \le \mu \le 20.32) \text{ 。}$$

21. 如果 X 呈常態分佈，其平均值爲 27，標準差爲 16，則$-X$，$3X$ 和 $5X-2$ 的分佈爲何？

隨機變數的函數 如果 X 是均值爲 27，變異數爲 16 的常態分佈，則所有的這三個變數都是常態的。$-X$ 的均值是-27，其變異數與 X 的一樣；進一步 $3X$ 是 3 倍 X 的均值，即，81，同時 $3^2 = 9$ 倍變異值 X 等於 144。這由 24.8 節的組隊計劃 14(g)導出，這與現在這種類型的轉換有關。

類似的，$5X - 2$ 的均值是 $5 \cdot 27 - 2 = 133$ ，同時其變異值爲 $5^2 \cdot 16 = 400$ 。注意到變異數是不變數，即，$5X - 2$ 中的 -2 對 $5X - 2$ 的變異數沒有影響。

25.4 節　假說檢定、決策

習題集　25.4

1. 假設方位角偏移量呈常態分佈，試使用樣本 1，-1，1，3，-8，6，0 (人造衛星在某一次旋轉中的方位角偏移量 [0.01 弳的倍數])，針對 $\mu > 0$ 檢定 $\mu = 0$，選擇 $a = 5\%$

變異數未知時的均值檢定 樣本是，

$$1, -1, 1, 3, -8, 6, 0$$

假設相應的分佈是常態的。你要做的假說檢定是，

$$\mu = \mu_0 = 0 \tag{A}$$

與其對立的是，

$$\mu > 0 \text{。} \tag{B}$$

就像前面的章節中那樣，你必須仔細的分辨這兩種情形。

情形一：樣本的變異數 σ^2 是已知的

情形二：樣本的變異數是未知的

本題屬於情形二因爲變異數 σ^2 沒有給定。因此要像例 3 那樣。即，使用 t 分佈(附錄 5 的表 A9)，如下。由樣本你可以計算得到觀測值，

$$t = \frac{\bar{x} - \mu_0}{s / \sqrt{n}} = \frac{\bar{x}}{s / \sqrt{n}} \text{。} \tag{C}$$

隨機變數

$$T = \frac{\bar{X} - \mu_0}{S / \sqrt{n}} = \frac{\bar{X}}{S / \sqrt{n}} \tag{D}$$

這在例 3 中也用到。這裡 S^2 是一個隨機變數，使得樣本變異數 s^2 是 S^2 的一個觀測值。這個變數 S^2 在(12)中給出了，在本節是關於信賴區間的。這不是偶然的，信賴區間和假設檢定都是基於同樣的理論的；它們是兩個從不同角度來看的相互關聯的做法。

由表 A9 你可以計算得到臨界值 c，這個值你將在(C)中與 t 做比較。從(A)和(B)你會發現這是右邊檢定。這在圖 532 中的上面部分有描述。因爲要求 $\alpha = 5\%$，你的 c 將是 t 分佈的95%點，$n-1=7-1=6$ 個自由度($n = 7$ 是樣本數量)。在表 A9 的 $F(z) = 0.95$ 列及 6 個自由度的行中，

$$c = 1.94 \tag{E}$$

現在由(C)來計算 t 並把它同 c 作比較。如果 $t \le c$，假定是可以接受的。如果 $t > c$，則假設被拒絕。

計算將給出 $\bar{x} = 0.286$ (實際上，$2/7$，但是取更多的數位沒有什麼意義)，$s = 4.309$ (回憶以下，我們使用(6)，分母中 $n-1=6$，這比 n 好，你可以在 CAS, Maple 中使用)。由此和(C)你得到，

$$t=\frac{0.286-0}{4.309/\sqrt{7}}=0.18<c=1.94\text{。}$$

因此假定是可以接受的。

15. 有 9 輛同一款式的汽車，在完全相同的條件下使用 A 牌汽油，得到由 9 個值(每加侖行駛的英里數)組成的樣本，其平均值爲 20.2，標準差爲 0.5。在同樣的條件下，高效能 B 牌汽油會產生一個有 10 個值的樣本，其平均值爲 21.8，標準差爲 0.6。試問每單位 B 牌汽油行駛的英里數是否顯著地比 A 好？(在 5%的顯著水準下檢定；假設母體呈常態分佈)

均值的比較　樣本的數量是不同的。因此一對一對的比較均值是不可能的。假說是 B 不比 A 好。另一個是 B 比 A 好。因此這是右邊檢定。因爲 $n_1=9$，$n_2=10$，你有 $n_1+n_2-2=17$。這是你要使用的 t 分佈的自由度。因爲 $\alpha=5\%$ 是觀測到的，你從(10)得到臨界的 c 和附錄 5 的表 A9，即，

$$P(T\le C)=1-\alpha=0.95\text{，}$$

表中給出 $c=1.74$。現在從給定的樣本計算觀測值 T 的 t_0，

$$t_0=\sqrt{\frac{9\cdot 10\cdot 17}{19}}\cdot\frac{21.8-20.2}{\sqrt{8\cdot 0.25+9\cdot 0.36}}=6.272\text{。}$$

因爲 t_0 比 c 大同時這是右邊檢定，拒絕假說同時聲明 B 牌顯著的比 A 牌好，即，這個大的英里數不是偶然的結果。我們爲什麼怎麼這麼肯定呢？因爲對於 $z=3.65$ $F(z)=0.999$ (見 t 表)，我們拒絕假說即使 α 跟 0.1% 一樣小。

25.5 節　品質管制

習題集　25.5

1. 假設有一部在罐中裝填潤滑油的機器，被設定爲所產生的裝填值會形成常態母體，其平均值爲 1 加侖，標準差爲 0.03 加侖。假設樣本大小爲 6，試建立一個屬於圖 536 所示類型的管制圖，以管制平均值(亦即求出 LUL 和 UCL)。

均值控制和標準 樣本的均值 $\bar{x}$ 是 $\bar{X}$ (定義見 25.3 節(4))的觀測值，它是均值爲 1(如果假設是正確的)標準差是 $\sigma/\sqrt{6}=0.0122$ 的常態分佈。習題的解由(1)可推導出。你要理解這是一個雙邊檢定，$\alpha=1\%$，(1)中的值 –2.58 和 2.58 分別對應於常態分佈的 0.5% 和 99.5%，$\sigma/\sqrt{n}$ 是 $\bar{X}$ 的標準差。圖 536 的上部分表示 $\bar{X}$ 的密度曲線下的面積被分成 3 個部分，即，0.5% 在 UCL 上，0.5% 在 LCL 下，以及 99% 在這兩點之間。因爲 $n=6$，簡單計算得到，

$$\mathrm{LCL}=1-2.58\cdot\frac{0.03}{\sqrt{n}}=0.968\text{ ，}\qquad \mathrm{UCL}=1.032\text{ 。}$$

一旦觀測值 $\bar{x}$ 在這些極限之間，這個過程就認爲被控制住了，我們在書上將繼續就這一點給出解釋。

13. **(瑕疵數)** 假設在統計管制的狀態下，瑕疵率爲 p，求出使用瑕疵數的管制圖時，(對應於 3σ 界限的) UCL，CL 和 LCL 的公式。

均值控制和標準 在一個生產過程中，$p\%$ (例如，3% 因此 $p=0.03$)有瑕疵，從 n 個中獨立的抽出 x 個有瑕疵的機率可以由二項式分佈得到，其機率函數在 24.7 節的(2)。這個分佈的均值是 np，變異數是 $npq=np(1-np)$。現在因爲你需要使用 $3-\sigma$ 限制作爲均值的 LCL，UCL 控制。你從習題中得到公式，它們是，

$$\mathrm{LCL}=\mu-3\sigma=np-3\sqrt{npq}\text{ ，}\qquad \mathrm{UCL}=\mu+3\sigma=np+3\sqrt{npq}\text{ 。}$$

這就解釋了這些公式。注意到在常態分佈的情形下，$3-\sigma$ 限制對應於 $\alpha=0.3\%$ (24.8 節(6c))。

25.6 節 驗收抽樣

習題集 25.6

1. 有一批刀子以抽樣計畫檢查，該計畫使用的樣本大小爲 20，驗收數爲 $c=1$。試問驗收一批含有 1%，2%，10% 瑕疵品(刀刃鈍掉)之貨品的機率爲何？使用附錄 5 的表 A6。畫出 OC 曲線。

$c=1$ 的抽樣計劃 如果均值是包含一個或者沒有鈍刀，則抽樣是可以接受的。由此在(3)中你需要求前兩項的和(相對於 $x=0$ 和 $x=1$)。下圖給出了相應得 OC 曲線，公式是，

$$P(A;\theta)=e^{-\mu}(1+\mu)=e^{-20\theta}(1+20\theta)\ 。$$

由這個公式你得到了答案中的三個特值，即，$0.9825(\theta=1\%=0.01)$，$0.9384(\theta=2\%)$，以及 $0.4060(\theta=10\%)$。

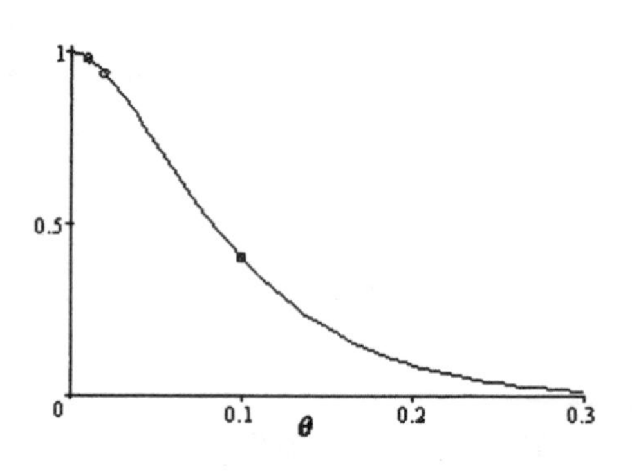

第 25.6 節 習題 1 OC 曲線

5. 一大批電池依照下列計畫進行檢驗。我們從一批貨品中隨機抽出 $n=30$ 個電池，並進行測試。如果樣本中最多含有 $c=1$ 個損壞的電池，則驗收該批電池，否則退回。使用卜瓦松分佈畫出此計畫的 OC 曲線。

$c=1$ 的另一個抽樣計劃 計算可接受機率的卜瓦松近似作爲小瑕疵 θ 的函數(OC 曲線)。

$$P(A;\theta)\approx e^{-30\theta}(1+3\theta)\ 。$$

它有兩項分別對應於在抽樣中得到沒有瑕疵和一個瑕疵；這是兩種總體被接受的情形。例如當 $\theta=0.01=1\%$ 時，$P(A;\theta)=0.963$。當 $\theta=0.1=10\%$，則，$P(A;\theta)=0.199$。這種情形在圖 538 中可以看到，在那裡可以看到 θ 越大，接受總體的機率越小，因爲抽出兩個或更多的機率就越大。

注意到在 OC 曲線中習題 5 在習題 1 下面，因爲 n 在習題 5 中比在習題 1 中大。

25.7 節　適合度、卡方檢定

習題集　25.7

1. 如果丟硬幣 100 次，得到 30 次正面，70 次反面，請問我們可以基於 5%的顯著水準宣稱硬幣是公正的嗎？

投擲硬幣　由定義，一枚硬幣是公正的如果正面和反面的出現機率是相同的，即$1/2$。因此在 100 次試驗中如果不考慮隨機偏離，你應該得到 50 次正面和 50 次反面。這個習題中需要考慮對於公正硬幣得到 30 次正面 70 次背面是不是依然可能的，即，結果依然是由於隨機偏離，或者偏離是否是顯著的，也即是說，我們是否還可以認爲硬幣是公正的。爲了進行卡方檢定，由表 25.7(25.7 節)的(1)計算 χ_0^2。爲此你需要，

$b_1 = 30$ 次正面

$e_1 = 50$ 次正面如果假說正確

相似的，

$b_2 = 70$ 次背面

$e_2 = 50$ 次背面如果假說正確

因此在表 25.7 中 $K = 2$，你得到了兩項的和，即，

$$\chi_0^2 = \frac{(b_1 - e_1)^2}{e_1} + \frac{(b_2 - e_2)^2}{e_2} = \frac{(30-50)^2}{50} + \frac{(70-50)^2}{50} = 16 \text{。}$$

(如果你想像表 25.7 那樣線性化，比如，$x = 1$對應著正面，$x = 0$對應著背面，這樣就把 x 軸分成了兩個區間，一個包含 $x = 0$ 另一個包含 $x = 1$；這給出了 χ_0^2 的公式)。在習題中，顯著水平 $\alpha = 5\%$。你現在可以從卡方分佈表得到臨界值 c (附錄 5 的表 A10)。

對於 $K - 1 = 1$ 個自由度你發現方程式

$$P(\chi^2 \le c) = 1 - \alpha = 0.95$$

的解 $c = 3.84$。

現在上面的 $\chi_0^2 = 16$，這測量了偏差，比臨界值 c 大。這意味著如果假說是正確的，χ_0^2 的觀測值在區間(從 3.84 到 ∞)中任何位置都不正確的機率僅僅是 5%。因爲在這個習題中這已經發生了，所以你應該拒絕假說並聲明用於得到樣本的硬幣不是公正的。16 比 3.84 大得多，所以 $\alpha = \frac{1}{2}\%$ (表 A10 中 $c = 7.88$)就會導致拒絕假說。

25.8 節　無參數檢定

習題集　25.8

5. 有 A 型和 B 型兩種空氣濾心，如果在 10 次嘗試中，有 7 次 A 型濾心產生的空氣比 B 型清潔，有 1 次 B 型濾心產生的空氣比 A 型清潔，有兩次 A 型和 B 型濾心產生的空氣實際上是一樣的，請問 A 型空氣濾心是否比 B 型空氣濾心好？

符號檢定　從 10 次試驗中去掉兩次對結果沒有貢獻的試驗；這是書上的例 1。你還有 8 個結果。它們中的 7 個(當 A 比 B 好時)你可以認爲是正的，還剩下一個(當 B 比 A 好時)是負的。假說是 A 不比 B 好，另外一個是 A 比 B 好。這個你可以從問題中得到。在這個假說下，正和負值有相同的機率 $p=q=1/2$。考慮隨機變數 X=8 個值中的正值個數。如果假說是正確的，其正值有機率，

$$f(x)+P(X=x)=\binom{8}{x}\left(\frac{1}{2}\right)^{8}=0.00391\binom{8}{x}\text{ 。}$$

這是 $p=2$ 的二項式分佈；見 24.7 節。由此推出在假定觀測到很多正值的情形下，7 或者更多，

$$f(7)+f(8)=0.00391(8+1)=0.0352\text{ 。}$$

這比通常的5% 小，所以你要拒絕假說同時聲明 A 型空調比 B 型好。注意到在這個檢定中假說在顯著水平 $\alpha=1\%=0.01$ 下是可以接受的。

15. 在一養豬實驗中，記錄了 10 隻動物體重的增加 [公斤] (根據每天所給食物的量逐漸增加予以排列)：20　17　19　18　23　16　25　28　24　22。
試針對「有正向趨勢」檢定假說「其中沒有任何趨勢」。

趨勢檢定　樣本是

20　17　19　18　23　16　25　28　24　22。

就像書上例 2 那樣列出所有的樣本換位元數，從第一個樣本值 20 開始，然後是第 2 個 17，等等，按照給定的順序。

20	在下述數目之前	17	19	18	16	4	換位
17	"	16				1	"
19	"	18	16			2	"
18	"	16				1	"
23	"	16	22			2	"
25	"	24	22			2	"
28	"	24	22			2	"
24	"	22				1	"

因此樣本包含 15 個換位元數。其大小是 $n=10$。假說是沒有趨向性，即，動物的不同餵食量對體重沒有影響(當然，在可信範圍內，但這不是本題討論的問題)。本題要求你檢定這拒絕正向趨勢是否可以接受。

令 T = 換位數，就像書上例 2 那樣。你需要機率

$$P(T \le 15) \tag{A}$$

它是在 $n=10$ 個值時，f 得到 15 或者更少的換位數的機率。對此，附錄 5 中的表 A12 給出機率 0.108，幾乎是 11%，這充分大以致於可以接受有趨勢的情形。如果在一個試驗中有些不是期望得到的結果出現，我們應該精確的推導在何種條件下這個結果是可以得到的(例如，食物的種類和給定的數量範圍)同時還要進行進一步的試驗。

25.9 節　迴歸、直線擬合、相關性

習題集　25.9

3. **樣本迴歸線** 求出 y 對 x 的樣本迴歸線，概略或詳細繪出此線，並將所給的資料點畫在同樣的 x 和 y 軸上。

$$(2,12)，(5,24)，(9,33)，(14,50)$$

線性迴歸(直線) 迴歸直線(2)是

$$y = k_0 + k_1 x \text{ 。}$$

它的係數 k_0 和 k_1 由正規方程式(10)得到。爲了設定這些問題，計算，

$n = 4$	樣本的數目(4 對)
$\sum x_j = 30$	樣本中的 x 值的和。
$\sum x_j^2 = 306$	它們的平方的和
$\sum y_j = 119$	y 值的和。
$\sum x_j y_j = 1141$	x 和 y 乘積的和。

因此線性方程式組(10)，以 k_0 和 k_1 爲未知數，其形式是，

$$4k_0 + 30k_1 = 119 \text{ ，}$$

$$30k_0 + 306k_1 = 1141 \text{ 。}$$

你可以由 Cramer 法則求解它，得到，

$$k_0 = 6.74074 \text{ ，} \qquad k_1 = 3.0679 \text{ 。}$$

因此迴歸線是，

$$y = 6.74074 + 3.0679x \text{ 。}$$

下圖給出了這條線同時也給出了 xy 平面的資料點。它們與回歸線很接近，這驗證了在這個迴歸分析中直線的作用。(注意 y 軸的尺度與 x 軸的尺度不同)。

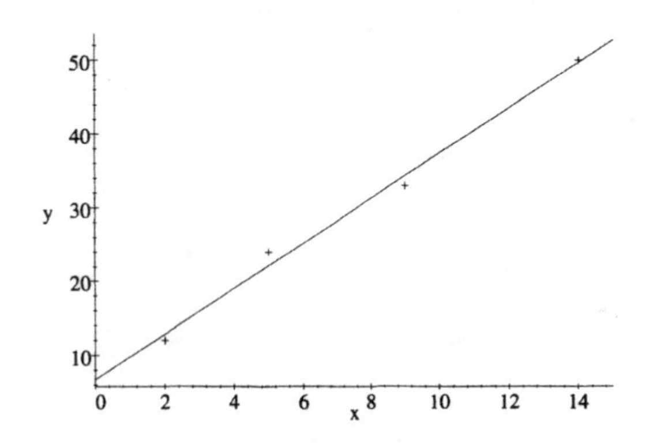

第 25.9 節　習題 3　資料點與迴圈線

13. **信賴區間**　假設(A2)和(A3)成立，並使用下列樣本，求出迴歸係數κ_1的 95%信賴區間。習題 8 的樣本。

回歸係數κ_1的迴歸線的信賴區間　到目前為止，機率還沒有被包含進最小二乘原理，後者是個幾何原理。如果你想知道你在何種程度上可以相信迴歸線，特別的是係數κ_1，你需要找以κ_1作為迴歸係數的迴歸線的信賴區間，但是這要求你做假定包含機率的假說，例如，隨機變數Y，y是觀測值，對每一個x是常態的(見假說(A2))同時還有樣本的獨立性(見假說(A3))。為了求解這個習題，像表 25.12 那樣，如下，

第 1 步：要求，即$\gamma = 95\%$，

第 2 步：由(13)確定c，即

$$F(c) = \frac{1}{2}(1+\gamma) = 0.975 ，$$

以及附錄 5 中的 t 表(表 A9)。因為給定的樣本包含$n = 4$對值，你需要在列中找$n-2=2$個自由度，其值為 4.30，這就是c。

第 3 步：由(9a)計算$3s_x^2$，使用$\sum x_j = 100$和$\sum x_j^2 = 3000$。這給出(兩邊乘上$n-1=3$)

$$3s_x^2 = 3000 - \frac{1}{4}\cdot 100^2 = 500 。$$

下面使用$\sum y_j = 7.5$，$\sum x_j y_j = 221$，由(8)得到

$$3s_{xy} = 221 - \frac{1}{4} \cdot 100 \cdot 7.5 = 33.5 \text{ 。}$$

在(14)中你將需要，

$$\sum y_j^2 = 16.33 \text{ ，}$$

這由樣本計算得到。由此以及(14)你可以得到，

$$3s_y^2 = 16.33 - \frac{1}{4} \cdot 7.5^2 = 2.2675 \text{ 。}$$

在(15)中你需要 $k_1^2 = 0.067^2 = 0.004489$ 。由此，以及(15)給出，

$$q_0 = 2.2675 - 0.004489 \cdot 500 = 0.02300 \text{ 。}$$

第 4 步：現在 $c = 4.30$ (見前面)是需要的。你最後計算，

$$K = 4.30\sqrt{\frac{0.023}{1000}} = 0.0206 \text{ 。}$$

這是信賴區間的一半長。中點是回歸係數 $\kappa_1 = 0.067$ (見前面)。因此從 25.9 節的表 25.12 中的(16)得到答案，

$$\text{CONF}_{0.95}(0.067 - 0.021 \le \kappa_1 \le 0.067 + 0.0221) \text{ ，}$$

即，

$$\text{CONF}_{0.95}(0.046 \le \kappa_1 \le 0.088) \text{ 。}$$

讓人吃驚的是迴歸線的信賴區間是相對大的，可能比你的預期還大。然而，這是由於使用的樣本非常小($n = 4$)。

國家圖書館出版品預行編目資料

高等工程數學：學生版解答手冊及學習指引 / Herbert Kreyszig, E. R. Win Kreyszig 原著 ; 劉成 編譯. -- 初版. -- 臺北縣土城市 : 全華圖書, 2008. 06
面 ; 公分
譯自 : Advanced engineering mathematics , Student Solutions Manual and Study Guide , 9th ed.
ISBN 978-957-21-6344-3 (平裝)

1.工程數學

440.11 97007628

高等工程數學－學生版解答手冊及學習指引（第九版）

Advanced Engineering Mathematics, Student Solutions Manual and Study Guide, 9th Edition

原　　著　HERBERT KREYSZIG, ERWIN KREYSZIG
編　　譯　劉成
執行編輯　王文彥
封面設計　謝文馨
發 行 人　陳本源
出 版 者　全華圖書股份有限公司
地　　址　23671 台北縣土城市忠義路 21 號
電　　話　(02) 2262-5666 (總機)
傳　　真　(02) 2862-8333
郵政帳號　0100836-1 號
印 刷 者　宏懋打字印刷股份有限公司
圖書編號　06048
初版一刷　2008 年 06 月
定　　價　新台幣 420 元
I S B N　978-957-21-6344-3 (平裝)

全華圖書
www.chwa.com.tw
book@ms1.chwa.com.tw

全華科技網 OpenTech
www.opentech.com.tw

（請由此線剪下）

歡迎加入全華書友行列

加入全華書友有啥好康？

1. 可享中文新書8折、進口原文書9折之優惠。
2. 定期獲贈全華最近出版訊息。
3. 不定期參加全華回饋特惠活動。

怎樣才能成為全華書友？

1. 親至全華公司一次購書三本以上者，請向門市人員提出申請。
2. 劃撥或傳真購書一次滿三本以上者，請註明申請書友證。
3. 填妥書友服務卡三張，並寄回本公司即可。（免貼郵票）

多種購書方式任您選，讓您購書真方便！

1. 直接至全華門市或全省各大書局選購。
2. 郵局劃撥訂購。（帳號：0100836-1　戶名：全華圖書股份有限公司）
   （書友請註明：會員編號，如此可享有優惠折扣及延續您的書友資格喔~）
3. 信用卡傳真訂購：歡迎來電（02）2262-5666索取信用卡專用訂購單。
4. 網路訂購：請至全華網路書店 www.opentech.com.tw
   書友請至書友專屬網址：http://bookers.chwa.com.tw 享受線上購書的便利。

※凡一次購書滿1000元（含）以上者，即可享免收運費之優惠。

OpenTech 全華科技圖書 .com.tw

全華網路書店　www.opentech.com.tw
書友專屬網　bookers.chwa.com.tw
E-mail:service@ms1.chwa.com.tw

※本會員制，如有變更則以最新修訂制度為準，造成不便請見諒。

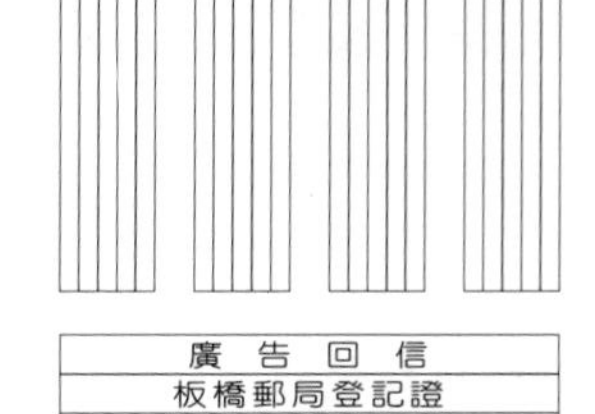

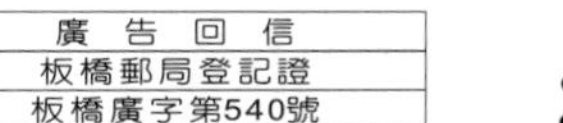

236 台北縣土城市忠義路21號
全華圖書股份有限公司

（請由此線剪下）

書友服務卡

填寫日期：　/　/

為加強對您的服務，只要您填妥本卡三張寄回全華圖書（免貼郵票），**即可成為全華書友！**（詳情見背面說明）

姓名：＿＿＿＿ 生日：西元＿＿年＿＿月＿＿日 性別：□男 □女

電話：（　）＿＿＿＿ 傳真：（　）＿＿＿＿ 手機：＿＿＿＿

e-mail：(必填)＿＿＿＿

註：數字零，請用Φ表示，數字 1 與英文 L 請另註明，謝謝！

通訊處：□□□□□＿＿＿＿

學歷：□博士 □碩士 □大學 □專科 □高中・職

職業：□工程師 □教師 □學生 □軍・公 □其他

學校／公司：＿＿＿＿ 科系／部門：＿＿＿＿

・您的閱讀嗜好：

□A.電子 □B.電機 □C.計算機工程 □D.資訊 □E.機械 □F.汽車 □I.工管 □J.土木

□K.化工 □L.設計 □M.商管 □N.日文 □O.美容 □P.休閒 □Q.餐飲 □其他

・本次購買圖書為：＿＿＿＿ 書號：＿＿＿＿

・您對本書的評價：

封面設計：□非常滿意 □滿意 □尚可 □需改善，請說明＿＿＿＿

內容表達：□非常滿意 □滿意 □尚可 □需改善，請說明＿＿＿＿

版面編排：□非常滿意 □滿意 □尚可 □需改善，請說明＿＿＿＿

印刷品質：□非常滿意 □滿意 □尚可 □需改善，請說明＿＿＿＿

書籍定價：□非常滿意 □滿意 □尚可 □需改善，請說明＿＿＿＿

整體滿意度：請說明＿＿＿＿

・您在何處購買本書？

□書局 □網路書店 □書展 □團購 □書友特惠活動 □其他＿＿＿＿

・您購買本書的原因？（可複選）

□個人需要 □幫公司採購 □親友推薦 □其他＿＿＿＿

・您希望全華以何種方式提供出版訊息及特惠活動？

□電子報 □DM □廣告（媒體名稱＿＿＿＿）

・您是否上過全華網路書店？（www.opentech.com.tw）

□是 □否 您的建議：＿＿＿＿

・您希望全華出版那方面書籍？＿＿＿＿

・您希望全華加強那些服務？＿＿＿＿

～感謝您提供寶貴意見，全華將秉持服務的熱忱，出版更多好書，以饗讀者。

書友專屬網址：http://bookers.chwa.com.tw

全華網址：http://www.openech.com.tw　客服信箱：service@ms1.chwa.com.tw

免費服務電話：0800-000-300　傳真：(02) 2262-8333（請多利用e-mail較不易遺漏）

◎請詳填、並書寫端正，謝謝！

96.11 450,000份

親愛的書友：

感謝您對全華圖書的支持與愛用，雖然我們很慎重的處理每一本書，但尚有疏漏之處，若您發現本書有任何錯誤的地方，請填寫於勘誤表內並寄回，我們將於再版時修正。您的批評與指教是我們進步的原動力，謝謝您！

全華圖書　敬上

勘誤表

書號		書名		作者	
頁數	行數	錯誤或不當之詞句		建議修改之詞句	

我有話要說：（其它之批評與建議，如封面、編排、內容、印刷品質等．．．）